高职高专食品类专业规划教材

食品安全与质量控制

主　编　原克波　　赵　芳
副主编　严鹤松　　侯媛媛
　　　　李俊华　　孙丽萍
　　　　郭　瑞

武汉理工大学出版社

·武汉·

内 容 提 要

本书是根据《关于全面提高高等职业教育教学质量的若干意见》和《关于加强高职高专教育教材建设的若干意见》的精神,结合食品类专业高职高专人才培养模式而编写的。本书突出职业能力和实践能力的培养,论述了食品安全与质量管理的基础知识、食品安全性评价及影响因素、食品安全法律法规、标准及管理体系等,重点介绍了以保证食品安全为目的的食品质量管理体系(ISO9000)、食品良好操作规范(GMP)、卫生标准操作程序(SSOP)、危害分析与关键控制点(HACCP)、食品安全管理体系(ISO 22000)、食品生产许可制度以及认证食品的质量控制等内容。

本书可作为高职高专食品类专业及相关专业的教材,还可作为食品生产企业、质量管理部门等相关人员的参考用书及培训教材。

图书在版编目(CIP)数据

食品安全与质量控制/原克波,赵芳主编 . —武汉:武汉理工大学出版社,2023.7
高职高专食品类专业规划教材
ISBN 978-7-5629-6823-8

Ⅰ. ①食…　Ⅱ. ①原…　②赵…　Ⅲ. ①食品安全-高等职业教育-教材　②食品-质量控制-高等职业教育-教材　Ⅳ. ①TS201.6　②TS207.7

中国国家版本馆 CIP 数据核字(2023)第 114982 号

项 目 负 责 人:楼燕芳　　　　　　　责 任 编 辑:楼燕芳
责 任 校 对:向玉露　　　　　　　　版 面 设 计:天成图文
出 版 发 行:武汉理工大学出版社
社　　　址:武汉市洪山区珞狮路 122 号
邮　　　编:430070
网　　　址:http://www.wutp.com.cn
经　　　销:各地新华书店
印　　　刷:荆州市精彩印刷有限公司
开　　　本:787×1092　1/16
印　　　张:20.75
字　　　数:510 千字
版　　　次:2023 年 7 月第 1 版
印　　　次:2023 年 7 月第 1 次印刷
定　　　价:52.00 元

凡使用本教材的教师,可通过 E-mail 索取教学参考资料。
E-mail:10124159@qq.com
本社购书热线电话:027-87384729　87391631　87165708(传真)

前　　言

民以食为天，食以安为先。食品工业的发展尤其是食品安全状况直接关系到国计民生，也是衡量一个国家、一个民族经济发展水平和人民生活质量的重要标志。经过改革开放40多年的快速发展，我国食品工业已成为国民经济发展中增长最快、最具活力的产业之一，对提高城乡居民生活水平、推动相关产业发展、扩大就业、带动农民增收等具有重要作用。高等职业教育食品类专业培养的学生是未来食品领域的从业者，他们的素质与能力直接关系到食品工业的发展前景，为此，我们根据职业教育的目标和任务，结合高等职业教育的特点以及食品行业的现状与发展趋势编写了本书。

本书以高等职业教育培养技能型人才的需要为基础，以食品安全与质量管理体系为指导思想，紧密结合食品企业的生产实际，围绕食品安全展开，内容上突出基础性和实用性，注重解决生产过程中的实际问题，着重于培养学生的职业道德、创新精神和实践能力。

本书主要阐述了食品安全与质量管理的基础知识、国内外普遍实施的食品质量控制体系及影响食品安全的因素，并结合生产实际介绍了食品加工过程中的质量安全控制及无公害食品、绿色食品和有机食品的生产要求与认证管理。相关章节还设计了实验操作，以使学生在掌握食品安全与质量管理基本知识和原理的基础上，了解实际生产中对食品安全与质量进行控制管理的具体内容和运作程序，培养自身的食品安全与质量的控制与管理技能。同时，根据教育部《高等学校课程思政建设指导纲要》等文件精神，我们结合本课程的教学内容，深入挖掘其中蕴含的思想政治教育资源，在每章开篇明确提出了本章的课程思政目标，以有助于本课程和其他课程一道"与思政课程同向同行，形成协同效应"，进而推进高职院校以育人和育才为目的的人才培养系统建设。

本书可作为高职高专食品类专业及相关专业的教学用书，也可作为食品生产企业、质量管理部门等相关人员的参考用书及培训教材。

本书是国内多所职业院校教师集体智慧的结晶。本书由山东药品食品职业学院原克波和邯郸职业技术学院赵芳担任主编，湖北轻工职业技术学院严鹤松、邯郸职业技术学院侯媛媛、河南农业职业学院李俊华、山东药品食品职业学院孙丽萍和郭瑞担任副主编。全书由原克波统稿和定稿。

在本书编写过程中，南充职业技术学院罗通彪、湖北轻工职业技术学院宋卫江、武汉职业技术学院高广斌、黑龙江农垦科技职业学院黄娜和黑龙江生物科技职业学院李威娜、王良、陈伟等老师付出了大量辛勤的劳动，鹤壁职业技术学院杨玉红教授对编写工作也给予了悉心指导，在此谨向他们表示衷心的感谢。

由于编者水平有限，书中的不足甚至错漏之处在所难免，敬请读者批评指正，以便将来进一步修改完善。

编　者
2023 年 2 月

目　　录

第一章　食品安全与质量管理概述

第一节　食 品 安 全

民以食为天,食品是人类赖以生存和社会发展的最基本物质,食品行业与人们的日常生活息息相关。当今社会,食品与能源、人口、环境、国防并列为世界五大发展主题。但是随着环境的日益恶化和新工艺、新技术、新产品的广泛使用,食品安全问题已成为威胁人类健康的主要因素。食品安全有两个方面的含义:一是指一个国家或社会的食品保障,即是否具有足够的食物供应;二是指食品中有毒、有害物质对人体健康影响的公共卫生问题。目前,不论是发达国家还是发展中国家,保障食品安全已成为政府工作的重点、公众关注的焦点、企业界和科技界义不容辞的责任,是全球关注的公共卫生问题。

一、食品安全、食品卫生与食品质量

(一)食品安全

1.食品安全的定义

1996 年,世界卫生组织(WHO)将食品安全界定为:"对食品按其原定用途进行制作或食用时不会使消费者健康受到损害的一种担保。"即食品安全是食品质量状况对食用者健康、安全的保证程度,具体指用于消费者最终消费的食品,不得出现因食品原料、包装或生产加工中存在的质量问题而对人体健康、人身安全造成或者可能造成任何不利的影响。

《食品安全管理体系　食品链中各类组织的要求》(GB/T 22000—2006)引用了国际食

品法典委员会(CAC)《食品卫生通则》的规定,即食品卫生和食品安全的定义有所区别。食品安全是指食品在按照预期用途进行制备和食用时,不会对消费者造成伤害。

2021年4月修正公布的《中华人民共和国食品安全法》(以下简称《食品安全法》)第一百五十条对食品安全的定义为:"食品安全,指食品无毒、无害,符合应当有的营养要求,对人体健康不造成任何急性、亚急性或者慢性危害。"

不同国家及不同时期,食品安全所面临的突出问题和治理要求有所不同。在发达国家,食品安全所关注的主要是因科学技术发展而引发的问题,如转基因食品对人类健康的影响;在发展中国家,食品安全所侧重的则是市场经济发育不成熟所引发的问题,如假冒伪劣、有毒有害食品的非法生产经营。我国的食品安全问题包括上述全部内容。因此,国家质检总局于2004年发布实施了《食品安全管理体系 要求》(SN/T 1443.1—2004)。该标准从技术管理角度提出了"在特定产品的食品链中系统预防、控制和防范所有涉及食品安全的特定危害",通过"食品链"确立了"食品安全"的综合概念,食品安全包括从食品的初级生产、加工、包装、贮藏、运输、销售等直到最终消费的所有环节。该食品安全概念同时也包括了食品卫生、食品质量、食品营养等相关方面的内容,其不仅统一了各环节、各部门的准入条件、相关法规标准内容等,也避免了同一企业在同一环节的卫生、质量等多要素的重复管理。

3.食品安全性与风险

风险是一个应用较广的概念。风险可简单地理解为人所不欲事件发生的概率或机会的多少。风险有大小,有一些是可以度量的,如保险公司的经营项目,而有一些只能根据风险评价结果给予估算,如食品成分的风险等。

用风险概念来分析食品安全性问题,就不难理解,现实生活中并不存在无风险或零风险的事,关键在于消费者接受什么样的风险。对可能的风险和获益作综合平衡,权衡得失利害,才能作出合理的取舍和符合实际的决策。食品生产、加工、储存、销售过程中使用的农药、兽药、添加剂及其他化学品,可能为消费者带来一定的风险,但不用这些化学品又会增大别的风险,如病虫滋生使食品中某些致病的微生物、生物毒素、寄生虫增多;食品的质量和数量严重下降;食品的营养和品味不佳;食品价格上涨等。作为消费者,只能根据条件选择接受哪一种风险。对风险与获益两个方面全面的认识与理解,是确保食品安全性对策合理的前提。其中,对食品中可能含有的危害成分的风险评价及其相应的风险控制,则是一项基础性工作,需要严格的方法、技术、工作程序和机构上的支持与保证。

4.食品安全性与目标消费者

在食品的生产、加工和销售等过程中,目标消费者是企业赖以生存的根本,其处于整个食品链条的最终位置,也是中心地位。保证最终消费者的食用安全是每个食品企业的最终使命与责任。不同消费者所面临的食品安全问题不同,其对食品安全性的要求也不同。

(1)普通大众 该类人群是大部分食品的主流消费群体,对食品的安全、质量特性一般无特别附加的要求,产品只要符合一般标准,不会发生食品质量安全事故即可。

(2)婴幼儿 针对该目标消费者的食品,应适合婴幼儿的生理特点和营养需要。婴幼儿通过该类食品完成其主要营养的供给,关系其一生的生长发育状况。因此,该目标人群对食品的要求较一般普通大众更为严格,对其食用的产品质量与安全的控制需要特别加以关注。在制定各种农药残留限量标准时,对婴幼儿是给予特别保护的。

(3)弱势群体 该类人员主要包括老人、病人、敏感人群以及其他一些在自身条件上处于一定劣势的群体。弱势群体对食品提出了不同于普通大众的要求,包括对产品配方成分、加工工艺等的限制。如糖尿病病人要求其消费的食品中不能含有糖分;缺钙的老人或儿童要求其消费的食品的含钙量高于普通食品的含钙量;鱼、蟹类水产品经合理的加工制作后适量食用,对多数人来说是没有安全问题的,但是对一些具有此类过敏原的人来说即是安全危害。

在进行食品安全管理时,除了关注以上最终消费者外,还要关注食品零售商、食品加工商这些中间环节的目标消费者,它们更多的是以组织的形式存在。

(4)食品零售商 该类消费者在食品的安全质量特性要求上会更多地从包装、销售、流通、贮藏等环节考虑。

(5)食品加工商 该类消费者主要对食品原料的控制提出要求,食品原料需要进行再加工,考虑到生产工艺、成本控制等因素。食品加工商会更多地关注初级生产中的种植、养殖等环节会产生的食品安全危害问题。

5.食品安全性的现代问题

人类社会的发展和科学技术的进步,使人类的食品生产与消费活动经历了巨大的变化。一方面,与人类历史的任何时期相比,现代饮食水平与健康水平普遍提高,这说明食品安全性状况有了较大的甚至是质的改善。另一方面,人类食物链环节增多和食品结构复杂化,又增添了新的饮食风险和不确定因素。人类生活在达到温饱以后,社会发展提出了如何解决吃得好、吃得安全问题的要求。食品安全性问题正是在此背景下被提出的,且涉及的内容越来越多,并因国家、地区和人群的不同而有不同的侧重。

1993年,英国提出了一张当代发达和较发达国家的饮食风险清单:①营养过剩或营养失衡;②酗酒;③微生物污染;④自然产生的食品毒素;⑤环境污染物(包括核污染);⑥农药及农用化学品残留物;⑦兽用药物残留;⑧包装材料污染;⑨食品添加剂和饲料添加剂;⑩新开发食品及新工艺产品(如生物技术食品、辐照处理食品);⑪其他化学物质引起的饮食风险(如工业事故污染食品)。

以上列举的问题可归纳为现代食品安全性的六大问题,即营养失控、微生物致病、自然毒素、环境污染物、人为加入食物链的有害化学物质、其他不确定的饮食风险。其中,营养失控或营养不平衡在很大程度上是由个人行为决定的。其他几类问题,从食品安全管理体系控制的角度,主要体现为食品中的危害。

(二)食品卫生

"卫生"一词源于拉丁文"sanitas",意思是"健康"。《食品工业基本术语》将食品卫生定义为:"为防止食品在生产、收获、加工、运输、贮藏、销售等各个环节被有害物质(包括物理、化学、微生物等方面)污染,使食品有益于人体健康、质地良好,所采取的各项措施。"WHO对于食品卫生的定义为:食品卫生是为确保食品安全性和适合性,在食品链的所有阶段必须采取的一切条件和措施。

对于食品工业来说,卫生的意义是创造和维持一个清洁且有益于健康的生产环境和生产条件。食品卫生是为了提供有益于健康的食品。为了保持食品卫生,必须在清洁的环境中由身体健康的食品从业人员加工食品,防止有毒、有害物质污染食品而对人体造成危害,防止因微生物污染食品而引发食源性疾患,使引起食品腐败的微生物的繁殖减少到最低限度。食品卫生不仅是食品本身的卫生,还包括添加剂的卫生、食品容器的卫生、包装材料的卫生和所用工具、设备等生产经营过程中有关的卫生问题。

(三)食品质量

食品质量是指食品满足消费者明确的或者隐含的需要的特性。食品作为商品,其质量也是由产品质量、生产质量和服务质量三个方面构成的,但食品作为一类特殊商品,在质量上表现出了与其他产品不同的特点。

1.食用性

普通商品是作为物品供消费者使用的,而食品是供人食用的。

2.消费的一次性

普通商品大多都是可重复使用的,而食品是一次性消耗商品。

3.及时性

普通商品大多保质期较长,而食品的保质期相对较短。

4.产品质量的延续性

普通商品的产品质量在产品制造出来后就已确定,而食品的产品质量体现在食品生产、加工、运输、储存、销售的全过程。

(四)食品安全、食品卫生、食品质量的关系

因为食品安全、食品卫生、食品质量在内涵和外延上存在许多交叉,所以在实际运用中这三个概念往往出现混用的情况。

《食品工业基本术语》中将食品卫生和食品安全视为同义词。但 1996 年 WHO 在《加强国家级食品安全性计划指南》中把"食品卫生"和"食品安全"作为两个不同的用语加以区别。食品安全被解释为对食品按其原定用途进行制作和食用时,不会使消费者受害的一种担保,即用于消费者最终消费的食品,不得出现对人体健康、人身安全造成或者可能造成任何不利的影响;食品卫生则指为确保食品的安全性和适用性,在食物链的所有阶段必须采取的一切条件和措施。根据该定义,食品安全是以终极产品为评价依据的,而食品卫生则贯穿在食品生产、消费的全过程中。食品安全以食品卫生为基础,食品安全包括了食品卫生的基本含义。

食品质量是指一组固有特性满足要求的程度。《食品工业基本术语》中将食品质量定义为食品满足规定或潜在要求的特征和特性的总和,其反映食品品质的优劣。食品质量不仅是指食品的外观、品质、规格、数量、重量、包装,同时也包括了安全卫生。安全卫生是反映食品质量的主要指标,离开了安全卫生,就无法对食品的质量优劣下结论。对于进出口食品而言,安全卫生更是主要的检验检疫项目,也是进口国政府主管当局的要求。CAC/食品进出口检验和认证专业委员会(CCFICS)对"要求"的定义为:食品贸易主管当局所制定的包括公共健康、消费者保护和公平贸易条件的有关标准。这些要求依据不同的司法情况有所不同。食品安全要求与卫生要求密切相关,构成了食品质量概念的主体。食品安全包括食物量的安全和食物质的安全。食物量的安全指能否解决吃得饱的问题,而现在人们的生活质量不断提高,提起食品安全,考虑更多的是质的安全。食物质量的安全是确保食品消费对人类健康没有直接或潜在不良影响,这是食品卫生的重要组成部分。

通常,食品安全与食品卫生难以截然分开。但是卫生条件的要求毕竟不同于安全性能的要求,如对食品实行卫生注册登记制度、卫生监督检验制度、卫生许可审批制度等。对食品卫生条件的要求与安全要求一致,也是强制性的,在对外贸易中,它体现了国家意志,是国家干预进出口贸易的一种表现。这些严格的措施,一是为了保证食品的安全卫生,保护人体健康;二是一种贸易保护措施,是技术壁垒的一种形式。

食品安全、食品卫生、食品质量三者之间的种属关系,按照 2021 年 4 月修正公布的《食品安全法》第一百五十条规定:"食品无毒、无害,符合应当有的营养要求,对人体健康不造成任何急性、亚急性或者慢性危害。"可以把食品质量作为一个对食品总体要求的概念,涵盖消费者对食品的两个基本要求,即安全性和营养性要求,其中安全性包含食品卫生和食品安全两个方面。近年来,随着国内外食品安全问题的日益突出,食品安全被放在越来越重要的位置,很多学者由此提出应将食品安全作为综合性的概念,涵盖食品卫生、食品质量、食品营养等相关方面的内容和食品从农田到餐桌的各个环节。食品安全既包括生产安全,也包括经营安全;既包括结果安全,也包括过程安全;既包括现实安全,也包括未来安全。

二、我国食品安全现状

(一)我国食品安全十年工作成就①

党的十八大以来,我国食品安全形势发生了巨大变化:食品污染和有害因素监测已覆盖 99% 县区;发布食品安全国家标准 1400 余项,包含 2 万余项指标;农产品和食品抽检量实现每年 4 批次/千人的目标……如今,在党中央的坚强领导下,通过全社会的共同努力,我国食品安全站上了新台阶,正迈向新的征程。

1.全面打造最严谨标准体系,实现有章可依

食品安全标准是强制性技术法规,是生产经营者的基本遵循,也是监督执法的重要依据。据了解,依据新的《食品安全法》规定,已将分散在 15 个部门管理、涉及食品的近 5000 余项相关标准进行了全面清理,通过整合食用农产品安全标准、食品卫生、规格质量以及行业标准中强制执行内容,重点解决"标准一大堆、不知用哪个"的问题。

为保证食品安全标准的科学性,10 年来,我国组建了含 17 个部门近 400 位专家的国家标准评审委员会,坚持以严谨的风险评估为科学基础,建立了程序公开透明、多领域专家广泛参与、评审科学权威的标准研制制度,以及全社会多部门深入合作的标准跟踪评价机制,不断提升标准的公信力。

按照"最严谨的标准"要求,国家卫生健康委完善了以风险监测评估为基础的标准研制制度,建立了多部门多领域合作的标准审查机制,持续制定、修订、完善食品安全标准。目前我国食品安全标准体系分为通用标准、产品标准、生产经营规范和检验方法四大类,覆盖从原料到餐桌全过程。其中,食品中污染物、真菌毒素、标签和食品添加剂使用等通用标准和乳品标准、肉制品等产品标准,主要限定各类食品及原料中安全指标;检验方法标准是配套安全指标制定的检验方法;生产经营规范标准侧重过程管理,对食品生产经营过程提出规范要求。四类标准相互衔接,从不同角度管控食品安全风险。

此外,我国标准体系框架不仅契合中国居民膳食结构,也符合国际通行做法。我国已连续 15 年担任国际食品添加剂、农药残留国际法典委员会主持国,牵头协调亚洲食品法典委员会食品标准工作,为国际和地区食品安全标准研制与交流发挥了积极作用。

2.织密安全风险评估监测网,做到及时预警

---

① 周雯雯.站上新台阶,迈向新征程 我国食品安全十年交出亮眼答卷[J].中国食品工业,2022(15):6-9.

让老百姓吃得安全、放心，食品安全风险监测和评估是"守门人"。做好食品安全风险评估，不仅能够推动我国食品安全管理由末端控制向风险控制转变，由经验主导向科学主导转变，也有利于提升公众的食品安全信心，推进食品安全共治。

从2010年开始，我国组织实施国家食品安全风险监测和风险评估工作。通过连续十多年的监测，初步掌握了我国主要食品污染状况和趋势，如发现局部地区部分食品重金属污染、农兽药残留超标、致病菌污染以及新的潜在的其他风险等食品安全隐患，对发现的隐患及时开展风险评估，通报相关监管部门及时制定修订相关限量标准，有效发挥了监测评估的预警作用。同时，也基本掌握了我国不同地区、不同季节主要食源性疾病的发病趋势和发病规律。例如，我国毒蘑菇中毒主要发生在南方一些地区，全国年均发生中毒1500余起，每年死亡70人以上。依据此信息，政府加强了对中毒高发地区及时发布风险提示和加大消费者不采不食野生蘑菇针对性的科普宣传，明显降低了毒蘑菇中毒的发生起数和死亡人数。

近年来，我国组织建立了国家、省、市、县四级食品污染和有害因素监测、食源性疾病监测两大监测网络以及国家食品安全风险评估体系。其中，食品污染物和有害因素监测食品类别涵盖我国居民日常消费的粮油、蔬果、蛋奶、肉禽、水产等全部32类食品。

校园食品安全一直是全社会关注的焦点，学校食源性疾病监测也始终是国家食品安全风险监测的重要内容。为保证校园食品安全形势稳定，国家卫生健康委一方面通过动态研判监测发现隐患问题，并及时通报会商教育、市场监管等部门，协同强化风险防控措施，另一方面，协同教育、市场监管等部门抓好《学校食品安全与营养健康管理规定》的落实。围绕购买、贮存、加工、配送、供餐等关键环节，健全学校食品安全风险防控体系。与此同时，国家卫生健康委还组织疾病预防控制、社区卫生、妇幼保健等专业机构，加强学生营养监测，指导学校和幼儿园等做好食育进课堂，提升师生食品安全与营养健康素养。

为实现全社会校园食品安全共治，国家卫生健康委还组织开展了主题宣教活动。在每年的全国食品安全宣传周、全民营养周和"5·20"中国学生营养日主题宣传活动中，采取多种形式，开展校园食品安全与营养健康相关科普宣传，预防和控制学校食源性疾病，防范学生食物中毒。总体来看，近几年校园食品安全形势稳定向好，食源性疾病发病呈下降趋势，未发生涉及校园的重特大食品安全事件，无死亡病例发生。

3. 守稳筑牢食品安全监管防线，基础巩固向好

随着新修订《食品安全法》的施行，我国各级市场监管部门坚决落实"四个最严"要求，认真贯彻党中央、国务院食品安全工作决策部署，进一步强化风险意识，牢固树立底线思维，认真履职尽责，积极担当作为，切实加强监管，保持了食品安全总体稳定向好态势。

据国务院发布的《关于印发"十四五"市场监管现代化规划的通知》显示，我国食品安全等隐患排查治理能力稳步提高，农产品和食品抽检量实现每年4批次/千人的目标。

如何提高食品安全监管效能、推动食品行业提档升级？市场监管总局有关负责人表示，要把高度负责的态度作为做好食品安全工作的根本前提，敢于动真碰硬、打早打小。要把发现问题作为做好食品安全工作的"真本领"，不断拓宽发现问题的渠道，完善发现问题的机制，提高发现问题的能力。要把应对处置突发事件作为做好食品安全的"硬功夫"，始终保持高度敏感，快速响应、果断处置，在实践中锻炼提升应急处突的能力。要把创新作为做好食品安全工作的"驱动力"，主动适应统一大市场的新要求，不断强化"大监管"格局，创新工作理念、机制和手段，解决新问题、打开新局面。要把强化协调联动作为做好食品安全工作的

重要保障,推动地方党委政府落实党政同责,充分发挥各级食品安全办公室统筹协调作用,调动各方积极性,形成工作合力,在全社会营造一个良好的食品安全环境。

食品安全之弦,须臾不可放松。未来国家还将逐步完善食品安全领域现代化治理体系,加强食品全链条质量安全监管,推进食品安全放心工程建设攻坚行动,加大重点领域食品安全问题联合整治力度,切实增强广大人民群众的获得感、幸福感、安全感。

(二)我国食品安全存在的主要问题

近十年来,我国食品安全工作交出了"亮眼答卷",取得了举世瞩目的成绩。但毋庸置疑,我国的食品安全形势依然严峻,其中还存在不少问题,由此导致食品安全事故时有发生,典型案例如:2017年在江西九江发生了镉污染大米事件;2018年在浙江温州永嘉出现系列"毒馒头"案件;2020年5月,在湖南郴州出现假奶粉导致的"大头娃娃"事件,这是继2008年"三聚氰胺"奶粉重大食品安全事件后的又一起奶粉事件;2021年的"3·15"晚会上,河北沧州瘦肉精羊肉、泡药沃柑等问题曝光;等等。所有这些不仅暴露出某些企业道德责任的缺失,也表明我国食品安全监管工作有待进一步加强和完善。

食品在到达消费者手中之前,会经历不同的流通环节,而每个环节中又存在不同的操作流程。从生产源头开始,再到食品的加工以及后续的流通销售等环节,都有可能存在食品安全方面的问题。这些环节中,任何一个环节出现问题,而后续没有相应的处理措施,就会导致食品安全问题,从而影响到消费者的身体健康和生命安全。

1. 生产源头存在的风险和问题

食品安全问题的源头主要来自第一产业和第二产业的生产、加工物质量不合格。食品行业是一个特殊的行业,其原材料直接来源于农林牧副渔产品,因此第一产业发展的规范性水平和质量安全的水平直接影响食品安全控制的力度。生产源头的食品安全问题包括:化肥、农(兽)药、生长调节剂(激素)等使用不科学、超标甚至违禁非法使用;饲料、养殖用水等投入品被兽药污染;产地的土壤、地下水被农(兽)药、重金属、真菌毒素、硝酸盐等污染;一些污染物不易降解,在环境、畜禽水产品中残留并富集,通过食物链危害动物养殖和人类健康。此外,农业耕作模式中的"秸秆还田""矮化密植"等也会使粮食、果蔬真菌(毒素)遭受污染,可能导致食品安全问题。

2. 食品加工生产环节存在的风险和问题

食品安全的中心环节是食品加工生产,保障食品安全就必需严格管理食品加工生产过程。我国作为一个农业大国和人口大国,食品加工企业数量众多,有证食品生产企业达17万家。从生产规模上讲,大部分食品生产企业属于管理尚不完善的中小型企业。

食品加工生产环节出现食品安全问题的原因是多方面的:第一,食品行业竞争异常激烈,利润相对较低,一些企业为了追求食品带来的感官效果和获得高额利润,违背国家相关标准和法律制度,在食品中加入超剂量的添加剂或禁用物质。如前文所说的2008年的"三聚氰胺"事件和2020年的假奶粉导致的"大头娃娃"事件等。第二,食品进入市场前的很多环节(包括加工、生产、包装、储运等)都存在食品安全的隐患:使用污染的原料、存储环境温湿度不合适引致的霉变以及在包装材料中使用未获国家批准的有毒生产助剂而迁移至食品的问题。2011年那场始于台湾地区,随后波及全国的"塑化剂"污染风波,就是由塑料加工中添加的高分子材料助剂邻苯二甲酸酯类迁移到食品中引起的。第三,食品生产经营者销售假冒伪劣食品的违法成本低。由于查处和处罚力度不够,对无良生产经营者起不到有效的威慑作用,进而很多商家选择冒着风险,采取令人不齿的行径来获取暴利,甚至不惜触及社会道德和人性底线。虽然有史上最严的《食品安全法》指明了监管的方向,但在具体的实施上尚没达到预期效果。第四,食品安全是一个动态问题,随着食品生产中新技术、新包装、新原料的使用以及人为的非法添加,不断会有新的污染问题出现。另外,部分企业在招聘员工时对其健康证的检验不严格,造成部分具有传染病的人员直接参与了食品的生产过程,这也会成为食品安全的一个隐患。

3. 食品安全监管和法规标准方面存在的风险和问题

成立于 2013 年的食品药品监督管理局(现更名为市场监督管理局),对食品生产、流通、餐饮消费环节的食品安全实现统一管理,食品安全由过去的多部门分段管理变成由食品药品监督管理局和农业农村部两段管理,田间地头、养殖、屠宰等食品原料生产源头的监管由农业农村部负责,而食品生产及进入市场流通、消费环节的农产品及各类食品、餐饮则由食品药品监督管理局管理。事实上,依然有些领域由其他部门管理,如食品的基础原料——粮食。粮食收购及存储期间的质量安全问题是由粮食局(现更名为粮食和物资储备局)承担。基本改变了过去各部门分管的局面,但依然存在职责不清的情况,甚至一些法律之间难以有效衔接。

目前,食品安全监管主要存在的问题包括:(1)个体分散经营的农业生产不利于统一监管。田间地头农作物生产及畜禽生产中的投入品很难统计和取样。(2)食品安全的相关标准尚存在不完善的地方。截至 2021 年底,我国发布食品安全国家标准 1400 多项,涉及 2 万多项食品安全指标,涵盖日常消费的所有主要食品品种。这些标准是我国食品安全监管的执法依据,但即使是数量如此众多的标准,在执法过程中,依然可能出现无法可依的情况。(3)流通经营环节秩序混乱,农产品市场准入缺乏规范。食品运输、仓储和批发零售缺乏标准和规范。部分包装食品的保质期没有明确标注,导致过期的产品还在销售;有的经营者将过期的产品进行加热、蒸煮处理后继续销售。线上销售成了监管的重灾区,甚至一些三无产品进入流通环节。部分农产品不通过农—商—消费者的渠道流通,而是农民直接卖给消费者,或者食品生产者直接以微商的形式流通,中间缺乏监管环节。

4. 食品安全检测方面存在的风险和问题

2009 年 2 月颁布、2021 年 4 月第二次修正的《食品安全法》第 112 条规定"县级以上人民政府食品药品监督管理部门在食品安全监督管理工作中可以采用国家规定的快速检测方法对食品进行抽查检测"。该法将快速检测方法提高到前所未有的地位。这与我国食品安全市场监管抽检比例增大及现场执法的实际需求的现实情况分不开。但我国快检产品存在的各种问题,无疑在自检和监管环节给食品安全带来风险。

首先,目前我国的各类标准肯定了快检技术,但各类标准肯定的是检测技术而不是产品本身,现实情况是,市面上的快检产品良莠不齐,甚至出现"劣币驱逐良币"的情况。免疫快检产品所用抗原-抗体及生产工艺的差异,决定了不同厂家快检产品的差距。管理制度完善的快检产品生产企业,企业按照 ISO 9001 质量管理体系运行,产品在满足洁净度、温湿度环境要求、通过良好操作规范(good manufacturingpractice,GMP)的车间生产,有严格的内部质量评价管理体系及完善的售后服务体系,产品市场价格会偏高一些,但产品性价比更高。然而按照目前招投标中"低价中标"的现状,非常不利于企业的良性循环。其次,快检产品为了迎合市场上对"快"的需求,忽略了待测物本身固有的特性。

5.食品安全意识缺乏带来的风险和问题

首先,近年来老百姓的食品安全意识尽管有了极大的提高,但因缺乏科学引导,尚处于"似懂非懂"状态,遇到突发情况不能作出准确的判断,容易陷入无端恐惧中。其次,我国很多消费者由于收入水平不高,没有足够的消费能力,加上缺乏相应的常识,因此在购买食品时安全意识淡漠,往往只图便宜而不顾及食品的质量、卫生问题;还有一些消费者在购买便宜食品、特价食品、无质量保证食品时总是抱着侥幸心理,从而成为不安全食品的消费主力,不利于形成全民监督的力量。再次,部分食品生产经营者由于缺乏食品安全的基本知识,导致不能科学种植、养殖、生产、储存和经营,成为不安全食品生产的主体。

(三)解决我国食品安全问题的对策

解决我国食品安全面临的主要问题,需要构建一个以风险管理为主的包括安全生产、检测体系、食品安全监控平台、检测技术服务到科普教育的多层次、全方位、多角度的保证体系,最终实现食品安全的"政府监管、全民共治",达到真正的食品安全。

1.加强对生产源头的管控

为加强农产品生产源头污染的治理,2018年中央一号文件《中共中央国务院关于实施乡村振兴战略的意见》指出:加强农业投入品和农产品质量安全追溯体系建设,健全农产品质量和食品安全监管体制,重点提高基层监管能力。为堵住食品的源头污染,主要需要做好以下几方面的工作:(1)应鼓励通过土地流转推动农村土地经营权的整合推广,大规模的机械作业和家庭农场等大规模的养殖,使得食品的种植、生产、加工更有保障,应用先进的技术手段替代传统落后的生产手段,让原材料的质量更好,整个生产的流程更可控;给予农林牧副渔的相关生产进行一定的财政补贴,使得农民可以在本分经营、规范生产当中获得足够的利润,避免农民铤而走险,受到不良企业的诱惑而造成违法生产的问题;鼓励采用"互联网+"等多种发展方式,带动农村经济的发展,促进食品安全问题管理水平的提升。(2)加强生产基地监督管理体系建设,维护农产品生产源头的健康生态环境,规范农(兽)药使用标准和实施登记使用制度,严格控制药残超标的农产品流入到市场中,从根本上遏制食品源头污染的状况。(3)在生产基地建立快检实验室,对产地环境和农业生产投入品进行监管,建立农产品的追溯体系,形成"倒逼"机制的闭环。(4)加强农民的相关知识教育,提高对农药的鉴别能力,合理规范使用农药。

加强生产源头的管控,既是食品安全的重要内容和基础保障,也是现代农业的重要任务,要把农产品质量安全作为转变农业发展方式、加快现代农业建设的关键环节,坚持源头治理,标本兼治。

2.加强对食品生产企业的规划和管理工作

食品生产企业的恶性竞争是食品安全问题的根源。第一,必须对食品生产企业的数量进行宏观规划。第二,保障食品生产企业良性运行的关键是从根本上解决掺假造假问题,同时,需要对食品的生产、包装、加工、流通和销售等环节加强管理和监督。第三,需要增加抽检量和加强飞行检查,对违法违规企业采取最严厉的惩罚,促使食品生产企业意识到食品安全的重要性,增强企业自检和安全管理意识,最大程度发挥监督的效力。第四,食品产业的链条较长,价值链比较复杂,因此需要增强食品产业的生产者、加工者、运输者、销售者以及最终的产品提供者的社会责任感,提高企业的管理水平,包括严格原材料选择、提高员工的专业知识和素质、提高食品加工的环境安全及操作流程规范性。

3.完善食品安全监管制度和法规标准

为进一步保证食品安全监督管理工作的顺利实施,必须建立一个完善的监督管理体系,以此作为依据和支撑执行一系列管理工作,并要落实食品安全监督管理的协作机制,根据现行的《食品安全法》进行仔细分析和审查,认真研究其中出现的一些问题并进行有效解决;对各个部门、各个单位的安全监管工作也应进行统筹,并建立起健全的协调制度;发挥国家食品安全委员会的管理职能,同时对跨部门食品安全状况调查与信息通报制度也应当实现合理的衔接。与此同时,承担监督管理人力资源协调工作的政府机关也应该结合需要,确保资源的合理分配,构建起更加完善且综合素质强的管理队伍;对管理队伍展开定期的食品安全技能培训工作及监督管理素质培训工作,保证相关工作人员在上岗之后能够高质量地完成食品安全监督管理工作,进一步确保食品安全监督管理机制的规范化和科学化。此外,应规范食品安全监管单位的执法权力,确保每级监管部门按照法律的规范发挥权力功能,实现对食品市场的有效监督管理。

《食品安全法》强调了用法治思维和法治方式解决食品安全问题,为食品安全监管部门奠定了执法依据,同时极大地提高了食品安全违法犯罪的成本,有助于遏制利益驱动型食品安全违法犯罪行为的发生。2019年12月1日《食品安全法实施条例》颁布实施;2020年1月,国家市场监管总局发布了修订的《食品生产许可管理办法》;2021年2月,国家卫生健康委与市场监管总局共同制定发布了《食品安全国家标准餐饮服务通用卫生规范》(GB31654—2021);2021年4月13日,海关总署公布了新版《进出口食品安全管理办法》;2021年11月,国家卫生健康委印发了修订的《食品安全风险监测管理规定》和《食品安全风险评估管理规定》;2022年10月,国家市场监督管理总局发布了修订的《食品生产许可审查通则(2022版)》;等等。另据有关资料统计,党的十八大以来,我国共计发布食品安全国家标准1400余项,包含2万余项指标。所有这些法规和标准,都有助于食品安全监管工作的开展和促进我国食品安全形势持续向好发展。

4.提高和改进食品安全检测技术及产品评价机制

研制便捷、准确、灵敏的食品安全检测技术和产品,实现对掺假、伪劣食品的快速鉴别,从而保障食品安全。核心还是提高检测技术和能力,为保障食品安全提供技术支撑。

为确保快检结果的准确性,有效保障食品安全,非常有必要建立快检产品的市场准入制度,建立有效的快检产品评价体系(办法)。农业农村部委托相关机构开展了"瘦肉精"和"水产品中药物残留"的评价工作,对市场上销售的快检产品进行评价,一定程度上保护和规范了快检产品的市场环境。但从市场准入的角度来说,可能还远远不够。事实上,除了评价产品,规范快检产品的生产条件也是非常必要的,因为高质量的快检产品对环境的温湿度、洁净度要求很高,生产环境达不到要求就无法保障产品的质量。此外,准入制度的制定,需要基于严格的科学事实,考虑污染物的特性,避免被市场需求牵着鼻子走。

5.增强全社会对食品安全的认知

食品安全的实现需要各种社会条件来推动:民众的安全意识、科学素养及道德水平,才能形成科学的种植、养殖和消费理念。同时,增强全社会的食品安全意识,利于形成食品安全的倒逼机制,或者说通过生态体系下游对上游的影响,实现食品安全的"全民共治"。

提高全社会的食品安全素质,需要从以下几方面开展工作:(1)加强面向广大消费者的食品安全科普宣传教育活动,使得食品安全思想深入民众,有意识地拒绝购买不安全的食品,使其自绝于市场。(2)构建完整的、多层次的食品安全教育体系。加强中小学生食品安全教育,提升全社会食品安全科学素养。在高等教育中设置食品安全专业方向,培养食品安全的监管、检验、研究等专业技术人才。不同层次的专业技术人员,是维护食品安全的强大技术力量。(3)让更多的消费者了解食品安全法律法规和消费者的权益,增强防范意识。充分发挥行业协会的作用,使其促进行业自律和维护消费者的权益;提高消费者维权意识,增强消费者监督举报的责任感;转变消费观念,充分认识及掌握食品风险的多种来源和危害,对食品安全违法现象进行舆论监督,成为有效的食品安全监督力量。此外,政府还可以发放一些有关食品的消费券等,引导消费者追求更高质量的食品,为消费者购买产品解决后顾之忧,提高其综合选择能力。(4)充分发挥新闻媒体的作用。在信息量繁多的现代社会,新闻媒体是人们获取信息的主要途径。要充分发挥新闻媒体的社会监督作用,本着公平公正的态度对发生的食品安全事件进行实事求是的报道,让广大消费者能够及时了解有关食品安全问题,让不良商家无处遁形,避免类似的问题继续发生。同时,加强新闻媒体的监督作用也有利于对不良生产商、销售商等产生震慑作用,从而间接提高食品的安全性。

三、加强食品安全管理的重要性

民以食为天,食以安为先。食品是人类赖以生存和发展的最基本物质条件,食品安全关系着人类的生存与发展。据世界卫生组织(World Health Organization,WHO)统计,每年因不安全食品导致200万人死亡,儿童占绝大多数。每次我国食品安全重大事件的披露,都会引起巨大的社会反响,2011年,我国双汇"瘦肉精"事件的曝光,甚至引起有关国家反兴奋剂组织的重视。食品安全不仅关系到消费者的身体健康,引发民众对国内食品的信任危机,还直接损害政府的公信力和"中国制造"的商品声誉,最终制约我国经济和对外贸易的健康发展。因此,食品安全问题绝不是一个局限于某一行业或领域的单纯事件,而是一个涉及科学、技术、法规、政策、道德的综合性重大社会问题,是一个需要投入大量的物力财力和几代人的共同努力才能完成的复杂系统工程。

在我国国民经济中,食品工业是最古老而又永恒的产业,食品是一种与人类健康有着密切关系的特殊有形产品,其具有独特的特殊性和重要性。随着我国经济的不断发展,食品种类越来越丰富,产品数量供给充足有余,在满足食品需求供给平衡的同时,食品安全问题越来越突出。我国有14亿多人口,应当成为食品工业的大国与强国,发展食品工业是我国经济发展的一大策略。

吃得安全、吃得健康是人民群众美好生活的重要内容。党和政府高度重视食品安全问题。用最严谨的标准、最严格的监管、最严厉的处罚、最严肃的问责,确保广大人民群众"舌尖上的安全",是政府工作的重要内容之一。党的十八大以来,习近平总书记对食品安全作出了一系列重要指示、批示,确立了食品安全工作的思想基础、理论指导、制度框架、实践方法,这成为新时代做好食品安全工作的根本遵循。党的十八大提出"把食品药品安全纳入公共安全体系";党的十九大提出"实施食品安全战略,让人民吃得放心";党的二十大提出"强化食品药品安全监管,健全生物安全监管预警防控体系"。2019年2月,中央办公厅、国务院办公厅印发的《地方党政领导干部食品安全责任制规定》,提出党政同责,建立地方党政领导干部食品安全工作责任制,将食品安全工作纳入地方党政领导干部政绩考核内容;2019年5月20日,《中共中央国务院关于深化改革加强食品安全工作的意见》正式发布,这是第一个以中共中央、国务院名义出台的食品安全工作纲领性文件,具有里程碑式重要意义。2018 年和 2021 年我国先后两次修正了 2015 年颁布的"史上最严"的《食品安全法》。2021 年 3 月 13 日,新华社公布了《国民经济和社会发展第十四个五年规划和 2035 年远景目标纲要》(简称《纲要》)。《纲要》提出,严格食品药品安全监管:落实"四个最严"要求;推进食品安全放心工程建设攻坚行动;建立食品安全民事公益诉讼惩罚性赔偿制度;加强和改进食品药品安全监管制度,完善食品药品安全法律法规和标准体系;加强食品全链条质量安全监管;加大重点领域食品安全问题联合整治力度,加强食品药品安全风险监测、抽检和监管执法等;等等。所有这些都有利于调动全社会各方面的优势力量,攻坚克难,建立完善的食品安全保证体系,从根本上解决我国食品安全存在的各种问题。

综上所述,食品安全涉及千家万户,保证食品安全,不仅关系到人民群众的身体健康和生命安全,也关系到社会的和谐稳定及可持续发展。

四、食品安全保障体系

食品安全质量水平受多种因素制约,不仅受到整个生产流通环节的影响,还受社会经济发展、科学技术进步和人们生活水平的影响,因此提高食品安全质量是一项范围广泛的系统工程,需要建立一个完整的食品安全保障体系。这个体系包括食品质量监督管理体系、食品法律法规体系、食品标准体系、食品质量认证体系、食品检测体系、食品生产质量管理体系六个方面。

(一)食品质量监督管理体系

食品质量监督管理体系是指国家行政主体依据法定职权通过法律法规对食品生产、流通进行有效监督管理的一整套管理机制。现代食品质量监督管理体系在横向管理上以各种法律法规健全、组织执行机构配套、政府和企业建立预防性管理体系为特征;在纵向实施从田头到餐桌全过程管理;在管理手段上强调制度与行政手段的结合。

从食品监管体制的发展趋势看,趋向于逐步建立统一管理、协调、高效运作的架构,强调从"农田到餐桌"食品生产链的全过程食品安全质量监控,形成政府、企业、科研机构、消费者共同参与的监管模式;在管理手段上,逐步采用"风险分析"作为食品安全质量监管的基本模式。

(二)食品法律法规体系

一个有效的食品质量保障体系应该以清楚、合理、科学的国家食品法律体系为基础,法律法规体系是世界各国提升食品安全质量水平的根本保障,是食品质量监管顺利推行的基础。只有建立了健全的法律体系,才能为国家开展食品执法监督管理提供依据。食品法规体系应涵盖所有食品类别和食品生产链的各个环节。

世界各国食品安全立法大致分为两类:一类是在一些综合性法律中通过对农产品及食品、农业投入品、包装和标签的调整从而直接或间接地涉及对食品安全的调整;另一类就是在单一性法律中专门就某一种类或某一环节的食品质量安全问题作出规定。各项立法互相配合而又各有侧重,形成比较严密的食品安全管理法规体系。

(三)食品标准体系

食品标准是食品行业中的技术规范,从多方面规定了食品的技术要求和品质要求,是食品生产、检验和评定的依据,是企业进行科学管理的基础和食品质量的保证,同时也是食品监管机构进行监督管理的依据。食品标准涉及食品从农田到餐桌的各个环节,包括食品原辅料及产品的品质要求、生产操作规范以及质量管理等内容。

(四)食品质量认证体系

质量认证是国际上通行的管理产品质量的有效方法。对食品质量进行认证,可促使食品生产企业完善质量管理体系,生产出高质量的产品。同时,通过严格的检验和检查,为符合要求的产品出具权威证书,可减少重复检验和评审,降低成本,提高产品知名度,符合市场经济的法则,是促进贸易的有效手段。

(五)食品检测体系

食品检测体系是食品质量管理的基础,只有通过食品检测,才能掌握食品质量信息,在各个环节对食品质量进行有效的监控和管理。

食品检测体系一般由企业自检体系、民间检测机构和政府监管机构构成。

(六)食品生产质量管理体系

企业为了实施质量管理,生产出满足规定和潜在要求的产品和提供满意的服务,实现企业的质量目标,必须通过建立、健全和实施食品生产质量管理体系(简称质量体系)来实现。质量体系是一个组织落实物质保障和具体工作内容的有机整体。

第二节　食品质量管理

一、质量与质量管理

(一)质量

1.质量的概念

质量又称为"品质"。质量的概念随着经济的发展和社会的进步不断得到深化和发展,各国的质量管理专家们给质量下了不同的定义。具有代表性的质量定义有:

(1)符合性质量　美国著名的质量管理专家克劳士比认为,质量并不意味着好、卓越、优秀等,而是对于规范或要求的符合。只有相对于特定的规范要求谈质量才有意义,合乎规范就意味着有了质量,而不合规范自然就缺乏质量。

这种"合格即质量"的认识以"符合"现行规范的程度作为衡量依据,对于质量管理的具体工作显然很实用,但也有局限性。规范有先进和落后之分,落后的规范即使百分之百地符合,也不能认为此产品的质量就是好的。同时,规范也不可能将顾客的各种要求和期望都规定下来,特别是隐含的要求和期望。仅仅强调规范、合格,难免会忽略顾客的要求,忽略顾客要求的变化,忽略组织存在的目的和使命,从而犯本末倒置的错误。

(2)适用性质量　美国著名的质量专家朱兰博士从顾客角度出发,提出了著名的质量即产品"适用性"的观点。他指出,"适用性"就是产品在使用过程中成功地满足顾客要求的程度,包括使用性能、辅助性能和适应性。产品的使用性能易与产品功能混淆:产品功能反映产品可以做什么,产品的使用性能是指产品做得怎么样。辅助性能是指保障使用性能发挥作用的性能。适应性是指产品在不同的环境下依然保持其使用性能的能力。例如一辆轿车,有无天窗属于汽车的功能范畴,不属于质量范畴,天窗是否好用、是否漏水则属于使用性能问题,属于质量范畴。一块手表走时是否准确属于使用性能范畴,是否带有夜光则属于辅助性能范畴,是否提供防水功能则是适应性范畴。对顾客而言,质量就是适用性,而不是"符合规范"。最终用户很少知道"规范"是什么,质量对他而言就意味着产品在交货时或使用中的适用性。任何组织的基本任务就是提供能满足用户要求的产品。这是以适合顾客需要的程度作为衡量依据的,即从使用的角度来定义质量,认为产品质量是产品在使用时能成功满足顾客需要的程度。

与符合性质量相比,适用性质量更多地站在顾客的立场上去反映用户对质量的感觉、期望和利益,恰当地揭示了质量最终体现在使用过程的价值观,对于重视顾客、明确组织存在的根本目的和使命具有极为深远的意义。朱兰的思想很快获得了世界范围的普遍认同,成为用户型质量的一种代表性理论。

(3)广义质量 "质量是适用性""质量是使顾客满意""质量就是符合要求"仅仅表示了质量定义的某些方面,是片面的。现在的质量工作不仅要继续抓好产品质量或服务质量,而且要抓好组织的质量、体系的质量、人的质量。从某种意义而言,后者更重要。因此,质量的概念在内容和范围上都大大扩展了。ISO 9000:2015《质量管理体系 基础和术语》将"质量"定义为:客体的一组固有特性满足要求的程度。这一定义既反映了要符合规范的要求,也反映了要满足顾客的要求,综合了符合性和适用性的含义。具体可从以下几方面理解:

①质量可存在于各个领域或任何事物中。质量概念所描述的对象早期大多仅局限于有形产品,以后又延伸到了服务等无形产品,而如今则扩展到了过程、活动、组织乃至它们的组合。所以,质量概念既可以用来描述产品和活动,也可以用来对过程、人员甚至组织进行描述。该定义突出反映了质量概念的广泛包容性。

②"固有特性"是指在某事或某物中本来就有的,尤其是那种永久的特性,包括产品的适用性、可信性、经济性、美观性和安全性等。

③产品质量指产品满足要求的程度,即满足顾客要求和法律法规要求的程度。因此,质量对于企业的重要意义可以从满足顾客要求、满足法律法规要求的程度来加以理解。其中顾客要求是产品存在的前提。

2. 质量的特性

(1)质量的基本特性 从广义质量定义中可知:质量的内涵是由一组固有特性组成的,并且这些固有特性是以满足顾客及其他相关方所要求的能力加以表征。将产品、过程或体系要求的有关固有特性称为实体的质量特性,将人们对质量特性的具体要求称为"质量要求"。不同的实体具有不同的质量特性和要求。质量具有经济性、广义性、时效性和相对性等基本特征。

(2)质量特性参数与特性值 质量要求通常用一系列质量特性参数和质量特性值来表示。

①质量特性参数:对组织而言,为了便于内部从事质量管理工作,评价产品质量的状况,以便最大限度地满足用户的质量要求,必须把产品的适用性要求具体加以落实,并定量表示。这种定量表示的质量特性常称为质量特性参数。在质量形成全过程的各个环节,都应从保证使用质量的要求出发,提出定量的要求,以便明确质量责任,确保使用质量。目前,我国食品的质量特性参数包括感官指标、理化指标、卫生指标、保质期等。

②质量特性值:通常表现为各种数值指标,即质量指标。一个具体产品常需用多个指标来反映它的质量。测量或测定质量指标所得的数值,即为质量特性值。根据质量指标特性的不同,质量特性值分为计数值和计量值两大类。计数值是指当质量特性值只能取一组特

定的数值,而不能取这些数值之间的数值时的特性值;计量值是指当质量特性值可以取给定范围内的任何一个可能的数值时的特性值。

不同类的质量特性值所形成的统计规律不同,从而形成了不同的控制方法。人们所要了解和控制的对象产品的全体或表示产品性质的质量特性值的全体,称为总体。通常是从总体中随机抽取部分单位产品即样本,通过测定样品的质量特性值来估计和判断总体的性质。质量管理统计方法的基本思想,就是用样本的质量特性值来对总体作出科学的推断。

3. 质量的表现形式及其特性

(1)产品质量《质量管理体系 基础和术语》(GB/T 19000—2016)中将产品质量定义为:产品的固有特性满足消费者需求的程度,包括了产品的适用性和符合性的全部内涵。产品为"过程的结果",包括服务(如运输、贮存等)、软件(如计算机程序、字典)、硬件(如机器零部件)和流程性材料(如润滑油)。食品质量就是指食品的固有特性满足顾客要求的程度。

产品质量的特性包括三个方面:

①产品的内在特性:如产品的结构、物理性能、化学成分、可靠性、精度、纯度、安全性等。

②产品的外在特性:如形状、外观、色泽、手感、口感、气味、包装等。

③经济特性:如成本、价格、使用维修费及其他方面的特性(如交货期、污染、公害等)。

产品的不同特性区别了各种产品的不同用途,满足了人们的不同需要。可把各种产品的不同特性概括为功能性、可信性、安全性、适应性、经济性等。

产品质量从表现形式上由外观质量、内在质量和附加质量构成。外观质量指产品的外部形态,即通过感觉器官而能直接感受到的特性,如食品的形状、规格、色泽、风味等。内在质量是指通过测试、实验手段而能反映出来的产品特性或性质,如食品的营养成分及其含量、食品的卫生等。附加质量指产品信誉、经济性和销售服务等。对不同种类的产品,其外观质量、内在质量和附加质量三者各有侧重,产品的内在质量往往可能通过外观质量表现出来,并通过附加质量得到充分的实现。

产品质量从形式环节上由设计质量、制造质量和市场质量构成。设计质量是指在生产过程之前,设计部门在对产品品种、规格、造型、花色、质地、装潢、包装等方面进行设计的过程中形成的质量因素。制造质量是指在生产过程中所形成的符合设计要求的质量因素。市场质量是指在整个流通过程中,对已在生产环节形成的质量的维护保证与附加的质量因素。设计质量是产品质量形成的前提条件,是产品质量形成的起点;制造质量是产品质量形成的主要方面,对产品质量的各种性质起着决定性作用;市场质量是产品质量实现的保证。

产品质量从有机组成上由自然质量、社会质量和经济质量构成。自然质量是产品的自然属性给产品带来的质量因素,是构成产品质量的基础;社会质量是产品的社会属性所要求的质量因素;经济质量是产品消费投入时需考虑的因素。

(2)过程质量《质量管理体系 基础和术语》(GB/T 19000—2016)将过程质量定义为:一组将输入转化为输出的相互关联或相互作用的活动,过程质量就是整个活动过程的质量。对生产而言,过程质量则是指生产过程中的设计、生产、检验、运输、贮藏、售后服务等全方位、全过程、全体人员行为的质量和过程中使用设备、原材料的质量。在企业的生产过程中,只有全体员工的行为是高质量的,生产设备和原料也是高质量的,同时环境温度、湿度、灰尘度、地质、阳光等也是高质量的,才能保证生产的产品是高质量的。因此,过程质量是产品质量、员工行为质量和环境质量综合的质量。产品质量认证制度都要对过程质量进行评定,都要审查企业的设计、生产、检验、运输等能力及审查设备、组织管理人员的条件。

（3）工作质量　工作质量是指与产品质量有关的工作对于产品质量的保证程度。工作质量涉及企业所有部门，企业中的每个部门、车间、班组和岗位都直接或间接地影响着产品质量，其中领导的素质十分重要，起着决定性作用。全体员工素质的普遍提高是提高工作质量的基础，工作质量又是提高产品质量的基础和保证。所以，要想保证产品的质量，必须首先抓好与产品质量有关的各项工作。

（4）服务质量　由 ISO 9000 中"产品"的定义可知，"服务"是与硬件、流程性材料、软件并列的四种通用产品之一，也就是说服务是一种产品。服务质量应当指服务满足规定或潜在需要的特征和特性的总和。国际标准列举的服务质量特性包括：设施、容量、人员的数量和贮存量；等待时间、过程的各项时间；卫生、安全、可靠性和保密性；反应、方便、礼貌、舒适、能力、耐用性、可信性等。

（5）体系质量　体系是相互关联、相互作用的一组要素。部门、单位、企业都是由人、财、物、组织机构等多个要素有机地结合起来形成的一个体系。人的行为质量、设备的质量、内部组织机构分工的合理性与制度的健全性决定了这个体系对外的活动能力，也就是这个体系满足要求程度的体系质量。

（6）行为质量　行为质量是人的行为的质量，是对人表现出来的才能和品行的评定，所以行为质量实际上是人的质量。人的质量主要取决于人的才能和品行。才能取决于人掌握科学知识的多少，运用知识的灵感。品行取决于社会环境和教育。一个品行高尚、才能出众的人可以表现出高质量的行为。行为质量对自然物质质量以外的质量起着决定性的作用，没有良好的行为质量，就没有质量的提高。

（二）质量管理术语

1. 质量体系

体系是指相互作用的一组要素构成的一个系统。管理体系是建立方针和目标，并实现这些目标的相互关联或相互作用的一组要素构成的一个系统，包括组织结构、策划活动、职责、惯例、程序、过程和资源。而质量体系则是为实施质量管理所需的组织结构、程序、过程和资源所构成的一个系统。

质量体系不仅包括组织结构、程序等软件，还包括资源。质量体系建立和健全的基础在于人、财、物。质量体系是为实施质量管理而建立和运行的，企业的质量体系包含在该企业的质量管理范畴之内。质量体系的建立与健全必须结合本企业具体的内、外环境来考虑，不应该采取同一种模式。

质量体系按体系目的可分为质量管理体系和质量保证体系。质量管理体系是供方根据本组织质量管理的需要而建立的用于内部管理的质量体系。质量保证体系是用于向外部证明的质量体系，即当需方对供方提出外部证明的要求时，供方为了履行合同、贯彻法令和进行评价，向需方提供实施有关体系要素的证明或建立的质量体系。

2. 质量管理

质量管理是企业管理的重要组成部分，自 20 世纪中期以来获得了长足的发展，作为一门基础理论扎实、体系完备、内容丰富的学科在全世界广泛传播。

质量管理是确定质量方针、目标和职责，并在质量体系中通过质量策划、质量控制、质量保证和质量改进等实施全部管理职能的所有活动。

质量管理是一个企业所有管理职能的一部分,其职能是负责确定并实施质量方针、目标和职责。质量管理是为了保证产品质量所进行的调查、计划、实施、协调、控制、检查和处理及信息反馈等各项活动的总称。其职责由企业的最高管理者承担,企业内各级管理者及员工的积极参与是质量管理的保障。

质量管理的目的是满足市场和用户的质量要求,提供适用性产品。从整个社会来看,质量管理可分为宏观和微观两方面。微观的企业质量管理是整个社会宏观质量管理工作的基础,包括质量保证、质量控制、质量策划和质量改进等内容。

3. 质量方针

质量方针是由企业的最高管理者正式发布的该企业总的质量宗旨和质量方向。它说明了企业在质量方面所追求的目标及为达到这个目标所遵循的方向和途径。质量方针通常由一系列具体的质量政策和质量目标所支持,这些政策和目标是对企业质量方针的细化。质量方针是企业总方针的一个重要组成部分,应使用简明的语言表述。在市场竞争中,质量方针是否正确、有效,对企业的生存起着决定性作用,因此应重视质量方针的制定。

4. 质量策划

质量策划即确定质量及采用的质量体系要素的目标和要求的活动。

质量策划是质量管理的前期活动,是对整个质量管理活动的策划和准备。质量策划的好坏对质量管理活动的影响十分关键。质量策划首先是对产品质量的策划,涉及大量有关产品及有关市场调研和信息收集方面的专门知识,因此在产品策划工作中,必须有设计部门和营销部门人员的积极参与和支持。

5. 质量保证

质量保证是为了提供足够的信任,表明实体能够满足质量要求而在质量体系中实施,并根据需要进行证实的全部有计划和有系统的活动。

质量保证是质量管理活动的一个方面,是企业对内"取得管理者的信任"和对外"符合用户给定的质量要求"的保证,是一种具有特定要求的质量管理活动,主要针对企业外部用户,是企业为承担对用户的保证而进行的各种管理活动。国际上通常把质量保证解释为供需双方通过协商,对质量的要求用合同的形式确定下来,并由供方采取措施予以保证的活动。许多工业发达国家都制定了国际公认的标准、规范和指南一类性质的规定。根据这些标准、规定实行质量保证的企业,其信誉为国际公认,从而为企业打开国际市场开辟道路。

6. 质量控制

质量控制是为达到质量要求所采取的作业技术和活动。

质量控制是企业利用科学的方法对产品质量实行控制,以预防不合格产品的产生,达到规定的质量标准的过程。质量控制也是一种质量管理活动,它强调实施过程和方法,即把控制论的理论引申到质量管理工作中,并着重运用数理统计方法来控制质量。朱兰博士把它解释为:质量控制是人们将测量实际质量的结果与标准进行对比,并对差异采取措施的管理过程。也就是说,质量控制的重点在于实际执行的管理活动,与质量保证的某些方面是重叠的,即某些质量活动既满足质量控制的要求,也满足质量保证的要求。

7. 质量改进

质量改进是为向本企业及其顾客提供更多的实惠,在整个企业内所采取的旨在提高活动和过程的效益和效率的各种措施。

企业开展质量改进活动既为顾客带来好处,同时自身也可受益。质量改进的对象是企业内的活动和过程,与质量控制相比,质量改进更强调了寻求各种机会,改变现状,达到更高的质量水平,提高经济效益和社会效益。

二、质量管理的发展

(一)传统质量管理阶段

随着商业的出现和发展,生产者和经销商之间有了对产品的统一认识,就产生了产品规格。这样,无论产品如何复杂、距离多远,有关产品的信息都能在买卖双方间进行沟通和统一。为鉴定产品的规格,简易的质量检验方法和测量手段就相继产生了,这一阶段称为手工业时期的原始质量管理,也就是传统质量管理阶段。这一时期的产品质量主要靠手工操作者本人依据自己的手艺和经验来把关。此管理方法容易造成产品质量标准的不统一。

(二)质量检验管理阶段

第二次世界大战以前,企业主要通过100%检验的方式来控制和保证产品的质量。这种质量检验所使用的手段是各种检测设备和仪表,使用严格把关的方式进行100%的检验,通过在成品中挑选次品来保证产品质量。但这种检验方法属于事后检验,无法在生产过程中起到预防、控制的作用。次品的产生已成为事实,无法补救。100%的检验增加了检验费用,在生产规模进一步扩大、大批量生产的情况下,这种检验方法存在较大的弊端。

(三)统计质量管理阶段

这一阶段的时间是从第二次世界大战以后至20世纪50年代,其特征是数理统计方法与质量管理的结合。1924年,美国的休哈特提出了控制和预防缺陷的概念,并成功创造了"控制图",把数理统计方法引入到了质量管理中,将质量管理推进到了新阶段。"控制图"的产生是质量管理从单纯事后检验转入检验加预防的标志,为第二次世界大战中美国军工产业的发展作出了巨大贡献。但统计质量管理也存在着缺陷,因它过分强调质量控制的统计方法,使人们误以为质量管理就是统计方法,是统计专家的事,与自己无关。同时,统计质量管理对质量的控制和管理只局限于制造和检验部门,忽视了其他部门的工作对质量的影响,这样就不能充分发挥各个部门和广大员工的积极性,制约了它的推广和运用。

(四)现代质量管理阶段

1961年,美国通用电气公司质量经理菲根堡姆的著作《全面质量管理》出版。该书强调执行质量职能是全体员工的责任,应该使企业全体员工都具有质量意识和承担质量的责任。菲根堡姆指出:"全面质量管理是为了能够在最经济的水平上并考虑到充分满足用户要求的条件下进行市场研究、设计、生产和服务,把企业各部门的研制质量、维持质量和提高质量的活动构成为一体的有效体系。"20世纪60年代后,菲根堡姆的全面质量管理概念逐步被世界各国接受,并在运用时各取所需。1987年,国际标准化组织(ISO)在总结各国全面质量管理经验的基础上,制定了ISO 9000《质量管理和质量保证》系列标准,2005年9月又发布了ISO 22000标准。

三、全面质量管理

(一)全面质量管理的概念

全面质量管理是指企业全体员工及有关部门同心协力,把专业技术、经营管理、数理统计和思想教育结合起来,建立起产品的研究、设计、生产、服务等全过程的质量体系,从而有效地利用人力、物力、财力、信息等资源,提供符合规定要求和用户期望的产品或服务,通过让顾客满意和企业领导、员工、合作伙伴等相关方受益而达到长期成功的一种管理途径。

全面质量管理的核心是提高人的素质,调动人的积极性,人人做好本职工作,通过抓好工作质量来保证和提高产品质量或服务质量。

(二)全面质量管理的特点

全面质量管理具有以下特点:

(1)把过去的以事后检验和把关为主转变成以预防和改进为主。

(2)把过去的就事论事、分散管理转变为以系统的观点进行全面的综合治理。

(3)从管结果转变为管因素,把影响质量的因素全部查出来,抓住主要方面,是发动全员、全企业各部门参加的全过程的质量管理。

(4)依靠科学的管理理论、程序和方法,使生产的全过程都处于受控制状态,以达到保证和提高产品质量和服务质量的目的。

(三)全面质量管理的要求

进行全面质量管理,需要达到以下要求:

(1)要求全员参加质量管理,全体员工树立"质量第一"的观念,各部门、各个层次的人员都要有明确的质量责任、任务和经费,做到各司其职,各负其责,形成一个群众性的质量管理活动。

(2)全面质量管理的范围是产品或服务质量产生、形成和实现的全过程,包括从产品的研究、设计、生产到服务等全过程的质量管理。

(3)要求的是全企业的质量管理,上层领导、中层干部、基层员工都要参加质量管理活动。

(4)要求采取多种多样的管理方法,广泛运用科学技术成果,尊重客观事实,尽量用数据说话,坚持实事求是,科学分析,树立科学的工作作风,把质量管理建立在科学的基础上。

(四)全面质量管理的工作程序

国际普遍采用的质量保证体系运转方式是 PDCA 管理循环。这是美国质量管理专家戴明博士在 20 世纪 50 年代提出的一种质量管理的工作程序:全面质量管理体系的运转就是周而复始地通过"计划、实施、检查、处理"四个阶段,即 P(Plan)、D(Do)、C(Check)、A(Action),简称 PDCA 工作循环。

PDCA 工作循环可分为四个阶段、八个工作步骤,如图 1-1 和图 1-2 所示。

1.计划阶段(P)

这一阶段包括四个步骤:第一步是分析质量现状,找出主要质量问题;第二步是分析产生质量问题的各种影响因素;第三步是找出影响质量的主要因素;第四步是针对影响质量的主要因素制定措施,提出改进计划,定出质量目标。

2.实施阶段(D)

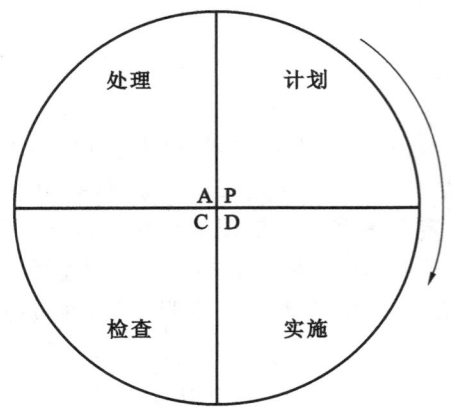

图 1-1　PDCA 工作循环的四个阶段　　　　图 1-2　PDCA 工作循环的八个工作步骤

第五步,根据制定的计划按部就班地加以实施。

3. 检查阶段(C)

第六步,检查实施的结果,比较是否达到计划的预期效果。

4. 总结处理阶段(A)

第七步,根据检查结果总结经验,纳入标准、制度和规定;第八步,将本轮 PDCA 循环未解决的问题转入下一轮 PDCA 循环中去继续解决。

四个阶段、八个步骤的工作完整、统一,缺一不可;大环套小环,小环促大环,阶梯式上升,循环前进。如图 1-3 和图 1-4 所示。

四、现代质量控制的方法和手段

(一)质量控制的传统方法

质量控制的传统方法有因果图、排列图、散布图、直方图、调查表、分层法和控制图,通常称为质量管理的老 7 种工具。这 7 种方法相互结合,灵活运用,可以解决质量管理中的大部分质量问题,有效地服务于控制和改进产品质量。

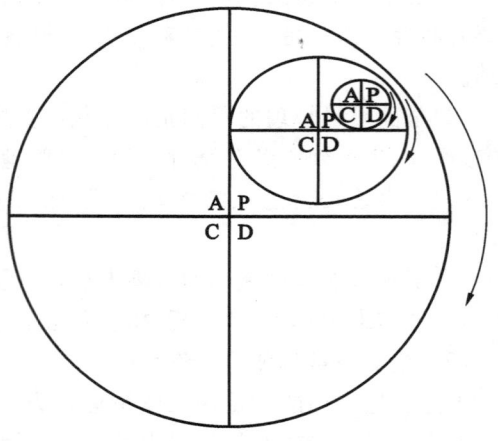

图 1-3　PDCA 循环大环套小环示意图

1. 因果图

因果图又称鱼刺图,是用于分析质量特性与可能影响质量特性的因素的一种工具,可用于分析因果关系、表达因果关系及通过识别症状、分析原因、寻找措施,促进问题的解决。日本东京大学教授石川馨第一次提出了因果图,所以因果图又称石川图。

2. 排列图

排列图又称帕累托图,是将质量改进项目从最重要到次要进行排列而采用的一种简单的图示技术。排列图由一个横坐标、两个纵坐标、几个按高低顺序排列的矩形和一条累计百分比折线组成。通过区分最重要的和其他次要的项目,就可以用最少的努力获得最大的改进。

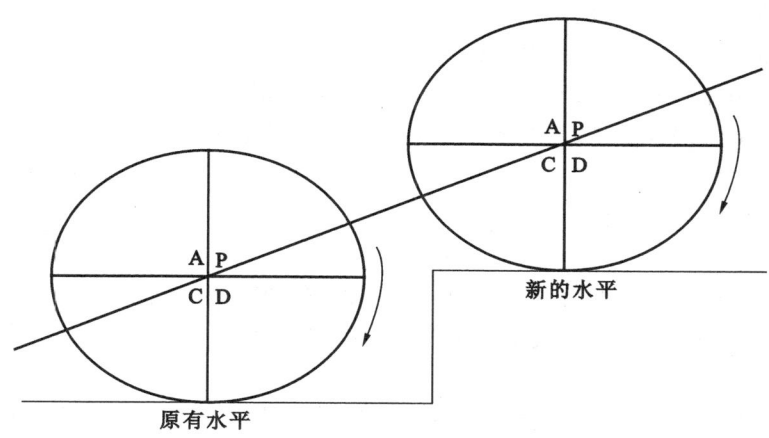

图 1-4　PDCA 循环阶梯式上升图

3. 散布图

散布图也叫相关图,是研究两个变量之间的关系的简单示意图。在散布图中,成对的数据形成点子云,研究点子云的分布状态,便可推断成对数据间的相关程度。散布图可以用来发现和确认两组相关数据之间的关系并确认两组相关数据之间预期的关系,常用于分析研究质量特性之间或质量特性与影响因素两变量之间的相关关系。

4. 直方图

直方图是从总体中随机抽取样本,将从样本中获得的数据进行整理后,用一系列宽度相等、高度不等的矩形表示数据分布的图。矩形的宽度表示数据范围的间隔,矩形的高度表示在给定间隔内的数据频数。

直方图的作用:①较直观地传递有关过程质量状况的信息,显示质量波动分布的状态;②通过对数据分布和与公差的相对位置的研究,可以对过程能力进行判断。

5. 调查表

调查表又称检查表、核对表,是用来检查有关项目的表格。其形式多种多样,一般根据所调查的质量特性的不同要求而自行设计。一般是事先印制好的,用来收集数据容易、简单明了。

调查表的作用:①收集、积累数据比较容易;②数据使用、处理起来比较方便;③可对数据进行粗略的整理和分析。

6. 分层法

分层法又叫分类法,是按照一定的标志,把搜集到的大量有关某一特定主题的统计数据加以归类、整理和汇总的一种方法。分层的目的在于把杂乱无章和错综复杂的数据和意见加以归类汇总,使之更能确切地反映客观事实。

分层的原则是使同一层次内的数据波动幅度尽可能小,而层与层之间的差别尽可能大,否则就起不到归类汇总的作用。一般来说,分层有以下几种:按操作者分层、按机器设备分层、按原料分层、按加工方法分层、按时间分层、按作业环境状况分层、按测量分层等。

7. 控制图

控制图是对过程质量特性值进行测定、记录、评估,以及监测过程是否处于统计控制状态的一种用统计方法设计的图。

常规控制图的分类:按被控制对象的数据性质不同,常规控制图可分为计量值控制图、计件值控制图和计点值控制图;每类又可分为若干种。按用途不同,常规控制图可分为分析用控制图和控制用控制图。分析用控制图用于对已经完成的过程或阶段进行分析,以评估过程是否稳定或确认改进效果;而控制用控制图则用于正在进行中的过程,以保持过程的稳定受控状态。

(二)质量控制的新型方法

1.关联图法

关联图是把几个问题和涉及这些问题的、关系复杂的因素之间的因果关系用箭头连接起来的图形,主要用于澄清思路、找出影响质量的关键问题。

2.KJ法

KJ法指利用卡片对语言资料进行整理的许多方法,如亲和图、分层图等。质量管理中常用亲和图法(又称近似图解法或A型图解法)。主要用于制定质量管理的方针、计划等。

3.系统图法

系统图法是用系统的观点,把目的和达到目的的手段依次展开绘制系统图,以寻求质量问题的重点和最佳手段的一种方法。

4.矩阵图法

矩阵图法是把质量问题的各因素按矩阵的行和列排列,以分析因素之间相互关系的方法。主要用来寻求新产品开发方案、寻找不合格原因等。

5.矩阵数据分析法

矩阵数据分析法是将矩阵图中相互关系能够量化的各因素进行数据分析的一种方法。主要用于复杂工程的分析和复杂的质量评论。

6.过程决策程序图法

过程决策程序图法又称PDPC法,指通过充分的预测,对过程的每个环节随着事态的发展而可能遇到的障碍和产生的各种可能的结果进行估计,以便采取对策的方法。主要用于制定目标管理和技术开发计划等。

此外,还有水平对比法、头脑风暴法、流程图法、质量功能展开等方法。

本章小结

食品安全是食品质量状况对食用者健康、安全的保证程度,具体指用于消费者最终消费的食品,不得出现因食品原料、包装或生产加工中存在的质量问题而对人体健康、人身安全造成或者可能造成任何不利的影响。

食品卫生是为防止食品在生产、收获、加工、运输、贮藏、销售等各个环节被有害物质(包括物理、化学、微生物等方面)污染,使食品有益于人体健康、质地良好所采取的各项措施。

食品质量是指食品满足消费者明确的或者隐含的需要的特性。食品作为商品,其质量是由产品质量、生产质量和服务质量三个方面构成的,但食品作为一类特殊商品,在质量上表现出了与其他产品不同的特点。

食品安全被解释为对食品按其原定用途进行制作和食用时,不会使消费者受害的一种担保,即用于消费者最终消费的食品,不得出现对人体健康、人身安全造成或者可能造成任何不利的影响;食品卫生则指为确保食品安全性和适用性,在食物链的所有阶段必须采取的一切条件和措施。食品安全是以终极产品为评价依据的,而食品卫生则贯穿在食品生产、消费的全过程中。食品安全以食品卫生为基础,食品安全包括了食品卫生的基本含义。食品质量不仅是指食品的外观、品质、规格、数量、重量、包装,同时也包括了安全卫生。安全卫生是反映食品质量的主要指标,离开了安全卫生,就无法对食品的质量优劣下结论。根据食品安全、食品卫生、食品质量三者之间的种属关系,可以把食品质量作为一个食品总体要求的概念,涵盖消费者对食品的三个基本要求,即安全性、营养性和感官要求,其中安全性包含食品卫生和食品安全两方面。

加强食品质量管理具有重大的意义,食品企业的管理人员、技术人员和工作人员都应懂得食品质量管理的基础知识,从整体上把握质量管理的共性,以更好地学习和应用先进科学的质量管理方法,全面提高企业的质量管理水平。保证产品的质量不仅是企业参与市场竞争的利器,也是对广大消费者认真负责的重要表现,有助于提高企业形象,树立良好的品牌。

质量管理是确定质量方针、目标和职责,并在质量体系中通过质量策划、质量控制、质量保证和质量改进等实施全部管理职能的所有活动。

全面质量管理是指企业全体员工及有关部门同心协力,把专业技术、经营管理、数理统计和思想教育结合起来,建立起产品的研究、设计、生产、服务等全过程的质量体系,从而有效地利用人力、物力、财力、信息等资源,提供符合规定要求和用户期望的产品或服务,通过让顾客满意和企业领导、员工、合作伙伴等相关方受益而达到长期成功的一种管理途径。

全面质量管理的核心是提高人的素质,调动人的积极性,人人做好本职工作,通过抓好工作质量来保证和提高产品质量或服务质量。

复习思考题

一、填空题

1. 在质量定义中,"固有特性"一般指产品的 _____、_____、_____、_____。

2. 作为一个商品,其质量不仅指最终产品质量,还包括_____质量和_____质量。

3. 质量控制的新型方法包括 _____、_____、_____、_____、_____、_____。

二、简答题

1. 简述食品安全、食品卫生、食品质量的关系。

2. 简述加强食品安全管理的重要性。

3. 质量管理的各发展阶段包括哪些核心内容? 有何优缺点?

4. 简述全面质量管理的要求。

第二章 食品安全性评价与食品风险分析

知识目标

1. 掌握食品安全性评价的基本概念、方法和程序。
2. 了解食品中有害物质限量标准的制定方法。
3. 熟悉食品风险分析的基本知识。
4. 初步认识食品安全风险分析及应用。

技能目标

能够为一种食品添加剂制定食品安全性评价方案。

思政目标

通过介绍食品安全性评价，引导学生正确认识食品无毒无害是一个相对的概念，只有当食品中有毒有害物质超过一定的量，才会对消费者的身体健康和生命安全造成危害，体现了马克思主义唯物辩证法中"度"的问题，培养学生坚持唯物辩证法思维。

第一节 食品安全性评价

一、食品安全性评价概述

(一)安全性评价的意义

1996 年，WHO 在其《加强国家级食品安全计划指南》中对食品安全的定义是："对食品按其原定用途进行制作或食用时不会使消费者健康受到损害的一种担保。"2021 年 4 月修正公布的《食品安全法》规定："食品无毒、无害，符合应当有的营养要求，对人体健康不造成任何急性、亚急性或者慢性危害。"目前对食品安全性的普遍解释是：在规定的食用方式和用量的条件下长期食用，对食用者不产生不良反应的实际把握。

对于食品安全性的认识，有学者提出了绝对安全性与相对安全性的概念。绝对安全性，是指不会因为食用某一种食品而危害健康或造成伤害，也就是食品安全零风险。这是一种理想状态，实际上很难达到，不具有普遍性。相对安全性，是指一种食物或食物成分在合理食用和正常食用的情况下不会导致对健康的损害。食品相对安全性具有普遍的指导意义，例如：①对人体有益或毒性很小的食物或食物成分，可因食用方法不当或食用过量而危害健康。如偏食会使某些物质在体内积贮而产生毒害；食盐摄入过量会中毒或诱发高血压；过量饮酒会伤身体。②食品添加剂能改善食品的品质，但也给食品带来了风险。如亚硝酸钠是一种常用的肉制品护色剂，能使肉制品保持良好的色泽，但却是一种有毒化学品，有致癌的嫌疑，不能超量；糖精不含糖，却有甜味，适合制作低糖食品，但长期以来存在可能致癌的争论，尽管没有证据，却影响人们的心理。③某些食品的安全性因人而异。如鱼、蟹、蛋、乳等对大多数人是营养丰富的美食,但对少数有过敏症的人来说可能产生毒性反应,带来危险。

人类食物中含有的天然成分种类繁多,结构复杂,许多成分未经过毒理学鉴定,对人体健康的影响还不清楚。随着现代社会经济的迅速发展和全球生态环境的剧烈变化,人类发展的各个侧面都可能通过食物链对食品质量和安全性产生影响。可能使人类产生食物中毒物质的种类、数量繁多,其对人类健康的长远影响远比以往严重,从而使人类面临比以往更为严峻的生活和生存挑战。我们无法追求食品的绝对安全,因为追求绝对安全会使人类失去许多食物甚至是所有食物。相比之下,更为重要的是对食物及食物中的某些物质进行科学、客观的安全性评价,从而确定其产生危害的水平,并以此制定食品中允许使用的限量标准来保证人体健康。

食品安全性评价是运用毒理学动物试验结果,并结合人群流行病学调查资料来阐述食品中某种特定物质的毒性及潜在危害、对人体健康的影响性质和强度,预测人类接触后的安全程度。

现代意义上的毒理学是研究有毒、有害物质对生物机体(包括人体)的损害作用、作用机制、危险度评估及安全性评价与管理的科学。食品毒理学是食品安全性评价的基础,是研究食品中有毒、有害物质的性质、来源及对人体的损害作用和机制,评价其安全性,确定其安全限值,并提出预防管理措施的一门科学。

食品毒理学评价程序、检验方法和技术规范的相继出台,满足了对食品添加剂、食品包装材料、保健食品、新资源食品和食品污染物等物质进行毒理学安全性评价的需要,也为最终确定这些物质的食用安全性及其安全使用限量和人群摄入量提供了科学的依据,是检验机构进行毒理学检验和政府进行审批的科学依据,可为提高我国食品卫生水平、保障消费者健康以及促进国际贸易发挥积极作用。

(二)毒理学的基本概念

1.外源化学物

外源化学物又称为"外源生物活性物质",是指在人类生活的外界环境中存在,可能与机体接触并进入机体,在体内呈现一定的生物学作用的一些化学物质。它既包括在食品生产、加工中人类使用的物质,也包括食物本身的生长中存在的物质。

2.毒性

毒性是指外源化学物与机体接触或进入体内的易感部位后,能造成损害作用的能力。毒性是物质的一种内在的、不变的性质,它取决于物质本身的特性,尤其是化学结构。毒性反映的是毒物的剂量与机体反应之间的关系。毒性较高的物质只要相对较少的量,即可对机体造成损害;毒性较低的物质,需要较多的量才呈现毒性。物质毒性的高低仅具有相对意义,只要达到一定的数量,任何物质对机体都具有毒性;如果低于一定数量,任何物质都不具有毒性。因此毒理学的一个基本原理和首要目的就是要对毒性进行定量。除此之外,毒性还与物质本身的理化性质、与机体接触的途径等因素有关。例如毒蛇的毒液经伤口接触则人会中毒,但若经口饮下则人不会中毒(除非消化道有损伤)。

3.非损害作用与损害作用

外源化学物会在机体内引起一定的生物学效应,其中包括非损害作用与损害作用。一般认为非损害作用所导致机体发生的一切生物学变化都是暂时的和可逆的,并在机体代偿能力范围之内,不造成机体机能、形态、生长发育和寿命的改变,不降低机体维持内稳态的能力,不引起机体某种功能容量(如进食量、体力劳动负荷能力等涉及解剖、生理、生化和行为等方面的指标)的改变,也不引起机体对额外应激状态代偿能力的损伤。损害作用与非损害作用相反,具有下列特点:机体的正常形态、生长发育过程受到严重影响,寿命亦将缩短;功能容量改变;对额外应激状态的代偿能力降低;维持内稳态的能力下降;对其他外界不利因素影响的易感性增高。损害作用是外源化学物毒性的具体表现。毒理学的主要研究对象是外源化学物的损害作用。不同外源化学物对机体产生的损害作用可能是不同的,这就是选择毒性。外源化学物可以直接发挥毒效应的器官或组织被称为该物质的靶器官。如镉的靶器官是肾,甲基汞的靶器官是脑。毒性产生作用的强弱主要取决于该物质在靶器官中的浓度。但靶器官不一定是毒性物质浓度最高的场所。比如铅主要沉淀在骨中(骨中含量最高),但对骨头不产生毒效应,而会缓慢释放,对造血、神经系统等产生毒性作用。

4. 剂量

剂量是决定外源化学物对机体损害作用的重要因素。它的概念较为广泛,既可指给予机体或与机体接触的外源化学物的数量,也可指外源化学物吸收进入机体的数量或在靶器官作用部位或体液中的浓度或含量。虽然外源化学物对机体的损害作用主要取决于后者,但由于它的测定不易准确进行,而且一般情况下,给予机体或与机体接触的外源化学物的数量越大,则吸入体内的数量或在靶器官中的浓度或含量也越大,因此,一般来说,剂量为给予机体的外源化学物的数量或与机体接触的外源化学物的数量。剂量的单位是每单位体重接触的外源化学物的数量(如 mg/kg 体重)或环境中的浓度(mg/m^3 空气、mg/L 水)。不同剂量的外源化学物对机体可造成不同性质或不同程度的损害作用。换言之,造成不同性质或程度的损坏作用的剂量并不一样,因此,如果提及剂量,还必须与损害作用的性质或程度相联系。

剂量具有下列各种概念:

(1)致死剂量或浓度 即某外源化学物可以造成机体死亡的剂量。在一组群体中,造成个体死亡数目产生差异的主要因素之一是致死剂量或浓度,常以引起机体不同死亡率所需要的剂量来表示。

(2)绝对致死剂量或浓度(LD_{100} 或 LC_{100}) 指能造成一群个体全部死亡的最低剂量。由于在一组群体中,不同的个体之间对外源化学物的耐受性存在着差异,可能有个别或少数耐受性过高或过低,并因此造成 100% 死亡的剂量出现不同。

(3)半数致死剂量或浓度(LD_{50} 或 LC_{50}) 指能引起一组群体中 50% 个体死亡所需的剂量,也称致死中量。LD_{50} 是一个经过统计处理计算得到的数字,代表受试群体感受性的平均情况,稳定度好,是最早和最常用的毒性参数,常用来表示急性毒性的大小。LD_{50} 数值越小,表示外源化学物的毒性越强;反之,LD_{50} 数值越大,则毒性越弱,反映在食品方面,表示安全性越高。由于动物的物种、品系,外源化学物与机体接触的途径和方式都可能影响外源化学物的 LD_{50},因此表示 LD_{50} 时必须注明实验动物的种类及接触途径。例如,对硫磷的 LD_{50} 为 13 mg/kg 体重(大鼠、口服)。此外,还要注明 95% 可信限,一般以 $LD_{50} \pm 1.96$ 标准差表示其误差范围。如果其毒性存在性别差异,还应该说明实验动物的性别。表示一种外源化学物的毒性高低或者对不同外源化学物的毒性进行比较时,一般不用 LD_{100} 而采用较少受到个体耐受性差异影响的半数致死剂量(LD_{50})。与 LD_{50} 概念相似的剂量单位还有半数致死浓度(LC_{50}),即能引起一群个体死亡 50% 所需的浓度。一般以 mg/L 表示水中外源化学物的浓度,或者以 mg/m³ 表示空气中外源化学物的浓度。

(4)最大无作用剂量(maximal no-effective level,*MNEL*)　在一定时间内,一种外源化学物按一定方式或途径与机体接触,根据目前的认识水平,用最灵敏的实验方法和观察指标,也不能观察到任何对机体的损害作用的最高剂量为最大无作用剂量。关于某种化学物质对动物的最大无作用剂量,有时也用无明显作用水平(*NOEL*)、无明显损害作用水平(*NOAEL*)或最小可见损害作用水平(*LOAEL*)表示。

最大无作用剂量是根据亚慢性毒性试验或慢性毒性试验的结果确定的,是评定外源化学物对机体损害作用的主要依据。以此为基础也可以确定一种外源化学物的人体每日容许摄入量(acceptable daily intake,*ADI*)和最高允许浓度(maximum allowable concentration,*MAC*)。

每日容许摄入量即人类每日摄入某物质直至终生而不产生可检测到的对健康产生危害的量。每日容许摄入量的单位通常是 mg/kg 体重。

最高容许浓度是指某一外源化学物可以在环境中存在而不致对人体造成任何损害作用的浓度。

(5)最小有作用剂量(minimal effect level,*MEL*)　可更确切地称为"最低观察到作用剂量"(lowest observed effect level,*LOEL*)或"最低观察到有害作用剂量"(lowest-observed-adverse effect level,*LOAEL*),是指在一定时间内,一种外源化学物按一定方式或途径与机体接触,能使某项观察指标出现异常变化或使机体出现损害作用所需的最低剂量,也称为中毒阈值剂量或中毒阈值。最小有作用剂量对机体造成的损害作用具有一定的相对性。

在理论上,最大无作用剂量和最小有作用剂量应该相差甚微,但是由于对损害作用的观察指标受观测方法灵敏度的限制,只有两种剂量的差别达到了一定程度,才能明显地观察到损害作用程度的不同,因此最大无作用剂量和最小有作用剂量之间仍然有一定的差距。当外源化学物与机体接触的时间、方式或途径和观察指标发生改变时,最大无作用剂量和最小有作用剂量也将随之改变。所以当表示一种外源化学物的最大无作用剂量和最小有作用剂量时,必须说明实验动物的物种、品系,接触方式或途径,接触持续时间和观察指标。当涉及外源化学物在环境中的浓度时,则称为最大无作用浓度或最小有作用浓度。

5.效应和反应

效应(effect)是指一定剂量的外源化学物与机体接触后可引起的生物学变化。这种变化的程度用计数单位或计量单位来表示,如某指标变化了若干个、毫克、单位等。

反应(response)是指一定剂量的外源化学物与机体接触后,呈现某种效应并达到一定程度的比例,或者产生效应的个体数在某一群体中所占的比例,一般用百分数或比值表示。

6.剂量-效应关系和剂量-反应关系

剂量-效应关系(dose-effect relationship)是指外源化学物的剂量与个体或群体中发生的量效应强度之间的关系。剂量-效应关系是毒理学的重要概念。

剂量-反应关系(dose-response relationship)是指外源化学物的剂量与某一群体的质效应发生率之间的关系。

机体内出现某种损害作用,如果肯定是某种外源化学物所引起,一般必须存在明确的剂量-效应关系或剂量-反应关系,否则不能肯定。需要注意的是,机体的过敏性反应虽然也是外源化学物引起的损害作用,但与一般的中毒反应不同,涉及机体免疫系统,属于另外一类反应。小剂量即引起剧烈的甚至致死性全身症状或反应的情况,往往不存在明显的剂量-反应关系。

二、食品安全性毒理学评价试验的内容

食品安全性毒理学评价一般需要进行以下四个阶段的试验。

1. 第一阶段

第一阶段的试验为急性毒性试验,主要测试其经口急性毒性,包括 LD_{50} 和联合急性毒性。

2. 第二阶段

第二阶段的试验包括遗传毒性试验、传统致畸试验、30d 喂养试验。

3. 第三阶段

第三阶段的试验为亚慢性毒性试验,包括 90d 喂养试验、繁殖试验、代谢试验。

4. 第四阶段

第四阶段的试验包括慢性毒性试验(包括致癌试验)。

国家卫生和计划生育委员会颁布的《食品安全性毒理学评价程序》(GB 15193.1—2014)不再对毒理学试验进行阶段划分,而是只具体列出食品安全性毒理学评价试验的内容。具体内容如下:

1. 急性经口毒性试验。

2. 遗传毒性试验

(1)遗传毒性试验的内容:①细菌回复突变试验;②哺乳动物红细胞微核试验;③哺乳动物骨髓细胞染色体畸变试验;④小鼠精原细胞或精母细胞染色体畸变试验;⑤体外哺乳类细胞 HGPRT 基因突变试验;⑥体外哺乳类细胞 TK 基因突变试验;⑦体外哺乳类细胞染色体畸变试验;⑧啮齿类动物显性致死试验;⑨体外哺乳类细胞 DNA 损伤修复(非程序性 DNA 合成)试验;⑩果蝇伴性隐性致死试验。

(2)遗传毒性试验组合:一般应遵循原核细胞与真核细胞、体内试验与体外试验相结合的原则。根据受试物的特点和试验目的,推荐表 2-1 所示的遗传毒性试验组合,每个组合有三个试验。

表 2-1 遗传毒性试验组合

组合	备选试验名称		
组合一	①细菌回复突变试验	②哺乳动物红细胞微核试验或③哺乳动物骨髓细胞染色体畸变试验	④小鼠精原细胞或精母细胞染色体畸变试验或⑧啮齿类动物显性致死试验
组合二	①细菌回复突变试验	②哺乳动物红细胞微核试验或③哺乳动物骨髓细胞染色体畸变试验	⑦体外哺乳类细胞染色体畸变试验或⑥体外哺乳类细胞 TK 基因突变试验

其他备选遗传毒性试验:⑩果蝇伴性隐性致死试验;⑨体外哺乳类细胞 DNA 损伤修复(非程序性 DNA 合成)试验;⑤体外哺乳类细胞 HGPRT 基因突变试验。

3. 28d 经口毒性试验。

4. 90d 经口毒性试验。

5. 致畸试验。

6. 生殖毒性试验和生殖发育毒性试验。

7. 毒物动力学试验。

8. 慢性毒性试验。

9. 致癌试验。

10. 慢性毒性和致癌合并试验。

三、食品中有害化学物质限量标准的制定

食品卫生标准是规定食品卫生质量水平的规范性文件。基本内容是对各类食品或单项有害物质分别规定各自的质量和容许量，称为食品卫生质量指标（indicator of food hygiene quality）。食品中有害化学物质（包括微生物毒素和放射性核素）的限量标准是按食品毒理学的原则和方法制定的，一般步骤如下：

动物毒性试验→确定动物最大无作用剂量（MNEL）→（根据动物试验结果，考虑应用于人的安全系数）确定人体每日容许摄入量（ADI）→（考虑来源于食品的该物质所占的比例）确定一日食物中的总容许量→（考虑含该物质食品的种类和人的每日食用量即"食物系数"）确定该物质在每种食品中的最高容许量→（考虑各方面的实际情况）制定食品中的容许量标准。

现将上述各主要步骤的概念和方法说明如下：

（一）动物的最大无作用剂量

最大无作用剂量是评定一种外源化学物毒性作用的主要依据。在制定限量标准的过程中，一般是采用该物质各项毒理学指标中的毒性最大者来确定最大无作用剂量。不仅要根据一般慢性毒性动物试验结果，还必须全面考虑该化学物质的致癌、致畸、致突变等效应，并了解它在机体内的蓄积作用、代谢过程及与其他化学物质的联合作用和形成的有害降解产物等。

（二）人体每日容许摄入量

如前所述，人体每日容许摄入量是指人类终生每日摄入该化学物质，对人体健康没有任何已知不良效应的剂量，以 mg/kg 体重表示。

人体每日容许摄入量是根据动物试验结果所得到的最大无作用剂量换算而来的。在换算中必须考虑人和动物的种间差异。此外，人类本身还存在个体差异，人群中往往会有少数人比大多数人更为敏感。试验证明，同一种动物之间不同个体的敏感程度可能相差约 10 倍。因此，在根据动物试验中的最大无作用剂量换算人体每日容许摄入量时，为安全起见，需要将最大无作用剂量降低若干倍，此降低的倍数称为"安全系数"。在食品中，安全系数一般定为 100 倍，因为一般种间差异与个体差异各为 10 倍。100 倍安全系数只是概略估计，并非十分精确，可以适当伸缩。一些毒理学家、生物统计学家对此仍在进行激烈的讨论，如果被检物的主要毒性作用并非极端严重，所接触的人群范围较小，或者关于毒性作用的资料是人体直接观察的结果，安全系数可以缩小；反之，若被检物的毒性作用极为严重或与广大人群有关，则安全系数可以加大为 1000 倍甚至更多。假设动物最大无作用剂量的结果正

确、可靠,而且 100 倍的安全系数也符合实际情况,则:

人体每日容许摄入量(mg/kg 体重)=动物最大无作用剂量(mg/kg 体重)×1/100

例如:某农药的动物最大无作用剂量是 5 mg/kg 体重,则此种农药的人体每日容许摄入量为:

$$ADI=5×1/100=0.05(\text{mg/kg 体重})$$

若一般成人的体重以 60 kg 计,则此农药的成人每日容许摄入量为 3(0.05×60) mg/人。

(三)某种物质在食品中的最高容许含量

一般以 mg/kg 或 mg/L 表示食品的最高容许含量,这一数值根据人体每日容许摄入量推算而来。由于某物质的来源并不限于食品,还可能有饮水和空气等,因此在按每日容许摄入量来考虑该物质在食品中的最高容许含量时,必须先确定在人体摄入该物质的总量中来源于食品的该物质所占有的比例。一般情况下,对于非职业性接触者来说,农药、金属、毒物等环境污染物通过食品进入人体的比例可达到 80%～85%,而来自饮水、空气以及其他途径者,比例不超过 15%。

仍以上述农药为例,已知该农药的成人每日容许摄入量为 3 mg/人,根据调查,此物质进入人体总量的 80% 来自食品,则每日摄取的各类食品中含该农药的总量不应超过 2.4(3×80%) mg。此即该农药在食品中的最高容许含量。

(四)各种食品中的最高容许量

为了确定一种化学物质在人所摄取的各种食品中的最高容许量分别为多少,首先要通过人群的膳食调查来了解含有该种物质(例如农药)的食品种类及各种食品的每日摄入量。

根据上述有关农药的资料,如果含该农药的食品只有某种粮食,此种粮食的正常成人摄入量为 500 g/d,则在该粮食中此农药的最高容许量平均为:2.4 mg×1000/500 g=4.8 mg/kg;如果不仅粮食含有该种农药,蔬菜中也含有该种农药,而人体每日摄取粮食和蔬菜的量分别为 500 g 和 300 g,则在粮食与蔬菜中该农药的最高容许量平均为:2.4 mg×1000/(500+300)g=3 mg/kg。不论含有该种农药的食品有多少种,都应该如此推算。至于多种食品的最高容许量之间是否相同或者有差别,则应根据具体情况而定。

(五)各种食品中的容许量标准

按照上述方法计算得到的各种食品中该种农药的最高容许量,是该农药在各种食品中允许的最高含量,这只是计算出的理论值,固然可以制定为标准并公布执行,但是,为了更符合实际情况,更好地保证人体安全,还应根据实际情况做适当调整。如果该物质已经正式生产使用,则应该对食品中的实际含量进行调整。若食品中的实际含量低于最高容许量,则应将实际含量作为容许量标准;若食品中的实际含量高于最高容许量,则应找出原因,设法降低含量。原则上,容许量标准是不能超过最高容许量的。

在具体制定容许量标准的界限数值时,往往需要根据该物质的毒性特点和人类实际摄入情况,考虑是否应该较为严格或稍加放宽。

例如,凡属于下列各项前一种情况者,可以略予放宽;属于后者情况者,则应严加掌握:该物质在人体内是易于排泄解毒,还是蓄积性甚强或在代谢过程中可能形成毒性更强的物质;该物质只是有一般易于控制的毒性,还是能特异性地损害重要器官和系统或具有致癌、致畸和致突变等严重后果。

又如,凡属于下列各项前者的可以略加放宽,属于后者的则应从严掌握:含有该物质的食品是季节性食品,偶尔食用,还是常年大量食用;含有该物质的食品是供一般人食用,还是专供儿童、病人食用;该物质在食用烹调加工中易于挥发破坏,还是性质极为稳定。同时,对于该物质是生产中所必需的,还是必要性不大等问题也应注意。

由于上述食品卫生标准的主要依据是动物毒性试验结果,因此可能受一些因素的影响:动物与人之间的种间差异及与其有关的安全系数、不同人群对该物质的感受性、可能同时存在其他物质的联合作用等,这些都是不十分明确的因素,据此制定的食品中某物质的容许量标准也就会带有一定的相对性。因此,标准制定后,还应该进行验证。当然,也要随时关注有关食品毒理学理论与方法的进展,不断进行相应的修订,使其能够及时反映食品毒理学的最新成就,确保人体健康。

第二节 食品风险分析

风险分析(risk analysis)又称为危险性分析,是利用多学科的理论知识建立起的食品安全评价、管理和信息交流的框架,是保证食品安全的一种新模式。它是一门正在发展中的新兴科学,根本目标在于保护消费者的健康和促进公平的食品贸易。在目前的国际食品贸易中,《实施卫生与动植物检疫措施协议》(《SPS 协议》)是保证食品安全的基础。《SPS 协议》指出,各国保障食品安全所采取的措施要以风险分析的原理为依据。按照目前的发展趋势,风险分析将成为今后制定食品安全策略和解决一切食品安全问题的宏观管理模式,还将指导设计食品检验体系、食品放行或退货标准、监控与调查程序,为制定有效管理策略提供信息,以及根据食品危害类别全面分配食品安全管理资源等。有关人员应该深入学习和研究风险分析理论,并将之应用于保证食品安全工作中。

食品中的风险主要来源于化学毒物、微生物、食品中的营养(及功能性成分)或食品自身。食品营养缺乏和不均衡也属于广义上的食品风险范畴。

风险分析是一个正在发展中的理论体系,与之有关的术语及其定义也在不断地修改和完善。下面列出常见的与食品安全有关的风险分析术语及其定义。

危害(hazard):潜在的将对消费者健康造成不良效果(事件)的生物、化学或物理因素。

风险(risk):也称风险度或风险性,是指将对人体健康或环境产生不良效果的可能性和严重性,这种不良效果是由食品中的一种危害所引起的。

可接受的危险度(acceptable risk):是指公众和社会在精神、心理等方面均能承受的危险度。

风险分析(risk analysis):指对可能存在的危害的预测,并在此基础上采取的规避或降低危害影响的措施,是由风险评估、风险管理和风险交流三部分共同构成的一个过程。风险评估是科学依据,风险管理是政策基础,风险交流是信息和观点的交流互动,三者相互联系,互为前提。

对食品进行风险分析旨在通过风险评估选择合适的风险管理方式以降低风险,同时通过风险交流达到社会认同或完善风险管理。具体说就是通过使用毒理学数据,分析污染物残留数据,评估统计手段、摄入量及相关参数等系统、科学的步骤,来确定某种食品危害物的风险,建议其安全限量,以供风险管理者综合社会、经济、政治及法规等各方面因素,在科学的基础上决策并制定管理法规。

一、风险评估

(一)风险评估的技术体系

风险评估就是通过现有的资料(包括毒理学数据、污染物残留数据、统计手段、暴露量)及相关参数的评估等系统的、科学的步骤,将食品中的生物、化学或物理因素对人体健康产生的不良后果进行识别、确认和定量,确定某种食品有害物质的风险。可以说,风险评估是对人类由于接触了食源性危险物而对健康具有已知的或可能产生的严重不良作用的科学评估,为风险分析提供科学依据。它是一种系统地组织科学技术信息及了解其不确定度的方法,用以回答有关健康风险的特定问题。它要求对相关信息进行评价,选择模型,并且根据信息作出推论。风险评估是风险分析体系的核心和基础,整个评估过程由四部分组成:危害识别(生物、化学以及物理危害的鉴定)、危害特征描述(有害作用的评价)、暴露评估(摄入量估计)、风险描述(潜在有害作用的可能性和严重性)。

1.危害识别

危害识别的目的是确定人体摄入化学物的潜在不良作用、这种不良作用产生的可能性,以及这种不良作用产生的确定性和不确定性。它是对暴露人群产生不良作用的可能性做定性的评价,而不是对暴露人群的危险性进行定量的外推。进行危害识别通常采用证据加权法。本法要对来源于适当的数据库、经同行专家评审的文献以及诸如企业界未发表的研究报告的科学资料进行充分的评议。此方法对不同研究的重视程度顺序如下:流行病学研究、动物毒理学研究、体外试验以及最后的定量结构-反应关系。

2.危害特征描述

在食品中,食品添加剂、农药、兽药和污染物的含量通常很低,往往只有百万分之几,甚至更少。为了达到一定的敏感度,动物毒理学试验的剂量必须很高,一般为百万分之几千,具体剂量取决于化学物自身的毒性。人体健康风险评估多数都是基于动物试验的毒理资料。为了与人体摄入水平相比较,需要把动物试验数据经过处理外推到低得多的剂量。所以,在无阈值剂量的假设情况下,用高于人的环境暴露浓度的动物试验剂量,必须进行由高至低的外推。具体来说,危害特征描述一般是把由毒理学试验获得的数据外推到人,计算人体的每日容许摄入量。即制定食品添加剂、农药和兽药残留的每日容许摄入量;制定污染物、蓄积性污染物(如铅、镉、汞等)的暂定每周耐受摄入量(PTWI值);制定非蓄积性污染物(如砷等)的暂定每日耐受摄入量(PTDI值);制定营养素的每日推荐摄入量(RDI值)。

3.暴露评估

对于食品添加剂、农药和兽药残留以及污染物等危害物的暴露评估,目的在于了解某危害物的剂量、暴露频率、时间长短、途径以及范围,以削弱危害物的膳食摄入量。进行膳食调查和执行国家食品污染检测计划是准确进行暴露评估的基础。

暴露评估主要根据膳食调查和各种食品中化学物质暴露水平调查的数据进行计算,以此得到人体对于这种化学物质的暴露量。进行暴露评估需要有关食品的消费量和这些食品中相关化学物质的浓度两方面的资料。一般摄入量评估有以下三种方法:总膳食研究、个别食品的研究、双份饭研究。

4.风险描述

风险描述是将暴露对人群健康产生不良作用的可能性进行估计,它是危害识别、危害特征描述和暴露评估的综合结果。对于有阈值的化学危害物质,风险描述就是比较暴露量和每日容许摄入量(或其他测定值),暴露量小于每日容许摄入量,则对人体健康产生不良作用的可能性理论上为零;对于没有阈值的物质,对人群的风险描述是暴露量和危害程度的综合结果。同时,在进行风险描述时,必须说明风险评估过程中每一步所涉及的不确定性。风险描述中的不确定性反映了前几个阶段评价中的不确定性。

(二)风险评估的方法

通常食品对人体可能产生的危害主要有三种:物理性危害、化学性危害和生物性危害。物理性危害可以通过一般性措施[如良好操作规范(GMP)等]进行控制。针对化学性危害,有关的国际组织也做了大量研究,已形成一些相对成熟的控制方法。风险评估所面临的主要难点是对生物性危害作用和结果的评估,因为生物性危害具有复杂性和多变性。对生物性危害的评估方法分为定量风险评估和定性风险评估两类。定量风险评估,是根据危害的毒理学特征及其他有价值的资料,确定污染物的摄入量和它对人体产生的不利作用概率之间的关系。定量风险评估的结果大大方便了风险管理,它是风险评估最理想的方式。当风险定量化不可能或没有必要时,定性风险评估也常常被用到。定性风险评估是根据风险的大小,人为地将其分为低风险、中风险、高风险等类别,用以衡量危害对人类的影响。

二、风险管理

(一)风险管理的相关内容

风险管理是依据风险评估的结果,权衡管理决策方案,并且在必要时,选择实施适当的控制措施的过程。它产生的结果是制定食品安全标准、准则和其他建议性措施。风险管理包括三个要素:风险评定(risk evaluation)、扩散和暴露控制(emission and exposure control)、风险监测(risk monitoring)。

风险管理的目标是通过选择和实施适当的措施,尽可能有效地控制食品风险,从而保证公众健康,也保证我国进出口食品贸易在公平的竞争环境下顺利进行。

风险管理的措施包括制定最高限量,制定食品标签标准,实施公众教育计划,通过使用替代品或改善农业或生产规范以减少某些化学物质的使用等。

风险管理应遵循以下原则:①风险管理应采用一种具有结构性的方法(包括风险评价、风险管理选择评估、执行管理决定以及监控和审查);②在风险管理决策中应首先考虑保护人体健康;③风险管理的决策和执行应当透明;④风险评估政策的决定应作为风险管理的一个特殊组成部分;⑤应通过保持风险管理与风险评估功能的分离,确保风险评估过程的科学、完整性,减少风险评估和风险管理之间的利益冲突;⑥风险管理决策应考虑风险评估结果的不确定性(如果有可能,风险的估计应该包括将不确定性量化,并以易于理解的形式提交给风险管理人员,便于他们在决策时充分考虑不确定性的范围);⑦在风险管理过程的所有方面,都应当便于与消费者及其他有关团体进行清楚的相互交流;⑧风险管理应当是一个考虑在风险管理决策的评价和审查过程中产生的所有新资料的持续过程。

风险管理的内容包括:

(1)风险评价　基本内容包括确认食品安全问题、描述风险概况、就风险评估和风险管理的优先性对危害进行排序、为进行风险评估制定风险评估政策、进行风险评估以及审议风险评估结果。

(2)风险管理选择评估　基本内容包括确定可行的管理选项、选择最佳的管理选项(包括考虑一个合适的安全标准)以及作出最终的管理决定。

(3)执行管理决定　保护人体健康应当是首先要考虑的因素,同时可适当考虑其他因素(如经济费用、效益、技术可行性、对风险的认知程度等),可以进行费用-效益分析。

(4)及时启动风险预警机制　风险管理的监控和审查是对实施措施的有效性进行评估以及在必要时对风险管理和(或)评估进行审查,以确保食品安全目标的达成。

(二)风险管理的手段

食品加工企业进行风险管理的主要手段有良好操作规范(Good Manufacturing Practices,GMP)、良好卫生规范(Good Hygienic Practices,GHP)和危害分析与关键控制点(Hazard Analysis and Critical Control Point,HACCP)。HACCP应用的前提条件是GMP和GHP。HACCP是一个确认、分析、控制生产过程中可能发生的生物性危害、化学性危害、物理性危害的系统。在HACCP中,有七条原则作为体系的实施基础,它们分别是:

(1)分析危害　分析食品生产过程(包括制造、储运和销售),确定何处会出现与食品接触的生物性、化学性或物理性危害。

(2)确定关键控制点(CCP)　在所有与食品有关的流程中鉴别出有可能出现污染体,并可以预防的关键控制点。

(3)制定预防措施,建立关键限值　针对每个关键控制点制定特别措施,将污染预防在临界值或容许极限内。

(4)监控　建立流程,监控每个关键控制点,鉴别何时临界值未被满足。

(5)纠正措施　当监视体系显示某个关键控制点失控时,确立应当采取的纠正措施。

(6)确认　建立验证程序,以确认HACCP体系运行的有效性。

(7)记录　建立并维护一套有效系统,将涉及的所有程序和这些程序的实施记录文件化。

在以上七条原则中,前三条原则是建立在科学的风险评估的基础上的,因此HACCP融合了风险评估和风险管理两个步骤。它既是生产企业安全控制的方法,又是政府进行有效监管的方法。

三、风险交流

风险交流指风险评估者、风险管理者、消费者和社会相关团体与公众之间针对与风险有关的信息和意见的相互交流。风险交流只有贯穿风险分析的各个阶段,才可以确保风险管理政策能够将食源性风险减少到最低限度。通过风险交流,可以提供一种综合考虑所有相关信息和数据的方法,为风险评估过程中应用某项决定及相应的政策措施提供指导。在明确和应用这一领域的政策时,风险管理者和风险评估者之间,以及他们与其他有关各方之间保持公开的交流是极其重要的。通过风险交流,可将某些解决食品安全问题的措施上升为国家标准,从而为我国标准的制定提供可靠的科学依据。

(一)风险交流的主要目标

风险交流的主要目标是通过交流,在风险分析过程中提高对所研究的特定问题的认识和理解;作出与执行风险管理决定时增加一致性和透明度;为理解建议的或执行中的风险管理决定提供坚实的基础;改善风险分析过程中的整体效果与效率;制定、实施作为风险管理选项的有效的信息和教育计划;培养公众对食品供应安全性的信任和信心;加强参与者的工作关系和相互尊重;在风险情况交流的过程中,促进所有相关团体的适当参与。

(二)风险交流的原则

在进行风险交流时应遵循以下原则:

(1)认识交流对象　收集风险交流的信息资料时,应分析交流对象,并了解它们的动机和观点。

(2)科学家的参与　科学家有能力解释风险评估的概念和过程,风险交流必须有科学家的参与。

(3)掌握交流的专门技能　成功的风险交流需要具备向有关各方传达易理解的有用信息的专门技能。

(4)确保信息来源可靠　来源可靠的信息才更可能影响公众对风险的看法。从长远来看,对信息的遗漏、歪曲及出于自身利益的声明都会损害可靠性。

(5)分担责任　国家、地区与地方政府机构都对风险交流负有根本的责任。媒体在交流过程中也分担这些责任。所有参与风险交流的各方,都要了解风险评估的基本原则、支持数据及作出风险管理决定的政策依据。

(6)将"事实"与"价值"两者分开　在考虑风险管理措施时,将"事实"与"价值"分开是有必要的。风险交流者有责任说明所了解的事实以及此认识的局限性。在"可接受的风险水平"的概念中包含了"价值判断",故风险交流者应能够对公众说明可接受的风险水平的理由。

(7)确保透明度　除专利信息或数据等需保密以外,风险分析中的透明度必须体现在过程的公开性和可供有关各方审议两方面。在风险管理者、公众和有关各方之间进行的有效的双向交流是确保透明度的关键。

(8)正确认识风险　要正确认识风险,一种方法是研究形成风险的工艺或加工过程;另一种方法是将所讨论的风险与其他相似的更熟悉的风险相比较。

(三)有效风险交流的一般要求

风险交流的要素包括风险的性质、利益的性质、风险评估的不确定性、风险管理的选择。有效的风险交流有许多要求(特别是涉及公众的要求),可按以下风险交流过程的系统方法进行排序和分组:收集背景资料及所需信息;制作、编辑、传播并发布信息;对其效果进行审核和评估。

四、风险分析应用实例

现在,风险评价已经被运用到社会活动的各个领域,其中对食品安全性的风险分析是一个很重要的应用领域。食品风险分析可以代表一种趋势,即现代科学技术的最新成果在食品安全性管理方面实际应用的发展方向。它不仅是制定食品安全标准和解决国际贸易争端的依据,也必将成为制定食品安全策略以及解决一切食品安全问题的总模式。引入食品安全风险分析的理念,有利于更好地对食品安全进行科学化的管理。

目前,在食品安全中应用到的风险评估主要有以下方面:

(一)SPS 的风险评估

1986—1994 年,世界贸易组织(WTO)举行乌拉圭回合多边贸易谈判,讨论了包括食品在内的产品贸易问题,最终形成了与食品密切相关的《SPS 协议》。该协议的基本内容是成员方政府有权采取适当的措施(只要此类措施与本协定的规定不相抵触)来保护人类、动物和植物的生命或健康(同时,保证这些措施不滥用于保护主义的目的,不对贸易构成不必要的障碍),确保人畜动物免遭污染物、毒素、添加剂的影响,确保人类健康免受进口动植物携带疾病所造成的伤害。《SPS 协议》提出的卫生和动植物检疫措施可以采取的表现形式范围很广,包括所有相关的法律、法令、法规、要求和程序,也特别指出了一些标准、方法、程序和要求等。特别包括:①最终产品标准;②加工和生产方法;③检测、检验、出证和批准程序;④检疫处理,包括与动物、植物运输有关,或与在运输途中为维持其生存所需物质有关的要求在内的检疫处理;⑤有关统计方法、抽样程序以及风险评估方法的规定;⑥与食品安全直接相关的包装与标签要求。《SPS 协议》要求通过风险评估确定恰当的检疫保护水平,检疫措施应考虑对动植物生命或健康的风险性,同时要获得生物学方面的科学依据和经济数据。《SPS 协议》描述的风险评估是评价食品中存在的添加剂、污染物、毒素或致病有机体对人类、动物或植物的生命或健康产生的潜在不利影响。《SPS 协议》认为,在进行风险评估前应考虑以下因素:由有关国际组织制定的风险评估技术,现有的科学依据,有关的工序和生产方法,有关的检验、抽样及测试方法,有关的生态与环境条件,检疫或其他处理方法。《SPS 协议》第一次以国际贸易协议的形式明确承认,为了在国际贸易中建立合理、协调的食品规则与标准,需要有一种严格的科学方法。

《SPS 协议》为促进农产品、食品国际贸易的健康发展,为农产品、食品卫生与动植物卫生检疫的国际规范化,也为削弱并减少技术贸易壁垒以确保农产品与食品市场的公平竞争和正常秩序提供了有力的法律保证。最为重要的是,该协议建立了一个对抗某些部门(如海关、卫生或农业部门)以不符合标准为由拒绝进口货物的武断行为的机制。我国加入 WTO 后,作为发展中国家和农业大国,有效地利用了该协议,改变了以往完全被动的状况,在享受发展中国家特殊的差别优惠待遇、及时获取技术信息、进入进口国质量认证体系及利用 WTO 争端解决机构等方面都能够产生积极的影响。

(二)FAO/WHO 及 CAC 的风险分析方法

在《SPS 协议》的制定期间,食品风险分析的有关问题就已经引起了有关国际组织的注意。1991—1998 年间,联合国粮农组织(FAO)、世界卫生组织(WHO)及其所属的食品法典委员会(CAC)对风险分析进行了持续的研究和磋商,根据《SPS 协议》的基本精神提出了一个科学框架,对有关术语进行了重新界定;研究将风险分析应用到具体的工作程序中;对关于风险管理和风险交流的问题继续进行咨询;完成了"风险管理与食品安全"报告,其中规定了风险分析的框架与基本原理;将风险交流的要素和原则进行了规定,同时针对进行有效交流的障碍和策略进行了讨论。基本上,CAC 提出的风险分析与《SPS 协议》的风险评估是同一概念。二者的区别是:在应用范围方面,CAC 的风险分析主要是针对食品,《SPS 协议》的风险评估则覆盖范围较大,适用于人类和动植物的卫生措施与检疫措施;在名词术语的使用方面,CAC 把《SPS 协议》的风险评估改成风险分析,而 CAC 定义的风险评估则是整个《SPS 协议》风险分析三个组成部分的第一部分内容,比《SPS 协议》中的概念范围要窄。

(三)欧盟关于预防性原则的措施

欧盟委员会于 2000 年 2 月 2 日采纳了一篇关于预防性原则的论文,这是基于风险分析而提出的与预防性原则基本要素相关的一般科学、法律和政治方针,并制定了其应用方面的用途、局限及指南。这篇论文一共提出了九个基本要素,即适用范围、保护水平、预防性原则、行动决定、风险分析(在决策过程中,预防性措施的作用)、科学评估、透明度、风险评估中的预防性、应用指导等。其中的"应用指导"指出,预防性原则并不是一种超越 WTO 规定的手段,也不是对减少使用风险管理中可行性的普遍原则的一种借口,例如比例性、非歧视性、一致性和成本效益。当某措施的科学依据不确定时,决策者必须尽力遵循以下六个方面的原则,即比例性、非歧视性、一致性、成本效益、科学发展的检查、措施的回顾。其中的"措施的回顾"指出该措施必须是临时性的,并应根据一种更为客观的风险评估方式在一段合理的时间内予以回顾。

(四)HACCP、GMP 等安全卫生质量保证措施

HACCP、GMP 是应用于食品生产过程中的预防性食品安全质量控制措施,是风险管理的实际应用。HACCP 是一套对整个食物链,包括原辅材料的生产、食品加工、流通甚至消费的每一环节中的物理性、化学性和生物性危害进行分析、控制及控制效果验证的完整系统。实际上 HACCP 是一种包含风险评估和风险管理的控制程序。它被 CAC 认为是迄今为止控制食源性危害的最经济,也是最有效的手段。

GMP 是由美国 FDA 于 1969 年发布的,它规定了在食品的加工、储藏、分配等各个工序中所要求的操作、管理以及控制规范。后来 GMP 经过有关国际组织和专家的发展,逐渐形成了以基础条件,实施,加工、储藏、分配操作,卫生和食品安全,管理职责五项内容为一般结构和应用准则的一个系统。实际上 GMP 也是一种风险管理的措施。

本章小结

本章重点介绍了食品安全性评价与食品风险分析的相关内容。食品安全性评价包括食品安全性评价概述、毒理学评价程序、食品中有害化学物质限量标准的制定三部分内容;食品风险分析包括风险评估、风险管理、风险交流、风险分析应用实例四部分内容。通过学习,学生可以掌握基本概念、方法和程序,熟悉食品安全性毒理学评价的阶段和试验内容,了解食品安全风险分析及应用。学生还将熟知目前人类是如何及时发现食品中可能存在的危害的,并对其风险进行评估和控制,将食品风险降低到人们可接受的限度,以及对可能影响食品安全的各种因素进行分析,尽早发现食物链各环节可能出现的问题,有针对性地确定预防方法及控制、纠正或改进技术措施,并将其以制度、标准等形式确定下来,贯彻实施,为以后的学习奠定理论基础。

复习思考题

一、名词解释

LD_{50} 最大无作用剂量($MNEL$) 安全系数 ADI

二、判断题

1. 国际食品法典委员会的代号为 CAC。 （   ）
2. GMP 的全称是良好操作规范。 （   ）
3. HACCP 的全称是危害分析与关键控制点。 （   ）
4. 危害一般包括物理性危害、化学性危害和生物性危害三种类型。 （   ）
5. 最小有作用剂量更严格的概念不是"有作用"剂量，而是"观察到作用"剂量。 （   ）

三、选择题

1. 我国食品安全毒理学评价要根据 2014 年国家卫计委颁发的（   ）来进行。
A.《食品安全性毒理学评价程序》　　　　B.《辐照食品卫生管理办法》
C.《消毒管理办法》　　　　　　　　　　D.《农药登记毒理学试验方法》

2. 我国食品安全毒理学评价中辐照食品按（   ）要求提供毒理学试验资料。
A.《食品安全性毒理学评价程序》　　　　B.《辐照食品卫生管理办法》
C.《消毒管理办法》　　　　　　　　　　D.《农药登记毒理学试验方法》

3. 我国食品安全毒理学评价中食品及食品工具与设备用清洗消毒剂按国家卫计委颁发的（   ）进行，重点考虑残留毒性。
A.《食品安全性毒理学评价程序》　　　　B.《辐照食品卫生管理办法》
C.《消毒管理办法》　　　　　　　　　　D.《农药登记毒理学试验方法》

4. 测定 LD_{50}，了解受试物的毒性强度、性质和可能的靶器官，为进一步进行毒性试验的剂量和毒性观察指标的选择提供依据，并根据 LD_{50} 进行毒性分级，是（   ）的目的。
A. 急性毒性试验　　B. 遗传毒性试验　　C. 传统致畸试验　　D. 30 d 喂养试验

5. 对受试物的遗传毒性以及是否具有潜在致癌作用进行筛选，是（   ）的目的。
A. 急性毒性试验　　B. 遗传毒性试验　　C. 传统致畸试验　　D. 30 d 喂养试验

6. 了解受试物对胎仔是否具有致畸作用，是（   ）的目的。
A. 急性毒性试验　　B. 遗传毒性试验　　C. 传统致畸试验　　D. 30 d 喂养试验

四、填空题

1. _____ 是指一定剂量的外源化学物与机体接触后可引起的生物学变化。这种变化的程度用计数单位或计量单位来表示，如某指标变化了若干个、_____、单位等。

2. _____ 是指一定剂量的外源化学物与机体接触后，呈现某种效应并达到一定程度的比例，或者产生效应的个体数在某一群体中所占的比例，一般用 _____ 或 _____ 表示。

3. 剂量-效应关系是指外源化学物的 _____ 与个体或群体中发生的 _____ 之间的关系，是 _____ 的重要概念。

4. 剂量-反应关系为外源化学物的 _____ 与某一群体的 _____ 之间的关系。

五、简述题

1. 风险管理包含哪些内容？

2.风险交流的主要目标是什么？

六、技能题

掌握急性毒性试验的操作方法。

实验与实训

实验　急性毒性试验(改进寇氏法)

一、实验目的

1.掌握急性毒性试验的方法；

2.掌握 LD_{50} 的测定方法；

3.观察马钱子的毒性反应。

二、实验原理

急性毒性试验是指受试动物在一次大剂量的给药后产生的毒性反应和死亡情况。因为动物生与死的生理指标较其他指标明显、客观、容易掌握，致死剂量的测定也较准确，所以经常用动物的致死剂量来表示药物毒性的大小。在测定致死剂量的同时，还应该仔细观察动物是否出现耸毛、蜷卧、耳壳苍白或充血、突眼、步履蹒跚、肌肉瘫痪、呼吸困难、昏迷、惊厥、大小便失禁等不良反应。总之，原理是经口一次给予或 24 h 内多次给予受试物后，在短时间内观察动物所产生的毒性反应，包括确定致死指标数和非致死指标数。致死剂量的测定往往以半数致死量为标准。半数致死量是指经口给予受试物后，预期能够引起动物的死亡率为 50% 的单一受试物剂量，该剂量为经过统计得出的估计值，用符号 LD_{50} 表示。

LD_{50} 的测定比较简便、可靠、稳定，目前已成为衡量动物急性中毒程度的重要常数。它的测定方法有很多种，如 Bliss 法、改进寇氏法、简化几率单位法、累积插值法、几率单位-加权直线回归法等。上述方法具有共同的要求：

(1)动物：选用体重为 17～22 g 的健康小鼠(同次试验体重相差不得超过 4 g)，或者选用体重为 120～150 g(同次试验体重相差不得超过 10 g)的健康大鼠作实验动物。性别相同或雌雄各半。

(2)给药途径：要求采用两种给药途径，其中必须有一种途径与临床所采用的方法相同。溶于水的药物必须测定静脉注射的 LD_{50} 。临床上虽然不用腹腔注射，但动物试验中采用腹腔注射给药方便，且药物能迅速吸收，因而较为常用。若供试药物在腹腔内不引起强烈刺激或者局部变化(如纤维性病变等)，那么啮齿类动物腹腔注射的 LD_{50} 参数与静脉给药的 LD_{50} 很接近。口服制剂无法通过注射给药途径时，则可只通过胃肠给药。

(3)试验周期与观察指标：给药后至少观察 7 d。观察期间要逐日记录动物的毒性反应与死亡动物的分布情况。

(4)正式试验前，必须事先用少量动物进行预试验，目的是大致测出受试药物所引起的 0～100% 死亡率的致死剂量范围，以便安排正式试验。正式试验的剂量组数不得少于 3 个，一般选用 4～5 个，每组动物数为 10～20 只。

(5)报告 LD_{50} 时需注明实验动物的种属、品系、性别、体重范围、给药途径以及每个剂量组的动物数等，还要注明受试药物的配制方法、给药剂量、各组剂量间的比值[多数以 1：(0.65～0.85)为宜]、给药容积、

食品安全与质量控制

观察时间及计算方法、LD_{50} 的 95% 可信限。

三、实验材料与试剂

1. 动物:小鼠。
2. 药品:马钱子水煎液。
3. 器材:注射器、灌胃针头、鼠笼。

四、操作方法

1. 预试试验

一般采用少量动物(6~9 只小鼠)进行,随机分为 3 组,组间剂量比值一般是 1:0.5 或 1:0.7。灌服或腹腔注射量以 0.2 mL/10 g 体重为宜。预试试验进行到找出死亡率为 0(D_n)和 100%(D_m)的致死剂量后即可安排正式试验。

2. 正式试验

在预试试验测得的 D_n 和 D_m 剂量范围内设 4~6 个剂量组(最多 10 组),最理想是使 LD_{50} 的上下各有 2~3 组。组数越少,准确性越差。分组时应注意分层随机均匀化的原则,各剂量组的动物数量要求相等,至少 10 只。本试验要求反应率最大为 100%,最小为 0,或至少接近 100% 或 0。组间剂量比值(1:K)常用 1:0.8 或 1:0.75。若试验出现相邻剂量有重复的 100% 和 0 反应率,则将靠边的组弃去不计,使大剂量组只有一个 100% 的反应率,小剂量组也只有一个 0 的反应率。

分组完毕,算出各组剂量后,开始分组灌服或注射不同剂量的受试药物。试验最好从中间剂量开始,以便从最初几个剂量组动物接受药物后的反应来判断两端剂量是否合适,便于调整剂量与组数,得到理想的结果。为了提高试验的精确性和节省药物,受试药物可按"低比稀释法"配置。即使每只动物的用药体积相等(0.2 mL/10 g),但溶质不等。给药后逐日观察并记录中毒反应、死亡率和死亡情况等。

五、实验结果记录(表 2-1)和计算

表 2-1 马钱子水煎液对小鼠死亡率的影响

组别	剂量 g/kg(d)	lg$d$(X)	死亡数	死亡率(P)	P^2	$P-P^2$
1						
2						
3						
4						

第三章 食品安全性影响因素

知识目标
1. 理解各种受污染食品对人体健康的影响。
2. 掌握食品中的各种危害因素及污染途径。

技能目标
能够对某种食品在加工过程可能引入的食品安全危害进行识别并提出预防措施。

思政目标
通过讲授细菌、霉菌、病毒对食品安全性的影响，引导学生关注食品安全热点问题，增强职业素养和职业道德，培养学生的社会责任感和使命感。

食品安全中的危害是指食品中可能存在的影响人体健康的生物、化学、物理因素或状况。食品危害按造成危害的污染物的性质来分，可分为生物性危害、化学性危害和物理性危害三种。生物性危害主要是指食品中的微生物及其毒素等物质对食品安全造成的不利影响；化学性危害是指不同来源的化学污染物、有意加入的化学物质、食品添加剂、农药和兽药残留等化学物质对食品安全造成的不利影响；物理性危害是指非食源性物质和辐射类污染物质对食品安全造成的不利影响。这三种不同类型的危害影响着食品的安全，对我们的健康都会造成严重的危害。

第一节 生物因素对食品安全性的影响

食品的生物性污染包括微生物、寄生虫和昆虫的污染，主要以微生物污染为主，其中细菌和细菌毒素、霉菌和霉菌毒素危害较大。

一、细菌对食品安全性的影响

细菌是一类单细胞原核细胞型低等生物。在食品卫生学中，通常把食品中常见的细菌称为食品细菌。食品的细菌性污染及其所引起的食品腐败变质，是食品卫生中影响食品卫生质量的最主要因素。食品中的细菌根据对人体健康危害程度的大小可分为致病菌、条件致病菌和非致病菌三大类。

(一)细菌造成的食源性疾病的预防

细菌性食物中毒是指因摄入被致病菌或其毒素污染的食物后所发生的急性或亚急性中毒，是食物中毒中最常见的一类。统计资料表明，我国近年发生的细菌性食物中毒以沙门氏菌、变形杆菌和葡萄球菌食物中毒较为常见，其次为副溶血性弧菌、蜡样芽孢杆菌等。随着微生物的突变和其他生态系统的改变，已经发现一些新的细菌性中毒，如美国和日本的大肠杆菌 O157：H7 食物中毒的爆发流行受到了全球的关注。

1. 流行病学特点

(1)发病率高，病死率低　在各类原因引起的食物中毒中，细菌性食物中毒无论在发病次数还是发病人数方面均居所有食物中毒首位。除肉毒梭菌毒素食物中毒有较高的病死率外，大多数细菌性食物中毒病程短、恢复快、预后好、死亡率低。

(2)夏秋季节发病率高　细菌性食物中毒全年皆可发生，但绝大多数发生在气温较高的 5—10 月。这与细菌在较高温度下易于生长繁殖或产生毒素的特性相一致，也与机体在夏秋季节防御功能降低、易感性增高有关。

(3)动物性食品是引起细菌性食物中毒的主要食品　这些动物性食品主要有肉、鱼、奶、蛋类及其制品。

2. 发生原因

(1)食品在生产、运输、贮存、销售及烹调过程中受到致病菌的污染，而食用前又未经过充分的高温处理或清洗。

(2)加工后的熟食品受到少量致病菌污染，由于在适宜致病菌生长的条件(适宜温度、适宜 pH 值及充足的水分和营养条件)下存放的时间较长，从而使致病菌大量繁殖或产生毒素，而食用前又未加热处理，或加热不彻底。

(3)熟食品受到交叉污染或食品从业人员中带菌者的污染，以致食用后引起中毒。

3. 预防措施

(1)防止食品被细菌污染　加强对食品企业的卫生管理，特别是加强对屠宰厂宰前、宰后的检验和管理。禁止使用病死禽畜肉。食品加工、销售部门及食品饮食行业、集体食堂的操作人员应当严格遵守《食品安全法》，严格遵守操作规程，做到生熟分开，特别是制作冷荤熟肉时更应该严格注意。从业人员进行健康检验合格后方能上岗，如发现肠道传染病及带菌者，应及时调离。

(2)控制细菌繁殖　主要措施是冷藏、冷冻，温度控制在 2～8 ℃，可抑制大部分细菌的繁殖。熟食品在冷藏中做到避光、断氧、不重复被污染，其冷藏效果更好。

(二)常见的细菌性食源性疾病

1. 沙门氏菌属

(1)生物性特征　沙门氏菌属是一大群在血清学上相关的革兰氏阴性杆菌，无芽孢，无荚膜，周身鞭毛，为能运动的需氧或兼性厌氧的短杆菌。到现在已发现沙门氏菌有 2324 种血清型，我国已有 200 多种血清型。沙门氏菌的最适生长温度为 35～37 ℃，最适 pH 值为 7.2～7.4，不能耐受较高的盐浓度。据报道，盐浓度在 9% 以上会使沙门氏菌死亡。沙门氏菌在外界的生活力较强，在水中可活 2～3 周，在冰或人的粪便中可活 12 个月，在土壤中可过冬，在咸肉、鸡蛋和鸭蛋及蛋粉中也可存活很久。水经氯处理可将其杀灭。沙门氏菌在 100 ℃的水中立即死亡，在 80 ℃的水中 2 min 死亡，在 60 ℃的水中 5 min 死亡。5% 的苯酚 (石碳酸)或 0.2% 的升汞在 6 min 内可将其杀灭。乳及乳制品中的沙门氏菌经巴氏消毒或煮沸后迅速死亡。水煮或油炸大块食物时，在食物内的温度达不到足以杀死细菌和破坏毒素的情况下，就会有细菌残留，或有毒素存在。

沙门氏菌有菌毛，对肠黏膜细胞有侵袭力，被人体内的吞噬细胞吞噬并杀灭的沙门氏菌可释放内毒素，有些沙门氏菌还能产生肠毒素。如肠炎沙门氏菌在适合的条件下可在牛奶或肉类中产生达到危险水平的肠毒素,此肠毒素为蛋白质,在 50～70 ℃时可耐受 8 h,不被胰蛋白酶和其他水解酶所破坏,并对酸碱有抵抗力。

(2)食物中毒机制和症状　沙门氏菌食物中毒有多种多样的中毒表现,一般可分为五种类型:胃肠炎型、类伤寒型、类霍乱型、类感冒型、败血症型。其中以胃肠炎型最为多见。潜伏期一般为 12～36 h,短者 6 h,长者 48～72 h,潜伏期短者的病情较重。中毒初期表现为寒战、头晕、头痛、恶心、食欲不振,以后出现呕吐、腹泻、腹痛。腹泻一日数次至十余次,主要为水样便,少数带有黏液或血;体温升高,为 38～40 ℃或更高,一般在发病 2～4 d 后体温开始下降。多数病人在 2～3 d 后胃肠炎症状消失。较重者可出现烦躁不安、昏迷、谵语、抽搐等中枢神经系统症状,有的出现尿少、尿闭、呼吸困难等症状,同时还出现面色苍白、口唇青紫、四肢发凉、血压下降等周围循环衰竭症状,甚至休克,如不及时救治,最后可因循环衰竭而死亡。

大多数沙门氏菌属食物中毒是活菌对沙门氏菌肠黏膜的侵袭导致的感染型中毒;鼠伤寒沙门氏菌、肠炎沙门氏菌食物中毒可能具有细菌侵入和肠毒素两者混合的中毒特性。引起食物中毒的必要条件是食物中含有大量的活菌,食入的活菌数量越多,发生中毒的机会越大。由于各种血清型沙门氏菌的致病力强弱不同,因此随同食物摄入沙门氏菌出现食物中毒的菌量亦不相同。一般来说,食入致病力强的血清型沙门氏菌 2×10^5 cfu/g 即可发病,摄入致病力弱的血清型沙门氏菌 10^8 cfu/g 才能发生食物中毒。致病力越强的菌型越易致病,通常认为猪霍乱沙门氏菌致病力最强,鼠伤寒沙门氏菌次之,鸭沙门氏菌致病力较弱。中毒的发生不仅与菌量、菌型、毒力的强弱有关,还与个体的抵抗力有关。幼儿、体弱老人及其他疾病患者是易感性较高的人群。

(3)污染的食品　沙门氏菌食物中毒多由动物性食品引起,特别是肉类(如病死牲畜肉、酱或卤肉、熟肉内脏等),也可由鱼类、禽肉类、乳类、蛋类及其制品引起,豆制品和糕点有时也会引起沙门氏菌食物中毒,但引起者较少。

沙门氏菌污染肉类,可分为生前感染和宰后污染两个方面。生前感染指家畜、家禽在宰杀前已感染沙门氏菌。沙门氏菌可在很多动物肠道中繁殖,健康家畜的沙门氏菌带菌率为 2%～15%,患病家畜的沙门氏菌带菌率较高,乳病猪的沙门氏菌检出率在 70%以上。宰后污染是指家畜、家禽在屠宰过程中或屠宰后被带沙门氏菌的粪便、容器、污水等污染。

蛋类及其制品感染或污染沙门氏菌的机会较多,尤其是鸭、鹅等水禽及其蛋类的带菌率比较高,一般为 30%～40%。家禽及其蛋类的沙门氏菌除原发和继发感染使卵巢、卵黄、全身带菌外,禽蛋在经泄殖腔排出时,蛋壳表面可在肛门腔里被沙门氏菌污染,沙门氏菌可通过蛋壳气孔侵入蛋内;蛋制品,如冻全蛋、冻蛋白等亦可在加工过程的各个环节受到污染。

带菌奶牛产的奶中有时带菌,健康奶牛的奶在挤出后亦可受到带菌奶牛粪便或其他污物的污染,所以,鲜奶和鲜奶制品如未经彻底消毒,也可引起沙门氏菌食物中毒。

水产品感染沙门氏菌主要是由于水源被污染,淡水鱼虾有时带菌,海产鱼虾一般带菌较少。

(4)控制措施　沙门氏菌的预防和控制主要需抓住三个环节:①防止食品被沙门氏菌污染。加强对食品生产企业的卫生监督及家畜、家禽宰前和宰后的兽医卫生检验,并按有关规定进行处理。屠宰时,要特别注意防止肉尸受到胃肠内容物、皮毛、容器等的污染。食品加工、销售、集体食堂和饮食行业的从业人员,应严格遵守有关卫生制度,特别是加强防止交叉污染,如熟肉类制品被生肉或盛装生肉的容器污染,切生肉和熟食品的刀、案板要分开。并对上述从业人员定期进行健康和带菌检查,如有肠道传染病患者及带菌者应及时调换工作。②控制食品中沙门氏菌的繁殖。沙门氏菌繁殖的最适温度是 37 ℃,但在 20 ℃以上就能大量繁殖。因此,低温贮存食品是预防食物中毒的一项重要措施。在食品生产企业、食品销售网店、集体食堂均应有冷藏设备,并按照食品低温保藏的卫生要求贮藏食品。适当浓度的食盐也可控制沙门氏菌的繁殖。如肉、鱼等可加食盐保存,以控制沙门氏菌的繁殖。③彻底杀死沙门氏菌。对被沙门氏菌污染的食品进行彻底的加热灭菌,是预防沙门氏菌食物中毒的关键措施。加热灭菌的效果取决于许多因素,如加热方法、食品被污染的程度、食品体积的大小等。为彻底杀灭肉类中可能存在的各种沙门氏菌、灭活毒素,应使肉块深部的温度达到 80 ℃。为此要求肉块质量应在 1 kg 以下,在敞开的锅中煮时,应自水沸起煮 2.5～3 h。否则肉块中心部位不能充分加热,尚有残存的活菌,在适宜的条件下繁殖,仍可引起食物中毒。

2.大肠杆菌

(1)生物性特征　大肠杆菌属也叫大肠埃希氏菌属。大肠杆菌是人和动物肠道的正常寄生菌,一般不致病。但有些菌株可以引起人的食物中毒,是一类条件性致病菌,如肠道致病性大肠埃希氏菌(EPEC)、肠道毒素性大肠埃希氏菌(ETEC)、肠道侵袭性大肠埃希氏菌(EIEC)和肠道出血性大肠埃希氏菌(EHEC)等。

大肠杆菌均为革兰阴性菌,两端钝圆的短杆菌,大多数菌株有周生鞭毛,能运动,有菌毛,无芽孢。某些菌株有荚膜,大多为需氧或兼性厌氧。生长温度范围为 10～50 ℃,最适生长温度为 40 ℃,最适 pH 值为 6.0～8.0。在普通琼脂平板培养基培养 24 h 后呈圆形、光滑、湿润、半透明近无色的中等大菌落,其菌落与沙门氏菌的菌落很相似。大肠杆菌菌落对光观察可见荧光,部分菌落可溶血(β 型)。

大肠杆菌有中等强度的抵抗力,且各菌型之间有差异。巴氏消毒法可杀死大多数的大肠杆菌,但耐热菌株可存活,煮沸数分钟即被杀灭,对一般消毒药水较敏感。

(2)食物中毒机制和症状　致病性大肠埃希氏菌的食物中毒与人体摄入的菌量有关。当一定量的致病性大肠埃希氏菌进入人体消化道后,可在小肠内继续繁殖并产生肠毒素。肠毒素吸附在小肠上皮细胞膜上,激活上皮细胞内腺,导致肠液分泌增加,超过小肠管的再吸收能力时便出现腹泻。其症状表现为腹痛、腹泻、呕吐、发热、大便呈水样或呈米泔水样,有的伴有脓血样或黏液等。一般轻者可在短时间内治愈,不会危及生命。严重的是肠道出血性大肠埃希氏菌(EHEC)引起的食物中毒,其症状不仅表现为腹痛、腹泻、呕吐、发热、大便呈水样,严重脱水,而且大便大量出血,极易引发出血性尿毒症、肾衰竭等并发症,患者死亡率达 3%～5%。

(3)污染的食品　引起大肠杆菌中毒的食品基本与沙门氏菌相同,但致病性大肠埃希氏菌涉及的食品有所差别。各种类型大肠杆菌污染的食物分别为:EPEC:水,猪肉,肉馅饼;ETEC:水,奶酪,水产品;EIEC:水,奶酪,土豆色拉,罐装鲑鱼;EHEC:牛肉糜,生牛奶,发酵香肠,苹果酒,未经巴氏杀菌的苹果汁,色拉油拌凉菜,水,生蔬菜,三明治。

(4)控制措施　大肠杆菌食物中毒的预防措施和沙门氏菌食物中毒的基本相同:①预防第二次污染。防止动植物性食品被人类带菌者、带菌动物以及污染的水、用具等第二次污染。②预防交叉污染。熟食品低温保藏,防止生熟食品交叉感染。③控制食源性感染。在屠宰和加工动物时,避免粪便污染,动物性食品必须充分加热以杀死致病性大肠埃希氏菌。

避免吃生的或半生的肉、禽类,不喝未经巴氏消毒的牛奶或果汁等。

3.空肠弯曲菌

(1)生物性特征 空肠弯曲菌的菌体轻度弯曲似逗点状,菌体一端或两端有鞭毛,运动活泼,在暗视野镜下观察似飞蝇。有荚膜,不形成芽孢。为微需氧菌,在含 $2.5\% \sim 5\% O_2$ 和 $10\% CO_2$ 的环境中生长最好。最适温度为 $37 \sim 42$ ℃。在正常大气或无氧环境中均不能生长。在普通培养基上难以生长。在凝固血清和血琼脂培养基上培养 36 h 可见无色半透明毛玻璃样小菌落,单个菌落中心凸起,周边不规则,无溶血现象。空肠弯曲菌生化反应不活泼,不发酵糖类,不分解尿素,靛基质为阴性,可还原硝酸盐,氧化酶和过氧化氢酶为阳性,能产生微量硫化氢或不产生硫化氢,甲基红和 VP 试验为阴性,在枸橼酸盐培养基中不生长。

空肠弯曲菌抵抗力不强,易被干燥的环境、直射日光及弱消毒剂所杀灭,56 ℃下 5 min 可被杀死;对红霉素、新霉素、庆大霉素、四环素、氯霉素、卡那霉素等抗生素敏感。

(2)食物中毒机制和症状 空肠弯曲菌是一种人畜共患病病原菌,可引起人和动物发生多种疾病,并且是一种食源性病原菌,被认为是引起人类细菌性腹泻的主要原因。其致病因素包括黏附、侵袭、产生毒素和分子模拟机制等四个方面,通过分子模拟机制可以引起最严重的并发症——格林-巴利综合征。空肠弯曲菌可以通过产生细胞紧张性肠毒素、细胞毒素和细胞致死性膨胀毒素而致病。

空肠弯曲菌内的毒素能侵袭小肠和大肠黏膜引起急性肠炎,亦可引起腹泻的暴发流行或集体食物中毒。潜伏期一般为 $3 \sim 5$ d,对人的致病部位是空肠、回肠及结肠。主要症状为腹泻和腹痛,有时发热,偶有呕吐和脱水。细菌有时可通过肠黏膜入血引起败血症和其他脏器感染,如脑膜炎、关节炎、肾盂肾炎等。孕妇感染可导致流产、早产,而且可使新生儿受染。

(3)污染的食品 禽类是空肠弯曲菌的主要宿主,市场上销售的鸡及其内脏经常被空肠弯曲菌污染,生猪肉、生牛肉和生羊肉也可能被空肠弯曲菌污染。另外,通过动物粪便对水源的污染或人和动物的接触传播,可以使蔬菜、水果、各类熟食品、牛奶等受到空肠弯曲菌的污染,从而引起人的中毒。

(4)控制措施 空肠弯曲菌食物中毒的控制措施包括:与动物或生的动物制品接触后要及时洗手。贮存动物性食品时要注意卫生,防止生熟交叉污染。肉类食品要注意烹调方法,烧熟、煮透。牛奶要加热消毒后食用。养成良好的个人卫生习惯,饭前便后要洗手。

4.志贺氏菌

(1)生物性特征 志贺氏菌属是一类革兰氏阴性杆菌,是人类细菌性痢疾最为常见的病原菌,通称痢疾杆菌。无芽孢,无荚膜,无鞭毛;多数有菌毛,为兼性厌氧菌,能在普通培养基上生长,形成中等大小、半透明的光滑型菌落,在肠道杆菌选择性培养基上形成无色菌落。能分解葡萄糖,产酸不产气。VP 试验为阴性,不分解尿素,不形成硫化氢,不能利用枸橼酸盐作为碳源。一般 $56 \sim 60$ ℃经 10 min 即被杀死。在 37 ℃的水中能存活 20 d,在冰块中能存活 96 d。对化学消毒剂敏感,在 1% 的石碳酸中 $15 \sim 30$ min 即死亡。

(2)食物中毒机制和症状 志贺氏菌的菌毛能黏附于回肠末端和结肠黏膜的上皮细胞表面,继而在侵袭蛋白的作用下穿入上皮细胞内,一般在黏膜固有层繁殖形成感染灶。凡具有 K 抗原的痢疾杆菌,一般致病力较强。

各种类型的痢疾杆菌都具有强烈的内毒素。内毒素作用于肠壁,使其通透性增高,促进内毒素吸收,引起发热、神志障碍,甚至中毒性休克等。内毒素能破坏黏膜,形成炎症、溃疡,出现典型的脓血黏液便。内毒素还能作用于肠壁植物神经系统,致使肠功能紊乱、肠蠕动失调和痉挛,尤其以直肠括约肌痉挛最为明显,出现腹痛、里急后重(频繁便意)等症状。

(3)污染的食品 被志贺氏菌污染的食品以冷盘和凉拌菜为主。肉、奶及其熟食品在较高温度下存放较长时间也易引发志贺氏菌食物中毒。

(4)控制措施 志贺氏菌食物中毒的控制措施包括不食用存放时间长的熟食品,注意食品的彻底加热和食用前再加热;养成良好的卫生习惯,饭前便后用肥皂彻底洗手;不吃不干净的食物及腐败变质的食物,不喝生水。

5.金黄色葡萄球菌

(1)生物性特征 金黄色葡萄球菌为革兰氏阳性球菌。无芽孢,无鞭毛,不能运动,呈葡萄状排列。为兼性厌氧菌,对营养要求不高,在普通琼脂培养基上培养 24 h 后,菌落呈圆形,边缘整齐,光滑、湿润、不透明,颜色呈金黄色。最适生长温度为 35～37 ℃,最适 pH 值为 7.4。加热至 80 ℃保持 30～60 min 才能杀死。

金黄色葡萄球菌能产生多种毒素和酶,故其致病性极强。致病菌株产生的毒素和酶主要有溶血毒素、杀白细胞毒素、肠毒素、凝固酶、溶纤维蛋白酶、透明质酸酶、DNA 酶等。与食物中毒关系密切的主要是肠毒素。近年的报告表明,50％以上的金黄色葡萄球菌菌株在实验室条件下能够产生肠毒素,并且一种菌株能产生两种或两种以上的肠毒素。

(2)食物中毒机制和症状 金黄色葡萄球菌食物中毒的原因是产生肠毒素的葡萄球菌污染了食品,在较高的温度下大量繁殖,于适宜的 pH 值和合适的食品条件下产生了肠毒素。当金黄色葡萄球菌肠毒素进入人体消化系统后被吸收进入血液,毒素刺激中枢神经系统而引起中毒反应。潜伏期一般为 1～5 h,最短为 15 min 左右,最长不超过 8 h。中毒症状有恶心、反复呕吐,并伴有腹痛、头晕、腹泻、发冷等。儿童对肠毒素比成人敏感,因此儿童发病率较高,病情也比成人重。但金黄色葡萄球菌肠毒素中毒病程较短,1～2 d 内即可恢复,预后良好,一般不导致死亡。

(3)污染的食品 肠毒素的形成与食品污染程度、食品存入温度、食品种类和性质密切相关。一般来说,食品污染越严重,细菌繁殖就越快,越易形成肠毒素,且温度越高,产生肠毒素的时间越短;含蛋白质丰富、含水分较多,同时含一定淀粉的食品受金黄色葡萄球菌污染后,易产生肠毒素。所以引起金黄色葡萄球菌食物中毒的食品以乳、鱼、肉及其制品,淀粉类食品,剩米饭等最为常见。近年来由熟鸡、鸭制品引起的食物中毒增多。主要污染来源包括原料和生产操作人员,原料中的污染有患有乳房炎的奶牛、患病的生产操作人员等。

(4)控制措施 预防金黄色葡萄球菌食物中毒的措施包括防止金黄色葡萄球菌污染和防止其肠毒素形成两个方面。应从以下几方面采取措施:①防止带菌人群对食品的污染。定期对食品生产人员、饮食从业人员及保育员等有关人员进行健康检查,患有化脓性感染的人不适合任何与食品有关的工作。②防止金黄色葡萄球菌对食品原料的污染。定期对健康奶牛的乳房进行检查,患有乳房炎的奶牛产的奶不能使用。同时,为了防止金黄色葡萄球菌污染,健康奶牛的奶挤出后,应立即冷却至 10 ℃以下,防止在较高的温度下该菌的繁殖和肠毒素的形成。③防止肠毒素的形成。在低温、通风良好的条件下贮藏食物。在气温较高的季节,食品放置时间不得超过 6 h,食用前必须彻底加热。

6.单核细胞增生李斯特氏菌

(1)生物性特征 单核细胞增生李斯特氏菌在分类上属李斯特氏菌属,有8个菌种,引起食物中毒的主要是单核细胞增生李斯特氏菌。该菌为革兰氏阳性小杆菌,常呈"V"形,成对或单个排列,无芽孢和荚膜,有鞭毛;为需氧或兼性厌氧菌,在血琼脂培养基上能产生β-溶血环;生长温度为3~45 ℃,最适温度为30~37 ℃;最适pH值为5~9.6,耐酸,不耐碱;具有嗜冷性,能在低至4 ℃的温度下生存和繁殖,耐热性好;能抵抗氯化钠、亚硝酸盐等食品防腐剂,可在10%的氯化钠溶液中生长。对化学杀菌剂及紫外线照射均较敏感。75%酒精5 min,1‰新洁尔灭30 min,紫外线照射15 min均可杀死本菌。经60~70 ℃,5~20 min也可杀死此菌。

(2)食物中毒机制和症状 单核细胞增生李斯特氏菌食物中毒的症状是发病突然,初时症状为恶心、呕吐、发烧、头疼,似感冒。最突出的表现是脑膜炎、败血症、心内膜炎。孕妇呈全身感染状,症状轻重不等,常发生流产、子宫炎,严重的可出现早产或死产。婴儿感染可出现肉芽肿脓毒症、脑膜炎、肺炎、呼吸系统障碍。病死率高达20%~50%。

单核细胞增生李斯特氏菌食物中毒发生的原因为污染此菌的食品未经彻底加热,食后引起中毒,如喝未彻底杀死此菌的消毒牛奶。冰箱内冷藏的熟食品、奶制品因受到此菌的交叉污染,从冰箱中取出直接食用,也可引起食物中毒。

(3)污染的食品 引起单核细胞增生李斯特氏菌中毒的食品主要有奶与奶制品、肉制品、水产品、蔬菜及水果,尤以奶制品中的奶酪(特别是软催熟型)、冰淇淋最为重要及多见。

(4)控制措施 针对单核细胞增生李斯特氏菌耐低温和耐热性好以及乳制品、熟食易污染等特点,可采取以下预防措施:生的动物性食品,如牛肉、猪肉和家禽肉,要彻底加热;生食蔬菜前要彻底清洗;未加工的肉类与蔬菜、已加工的食品和即食食品分开;不吃生奶或用生奶加工的食品;加工生食后的手、刀和砧板要清洗。

对高危人群(如孕妇、免疫力低下者),除上述措施外,还应特别注意:①不吃软奶酪,如feta、camembert、blue-veined、mexican 奶酪,而硬奶酪、已经加工过的奶酪、奶油奶酪、cottage奶酪和酸奶可以食用;②食用剩食和即食食品前应重新彻底加热;③不吃改刀熟食或者食用前重新彻底加热。

二、霉菌及其毒素对食品安全性的影响

霉菌在自然界分布很广,种类繁多。由于霉菌能形成极小的孢子,因而很容易通过空气及其他途径污染食品,不仅造成食品腐败,而且有些霉菌能产生毒素,人、畜误食易引起霉菌毒素性食物中毒。霉菌引起的食物中毒是真菌性食物中毒的典型代表,霉菌毒素是霉菌产生的有毒的次级代谢产物。目前发现的能引起人、畜中毒的霉菌毒素有150种以上。从20世纪60年代初人类发现强致癌性的黄曲霉毒素以来,霉菌毒素对食品的污染日益引起了人们的重视。

(一)食品中常见的霉菌污染

发霉的花生、玉米、大米、小麦、大豆、小米、植物秸秆和黑斑白薯是引起真菌性食物中毒的常见食料。常见的霉菌有:曲霉菌,如黄曲霉菌、棒曲霉菌、米曲霉菌、赭曲霉菌;青霉菌,如毒青霉菌、桔青霉菌、岛青霉菌、纯绿青霉菌;镰刀霉菌,如半裸镰刀霉菌、赤霉菌;黑斑病菌,如黑色葡萄穗状霉菌等。

(二)霉菌的产毒菌株及产毒条件

不少霉菌都可以产生毒素,但以曲霉、青霉、镰刀霉菌属菌产生的较多,一种霉菌并非所有的菌株都能产生毒素。确切地说,产毒霉菌是由具有产毒能力的一些霉菌菌株引起的,它们主要包括以下几个属:

曲霉属:黄曲霉、寄生曲霉、杂色曲霉、烟曲霉、构巢曲霉等。

青霉属:桔青霉、黄绿青霉、红色青霉、扩展青霉等。

镰刀菌属:禾谷镰刀菌、玉米赤霉、梨孢镰刀菌、无孢镰刀菌、粉红镰刀菌等。

其他菌属:粉红单端孢霉、木霉属、漆斑菌属、黑色葡萄穗状霉等。

霉菌产毒需要一定的条件,影响霉菌产毒的条件主要有食品基质中的水分、环境中的温度和湿度及空气的流通情况。

(1)水分和湿度 霉菌的繁殖需要一定的水分活性,食品中的水分含量越少(溶质浓度大),A_w 越小,即自由运动的水分子越少,能提供给微生物利用的水分少,不利于微生物的生长与繁殖,有利于防止食品的腐败变质。$A_w \leqslant 0.7$,一般霉菌不能生长。

(2)温度 大部分霉菌在 28～30 ℃都能生长,10 ℃以下和 30 ℃以上时生长明显减弱,在 0 ℃时几乎不生长。但个别霉菌可能耐受低温。一般霉菌产毒的温度略低于最适宜温度。

(2)基质 霉菌的营养来源主要是糖和少量氮、矿物质,因此霉菌极易在含糖的饼干、面包、粮食等食品上生长,在天然食品中更易繁殖。

(三)霉菌毒素中毒的特点

霉菌毒素中毒具有以下特点:中毒的发生主要通过被霉菌毒素污染的食物;被霉菌毒素污染的食品和粮食用一般的烹调方法加热处理不能将其破坏去除;没有污染性免疫,霉菌毒素一般都是小分子化合物,机体对霉菌毒素不产生抗体;霉菌生长繁殖和产生毒素需要一定的温度和湿度,因此中毒往往有明显的季节性和地区性。

(四)常见的霉菌毒素

1. 黄曲霉毒素

黄曲霉毒素(AFT)是一类结构类似的化合物,目前已经分离鉴定出 20 多种,主要为 AFB 和 AFG 两大类。黄曲霉毒素在结构上彼此十分相似,均含 C、H、O 三种元素,都是二氢呋喃氧杂萘邻酮的衍生物,即结构中含有一个双呋喃环、一个氧杂萘邻酮(又叫香豆素)。其结构与毒性和致癌性有关,凡二呋喃环末端有双键者毒性较强,并有致癌性。其毒性从大到小的顺序为:B1、M1、G1、B2、M2、G2,在食品检测中以 AFB1 为污染指标。

黄曲霉毒素在紫外光的照射下能发出特殊的荧光,因此一般根据荧光颜色、R_f 值、结构来进行鉴定和命名。黄曲霉毒素耐热,一般的烹调加工很难将其破坏,在 280 ℃时才发生裂解,毒性被破坏。黄曲霉毒素在中性和酸性环境中稳定,在 pH 值为 9～10 的氢氧化钠强碱性环境中能迅速分解,形成香豆素钠盐。黄曲霉毒素能溶于氯仿和甲烷,而不溶于水、正己烷、石油醚及乙醚。现国内检测 AFB1 采用薄层层析法。

黄曲霉毒素是由黄曲霉和寄生曲霉产生的。寄生曲霉的所有菌株几乎都能产生黄曲霉毒素,而并不是所有黄曲霉的菌株都能产生黄曲霉毒素。黄曲霉产毒的必要条件为湿度 80%～90%,温度 24～28 ℃,氧气浓度 1%。天然基质培养基(玉米、大米和花生粉)比人工合成培养基产毒量高。

一般来说,国内长江以南地区的黄曲霉毒素污染要比北方地区严重,主要污染花生、花生油和玉米,大米、小麦、面粉的污染较轻,豆类很少受到污染。在世界范围内,一般高温、高湿地区(热带和亚热带地区)的食品污染较重,而且也是以花生和玉米为主。

黄曲霉毒素有很强的急性毒性,也有明显的慢性毒性和致癌性。

(1)急性毒性　黄曲霉毒素为剧毒物,其毒性为氰化钾的10倍,对鱼、鸡、鸭、大鼠、豚鼠、兔、猫、狗、猪、牛、猴及人均有强烈毒性。鸭雏的急性中毒肝脏病变具有一定的特征,可作为生物鉴定方法。一次大量口服后可出现:①肝实质细胞坏死。②胆管上皮增生。③肝脏脂肪浸润,脂质消失延迟。④肝脏出血。国内外亦有黄曲霉毒素引起人急性中毒的报道。

(2)慢性毒性　长期小剂量摄入黄曲霉毒素可造成慢性损害,它比急性中毒更为重要。其主要表现是动物生长障碍,肝脏出现亚急性或慢性损伤。其他症状有食物利用率下降、体重减轻、生长发育迟缓、雌性不孕或产仔少。

(3)致癌性　①黄曲霉毒素可诱发多种动物发生癌症。②黄曲霉毒素对动物有强烈的致癌性,并可引起人急性中毒。通过肝癌流行病学的研究发现,凡食物中黄曲霉毒素污染严重和人类实际摄入量比较高的地区,原发性肝癌发病率高。黄曲霉毒素如不连续摄入,一般不在体内蓄积。一次摄入后,约一周时间后通过呼吸、尿液、粪便等将大部分黄曲霉毒素排出。

预防黄曲霉毒素危害人类健康的主要措施是加强对食品的防霉,其次是去毒,可采用挑选霉粒法、碾压加工法、植物油加碱去毒法、物理去除法、加水搓洗法、微生物去毒法,并严格执行最高容许量标准。

2.黄变米毒素

黄变米是20世纪40年代在日本的大米中发现的。这种米由于被真菌污染而呈黄色,故称黄变米。可以导致大米黄变的真菌主要是青霉属中的一些种,这些菌株侵染大米后产生毒性代谢产物,统称黄变米毒素。

黄变米毒素可分为三大类:

(1)黄绿青霉毒素　不溶于水,加热至270 ℃失去毒性;为神经毒,毒性强,中毒特征为中枢神经麻痹,进而心脏及全身麻痹,最后呼吸停止而死亡。

(2)桔青霉　污染大米后形成桔青霉黄变米,米粒呈黄绿色。精白米易污染桔青霉形成该种黄变米。桔青霉可产生桔青霉毒素,暗蓝青霉、黄绿青霉、扩展青霉、点青霉、变灰青霉、土曲霉等霉菌也能产生这种毒素。该毒素难溶于水,为一种肾脏毒,可导致实验动物肾脏肿大、肾小管扩张和上皮细胞变性坏死。

(3)岛青霉　污染大米后形成岛青霉黄变米,米粒呈黄褐色,有溃疡性病斑,同时含有岛青霉产生的毒素,包括黄天精、环氯肽、岛青霉素、红天精。前两种毒素都是肝脏毒,急性中毒可造成动物发生肝萎缩现象;慢性中毒发生肝纤维化、肝硬化或肝肿瘤,可导致大白鼠患肝癌。

3.镰刀菌毒素

根据联合国粮农组织(FAO)和世界卫生组织(WHO)联合召开的第三次食品添加剂和污染物会议资料,镰刀菌毒素同黄曲霉毒素一样被看做是自然发生的最危险的食品污染物。镰刀菌毒素是由镰刀菌产生的。镰刀菌在自然界广泛分布,侵染多种作物。有多种镰刀菌可产生对人畜健康威胁极大的镰刀菌毒素。目前已发现有十几种镰刀菌毒素,按其化学结构可分为以下三大类：

(1)单端孢霉烯族化合物　单端孢霉烯族化合物是由雪腐镰刀菌、禾谷镰刀菌、梨孢镰刀菌、拟枝孢镰刀菌等多种镰刀菌产生的一类毒素。它是引起人畜中毒最常见的一类镰刀菌毒素。

我国粮食和饲料中常见的单端孢霉烯族化合物是脱氧雪腐镰刀菌烯醇(DON)。DON主要存在于麦类赤霉病的麦粒中，玉米、稻谷、蚕豆等作物也能感染赤霉病而含有 DON。赤霉病的病原菌是赤霉菌，其无性阶段是禾谷镰刀菌。这种病原菌适合在阴雨连绵、湿度高、气温低的气候条件下生长繁殖。如在麦粒形成乳熟期感染，则随后成熟的麦粒皱缩、干瘪，有灰白色和粉红色霉状物；如在后期感染，麦粒尚且饱满，但胚部呈粉红色。DON 又称致吐毒素，易溶于水，热稳定性高，烘焙温度 210 ℃、油煎温度140 ℃或煮沸，只能破坏 50％。

人误食含 DON 的赤霉病麦(含 10％病麦的面粉 250 g)后，多在 1 h 内出现恶心、眩晕、腹痛、呕吐、全身乏力等症状。少数伴有腹泻、颜面潮红、头痛等症状。以病麦喂猪，猪的体重增重缓慢，宰后脂肪呈土黄色，肝脏发黄，胆囊出血。

(2)玉米赤霉烯酮　玉米赤霉烯酮是一种雌性发情毒素。动物吃了含有这种毒素的饲料，就会出现雌性发情综合症状。禾谷镰刀菌、黄色镰刀菌、粉红镰刀菌、三线镰刀菌、木贼镰刀菌等多种镰刀菌均能产生玉米赤霉烯酮。

玉米赤霉烯酮不溶于水，溶于碱性水溶液。禾谷镰刀菌接种在玉米培养基上，在25～28 ℃培养两周后，再在 12 ℃培养 8 周，可获得大量的玉米赤霉烯酮。赤霉病麦中有时可能同时含有 DON 和玉米赤霉烯酮。饲料中含有的玉米赤霉烯酮在1～5 mg/kg时才出现症状，当含量为 500 mg/kg 时出现明显症状。玉米中也可检测出玉米赤霉烯酮。

(3)丁烯酸内酯　牧草中曾被发现有丁烯酸内酯存在，给牛饲喂带毒的牧草会导致烂蹄病。哈尔滨医科大学大骨节病研究室曾报道：在黑龙江和陕西的大骨节病区所产的玉米中发现有丁烯酸内酯的存在。丁烯酸内酯是由三线镰刀菌、雪腐镰刀菌、拟枝孢镰刀菌和梨孢镰刀菌产生的，易溶于水，在碱性水溶液中极易水解。

4.杂色曲霉毒素

杂色曲霉毒素是由杂色曲霉和构巢曲霉等产生的，基本结构为一个双呋喃环和一个氧杂蒽酮。其中的杂色曲霉毒素 IVa 是毒性最强的，不溶于水，可以诱发动物的肝癌、肾癌、皮肤癌和肺癌，其致癌性仅次于黄曲霉毒素。由于杂色曲霉和构巢曲霉经常污染粮食和食品，而且有 80％以上的菌株产毒，因此杂色曲霉毒素在肝癌病因学研究中很重要。糙米中易污染杂色曲霉毒素，糙米经加工成标二米后，毒素含量可以减少90％。

5.棕曲霉毒素

棕曲霉毒素是由棕曲霉、纯绿青霉、圆弧青霉和产黄青霉等产生的，现已确认的有棕曲霉毒素 A 和棕曲霉毒素 B 两类。它们易溶于碱性溶液，可导致多种动物的肝、肾等内脏器官的病变，故称为肝毒素或肾毒素，此外还可导致肺部病变。

棕曲霉产毒的适宜基质是玉米、大米和小麦。产毒的适宜温度为 20～30 ℃，A_w 为0.953～0.997。在粮食和饲料中有时可检出棕曲霉毒素 A。

6.展青霉毒素

展青霉毒素主要是由扩展青霉产生的，可溶于水、乙醇，在碱性溶液中不稳定，易被破坏。污染扩展青霉的饲料可造成牛中毒，展青霉毒素对小白鼠的毒性表现为严重水肿。扩展青霉在麦秆上的产毒量很大。

扩展青霉是苹果贮藏期的重要霉腐菌,它可使苹果腐烂。以这种腐烂苹果为原料生产出的苹果汁会含有展青霉毒素。

三、病毒对食品安全性的影响

存在于食品中的病毒称为食品病毒。人类的传染病中约80%由病毒引起,相当部分是经过食物传播的。有研究表明,无论哪种食品上残存的病毒,一旦遇到相应的寄生宿主,病毒到达寄主体内即可呈爆发性的繁殖,引起相应的病毒病。

(一)食源性病毒感染的特点

病毒通过食品传播的主要途径是粪-口传播模式。尽管任何病毒都可能存在于食品中,但由于病毒对组织具有亲和性,因此真正能起到传播载体功能的食品针对的只能是人类肠道的病毒。能引起腹泻或胃肠炎的病毒包括轮状病毒、诺瓦克病毒、肠道腺病毒、嵌杯病毒、冠状病毒等。引起消化道以外的器官损伤的病毒有脊髓灰质炎病毒、柯萨奇病毒、埃可病毒、甲型肝炎病毒、呼肠孤病毒和肠道病毒71型等。

在食品环境中,胃肠炎病原病毒常见于海产食品和水源中。原因主要是水生贝壳类动物对病毒能起到过滤浓缩作用,病毒会存活较长时间,这种环境对病毒具有保护作用。通过水传播的病毒性疾病还有结膜炎等。在污水和饮用水中均发现有病毒存在。饮用水即使经过灭菌处理,有些肠道病毒仍能存活,如脊髓灰质炎病毒、柯萨奇病毒、轮状病毒。海产品带毒率相对较高,在礁石、岛屿少的海洋中的水生贝壳类动物的带毒率为9%~40%,而在有较多礁石的海洋中的水生贝壳类动物的带毒率为13%~40%。病毒进入水生贝壳类动物体内只能延长生活周期,但不能繁殖。

存在于食品中的病毒经口进入肠道后,聚集于有亲和性的组织中,并在黏膜上皮细胞和固有层淋巴样组织中复制增殖。病毒在黏膜下淋巴组织中增殖后,进入颈部和肠系膜淋巴结。少量病毒由此处再进入血流并扩散至网状内皮组织,如肝、脾、骨髓等。在此阶段一般并不表现出临床症状,大多数情况下因机体防御机制的抑制而不能继续发展。仅在极少数被病毒感染者中病毒能在网状内皮组织内复制,并持续地向血流中排入大量病毒。由于持续性病毒血症的产生,可能使病毒播散至靶器官。病毒在神经系统中虽可沿神经通道传播,但进入中枢神经系统的主要途径是通过血流,直接侵入毛细血管壁。

(二)常见的食源性病毒

1.肝炎病毒

病毒性肝炎又称为传染性肝炎,以甲型肝炎和乙型肝炎最为常见。目前认为引起病毒性肝炎的病毒有甲、乙、丙、丁、戊等七种肝炎病毒,感染人体后主要引起肝脏病变,严重危害人体健康。与食品相关的人的肝炎病毒有甲型肝炎病毒和非甲非乙型肝炎病毒(E型肝炎病毒)。

各型病毒性肝炎的病理变化按病变轻重以及病程经过可分为急性肝炎、慢性肝炎和重症肝炎三大类。

(1)急性肝炎 出现食欲减退、恶心、厌油、茶色尿、腹胀、肝区痛等症状。皮肤、巩膜可有黄染,有压痛。肝脏大多肿大,表面光滑。

(2)慢性肝炎 国内将慢性肝炎的组织学变化分为四型,即慢性迁延性肝炎、慢性活动性肝炎、慢性重症肝炎及肝硬化。患者肝脏大多较正常为大,质地中等。慢性活动性肝炎患者的肝脏有时可呈颗粒状或有结节形成。

(3)重症肝炎 肝实质破坏严重,呈大块或亚大块坏,按病程和病变程度分为急性和亚急性两型。①急性重症肝炎:起病急,病程短,大多在 10 d 左右。由于肝细胞大量丧失和自溶,肝脏体积明显缩小,仅为正常肝重的 1/3～2/3,质地柔软,包膜皱缩。肝切面结构模糊,红褐相间,乃由肝细胞淤胆和血窦扩张充血所致。②亚急性重症肝炎:病程自数周至数月不等。肉眼所见病变与急性重症肝炎者相同,但在肝脏表面和切面均可见到再生结节。

肝炎病毒主要污染水生贝壳类,如牡蛎、贻贝、蛤贝等。甲型肝炎病毒可在牡蛎中存活两个月以上。甲型肝炎累及的食品包括凉拌菜、水果及水果汁、乳及乳制品、冰淇淋、水生贝壳类食品等。生的或未煮透的来源于污染水域的水生贝壳类食品是最常见的载毒食品。

病毒性肝炎的预防主要是加强传染源的管理,对食品生产、加工人员要定期进行健康体检,做到早发现、早隔离。要加强饮用水的管理,防止污染;加强餐饮行业的卫生管理,切断传播途径。同时要通过注射疫苗来提高人群的免疫力。

2.轮状病毒

轮状病毒属于呼肠病毒科,为双链 RNA 病毒,直径约为 70 nm,呈球形。电子显微镜下轮状病毒有独特的形态,如车轮状,故得名。其两层外壳包裹着中心的蛋白核心,外层壳体呈轮缘状,环绕核心基因编码蛋白。单层外壳的颗粒是不完整病毒,没有传染性。根据衣壳蛋白组特异性抗原 Vp6 的不同,可分为七个血清型(A～G),儿童感染多为 A 型所致,而 B型和 C 型则主要感染成年人,其他为动物感染的病原体。非 A 型轮状病毒亦称为不典型轮状病毒或副轮状病毒,感染可见于人、猪、牛、羊、鸡等。轮状病毒对外界有较强的抵抗力,在室温中可存活 7 个月,在粪便中可存活数日或数星期,耐酸,耐碱,55 ℃加热 30 min 或甲醛可使其灭活。

轮状病毒进入体内后通过两个途径引起腹泻:一是轮状病毒直接损害小肠绒毛上皮细胞,引发病理改变;二是轮状病毒在复制过程中的代谢产物作用于小肠内皮细胞,破坏了肠内细胞的正常生理功能而引起腹泻。

预防轮状病毒感染应从以下几方面入手:养成良好的卫生习惯,注意乳品的保存和奶具、食具、便器、玩具等的定期消毒。气候变化时,要避免过热或受凉,居室要通风。轮状病毒肠炎的传染性强,集体机构如有流行,应积极治疗患者,做好消毒隔离工作,防止交叉感染。接种轮状病毒疫苗可有效预防感染。

3.诺瓦克病毒

诺瓦克病毒是一组能够引起成人和儿童传染性非细菌性急性胃肠炎的杯状病毒属病毒的统称,是于 1972 年首先由美国科学家在对美国诺瓦克地区一所学校的胃肠炎病人的粪便中检测发现的,并命名为诺瓦克病毒。

诺瓦克病毒的感染部位主要在小肠近端黏膜,在细胞核中复制。由于病毒的感染侵袭,使上皮细胞酶的活性发生改变,引起糖类及脂类的吸收障碍,导致肠腔内的渗透压增高,体液进入肠道,从而出现腹泻和呕吐症状。

诺瓦克病毒感染主要涉及的食品为水生贝壳类、凉拌菜、莴苣和水果等。

预防诺瓦克病毒感染的主要措施有:

(1)生熟食品分开存放,食物应彻底加热后再食用,少吃生食,特别是不生吃牡蛎等贝壳类海鲜、蔬菜、水果需要彻底清洗，必要时应去掉果皮食用。

（2）养成勤洗手的卫生习惯，尤其是在如厕后、进食前或是进行食物加工之前。

（3）对病人的呕吐物及粪便要及时进行消毒处理，确保周围环境的清洁；被污染衣物应该用肥皂水加适量消毒剂彻底清洗。

（4）加强体育锻炼，增强自身抵抗力，是预防诺瓦克病毒感染的有效手段。

（5）诺瓦克病毒还会通过接触直接传播，因此，对有集体生活的老人和儿童要严格管理，一旦发生腹泻症状，要及时就医治疗，做好隔离，防止疫情的蔓延。

4. 口蹄疫病毒

口蹄疫病毒（FMDV）是口蹄疫的病原，由一条单链正链 RNA 和包裹于周围的蛋白质组成，蛋白质决定了病毒的抗原性、免疫性和血清学反应能力；病毒外壳为对称的 20 面体。FMDV 在病畜的水泡皮内和淋巴液中含毒量最高。在发热期间血液内的含毒量最多，奶、尿、口涎、泪和粪便中都含有 FMDV。FMDV 耐热性差，所以夏季很少爆发，只要将病兽的肉加热超过 100 ℃，也可将病毒全部杀死。

患口蹄疫的动物会出现发热、跛行等症状，皮肤与皮肤黏膜上还会出现泡状斑疹。恶性口蹄疫还会导致病畜心脏停搏并迅速死亡。排病毒量以在病畜的内唇、舌面水疱或糜烂处、蹄趾间、蹄上皮部水疱或烂斑处以及乳房处水疱为最多；其次流涎、乳汁、粪、尿及呼出的气体中也会有病毒排出。

人一旦受到口蹄疫病毒感染，经过 2～18 d 的潜伏期后会突然发病，表现为发烧，口腔干热，唇、齿龈、舌边、颊部、咽部潮红，手指尖、手掌、脚趾出现水疱，同时伴有头痛、恶心、呕吐或腹泻。患者在数天后痊愈，预后良好，但有时可并发心肌炎。对人基本无传染性，但可把病毒传染给牲畜动物，再度引起畜间口蹄疫流行。

病畜和带毒的畜产品及被其分泌物、排泄物污染的空气、饲料等都可将病毒传给易感动物。

口蹄疫的主要传播途径是消化道和呼吸道、损伤的皮肤、黏膜以及完整皮肤（如乳房皮肤）、眼结膜黏膜。另外还可通过空气、尿、奶、精液和唾液等途径传播。我国对口蹄疫的防治、预防主要通过疫苗注射接种，对发生口蹄疫的动物则进行捕杀。

5. 疯牛病病毒

疯牛病是一种侵犯牛中枢神经系统的慢性致命性疾病，是由一种非常规的病毒——朊病毒引起的一种亚急性海绵状脑病。

疯牛病病原体通过血液进入人的大脑，将人的脑组织变成海绵状，如同糨糊，完全失去功能。临床表现为脑组织的海绵体化、空泡化，星形胶质细胞和微小胶质细胞的形成以及致病型蛋白积累，无免疫反应。受感染的人会出现睡眠紊乱、失语症、肌肉萎缩和进行性痴呆等症状，并且会在发病的一年内死亡。

牛感染疯牛病的过程通常是：被疯牛病病原体感染的肉和骨髓制成的饲料被牛食用后，经胃肠消化吸收，经过血液到大脑，并破坏大脑，使其失去功能，呈海绵状。

人类感染疯牛病通常是因为下面几个因素：食用感染了疯牛病的牛肉及其制品，特别是从脊椎剔下的肉（如牛肉香肠）；某些化妆品除了使用植物原料之外，也使用动物原料，也有可能含有疯牛病病毒（化妆品所使用的牛、羊器官或组织成分有：胎盘素、羊水、胶原蛋白、脑糖）。

目前,对于疯牛病病毒究竟通过何种方式在牲畜中传播,又是通过何种途径传染给人类的研究还未得出结论,对于疯牛病还没有有效的治疗办法,只能尽量防范和控制这类病毒在牲畜中的传播。一旦发现有牛感染了疯牛病,只能坚决予以宰杀并进行焚化深埋处理。

6.禽流感病毒

禽流感病毒一般为球形,直径为 80～120 nm,但也常有同样直径的丝状形态,长短不一。病毒表面有 10～12 nm 的密集钉状物或纤突覆盖,病毒囊膜内有螺旋形核衣壳。两种不同形状的表面钉状物是 HA(棒状三聚体)和 NA(蘑菇形四聚体)。禽流感病毒粒子由 0.8%～1.1% 的 RNA、70%～75% 的蛋白质、20%～24% 的脂质和 5%～8% 的碳水化合物组成。脂质位于病毒的膜内,大部分为磷脂,还有少量的胆固醇和糖脂。几种碳水化合物包括核糖(在 RNA 中)、半乳糖、甘露糖、墨角藻糖和氨基葡糖,在病毒粒子中主要以糖蛋白或糖脂的形式存在。禽流感病毒在一定条件下可以存活较长时间。有研究显示,禽流感病毒在粪便中能存活 105 d,在羽毛中能存活 18 d。

禽流感的症状依感染禽类的品种、年龄、性别、并发感染程度、病毒毒力和环境因素等而有所不同,主要表现为呼吸道、消化道、生殖系统或神经系统的异常。

人感染了禽流感后一般发病急,早期表现类似普通型流感。主要症状为发热,体温大多持续在 39 ℃ 以上,热程 1～7 d,一般为 3～4 d,伴有流涕、鼻塞、咳嗽、眼结膜炎、咽痛、头痛、肌肉酸痛和全身不适。部分患者会有恶心、腹痛、腹泻、稀水样便等消化道症状。重症患者的病情发展迅速,可出现肺炎、急性呼吸窘迫综合征、肺出血、肾衰竭、败血症等多种并发症。眼结膜炎与持续高热是比较常见的两种症状。

高致病性禽流感病毒不仅存在于受感染禽鸟的呼吸道和胃肠道中,也可存在于禽肉和禽蛋内,冷藏或冷冻不能杀死高致病性禽流感病毒。传统的烹调方法可将病毒灭活。

防治禽流感的措施有:①加强禽类疾病的监测,一旦发现禽流感疫情,动物防疫部门立即按有关规定进行处理。养殖和处理的所有相关人员做好防护工作。②加强对密切接触禽类人员的监测。③接触禽流感患者时应戴口罩、戴手套、穿隔离衣,接触后应洗手。④要加强检测标本和实验室禽流感病毒毒株的管理,严格执行操作规范,防止医院感染和实验室的感染及传播。⑤注意饮食卫生,不喝生水,不吃未熟的肉类及蛋类等食品;勤洗手,养成良好的个人卫生习惯。⑥养成早晚洗鼻的良好卫生习惯,保持呼吸道健康,增强呼吸道的抵抗力。⑦对密切接触者,必要时可使用抗流感病毒药物或按中医药辨证施防。⑧重视高温杀毒。

四、寄生虫对食品安全性的影响

一些低等生物长久或暂时地依附在另一种生物的体内或体表,取得营养,而且给被寄生的生物带来损害的生活方式,称为寄生生活。寄生于其他生物并给对方造成损害的低等生物,称为寄生虫。被寄生虫寄生的生物称为宿主。寄生虫在有性繁殖时期或成虫期所寄生的宿主称为终末宿主;寄生虫在无性繁殖期或幼虫期所寄生的宿主称为中间宿主。有的寄生虫在幼虫阶段需要两个以上的中间宿主,分别称为第一、第二中间宿主。寄生虫完成一代生长、发育和繁殖的全部过程为寄生虫的生活史;在生活史阶段中可感染人的特定阶段称为感染阶段。

（一）畜肉中常见的寄生虫病

1.囊尾蚴病

猪囊尾蚴病是由人的有钩绦虫的幼虫寄生于猪体横纹肌肉而引起的一种绦虫幼虫病。幼虫主要感染家猪，此外，野猪、犬、猫以及人也可被感染。成虫寄生在人的小肠内。人是有钩绦虫唯一的终末宿主，同时也可作为其中间宿主；家猪和野猪是主要的中间宿主。人体寄生的猪囊尾蚴数量从1个至成千个不等；寄生部位很广，好发部位主要是皮下组织、肌肉、脑和眼，其次为心、舌、口腔，以及肝、肺、腹膜、上唇、乳房、子宫、神经鞘、骨等。

人体囊尾蚴病依其主要寄生部位可分为三类，临床表现如下：①皮下及肌肉囊尾蚴病：囊尾蚴位于皮下或黏膜下、肌肉中，形成结节，数目从1个至数千个不等，以躯干和头部中为较多，四肢较少。结节在皮下呈圆形或椭圆形，硬度近似软骨，手可触及，与皮下组织无粘连，无压痛。常分批出现，并可自行逐渐消失。感染轻时可无症状。寄生数量多时，可出现肌肉酸痛无力，发胀、麻木或呈假性肌肥大症等。②脑囊尾蚴病：由于囊尾蚴在脑内的寄生部位、数量和发育程度不同，以及不同宿主对寄生虫的反应不同，脑囊尾蚴病的临床症状极为复杂，有的可全无症状，而有的可引起猝死，但大多数病程缓慢，发病时间以1个月至1年为最多，最长可达30年。最常见的主要症状是：癫痫发作、颅内压增高和神经精神症状。其中尤以癫痫发作最为多见。囊尾蚴寄生于脑实质、蛛网膜下腔和脑室均可使颅内压增高。神经疾患和脑血流障碍表现为记忆力减退、视力下降及精神症状等，另外也可出现头痛、头晕、呕吐、神志不清、失语、肢麻、局部抽搐、听力障碍、精神障碍、痴呆、偏瘫以及失明等。③眼囊尾蚴病：囊尾蚴可寄生在眼的任何部位，但绝大多数在眼球深部玻璃体（51.6%）及视网膜下（37.1%）寄生。通常累及单眼，症状轻者表现为视力障碍，常见眼内虫体蠕动，重者可致失明。囊尾蚴在眼内存活的时间为1～2年，此时一般患者尚能忍受；而囊尾蚴一旦死亡，虫体的分解物可产生强烈刺激，造成眼内组织变化，导致玻璃体混浊、视网膜脱离、视神经萎缩，并发白内障，继发青光眼等，最终可致眼球萎缩而失明。

有钩绦虫寄生在人的小肠内，以头节上的吸盘和顶突上的小钩吸附在肠壁黏膜上，体节游离在小肠腔内，孕卵节片从虫体脱落，随人的粪便排出，节片破裂后散布虫卵，猪或人食用后被感染。六钩蚴从卵内逸出，钻入肠壁血管，随血液带至猪体各部，在咬肌、心肌、舌肌及肋间肌等全身肌肉内形成囊状幼虫。严重感染时，各部肌肉甚至脑部、眼内都有寄生，经2～4个月发育成囊尾蚴。人吃了未煮熟的带有囊尾蚴的猪肉会被感染，经5～12周发育为成熟的绦虫。

猪体若感染虫体较少，则无明显症状。只有在猪体抵抗力较弱的情况下感染大量虫体，才会出现消瘦、贫血甚至衰竭、前肢僵硬、声音嘶哑、咳嗽、呼吸困难及发育不良等症状。

预防猪囊尾蚴病的主要措施是：加强屠宰检疫工作，凡检出的病尸，按《动物防疫法》和有关规定进行无害化处理。加强卫生工作，做到人有厕所猪有圈，防止猪吃人粪。人不吃生的或未煮熟的猪肉，发现病人，及时进行药物驱虫，杜绝感染来源。

2.旋毛虫病

旋毛虫成虫和幼虫均寄生于同一宿主，如人、猪、狗、猫、鼠等几十种哺乳动物。成虫主要寄生在宿主的十二指肠和空肠上段，幼虫则寄生在同一宿主的横纹肌细胞内，在肌肉内形成具有感染性的幼虫囊包。旋毛虫无外界自生生活阶段，但完成其生活史必须更换宿主。

旋毛虫是寄生人体的最小线虫。成虫呈线状，雄虫大小为(1.4～1.6) mm×(0.04～

0.05) mm,雌虫大小为(3.0～4.0) mm×0.06 mm。咽管占体长的 1/3～1/2,其后段背面有一杆状体(stichosome),由一列圆盘状杆细胞(stichocyte)组成;两性成虫的生殖器官均为单管型。雌虫子宫较长,其中段含虫卵,后段和近阴道处则充满幼虫,新生幼虫自阴门产出,大小为 124 μm×6 μm。寄生在宿主横纹肌细胞内的幼虫卷曲于梭形囊包中,长约 1 mm,其咽管结构与成虫相似;幼虫囊包大小为(0.25～0.5) mm×(0.21～0.42) mm,1 个囊包内通常含 1～2 条幼虫,多时可达 6～7 条;囊包壁由内、外两层构成,内层厚而外层较薄,由成肌细胞蜕变以及结缔组织增生形成。

宿主主要是由于食入含有活幼虫囊包的肉类及其制品而感染,在消化酶的作用下,幼虫在胃中自囊包内逸出,并钻入十二指肠及空肠上段的肠黏膜中,经过一段时间的发育后再返回肠腔,在感染后的 30～48 h 内,幼虫经 4 次蜕皮发育为成虫。少数虫体可侵入腹腔或肠系膜淋巴结寄生。感染后 5 d 内,虫体生殖系统发育成熟,此后,雌、雄虫交配,雄虫随即死亡,雌虫子宫内的虫卵发育为幼虫,于感染后 5～7 d 开始产出。每条雌虫一生可产 1500～2000条幼虫,排蚴期可持续 4～16 周或更长。雌虫的寿命一般为 1～2 个月,长者 3～4 个月。

产于肠黏膜内的新生幼虫侵入局部淋巴结或小静脉,随淋巴和血循环到达各器官、组织或体腔,但只有侵入横纹肌内的虫体才能进一步发育。适宜幼虫发育的部位多为活动频繁、血液供应丰富的膈肌、舌肌、咽喉肌、胸肌及腓肠肌等处。幼虫刺激肌细胞,其周围出现炎性细胞浸润,纤维组织增生。幼虫进入肌细胞约 20 d 后形成囊包。囊包若无机会进入新的宿主,多在半年后钙化,少数钙化囊包内的幼虫可存活数年,最长可达 30 年。

旋毛虫的主要致病虫期是幼虫。其致病程度与食入幼虫囊包的数量、活力和侵入部位以及人体对旋毛虫的免疫力等诸多因素有关。轻度感染者无明显症状,重度感染者的临床表现则复杂多样,若未及时治疗,可在发病后的数周内死亡。该病死亡率较高,爆发流行时可高达 10%。

人感染旋毛虫主要是由于生食或半生食含幼虫囊包的肉类。幼虫囊包的抵抗力较强,耐低温,在 −15 ℃ 下可存活 20 d,在腐肉中可存活 2～3 个月,一般熏、烤、腌制和暴晒等方式不能杀死旋毛虫幼虫。预防该病的关键在于大力进行卫生宣教,改变饮食习惯,不食生的或半生的猪肉或其他动物肉类,以杜绝感染;认真贯彻肉类食品卫生检查制度,禁止未经宰后检查的肉类上市;提倡肉猪圈养;加强卫生和饲料管理,以防猪的感染。

3.肝片形吸虫病

肝片形吸虫病是由片形属吸虫寄生在动物的肝脏、胆管内所引起的一种寄生虫病,以破坏动物肝脏、胆管,引起急性、慢性肝炎、胆管炎为特征,严重时可造成幼畜大批死亡。在我国主要为肝片形吸虫和大片形吸虫,属复殖目,片形科,片形属。肝片形吸虫成虫为雌雄同体,新鲜虫体呈棕红色,背腹扁平,口吸盘位于虫体前端,腹吸盘与口吸盘相距很近。通常,肝片形吸虫长 20～40 mm、宽 10～13 mm,前端突出呈锥形,其底部突然变宽,形成明显的"肩"。大片形吸虫长 30～75 mm、宽 5～10 mm,肩不明显。

肝片形吸虫成虫寄生在终末宿主的肝胆管内,中间宿主为椎实螺类。

肝片形吸虫生活史包括胞蚴 1～2 代和雷蚴 1～3 代。尾蚴自螺体逸出后在水草等水生植物上形成囊蚴。囊蚴被终末宿主食入后,在肠中,脱囊的后尾蚴穿过肠壁,经腹腔侵入肝脏而转入胆管,也可经肠系膜静脉或淋巴管进入胆管。在移行过程中,部分幼虫可停留在各种脏器(如肺、脑、眼眶、皮下等处)异位寄生,造成损害。自感染囊蚴至成虫产卵最短需 10

～11周。成虫每天可产卵约20000个。肝片形吸虫在绵羊体内寄生的最长纪录为11年，在人体可达12～13年。

肝片形吸虫引起的损害主要表现在两个方面：①幼虫移行期对各脏器特别是肝组织的破坏，引起肝的炎症反应及肝脓肿，出现急性症状，如高热、腹痛、荨麻疹、肝肿大及血中嗜酸性粒细胞增多等；②因成虫对胆管的机械性刺激和代谢物的化学性刺激而引起胆管炎症、胆管上皮增生及胆管周围的纤维化。胆管上皮增生与虫体产生大量脯氨酸有关。胆管纤维化可引起阻塞性黄疸，肝损伤可引起血浆蛋白的改变（低蛋白血症及高球蛋白血症），胆管增生扩大可压迫肝实质组织，引起萎缩、坏死以至肝硬化，还可累及胆囊，引起相应的病变。

肝片形吸虫寄生的宿主甚为广泛，除牛、羊外，还可寄生于猪、马、犬、猫、驴、兔、猴、骆驼、象、熊、鹿等动物。人体感染多因生食水生植物（如水田芹等）的茎叶。又因有椎实螺类的存在，牛、羊吃草时较易造成感染。预防人体感染的主要措施是注意饮食卫生，勿生食水生植物。

4.弓形体病

弓形体病的病原是原生动物门、孢子虫纲的刚第弓形虫，简称弓形虫。弓形虫在整个发育过程中分5种类型，即滋养体、包囊、裂殖体、配子体和卵囊，其中滋养体和包囊是在中间宿主体内形成的，裂殖体、配子体和卵囊是在终末宿主体内形成的。猫属动物是弓形虫的终末宿主。弓形虫对中间宿主的选择不严，许多动物可以作为中间宿主，已知动物就有200多种，包括鱼类、爬行类、鸟类、哺乳类（包括人），猫也可作为中间宿主。

弓形虫在猫的肠上皮细胞内进行裂殖生殖，重复几次裂殖生殖后，形成大量的裂殖子，末代裂殖子重新进入上皮细胞，经过配子生殖，最后形成卵囊。卵囊随粪便排出体外，在外界适宜的温度、湿度和氧气条件下，经过孢子化发育为感染性卵囊。动物吃了猫粪中的感染性卵囊或吞食了含有弓形虫速殖子或包囊的中间宿主的肉、内脏、渗出物和乳汁而被感染。速殖子还可通过皮肤和鼻、眼、呼吸道黏膜感染，也可通过胎盘感染胎儿，各种昆虫也可传播本病。

弓形体病又称为弓浆虫病或弓形虫病，是由弓形体感染动物和人而引起人畜共患的原虫病。本病以高热、呼吸及神经系统症状、动物死亡和怀孕动物流产、死胎、胎儿畸形为主要特征。弓形体病是一种世界性分布的人兽共患的寄生性原虫病，在家畜和野生动物中广泛存在。

弓形体病的预防措施是：控制传染源，控制病猫。切断传染途径，勿与猫、狗等密切接触，防止粪便污染食物、饮用水和饲料。不吃生的或不熟的肉类和生乳、生蛋等。加强卫生宣教，搞好环境卫生和个人卫生。家庭养猫要定期进行检查、驱虫。给猫食添加肉时，应预先煮熟，严禁喂生肉、生鱼、生虾。防止猪捕食啮齿类动物，防止粪便污染猪食和饮水。加强饲养管理，保持猪舍的卫生。消灭鼠类，控制猪猫同养，防止猪与野生动物接触。

（二）水产品中常见的寄生虫病

1.华支睾吸虫病

华支睾吸虫又称肝吸虫，成虫寄生于人体的肝胆管内，可引起华支睾吸虫病，又称肝吸虫病。

华支睾吸虫生活史为典型的复殖吸虫生活史，包括成虫、虫卵、毛蚴、胞蚴、雷蚴、尾蚴、囊蚴及后尾蚴等阶段。终末宿主为人及肉食类哺乳动物（狗、猫等），第一中间宿主为淡水螺类,如豆螺、沼螺、涵螺等,第二中间宿主为淡水鱼、虾。成虫寄生于人和肉食类哺乳动物的肝胆管内,虫多时可移居至大的胆管、胆总管或胆囊内,也偶见于胰腺管内。

华支睾吸虫病的传播有赖于粪便中的虫卵有机会下水,而水中存在第一、第二中间宿主以及当地人群有生吃或半生吃淡水鱼、虾的习惯。

华支睾吸虫的感染无性别、年龄和种族之分,人群普遍易感。流行的关键因素是当地人群是否有生吃或半生吃鱼、虾的习惯。实验证明,在厚度约 1 mm 的鱼肉片内的囊蚴,在90 ℃的热水中 1 s 即能死亡,75 ℃时 3 s 内死亡,70 ℃及 60 ℃时分别在 6 s 及 15 s 内全部死亡。囊蚴在醋(醋酸浓度 3.36%)中可活 2 h,在酱油中(氯化钠浓度 19.3%)可活 5 h。在烧、烤、烫或蒸全鱼时,可因温度不够、时间不足或鱼肉过厚等原因,未能杀死全部囊蚴。成人感染方式以食鱼生为多见,如在广东珠江三角洲、香港、台湾等地的人群主要通过吃"鱼生""鱼生粥"或烫鱼片而感染;东北朝鲜族居民主要因用生鱼佐酒吃而感染;儿童的感染则与他们在野外进食未烧烤熟透的鱼、虾有关。此外,抓鱼后不洗手或用口叼鱼、使用切过生鱼的刀及砧板切熟食、用盛过生鱼的器皿盛熟食等也有使人感染的可能。

华支睾吸虫轻度感染时不出现临床症状或无明显临床症状,重度感染时,在急性期主要表现为过敏反应和消化道不适,包括发热、胃痛、腹胀、食欲不振、四肢无力、肝区痛、血液检查嗜酸性粒细胞明显增多等,但大部分患者急性期症状不很明显。临床上见到的病例多为慢性期,患者的症状往往经过几年才逐渐出现,一般以消化系统的症状为主,疲乏、上腹不适、食欲不振、厌油腻、消化不良、腹痛、腹泻、肝区隐痛、头晕等较为常见。常见的体征有肝肿大,多在左叶,质软,有轻度压痛,脾肿大较少见。严重感染者伴有头晕、消瘦、水肿和贫血等,在晚期可造成肝硬化、腹水,甚至死亡。儿童和青少年感染华支睾吸虫后,临床表现往往较重,死亡率较高。除消化道症状外,常有营养不良、贫血、低蛋白血症、水肿、肝肿大和发育障碍,以至肝硬化,甚至可致极少数患者产生侏儒症。

华支睾吸虫病是由于生食或半生食含有囊蚴的淡水鱼、虾所致,预防华支睾吸虫病应抓住经口传染这一环节,防止食入活囊蚴是防治本病的关键。应做好宣传教育,使群众了解本病的危害性及其传播途径,自觉不吃鱼生及未煮熟的鱼肉或虾,改进烹调方法和饮食习惯,注意生、熟吃的厨具要分开使用。家养的猫、狗的粪便为阳性者应给予治疗,不要用未经煮熟的鱼、虾喂猫、狗等动物,以免引起感染。加强粪便的管理,未经无害化处理的粪便不下鱼塘。结合农业生产清理塘泥或用药杀灭螺蛳,对控制本病也有一定的作用。

2.并殖吸虫病

卫氏并殖吸虫是人体并殖吸虫病的主要病原,也是最早被发现的并殖吸虫,以在肺部形成囊肿为主要病变,主要症状有烂桃样血痰和咯血。

卫氏并殖吸虫的终末宿主包括人和多种肉食类哺乳动物。第一中间宿主为淡水螺类的蜷科和黑贝科中的某些螺,第二中间宿主为甲壳纲的淡水蟹或蝲蛄。生活史过程包括卵、毛蚴、胞蚴、母雷蚴、子雷蚴、尾蚴、囊蚴、后尾蚴、童虫和成虫阶段。

人和肉食类哺乳动物是本病的传染源。本虫的保虫宿主种类多,如虎、豹、狼、狐、豹猫、大灵猫、果子狸等多种野生动物以及猫、犬等家养动物均可感染此虫。在某些地区,如辽宁的宽甸县,犬是并殖吸虫病的主要传染源。感染的野生动物则是自然疫源地的主要传染源。

并殖吸虫病流行区居民常有生吃或半生吃溪蟹、蝲蛄的习惯。溪蟹或蝲蛄中的囊蚴未被杀死,是招致感染的主要原因。中间宿主死后,囊蚴脱落于水中,若生饮含囊蚴的水,也可导致感染。

卫氏并殖吸虫的致病主要由童虫在组织器官中的移行、窜扰和成虫定居所引起。本病潜伏期长短不一,短者2~15 d,长者1~3个月。病变过程一般可分为急性期和慢性期。急性期表现轻重不一,轻者仅表现为食欲不振、乏力、腹痛、腹泻、低烧等一般症状;重者可有全身过敏反应、高热、腹痛、胸痛、咳嗽、气促、肝肿大并伴有荨麻疹,白细胞数增多,嗜酸性粒细胞升高明显,一般为20%~40%,高者超过80%。慢性期由于多个器官受损,且受损程度轻重不一,故临床表现较复杂,临床上按器官损害主要可分为胸肺期、囊肿期、纤维疤痕期。以咳嗽、胸痛、咳出果酱样或铁锈色血痰等为主要症状。血痰中可查见虫卵。当虫体在胸腔窜扰时,可侵犯胸膜导致渗出性胸膜炎、胸腔积液、胸膜粘连、心包炎、心包积液等。

预防本病最有效的方法是不生食或半生食溪蟹、蝲蛄及其制品,不饮生水。健康教育是控制本病流行的重要措施。

3. 裂头蚴病

曼氏迭宫绦虫中的绦期裂头蚴可在人体寄生,导致曼氏裂头蚴病,其危害远较成虫为大。

曼氏迭宫绦虫的生活史中需要3~4个宿主。终末宿主主要是猫和犬,此外还有虎、豹、狐和豹猫等食肉动物;第一中间宿主是剑水蚤;第二中间宿主主要是蛙。蛇、鸟类和猪等多种脊椎动物可作其转续宿主。人可成为它的第二中间宿主、转续宿主甚至终末宿主。

人体感染裂头蚴的途径有两个,即裂头蚴或原尾蚴经皮肤或黏膜侵入,或误食裂头蚴或原尾蚴。具体方式可归纳为以下三种:①局部敷贴生蛙肉为主要感染方式,若蛙肉中有裂头蚴即可经伤口或正常皮肤、黏膜侵入人体。②吞食生的或未煮熟的蛙、蛇、鸡或猪肉。③误食感染的剑水蚤。

裂头蚴寄生人体引起曼氏裂头蚴病,其严重程度因裂头蚴移行和寄居部位的不同而异。常见寄生于人体的部位依次是:眼部、四肢躯体皮下、口腔颌面部和内脏。在这些部位可形成嗜酸性肉芽肿囊包,使局部肿胀,甚至发生脓肿。

裂头蚴病的预防措施为:加强宣传教育,改变不良习惯,不用蛙肉、蛇肉、蛇皮贴敷皮肤、伤口,不生食或半生食蛙、蛇、禽、猪等动物的肉类,不生吞蛇胆,不饮用生水。

(三)农产品中常见的寄生虫病

1. 姜片吸虫病

布氏姜片吸虫是寄生于人体小肠中的大型吸虫,可致姜片吸虫病。

姜片吸虫病是人猪共患的寄生虫病,生食菱角、茭白等水生植物,尤其在收摘菱角时,边采边食易于感染。猪感染姜片吸虫较普遍,是最重要的保虫宿主。用含有活囊蚴的青饲料(如水浮莲、水萍莲、蕹菜、菱叶、浮萍等)喂猪是感染的原因。将猪舍或厕所建在种植水生植物的塘边、河旁,或用粪便施肥,都可造成粪内的虫卵入水。另外,这种水体含有的有机物多,有利于扁卷螺类的孳生繁殖。这样就构成了姜片吸虫完成生活史所需的全部条件。人、猪感染姜片吸虫有季节性,因虫卵在水中的发育及幼虫期在扁卷螺体内的发育均与温度有密切关系。一般夏秋季是感染姜片吸虫病的主要季节。

姜片吸虫病的预防措施是:①加强粪便的管理,防止人、猪粪便通过各种途径污染水体。②勿生食未经刷洗及沸水烫过的菱角等水生果品,不喝河塘的生水,勿用被囊蚴污染的青饲料喂猪。③在流行区开展人和猪的姜片吸虫病普查普治工作。

2.钩虫病

感染性钩虫的幼虫生活在泥土中,通过皮肤接触感染;成虫寄生于小肠上段,以吸血为生,可致贫血等症状,甚至危及生命。

钩虫病的传染源是钩虫病患者和感染者,在我国分布极广。虫卵随粪便排出体外,在适当温度、湿度的土壤中孵化。1周左右经杆状蚴发育成具有感染力的丝状蚴,丝状蚴接触人体后即钻入皮肤,随血液流经右心到肺,穿透肺泡毛细血管后循支气管、气管而达咽喉部,然后被吞入胃,构成钩蚴移行症。钩蚴主要在空肠,少数在十二指肠及回肠中上段内发育为成虫。自丝状蚴侵入皮肤至成虫在肠内产卵约需 50 d,成虫的寿命可达 5~7 年,但大部分于1~2 年内被排出体外。

本病主要经皮肤接触感染。钩虫幼虫和成虫分别会引起不同的病变。幼虫可致钩蚴性皮炎与过敏性肺炎;成虫可致贫血。感染性幼虫侵入皮肤后 1 h 左右,足趾或手指间皮肤较薄处可出现红色小丘疹,奇痒,俗称"着土痒""粪毒",若抓破感染,可形成脓疱,这就是钩虫性皮炎。大量幼虫通过肺时,穿破微血管,引起出血及炎症细胞浸润,表现为全身不适、发热、咳嗽等症状,有的痰中带血,但无明显体征。钩虫病还可有上腹部不适或隐痛、恶心、呕吐等消化道症状。有的患者还可出现"异嗜癖",如爱吃炕土、碎布等,尤其是泥土(食土癖),这可能与铁质缺乏有关。患儿生长发育受阻。

钩虫病的预防措施是:加强粪便的管理,提倡高温堆肥(粪尿混合贮存),大办沼气池,以杀死钩虫卵;治疗病人和无症状带虫者,以消灭传染源;加强个体防护,提倡穿鞋下地,在劳动前涂擦防护药物。

3.蛔虫病

蛔虫属土源性线虫,完成生活史不需要中间宿主。成虫寄生于人体空肠中,以宿主的半消化食物为营养。

人因误食被感染期蛔虫卵污染的食物或水而感染,感染期卵在人的小肠内孵出幼虫,然后侵入肠黏膜和黏膜下层,钻入静脉或淋巴管,经肝、右心到达肺,穿破肺泡毛细血管进入肺泡,经第 2 次和第 3 次蜕皮后,沿支气管、气管逆行至咽部,随人的吞咽动作而入消化道,在小肠内经第 4 次蜕皮后变为童虫,再经数周发育为成虫。自人体感染雌虫开始至产卵需 60～75 d。蛔虫在人体内的寿命一般为 1 年左右。

蛔虫幼虫和成虫均可对宿主造成损害,表现为机械性损伤、超敏反应、营养不良以及导致宿主肠道功能障碍。

防治蛔虫感染应采取综合措施,包括查治病人及带虫者、管理粪便和通过健康教育来预防感染。管理粪便的有效方法是建立无害化粪池,通过厌氧发酵和粪水中游离氨的作用,可杀灭虫卵;开展健康教育的重点在儿童,讲究饮食卫生和个人卫生,做到饭前洗手,不生食未洗净的红薯、萝卜、甘蔗和生菜,不饮生水。消灭苍蝇和蟑螂也是防止蛔虫卵污染食物和水源的重要措施。

第二节　化学因素对食品安全性的影响

在各种化学危害中,食品原料生产过程的污染(农药、化肥、生长促进剂等)是食品中最重要的化学危害。化学危害的主要来源有天然毒素、农药残留、兽药残留、有害金属、滥用食品添加剂、食品包装材料、容器与设备、食品中的放射性污染、其他(包括 N-亚硝基化合物、多环芳族化合物、多氯联苯)等。

一、农药残留对食品安全性的影响

根据 GB 2763—2021《食品安全国家标准　食品中农药最大残留限量》规定,农药残留指由于使用农药而在食品、农产品和动物饲料中出现的任何特定物质,包括被认为具有毒理学意义的农药衍生物,如农药转化物、代谢物、反应产物及杂质等。残存数量称为残流量,表示单位为 mg/kg 食品或农作物。当农药过量或长期施用,导致食物中农药残存数量超过最大残留限量(MRL)时,将对人和动物产生不良影响,或通过食物链对生态系统中其他生物造成毒害。农药对人体产生的危害包括致畸、致突变、致癌和对生殖以及下一代的影响。

(一)农药残留污染食品的途径

农药污染食品的途径主要是:①施用农药后对作物或食品的直接污染;②空气、水、土壤的污染造成动植物体内含有农药残留而间接污染食品;③来自食物链和生物富集作用;④运输及贮存中由于与农药混放而造成食品污染。农药污染通过大气和饮水进入人体的仅占10%,通过食物进入人体的占 90%。

施用农药对食品的直接污染是在施用农药的同时,部分农药黏附在作物根、茎、果实的表面,另外部分农药还通过植物叶片组织渗入到植株体内,再经生理作用运转到植物的根、茎、果实等各部分,并在植物体内进行代谢。进入植物体内的农药量取决于:①农药的种类、性质;②农药的使用方法,包括施药次数、施药浓度、施药时间和施药方法(喷雾、泼浇、撒施、拌种等);③植物的种类等。一般内吸性农药能进入植物体内,由于在体内迅速运转,使植物体内部的农药残留量高于植物体外部;渗透性农药只沾染在植物外表,因此外表的农药浓度高于内部。施药次数越多,农药浓度越高,残留物中的农药量也越高;在最后一次施药至作物收获所允许的间隔天数(即安全间隔期)内施用农药,农药残留检出也较多。同时,在安全间隔期不允许收获作物,距安全间隔期天数越少,农药在植物体中的检出率越高。另外,农药残留随植物的不同种类和同一种类的不同部位而异,一般叶菜类植物的农药残留量高于果菜和根菜类。

农药对食品的间接污染主要是由于农药的施用造成大气、水、土壤的农药污染,使作物从污染的环境中吸收农药,引起动植物食品中的农药残留。

来自食物链和生物富集作用是农药污染食品的另一个主要途径,它是指农药残留被生物摄取或通过其他的方式吸入后累积于体内而造成农药的高浓度储存,通过食物链转移并经食物链的逐级富集,使进入人体的农药残留数量呈现上万倍的增加,从而严重影响人体健康。

另外,运输及贮存中将食品、食品原料与农药混放也可造成食品农药污染。

(二)食品中主要的农药残留

食品中主要的农药残留有以下几种:

1.有机氯杀虫剂

常用的有机氯杀虫剂有滴滴涕(DDT)、六六六(BHC)和林丹,以及毒杀酚、氯丹、七氯、艾氏剂和狄氏剂等。我国使用滴滴涕和六六六有过 30 多年的历史,由于其危害性大,在1983 年已停止生产和使用。有机氯农药化学性质稳定,不易降解,易于在生物体内蓄积。

有机氯农药具有高度的选择性,多贮存在动植物体的脂肪组织或含脂肪多的部位,在各类食品中普遍存在,但含量在逐步减少,目前基本上处在 g/kg 或 g/L 的水平。

2. 有机磷杀虫剂

近年来,有机磷杀虫剂已成为我国主要使用的一类农药,广泛应用于各类农作物。有机磷杀虫剂早期发展的大部分是高效、高毒品种,如对硫磷、甲胺磷、内吸磷等;而后逐步发展了许多高效、低毒、低残留品种,如乐果、敌百虫、马拉硫磷等,直至现在人们还在大量使用剧毒的有机磷杀虫剂。有机磷杀虫剂的化学性质不稳定,分解快,在作物中残留的时间短。使用有机磷杀虫剂治虫杀菌而污染食品主要表现在植物性食物中残留,尤其是含有芳香物质的植物,如水果、蔬菜等最易吸收有机磷,且残留量也高。甲胺磷属高毒、低残留农药(残留期 15~30 d),不允许用在蔬菜作物上,但由于其急性毒性强,常滥施于蔬菜,残留量问题比较突出。蔬菜具有从土壤中吸收农药的能力,一般情况下,蔬菜类吸收农药的能力从强到弱分别为:根菜类、叶菜类、果实类。植物从土壤中吸收的农药量远低于直接喷洒在作物上的农药量。

3. 氨基甲酸酯类杀虫剂

氨基甲酸酯类杀虫剂是一种 N-取代基氨基甲酸酯类化合物,由于其具有高效、低毒、低残留的特点而受到重视。目前的氨基甲酸酯类杀虫剂已有 1000 多种,登记可使用的也有上百种。

用于农业中的氨基甲酸酯类农药可分为两类:一类是 N-烷基化合物,用作杀虫剂;另一类是 N-芳香基化合物,用作除草剂。氨基甲酸酯类农药与有机磷农药一样,也是一种抑制胆碱酯酶的神经毒物,但氨基甲酸酯类和胆碱酯酶作用不形成氨基甲酰酯。它是一种可逆性抑制剂,水解后可复原成酯酶和氨基甲酸酯,因此它的中毒症状消失快,并且没有迟发性神经毒性。

氨基甲酸酯类农药在作物上的残留时间一般为 4 d,在动物的肌肉和脂肪中的明显蓄积时间约为 7 d,残留量很低。在植物性食品中通常可以检出呋喃丹、西维因等氨基甲酸酯类杀虫剂,除了特殊情况外,含量一般均不超过国家标准。

氨基甲酸酯类杀虫剂进入人体内后,在胃中的酸性条件下可与食物中的亚硝基化合物的前体物质——亚硝酸盐和硝酸盐反应生成亚硝基化合物,而亚硝基化合物具有致癌作用,因此可以认为氨基甲酸酯类杀虫剂具有致畸、致突变、致癌的可能。WHO 允许食品中氨基甲酸酯类的最高残留量(mg/kg):稻米和小麦为 5,全麦粉和根茎类为 2,家禽和蛋为 0.5,精白面粉为 0.2,奶制品为 0.1。

4. 拟除虫菊酯类农药

拟除虫菊酯类农药是近年发展较快的农药,主要使用的有氰戊菊酯、溴氰菊酯、氯氰菊酯、杀灭菊酯(速灭杀丁)、苄菊酯(敌杀死)和甲醚菊酯等。菊酯类农药是我国代替有机氯农药的主要农药类型之一,这类农药在作物上降解快(如在番茄上氰戊菊酯的半衰期为 2~3 d),降低了农药的残留,且残留浓度低。然而对于多次性采收的蔬菜,即使所使用农药的降解半衰期较短,仍有严重污染的危险性。因此要遵守农药安全使用准则,在安全间隔期内采摘,合理食用。

拟除虫菊酯类农药是中枢神经毒剂,不抑制胆碱酯酶,具有能够改变神经细胞膜钠离子通道的功能,从而使神经传导受阻,出现流涎、痉挛、共济失调等症状。

5.多菌灵杀菌剂

多菌灵杀菌剂在蔬菜和水果中常使用。在蔬菜中多菌灵杀菌剂的用量少,使用次数少,半衰期短,故一般不存在残留。

在水果中使用多菌灵杀菌剂,除了生产加工中杀菌外,还常在水果贮存中作防腐剂使用,特别是用在出口食品中(如柑橘)。经过检验发现,柑橘皮中的多菌灵残留量一般为0.1～0.5 mg/kg,全果中的残留量为0.02～0.1 mg/kg,远低于标准值10 mg/kg。

6.有机汞、有机砷杀菌剂

有机汞、有机砷杀菌剂对高等动物具有毒性,在土壤中的残留期长(半衰期可达10～30年),是污染环境、造成食品危害的主要农药。

常用的有机汞杀菌剂有西力生(氯化乙基汞)、赛力散(醋酸苯汞)、富民隆(磺胺汞)和谷仁乐生(磷酸乙基汞)。有机汞杀菌剂进入土壤后逐渐分解为无机汞,残留于土壤,也能被土壤微生物作用转化为甲基汞再被植物吸收,重新污染农作物而进入动物体内,引起急性中毒。有机汞还可在人体内蓄积,形成慢性中毒。我国已于1971年3月对有机汞杀菌剂采取不生产、不进口、不使用政策。

有机砷杀菌剂主要是稻脚青(甲基砷酸锌)。如果使用剂量过高、次数过多,不仅污染土壤,也会在稻谷中残留。砷在体内排泄很慢,也有蓄积作用(蓄积量较汞为低),引起慢性中毒,也可引起癌症。我国规定总砷允许量(mg/kg)为:粮食≤0.7,蔬菜、水果≤0.5,肉、蛋≤0.5,牛乳(乳制品按牛乳折算)≤0.2,淡水鱼≤0.5,发酵酒≤0.5。

除了上述农药外,随着农业的现代化和化学化,除草剂的品种也愈来愈多,全世界除草剂产量占农药产量的1/3以上,在我国其产量占农药产量的20%。虽然多数除草剂对人畜的毒性较低,在植物上的用量较少,目前尚未发现多数除草剂在动物组织和生物体内有明显的蓄积现象,但也发现一些品种有毒性,必须严加管理和使用。WHO和不少国家都判定了其在食品中的最高容许残留量。

(三)降低食品中的农药残留的措施

目前控制食品中农药残留的措施主要有以下两种:

(1)严格执行有关农药法规,加强对食品原料的生产与管理　2017年国务院发布的《农药管理条例》规定,强调对农药的经营和管理,做好农药的登记、安全生产和监督,对于未取得农药登记和农药生产许可证的农药一律不得生产、销售和使用。严格按照GB/T 8321系列标准在农作物生产、储运、销售等过程中合理施用农药,对主要作物和常用农药严格按规定使用量和稀释倍数,最多使用次数和间隔期,最后一次距收获期的天数,以保证食品中农药残留不致超标。

(2)合理饮食　对国民加强科普知识的宣传教育,注意饮食安全和卫生,在食用食物前应充分洗涤、削皮、烹饪、加热等处理。据实验,粮食中的六六六经加热处理可减少34%～56%,滴滴涕可下降13%～49%。各类食品经加热处理(94～98℃)后,六六六的平均去除率为40.9%,滴滴涕为30.7%。有机磷农药在碱性条件下更易消除。

二、兽药残留对食品安全性的影响

(一)兽药对食品的污染

1.兽药进入动物体的主要途径

在预防和治疗畜禽疾病的过程中,通过口服、注射、局部用药等方法可使药物残留于动物体内而污染食品。

为了治疗动物的某些疾病,同时促进禽畜的生长,常在饲料中添加一些药物。当这些药物以小剂量拌在饲料中,长时间地喂养食用动物时,通过饲料会使药物残留在食用动物体内,从而引起肉食品的兽药残留污染。

食品保鲜过程中,有时会加入某些抗生素等药物来抑制微生物的生长、繁殖,这样也会不同程度地造成食品的药物污染。

2.兽药残留污染的主要原因

(1)不遵守休药期有关规定,即没有严格控制屠宰畜禽及其产品允许上市前或允许食用时的停药时间;

(2)不正确使用兽药和滥用兽药,即使用兽药时,在用药剂量、给药途径、用药部位和用药动物的种类等方面不符合用药规定,因此造成药物残留在体内,并使存留时间延长,从而需要增加休药天数;

(3)饲料加工过程受到兽药污染或运送出现错误,如将盛过抗菌药物的容器用于贮藏饲料,或将盛过药物的贮藏器没有充分清洗干净便使用,都会造成饲料加工过程中的兽药污染;

(4)使用未经批准的药物作为饲料添加剂来喂养可食性动物,造成食用动物的兽药残留;

(5)按错误的用药方法用药或未做用药记录;

(6)屠宰前使用兽药,即屠宰前以使用兽药来掩饰临床症状,逃避屠宰前检查,这样一来很可能造成食用动物的兽药残留;

(7)厩舍粪池中含有兽药,如厩舍粪池中含有抗生素等药物的废水和排放的污水以及动物的排泄物中含有兽药,都将引起污染和再污染。

(二)动物性食品中的兽药残留

根据 GB 31650—2019《食品安全国家标准　兽药最大残留限量》规定,兽药残留指食品动物用药后,动物产品的任何可食用部分中所有与药物有关的物质的残留,包括药物原形或/和其代谢产物。这表明,兽药残留既包括原药,也包括药物在动物体内的代谢产物,以及药物或其代谢产物与内源大分子结合产物,统称为残留。兽药残留主要来自动物性食品原料,特别是存在于肉制品、乳类品和鱼类食品。

兽药在动物体内的分布和残留与兽药投予时动物的状态(如食前、食后)、给药方式(是随饲料投予还是随饮水投予,是强制投予还是注射等)及兽药种类有很大关系。兽药在食用动物不同的器官和组织中的含量是不同的。在一般情况下,对兽药有代谢作用的脏器,如肝脏、肾脏,其兽药浓度高。而与蛋白质结合率高的脂溶性药物容易在鸡蛋的卵黄中蓄积,且可能向卵白中迁移。

进入动物体内的兽药的代谢和排出体外的量是随着时间的推移而增加的,也就是兽药在动物体内的浓度是逐渐降低的。兽药在 24 h、12 h、6 h 内的半衰期随兽药的种类和动物的个体而不同。比如鸡通常所用药物的半衰期大多数在 12 h 以下,多数鸡用药物的休药期为 7 d。一般食用按规定的休药期给药的动物性食品是安全的。

1.抗生素类药物的残留

动物性食品中抗生素的残留比较严重,如美国曾检出 12％的肉牛、58％的犊牛、23％的猪和 20％的禽肉有抗生素残留,日本曾有 60％的牛和 93％的猪被检出有抗生素残留。乳中含有的抗生素会对乳制品加工(发酵乳制品)造成极大的影响。奶牛使用抗生素治疗停药后,从奶中排出抗生素的持续时间随抗生素的性质、投药途径和剂量的不同而异。

抗生素类多为天然发酵产物,如青霉素类、氨基糖苷类、大环内酯类、四环素类等,是临床应用最多的一类抗菌药物,广泛应用于治疗人和动物的多种细菌性感染。由于抗生素应用广泛,用量也越来越大,不可避免会存在残留问题。

若给予动物大于推荐剂量的抗生素或长期小剂量的抗生素,则需要延长休药期。因而在药物从动物体内完全排出之前,动物性食品中可能会含有超过限量的药物残留,存在一定的安全问题。

首先,青霉素类是最容易引发超敏反应的一类抗生素。此处四环素、链霉素等抗生素有时也能引发超敏反应。轻者表现为接触性皮炎和皮肤反应,严重者可表现为致死性过敏性休克。

其次,经常使用低剂量的抗生素残留的食品可使细菌产生耐药性。动物在反复摄入某一种抗菌药物后,体内将有一部分敏感菌株逐渐产生耐药性,形成耐药菌株,这些耐药菌株可通过动物性食品进入人体,当人发生某些感染性疾病时,就会给临床治疗带来一定的困难。

再次,长期摄入氨基苷类抗生素残留严重超标的动物性食品,还会损伤肾脏近曲小管上皮细胞,出现蛋白尿、管型尿、血尿甚至无尿,导致肾功能失调。

最后,当长期摄入抗生素残留严重超标的动物性食品后,敏感菌株受到抑制,而不敏感菌株,在体内可大量繁殖生长,导致二次感染。同时,某些能够合成人体所需的 B 族维生素和维生素 K 的有益菌群被破坏,可引起长期腹泻或维生素缺乏症。

2.磺胺类药物的残留

磺胺类药物是一类具有广谱抗菌活性的化学药物,广泛应用于人和动物的多细菌性疾病。磺胺类药物主要作为临床治疗用药,常在短期内使用。常用的磺胺类药物有磺胺嘧啶、磺胺二甲嘧啶、磺胺异恶唑(菌得清)、磺胺甲基异恶唑(新诺明)等,磺胺类药物常和一些磺胺增效剂合用,增效剂多属苄氨嘧啶化合物,国内外广泛使用的有三甲氧苄嘧啶(TMP)、二甲氧苄氨嘧啶(DVD)和二甲氧甲基苄氨嘧啶(OMP)。由于增效剂常和磺胺类药合并使用,因此它们的残留情况也就发生变化。磺胺类药物可在肉、蛋、乳中残留。因为其能被迅速吸收,所以在 24h 内均能检查出肉中兽药残留。磺胺类药物残留主要发生在猪肉中,其次是小牛肉和禽肉中残留。磺胺类药物大部分以原形态自机体排出,且在自然环境中不易被生物降解,从而容易导致再污染,引起兽药残留超标的现象。

近年来,磺胺类药物在动物性食品中的残留超标现象是所有兽药中最严重的,长期摄入含有磺胺类药物残留的动物性食品后,药物可不断在体内积蓄。磺胺类药物主要以原形及乙酰磺胺的形式经肾脏排出,在尿中浓度较高,其溶解度较低,尤其当尿液偏酸性时,可在肾盂、输尿管或膀胱内析出结晶,产生刺激和阻塞,造成泌尿系统损伤。引起结晶尿、血尿、管型尿、尿痛、尿少甚至尿闭。

经常食用含有低剂量磺胺类药物的食品能使易感的个体出现超敏反应,出现皮疹、光敏性皮炎、药热等,个别严重者可发生剥脱性皮炎结节性多发性动脉炎,还可抑制骨骼出现白细胞减少症、血小板减少症、再生障碍性贫血、溶血性贫血。

3. 呋喃类药物的残留

呋喃类药物具有抗菌谱广、抑菌和杀菌作用，不受脓液和组织分解产物的影响，不易产生耐药性，口服吸收迅速，与磺胺类药物和抗生素类药物无交叉耐药性，在兽医临床上广泛使用。由于常用的呋喃类药物，如呋喃西林，外用时很少被人体吸收，呋喃唑酮内服时极少吸收以及呋喃妥因吸收后排泄迅速，因此，一般常用呋喃类药物在组织中的残留问题也就显得不那么重要。由于呋喃西林毒性太大，所以通常被禁止内服。

通过食物摄入超量呋喃类药物残留后，对人体造成的危害主要是胃肠道反应和超敏反应。剂量过大或肾功能不全者可以起严重的毒性反应，主要表现为周围神经炎、药热、嗜酸性白细胞增多、溶血性贫血。长期摄入不当可引起不可逆性神经损伤，如感觉异常、疼痛及运动障碍等。

除以上药物的残留问题外，还存在激素类残留的问题，如己烯雌酚、己烷雌酚、双烯雌酚和雌二酚。这四种激素可使儿童患肥胖症。

(三)控制动物性食品中的兽药残留的措施

1. 加强药物的合理使用

加强药物的合理使用，包括合理配用药，使用兽用专用药，在能用一种药的情况下不用多种药，特殊情况下一般最多不超过三种抗菌药物。

2. 严格规定休药期和制定动物性食品药物的最大残留限量

为保证给予动物内服或注射药物后药物在动物组织中残留的浓度能降至安全范围，必须严格规定药物休药期，并制定最大残留限量。

3. 加强监督、检测工作

由于兽药残留具有潜在的危害性，因此建议肉品检验部门、饲料监督检查部门以及技术监督部门加强对动物饲料和动物性食品中的药物残留的检测，建立并完善分析系统，以保证动物性食品的安全，提高食品质量，减少因消费动物性食品引起变态反应的危险性。

另外，控制动物性食品中的兽药残留，还可通过制备高效低毒化学药品和加强对新药物进行安全性毒理学评价进行控制。

4. 合适的食品食用方式

消费者可通过烹调、热处理等加工方法减少食品中的兽药残留。如 WHO 估计肉制品中的四环素类兽药残留经加热烹调后，5～10 mg/kg 的残留量可减低至 1 mg/kg；氯霉素经煮沸 30 min 后，至少有 85% 失去活性。

三、食品加工过程中产生的有害物质对食品安全性的影响

(一)N-亚硝基化合物

N-亚硝基化合物根据其化学结构可分为两大类，即亚硝胺和 N-亚硝酸胺。食物中 N-亚硝基化合物的天然含量极微，但 N-亚硝基化合物可通过各种途径进入食物，也可由食物中广泛存在的亚硝基化合物前体物在适宜条件下生成。

亚硝基化合物的前体物主要有两类：

(1)胺类　由蛋白质分解成氨基酸并脱羧而成，常产生于不新鲜的食物中，特别是腐坏的食物中。肉、鱼等含有较多的脯氨酸、羟脯氨酸、精氨酸，极易生成仲胺；制酒过程中蛋白

质在发酵时易酶解为二甲胺；茶叶含有的呱啶、吡咯、生物碱等仲胺化合物都易参与亚硝基化合物生成的反应。已知的此类化合物有仲胺、酰胺、伯胺、叔胺、季胺以及氨基甲酸酯、氨基酸、肌酸、精素、磷脂等。一般地说，食物中胺类的含量随其新鲜度、贮藏和加工条件的变化而变化。有些加工方法和食物成分可能是胺类生成的条件，鱼加工为制品时，不论是晒干、烟熏或装罐均可致仲胺量增加，如沙丁鱼经晒干或装罐仲胺量可增加 5～7 倍，特别是墨鱼可增加 500～700 倍。

（2）亚硝基化剂　主要有 NO_2^-、NO_3^-、N_2O_3、NO_2/N_2O_4、NO 等，以及其他可促进亚硝基化的物质，如硫氰化物或醇酯等。其中 NO_2^-、NO_3^- 广泛存在于土壤、水及植物中，当大量施用含氮化肥、除草剂而土壤中缺钼或干旱时，均可使农作物中大量蓄积 NO_3^-，在还原性微生物存在的条件下，NO_3^- 很容易转变为 NO_2^-。此外，NO_2^- 作为食品添加剂，也常被加于某些食品中，而使食品中的 NO_2^- 含量增加。

上述两类化合物在合适的条件下可合成 N-亚硝基化合物，但受许多因素影响，如胺的种类、浓度、酸碱度以及某些微生物的存在都对合成量、速度有影响。伯胺、仲胺、叔胺均能亚硝化，但伯胺、叔胺亚硝化速度较慢，胺类碱性越强越难离解，也越不易亚硝化。在有硫氰酸盐存在时，其与亚硝酸盐反应的速度也加快。大肠杆菌、普通变形杆菌、黏质沙雷氏菌等亚硝酸盐还原菌亦可由仲胺及硝酸盐合成亚硝胺，某些霉菌如黄曲霉、黑曲霉、白地霉也可促进合成。

蔬菜中常含有较多亚硝酸盐，特别是当大量施用含硝酸盐的化肥或土壤中缺钼时，可增加植物中硝酸盐的蓄积，并且有许多蔬菜似能从土壤中浓集更多的硝酸盐，如芹菜、韭菜、萝卜和莴苣等，凡有利于某些还原菌，例如大肠杆菌、副大肠杆菌、摩根氏变形杆菌、产气杆菌和革兰氏阴性球菌等生长和繁殖的各种因素（温度、水分、pH 值和渗透压等）都可促进硝酸盐还原为亚硝酸盐。蔬菜保持在新鲜状态，放置一定时间，亚硝酸盐的含量无显著变化；如果存放条件不好，开始变质腐烂，其含量即明显增高，并且随蔬菜腐烂程度的加重，含量迅速增高。

在蔬菜的腌制过程中，亚硝酸盐的含量随温度的升高而增加，但更重要的因素是食盐的浓度。食盐浓度为 5% 时，温度愈高（37 ℃左右），所产生的亚硝酸盐亦愈多；10% 的盐水次之；15% 的盐水则不论温度在 15～20 ℃ 或 37 ℃，亚硝酸盐的含量均无明显变化。在腌菜的过程中，最初的 2～4 d，亚硝酸盐含量有所增加，7～8 d 后含量最高，至 9 d 后则趋于下降。所以食盐浓度在 15% 以下时，食用初腌制的蔬菜（8 d 以内）易于引起中毒。

煮熟的蔬菜放在不清洁的容器中，如温度较高，存放过久，亚硝酸盐的含量也会增高。某些沙门氏菌和致病性大肠杆菌等具有将食物中的硝酸盐还原为亚硝酸盐的能力，所以，有时细菌性食物中毒和亚硝酸盐中毒可以同时发生。

个别地区的井水含有的硝酸盐较多（一般称为"苦井"水），如用这种水煮粥，并在不卫生的条件下存放过久，会通过大量微生物的还原作用而使亚硝酸盐含量增加。如果将此种水用作蒸锅水并连续增添使用，经过不断浓缩，硝酸盐含量会很高，以此水煮粥或蔬菜，再加上微生物污染和繁殖条件适宜，极易引起中毒。

在腌制动物性食品时，如已含有大量胺，粗盐中又含有较多亚硝酸盐，或人为添加亚硝酸盐或硝酸盐（可在微生物作用下还原为亚硝酸盐），均可使腌制品中含有较大量的亚硝基化合物。

食品霉变时也可能由于黑曲霉、串珠镰刀菌等的生长繁殖,而使食品中的仲胺与亚硝酸盐量增高。黑曲霉、串珠镰刀菌及扩展青霉能使仲胺含量增高 25～100 倍,条件适宜时,可形成亚硝胺。空气中的气态氮氧化物,特别是 NO 与 NO_2 的混合物,可提高亚硝基化的作用。在啤酒的生产过程中,当烘烤大麦芽时,气态氮氧化物作用于大麦芽中的大麦碱,可合成二甲基亚硝胺,已引起许多国家重视。

此外,人体内也可合成亚硝胺。其适宜 pH 值小于 3,正常人胃液的 pH 值一般为 1～4,因此,胃可能是合成亚硝胺的主要场所。胃酸缺乏的人,胃液 pH 值较高,当 pH 值高于 5 时,含有硝酸盐还原酶的细菌有高度的代谢活性,有利于将硝酸盐还原为亚硝酸盐,因此易于在胃内合成亚硝胺。

亚硝基化作用过程可被许多化合物与环境条件所抑制,如维生素 C、维生素 E、鞣酸及酚类化合物。蔗糖在一定的 pH 值下(pH 值为 3 时)对亚硝基化有阻断作用,当其分子浓度为亚硝酸盐的两倍时,阻断效果最佳。制作小香肠时,在加亚硝酸盐的同时加入维生素 C,可防止香肠中出现二甲基亚硝胺。

防止亚硝基化合物危害的措施主要有:

(1)防止食物霉变以及其他微生物污染   这对降低食物中的亚硝基化合物含量至关重要,因为某些细菌可将硝酸盐还原为亚硝酸盐,某些微生物还可分解蛋白质,将其转化为胺类化合物,并且还有酶促亚硝基化作用。为此,在加工食品时,应保证食品新鲜,防止微生物污染。

(2)控制食品加工中硝酸盐和亚硝酸盐的使用量,以减少亚硝基化前体的量   尽量在加工工艺可行的情况下使用亚硝酸盐、硝酸盐代用品。

(3)农业用肥和用水与蔬菜中的亚硝酸盐和硝酸盐含量有关   钼肥的使用有利于降低硝酸盐的含量,如白萝卜与大白菜施钼肥后,维生素 C 较对照组平均可提高 38.5%,亚硝酸盐平均可下降 26.5%。干旱地常是蔬菜中硝酸盐类含量增高的原因之一,应引起注意。

(4)许多食物成分对防止亚硝基化合物危害有正向作用   大蒜和大蒜素可抑制胃内的硝酸盐还原菌,使胃内的亚硝酸盐含量明显降低。茶叶具有阻断亚硝胺合成的作用,人体试验发现口服脯氨酸和硝酸盐后体内形成了亚硝基脯氨酸,但如同时饮茶则不会形成。亚硝基脯氨酸对人体无毒无害,但可反映人体内生成亚硝胺的情况,由此推断茶叶具有阻断作用。此外,猕猴桃、沙棘果汁也有阻断作用,前者还有抑制 N-二甲基亚硝胺的致突变作用。

(5)制订标准,监测食品中的亚硝基化合物含量   我国已制订啤酒中二甲基亚硝胺的限量,有人建议亚硝胺的 ADI 为 8 μg/50 kg 体重。

(6)必要的监督管理   必要的监督管理是减少硝酸盐危害的重要手段。美国、法国、德国等国家已经进行了此项工作,在这些国家制定了一系列的法令,对食品(包括蔬菜、罐头、肉制品和乳制品)中的硝酸盐含量进行了限制。在荷兰、比利时、德国和其他一些国家,蔬菜必须有合格证方可进入蔬菜商店,合格证上记录有硝酸盐的准确含量,消费者通过使用一种试纸条快速测试方法可立即证实硝酸盐的含量。

(二)多环芳族化合物

多环芳族化合物是食品污染物质中一类具有诱癌作用的化合物,包括多环芳烃(PAH)与杂环胺等,是一种重要的化学危害。

1.苯并(a)芘[B(a)P]

目前已知的 PAH 有 200 多种,其中很多有致癌性。B(a)P 是其中重要的一种,由 5 个苯环构成。

(1)对食品的污染　多环芳烃主要由各种有机物(如煤、汽油及香烟等)不完全燃烧而来。其污染食品的途径有:①烹调加工食品时,烘烤或熏制过程中燃料燃烧产生的 PAH 可直接接触食品而使其受污染。由于一般有机基团的形成需要高温,因此,3,4-B(a)P 的形成与熏制时的温度有关,热烟(>400 ℃)烟熏较冷烟(<320 ℃)烟熏产生的 B(a)P 多,随着温度的升高,B(a)P 含量直线增高;脂肪含量愈高,B(a)P 含量愈高。对熏制食品的品种、时间和温度进行综合分析发现,熏制时间、温度与 B(a)P 的生成量成正比,且食物外表部分的含量高于其内部含量。②环境直接受到 B(a)P 污染,如大气飘尘、柏油路面晾晒粮食、油料种子,不良包装材料污染食物以及植物直接从土壤、水体吸收。③其他途径,如某些植物、微生物可以合成微量的 B(a)P。

因此,各种食品都有可能受到 B(a)P 的污染,特别是不合理地加工烹调。一般烤肉、烤香肠可能有 B(a)P 存在,含量为 0.17~0.63 μg/kg,炭火烤的肉的 B(a)P 含量可达 2.6~11.2 μg/kg。调查发现,柴炉加工叉烧肉使 B(a)P 含量上升最多,其次为煤炉及炭炉,电炉最少。烤羊肉时滴油着火较不着火的 B(a)P 含量高。工业区小麦、油菜籽含 B(a)P 的量高于农村地区,而交通不便、工业污染少的山区含量最低。食物一旦被 B(a)P 污染,去除常较困难,如菠菜及甘蓝的清除率只能达 10% 左右。

(2)致癌性与致突变性　B(a)P 对动物的致癌性是确定的,曾有试验证明,经口给予小鼠 B(a)P 的量小于 0.1 mg 时未发现胃肿瘤,达 1 mg 时,小鼠胃扁平细胞癌的发生率为 76.7%,10 mg 则为 85.2%,呈剂量-效应关系。以含 B(a)P 250 mg/kg 的饲料饲养小鼠 2~4 d,癌发生率为 10%,5~7 d 为 30%~40%,30 d 则为 100%。此外,B(a)P 还可致大鼠、地鼠、豚鼠、兔、鸭及猴等动物患肿瘤,并可经胎盘使仔代发生肿瘤,胚胎死亡,仔鼠免疫功能下降。

B(a)P 还是一种间接致突变物,经肝微植体酶系统活化显示 Ames 试验阳性作用,即致突变作用。此外,DNA 修复、细菌 DNA 修复、果蝇突变、染色体畸变等皆呈阳性反应。人体组织培养中也发现有组织毒性作用,造成上皮分化不良、细胞破坏、柱状上皮细胞变形等。

流行病学调查表明,一些地区胃癌高发与当地居民经常进食家庭自制 B(a)P 含量较高的食物——熏肉有关,匈牙利、拉脱维亚、冰岛等一些国家和地区都有相关报告。有人曾用冰岛的熏羊肉喂大鼠,结果诱发出了恶性肿瘤。

(3)防止措施　包括以下两个方面:

①防止污染,改进食品加工烹调方法:a. 加强环境治理,减少环境对食品的污染。b. 熏制、烘干粮食应改进燃烧过程,改良食品烟熏剂,不使食品直接接触炭火熏制、烘烤,使用熏烟洗净器或冷熏液。c. 粮食、油料种子不在柏油路晾晒,以防沥青沾污。d. 机械化生产食品,要防止润滑油污染食品,或改用食用油作润滑剂。

②采用合适的食用方式:对已经污染了 B(a)P 的食品,可采用去毒方法消除。如刮去烤焦食品的烤焦部分后食用;通过去除烟熏食品表面的烟油,可减少 20% 左右的 B(a)P;油脂中的 B(a)P 则可利用吸附法,即采用活性炭去除,效果很好。在浸出法生产的菜油中加入 0.3% 或 0.5% 的活性炭,在 90 ℃下搅拌 30min,并在 140 ℃、700 mm 汞柱真空下处理 4 h,其所含的 B(a)P 可去除 89.18%~94.73%。粮谷类可采用磨去麸皮或糠麸的方法使

B(a)P的含量下降。此外,日光、紫外线照射也有一定的效果。

2.杂环胺化合物

杂环胺是当烹调、加工蛋白质食物时,从蛋白质、肽、氨基酸的热解物中分离的一类具有致突变性、致癌性的氨基咪唑氮杂芳烃类化合物。它们是氨基咪唑并喹啉、氨基咪唑并喹恶啉、氨基咪唑并吡啶、氨基咪唑并吲哚以及氨基二吡啶并咪唑的衍生物。

(1)杂环胺的生成 1976年,有人发现含蛋白质较多的食物(如沙丁鱼、肉类)在烘烤中可产生杂环胺。以后的研究发现,除火烤外,煎炸、烘焙也可产生杂环胺,且烹调方式、时间、温度及食物的组成对杂环胺的生成有很大影响:①在191 ℃的温度下煎牛肉饼4 min,或在更高的温度300 ℃下煎6 min产生的杂环胺化合物的量都很高,后者为200 ℃时的4～5倍。但在143 ℃下煎4～20 min则杂环胺的生成量很少。②食物与明火接触或与灼热的金属表面接触,都有助于致突变物的形成。采用微波炉烤牛肉片12 min,即使表面稍有焦化,也未有致突变物检出。③食物成分对杂环胺的生成也有影响。加热某种食物,当水分减少时,由于表面受热,温度迅速上升,可使杂环胺的生成量明显增高。如汉堡在水分减至55%以下时,致突变物的产生量呈线性增加。食物中的氨基酸、肌酸及某些单糖(如葡萄糖与果糖等)是杂环胺化合物的主要前体物。

(2)致癌性与致突变性 已发现的杂环胺类化合物中一半以上具有强烈致癌性。如以含IQ、Trp-p-1、Trp-p-2、Glu-p-1、Glu-p-2等0.01%～0.08%的饲料饲喂大、小白鼠24～30个月,可致鼠的肝、前胃、小肠以及血管的肿瘤。有致癌作用的杂环胺化合物的致癌作用剂量用TD_{50}表示,但杂环胺化合物在人类肿瘤发生中的作用至今尚未明确。

杂环胺化合物有很强的致突变性,在肝微粒体酶代谢活化的条件下,对鼠伤寒沙门氏菌TA98与TA100均具致突变性,且对前者较后者为强。多种杂环胺化合物的致突变性远较黄曲霉毒素B1强,如IQ、MeIQ、MeIQx、Trp-p-1、Trp-p-2、Glu-p-1等的毒性为黄曲霉毒素B1的6～100倍。

(3)防止可能危害的措施 包括以下几方面:

①改进烹调加工方法。杂环胺化合物的生成与不良烹调加工有关,特别是过高温度烹调食物,因此,要注意不使烹调温度过高,不烧焦食物,避免过多地采用煎、炸、烤的烹调方法。

②增加蔬菜、水果的摄入量。膳食纤维素有吸附杂环胺化合物并降低其生物活性的作用,某些蔬菜、水果中的一些成分有抑制杂环胺化合物的致突变性作用。因此,增加蔬菜、水果的摄入量对于防止杂环胺的可能危害有积极作用。

③开展食物中的杂环胺含量调查,研究杂环胺的生成条件与抑制条件,探索杂环胺在人体内代谢的状况、作用剂量,尽早制订其对人体的安全剂量。

(三)多氯联苯(PCBs)

1.食品中多氯联苯的污染

多氯联苯是人工合成有机物,每个联苯分子的氢能置换1～10个氯,理论上它的异构体有210种化合物,实际上每个分子只有2～6个氯。目前已确定结构的多氯联苯有102种,氯少的为黏度低的液体,随氯的数目的增加,其黏稠性和稳定性提高。多氯联苯易溶于脂肪、有机溶剂,极难溶于水,极难分解,易在生物体的脂肪内大量富集。

多氯联苯的污染首先是在使用多氯联苯的过程中通过泄漏、流失、废弃、蒸发、燃烧、堆放、掩埋及废水处理而进入环境,直接或间接污染水源、大气和土壤。进入大气、水体和土壤的多氯联苯通过各种渠道进入生物体。严重被多氯联苯污染的水体,多氯联苯能很快被小球藻吸收,通过生物富集作用而使鱼类、动物、家畜体内含高浓度的多氯联苯。在陆地上则通过植物、农作物将多氯联苯迁移到食草和食肉动物体内,最后经食物链进入人体中。经分析,一般情况下多氯联苯在陆生植物中的残留量低,在水生植物和家畜中的残留量一般也较低,而在动物中的残留量较高,特别是在水生动物和鸟类中。

1968 年日本发生的最大食品污染事件就是由于多氯联苯造成米糠油污染引起的,从此以后,多氯联苯的食物污染引起了世界各国的普遍关注。1970 年,日本进一步报告了动植物性食品中高浓度的多氯联苯污染,紧接着在人体及母乳中检出多氯联苯。目前,多氯联苯的污染面在逐步扩大,据估计,在全世界的大气、水体和土壤中,多氯联苯的残留总量为 25 万~30 万吨,其污染范围很广,从北极的海豹到南极的海鸟蛋都有多氯联苯的污染,美国、日本、瑞典等国的人乳中也都检出了多氯联苯。目前,在世界范围内多氯联苯的生产和使用已受到控制,基本上各国均规定了多氯联苯残留限定值。

2.多氯联苯的危害

食用多氯联苯污染严重的食品可引起多氯联苯食物中毒。1968 年日本所发生的米糠油多氯联苯中毒的病例典型的临床症状表现为眼皮肿胀、视力障碍、指甲和黏膜有色素沉着,胃肠系统症状伴有恶心呕吐、腹痛和肝功能紊乱,有的病人在臂和腿部出现水肿等。成年病人表现出的症状可缓慢消退,病程延长,多氯联苯的代谢和排泄缓慢。

多氯联苯中毒妇女生出的婴儿重量较轻,皮肤变色。随孩子的生长,肤色会慢慢恢复,但小孩的生长很缓慢。

目前对人体的多氯联苯残留是否能引起致畸、致癌和致突变还不十分清楚,通过对鸟类及其他动物所做的多氯联苯毒性试验,显示其能引起胚胎畸形以及其他症状,而且有研究表明癌症患者血中的多氯联苯含量较正常人血液中的要高,但多氯联苯对人体的三致危害有待进一步研究。据调查,食用多氯联苯污染的油 120 d[相当于 0.07 mg/(kg 体重·d)]就会产生中毒症状,可见人对多氯联苯相当敏感,因此要严防多氯联苯污染食品。

四、有害金属及非金属对食品安全性的影响

金属(尤其是重金属)对食品安全的影响非常重要,属于化学危害的重要内容之一。研究表明,重金属污染以镉最为严重,其次是汞、铅等,非金属砷的污染也不可忽视。有毒金属进入食品的途径主要是来自高本底值的自然环境、含金属的化学物质的使用、环境污染和食品加工过程。随食物进入人体的金属在体内的存在形式除了原有形式外,还可以转变成具高毒性的化合物形式。多数金属在体内有蓄积性,半衰期较长,能产生急性和慢性毒性反应,还有可能产生致畸、致癌和致突变作用。

(一)镉

食品中的镉主要来源于冶金、冶炼、陶瓷、电镀工业及化学工业(如电池、塑料添加剂、食品防腐剂、杀虫剂、颜料)等排出的三废。

工厂高烟囱所排出的镉,被颗粒物所吸附,借助大气沉降和降水进行散播,在大气污染源(特别是铅锌冶炼设备和火力发电厂烟囱)周围的局部地区,特别是下风方向,其沉降明显增高。这种污染可反映在污染源周围的表层土和植被中。农作物通过根部吸收使镉进入食

物,在大气中高镉沉降的地区,农作物中镉的含量会增加。

含镉废水的排放可能成为食品中镉的另一个来源。利用含镉废水灌溉农田,会引起土壤中镉的积累。例如某区经污水灌溉 17 年,表土中的镉含量平均达 7.18～9.50 mg/kg,最高达 68.8 mg/kg;种植的小麦镉含量平均为 0.45～0.61 mg/kg,最高达 2.67 mg/kg。污泥施肥或含镉肥料的使用,直接引起土壤中镉的积累,则成为食品中镉的又一来源。不同作物对土壤中镉的吸收能力不同,一般蔬菜的镉含量比谷类作物的籽粒高,蔬菜中叶菜、根菜类的镉含量高于瓜果类。

动物性食物中的镉也来源于环境。除非环境发生了污染,一般来说镉含量是比较低的,但镉在动物体内有明显的生物蓄积倾向。水产食品中的镉含量相当高。由于污染的水体具有较大的迁移性,河流湖泊的底泥由于长期接纳污水而富含镉,排海口的底泥中镉含量也较高,水流的翻动使水体中的浮游植物中也含有较高水平的镉,会造成以浮游植物为食的水生动物蓄积大量的镉,如镉能在牡蛎中富集。某些可食性甲壳类动物(如蟹、龙虾)也含有相当多的镉,通常以在肝、胰或蟹黄中蓄积为主,某些水生脊椎动物的肾脏也含有大量的镉。陆生动物中镉的蓄积与寿命有关,一些寿命较长的哺乳动物(如马)的肝和肾也蓄积了大量的镉。

人体内的镉主要从食品中摄入。人体镉的摄入与食品的镉含量有直接的关系。一般情况下,大多数食品均含有镉,如主食(米、面粉)的镉含量小于 0.1 mg/kg,蔬菜、水果中的镉含量较低,而鱼、肉的镉含量则要高一些,一般为 5～10 μg/kg(湿重)。动物内脏(肝、肾)的镉含量更高,可高达 1～2 mg/kg(湿重)。镉污染地区的食品镉含量会明显增加。生活在含镉工业废水中的鱼、贝类,镉含量可增加 450 倍。日本镉污染区稻米的平均镉含量高达 1～41 mg/kg。人体通过饮食,镉的摄入量在非污染区一般为 10～40 μg/d,污染区一般为 150～200 μg/d。

镉的毒性作用主要源于其拮抗体内多种必需元素的作用,如镉离子能取代钙离子与肌动蛋白、微管、微丝相结合,破坏细胞骨架的完整性,损害细胞功能。镉能降低体内多种酶的活性,尤其是含锌、巯基的抗氧化酶。镉通过与巯基结合或通过竞争性或非竞争性替代作用置换出细胞内的金属依赖性酶类,特别是抗氧化酶系中的金属辅基,降低机体抗氧化酶的活性,使机体消除自由基的能力下降,引起机体氧化损伤。镉会阻碍肠道对铁的吸收,诱发低色素贫血等。

镉的中毒分为急性中毒和慢性中毒。经口摄入镉引起的急性中毒,进食后数十分钟至数小时可以发病,出现流涎、恶心、呕吐等消化道症状,并产生腹痛、腹泻,继而引发中枢神经中毒。镉的慢性中毒会对肾脏、骨骼、生殖系统等造成严重的损害,严重影响人民群众的身体健康。

(二)铅

铅广泛存在于环境中,人体摄入铅的途径很多,主要包括食品、饮水、吸烟、大气等,但人体特别是进行非职业性接触的人所摄入的铅主要来自食品。铅可通过各种渠道使动植物食品受到污染,食品中的铅还来自接触食品的管道、容器、包装材料、器具和涂料等,如锡酒壶、锡箔、劣质陶瓷、马口铁罐或导管镀锡和焊锡不纯等,均会使铅转入食品中,特别是那些酸性食品;某些色素添加剂也含有铅,如使用黄丹粉(PbO)加工松花蛋,也会使松花蛋受铅污染。

铅含量较高的食品是罐装饮料、饮用水、谷物食品、植物的根茎和果实以及动物性食品。

人体日摄入铅量多的食品是饮用水和罐装饮料。我国人民膳食中的铅主要来自谷类和蔬菜。

人体吸收的铅量不仅与食物的含铅量和食物的摄入量有关,而且还与食物的组成成分有很大的关系,比如当膳食中含有钙、植酸和蛋白质时,仅有 5%～10% 的铅被吸收。

有研究证明,儿童从饮食中吸收铅,可引起儿童铅中毒,中毒者会患视力发育迟缓、癫痫、脑性瘫痪和神经萎缩等永久性后遗症。当饮用水中的铅含量达 0.1 mg/L 时,可能引起儿童血铅含量超过 30 g/100 mL。

我国食品卫生标准规定,冷饮食品、奶粉、炼乳、食盐、味精、醋、酒等食品中的铅含量应小于或等于 1 mg/kg 或 1 mg/L,食用色素中的铅含量应小于 10 mg/kg,饮用水中的铅含量应小于 0.05 mg/L。FAO/WHO 推荐铅的每周允许摄入量(PTWI)为 0.05 mg/(kg 体重·周)(成年)、0.025 mg/(kg 体重·周)(儿童)。

(三)汞

1. 汞对食物链的污染

汞及其化合物的用途很广,因而在人类环境中的分布非常普遍,全世界每年有数千吨汞用于仪表、化工、制药、造纸、涂料等工业。人体汞除职业接触外主要来自食物,特别是鱼贝类,水体中的汞可以通过特殊的食物链和富集作用在食物中浓集。日本水俣病区鱼贝类的汞含量高达 20～40 mg/kg。

植物本身含有微量汞,大多数植物汞的自然界含量为 1～100 μg/kg。禾本植物的汞含量较高,范围为 16～140 μg/kg。蔬菜类作物的汞含量相对较低,其中以叶菜类为最高,汞含量为 1.20～10.75 μg/kg,果菜类为 0.3～9.0 μg/kg,块茎、块根和鳞茎类为 0.23～2.00 μg/kg。在受汞污染的土壤中,粮食作物的汞含量从大到小依次为:稻谷、高粱、玉米、小麦;蔬菜作物的汞含量从大到小依次为:根菜类、叶菜类、果菜类,一般辣椒、茄子、黄瓜吸收累积的汞较少,而菠菜叶、韭菜、菜花根、胡萝卜积累的汞较多。

烷基汞对于食品的污染是较金属汞或二价汞化合物更为严重的问题。水中所含的汞可转化为甲基汞化合物,并在鱼体中蓄积。水产品中的汞含量较高,特别是鱼中残留的汞相对较多。鱼体表面黏液中的微生物有较强的甲基化能力,鱼体中的汞 90% 为甲基汞。鱼体吸收甲基汞迅速,在体内蓄积不易排出,试验证明鱼体甲基汞的半衰期:鲤鱼为 230 d,鲶鱼为 190 d,硬头鳟鱼为 220 d,比人体内的半衰期长得多。各国提出的鱼中汞的上限值为:瑞典 10 μg/kg,加拿大 150 μg/kg,日本 100 μg/kg。

环境中的微生物特别是污泥中的微生物群可以使毒性低的无机汞转变成毒性高的甲基汞,亦发现环境中的无机汞可以通过化学作用形成甲基汞,应当引起注意。

饮用水中的汞主要以无机的形式存在,汞的含量一般不会超过 0.03 mg/L。我国国内的调查表明,饮用水中汞的浓度通常低于 0.001 mg/L。

2. 食品中汞的摄入及对人体的危害

食品中的汞以元素汞、二价汞的化合物和烷基汞三种形式存在。一般情况下,食品中的汞含量通常很低,但随着环境污染的加重,食品中汞的污染也越来越严重,部分食品的汞含量超过了限量标准。有关膳食研究的结果表明,膳食中的汞相当一部分来自水产品,而豆类和蛋类个别食品的汞含量超过国家食品卫生允许量标准,最高含量达到 0.094 mg/kg。我国正常膳食的汞含量为:谷类 0.013 mg/kg,豆类 0.01 mg/kg,薯类 0.007 mg/kg,肉类

0.013 mg/kg,蛋类 0.029 mg/kg,水产类 0.04 mg/kg,乳类 0,蔬菜类 0.003 mg/kg,水果类 0.004 mg/kg,饮料及水 0,酒类 0.002 mg/kg。

对大多数人来说,因为食物而引起汞中毒的概率是非常小的。由汞引起的急性中毒,可使肾脏和肠胃系统受到损害,引起肠道薄膜发黏,同时发生剧痛和呕吐,导致虚脱甚至死亡。

3.食品中汞的允许限量

我国规定食品中汞的允许残留量(mg/kg,以 Hg 计)为:粮食(或成品粮)0.02,豆类、薯类、果蔬 0.01,牛乳及乳制品 0.01,肉、蛋、油 0.05,鱼和其他水产品 0.3(其中甲基汞 0.2)。

(四)砷

砷广泛分布于自然环境中,几乎所有的土壤中都存在砷。最普通的两种含砷无机化合物是 As_2O_3(砒霜)和 As_2O_5,一般三价砷的毒性大于五价砷。砷化合物的毒性从大到小的顺序为:砷无机物、有机砷、砷化氢。流行病学发现无机砷化合物对人具有致癌性,特别易诱发皮肤癌和肺癌。随着生产的发展,含砷化合物广泛应用于农业中作为除草剂、杀虫剂、杀菌剂、杀鼠剂和各种防腐剂的成分之一。最重要的农用化学制剂包括砷酸铅、砷酸铜、砷酸钠、乙酸砷酸铜和二甲砷酸,它们的大量使用,造成大量农作物被污染,使砷含量增高。此外,在动物饲料中同样大量掺入了对氨基苯基砷酸等含砷化合物作为生长促进剂,涉及家畜等动物性食品的安全性。

1.砷对食物链的污染

食品中的微量砷主要来自土壤中的自然本底。一般在没有受污染的食品中,砷含量的范围为:谷类 0~2.4 mg/kg,水果 0~0.17 mg/kg,蔬菜 0~1.3 mg/kg,肉 0~1.4 mg/kg,乳制品 0~0.23 mg/kg,海产品 1.5~15.3 mg/kg。在受污染区,砷含量范围为:稻谷 3~10 mg/kg,鱼虾 40~170 mg/kg。近年来,我国食品的砷含量为:稻谷 0.28 mg/kg,米 0.14 mg/kg,蔬菜 0.04 mg/kg,畜肉 0.013 mg/kg,调味品(酱、酱油、醋)95%的样品砷含量小于 0.5 mg/kg。

由于农业上广泛使用砷化合物,特别是含砷农药的使用,使农作物的砷含量和从土壤中吸收砷的量加大。在水稻抽穗期以后施用有机砷农药,可使稻米中的砷含量显著增加,最高达 8 mg/kg。将砷酸铅作为农药施用于烟草,会使烟叶上残留砷,致使吸烟人的砷摄入量大大高于普通人。将含砷的杀虫剂施用于果树,可使砷大量残留在果皮上,果皮上的砷又慢慢渗入果肉和果汁中,引起水果及其饮料中砷的污染。

饮用水中含有砷,在不同地区饮用水中的砷含量不同。世界上大部分河水的砷含量为 0~0.2 mg/L,平均约 0.5 $\mu g/L$。温泉和矿泉水中的砷含量一般较高,为 0.5~1.3 mg/L,如果家庭常饮用此类水,会导致砷摄入过多而产生慢性中毒。如在阿根廷发生的"区域性慢性砷中毒病",就是由于饮用水中含 As_2O_3 1~4 mg/L 而引起的。调查表明,当饮用水中的砷含量大于 0.12 mg/L 时,头发中的砷含量会有所增加,但不会出现任何中毒表现。

2.砷的摄入对人体的危害

食品中砷的摄入量取决于膳食结构。食品的种类不同,人体摄入砷的含量不一样。通常在污染严重的地区,食品中的砷含量较高,人们食入这些砷污染严重的食物,摄入的砷量自然也就高。而生活在无严重污染的地区和不以海产品为主要膳食的人群,砷摄入量就少得多。

砷能引起人体慢性和急性中毒。砷的急性中毒通常由于误食而引起,砷的慢性中毒由长期少量经口摄入食物引起。砷的慢性中毒表现为食欲下降、体重下降、胃肠障碍、末梢神经炎、结膜炎、角膜硬化和皮肤变黑。据报道,长期受砷的毒害,皮肤的色素会发生变化,如皮肤的黑变病变是砷毒的特征所在。我国某地井水的砷含量为 $1.0 \sim 2.5$ mg/L,自1930—1961年发生过多起慢性砷中毒事件,症状表现为最初皮肤出现白斑,后逐渐变黑,角化增厚呈橡皮状,出现龟裂性溃疡。另外,摄入砷含量高的食物(包括饮用水)还会引起皮肤癌、肺癌。动物试验表明,给动物喂含砷的食物,动物会产生畸胎,但人类是否会有类似的现象还未得到证实。

3. 食品中砷的允许量

我国规定食品中砷的含量(mg/kg,以砷计)为:原粮<0.7,食用植物油<0.1,酱油、酱、食醋<0.5,味精、盐<0.5,冷饮食品<0.5,饮用水<0.05 mg/L。FAO/WHO 曾提出砷的每日允许摄入量为 0.05 mg/kg 体重,对无机砷的允许摄入量建议为 0.015 mg/(kg 体重·周)。在蔬菜中,美国允许的砷残留量为 3.5 mg/kg,日本为 1.0 mg/kg,加拿大为 2.0 mg/kg。

除了上述的镉、汞、铅、砷等可能对食品造成危害外,还有锌、氟、酚、硒等工业有害物质会通过大气、水体、土壤直接或间接污染农作物,最终危害人体健康。

(五)减少食品中金属污染的措施

减少有毒金属污染食品的主要措施有:

(1)加强农用化学物质的管理。禁止使用含有毒重金属的农药、化肥等,如含汞、含砷制剂;严格管理农药、化肥的使用。

(2)限制使用含砷、铅、锌等金属的食品加工用具、管道、容器和包装材料,以及含有此类重金属的添加剂和各种原材料。

(3)减少环境污染。严格按照环境标准进行工业废气、废水、废渣的排放。

(4)加强食品卫生监督管理,完善食品卫生标准。

五、食品容器和包装材料对食品安全性的影响

食品在生产、加工、储存、运输和销售过程中,可能接触各种容器、用具、包装材料以及食品容器的内壁涂料等。其所用的原料有纸、竹、木、金属、搪瓷、陶瓷、玻璃、塑料、橡胶、天然或人工合成纤维以及多种复合材料等。我国传统使用的食品包装材料和容器有竹、木、金属、玻璃、搪瓷和陶瓷等,多年的使用实践证明,大部分对人体是安全的。随着化学工业与食品工业的发展,新的包装材料已越来越多,尤其是合成塑料等,在与食品的接触中,某些材料的成分有可能移行于食品中,造成食品的化学性污染,给人体带来危害,所以应该严格注意它们的卫生质量,防止其中出现有害因素或进入食品,以保证人体健康。

(一)常用的塑料及其毒性

塑料是由大量小分子的单体通过共价键聚合成的化合物。其相对分子质量在 1 万～10 万之间,属于高分子化合物。其中单纯由高分子聚合物构成的称为树脂,而加入添加剂以后就成为塑料。根据塑料加热以后是否可重复固化可分为热塑性塑料和热固性塑料。前者为线塑型分子化合物,如聚乙烯、聚氯乙烯、尼龙等,是食品最重要的包装材料;后者如酚醛塑料、脲醛塑料、环氧树脂等,用于某些瓶盖、托或作为辅助材料使用。

1. 常用的塑料制品

(1)聚乙烯(PE)和聚丙烯(PP)　PE 和 PP 与其他元素的相容性很差,因此这两类塑料能够加入的添加剂(包括色料)种类很少。PE 和 PP 在安全性上未发现特殊问题,它们对大

鼠的 LD_{50} 都大于最大可能灌胃量,作为食品容具,较为安全。但回收的 PE、PP 制品,由于回收来源复杂,回收容器常附着各种物质,甚至污染有毒物质,因此回收再生制品不能制成食品容具。

(2)聚苯乙烯(PS)   用于食品包装的 PS 一般有透明 PS 和发泡 PS 两类。此外,尚有苯乙烯和丙烯腈的共聚物(AS 塑料)和苯乙烯-丙烯腈-丁二烯的共聚物(ABS 塑料),用于制作食品工业的用具。PS 本身无毒,但 PS 合成中未聚合的苯乙烯、乙苯、异丙苯和甲苯等挥发性物质能引起动物的慢性毒害。FDA 规定,PS 中苯乙烯单体的含量应小于或等于 1%。我国规定苯乙烯单体的含量应小于或等于 0.5%;乙苯的含量应小于或等于 0.3%;挥发物的含量应小于或等于 1%;正己烷提取物的含量应小于或等于 1.5%。

(3)聚氯乙烯(PVC)   一般认为 PVC 无毒,主要应注意氯乙烯单体和降解产物的毒性以及添加剂带来的危害。

氯乙烯单体有致癌作用,因此许多国家都有严格的控制标准。日本规定 PVC 中氯乙烯单体含量应小于或等于 1 mg/kg,转移到食品中的氯乙烯单体含量应小于或等于 0.01~0.05 mg/kg。

PVC 瓶作为食品容器多用于调味品、矿泉水、饮料瓶,代替玻璃瓶。

(4)脲醛和三聚氰胺甲醛   脲醛塑料和三聚氰胺甲醛塑料都是热固性塑料,由于其合成过程有游离甲醛残留问题而不用于食品容器。甲醛是一种细胞的原浆毒,动物试验经口摄入甲醛,肝脏会出现灶性肝细胞坏死和淋巴细胞浸润。三聚氰胺甲醛塑料中游离的甲醛含量可因热固成型的时间和成型后放置时间的长短而有差异。一般热固成型时,压制时间愈长,游离甲醛含量愈小。

2. 塑料添加剂

塑料加工过程中添加剂的使用对于保证塑料制品的质量非常重要,但有些添加剂对人体可能有毒害作用,必须控制使用。

(1)增塑剂   邻苯二甲酸酯类是应用最广泛的增塑剂,其毒性较低,多数品种比较安全。但有的国家禁止在食品容具中使用有致畸作用的邻苯二甲酸二乙酯和邻苯二甲酸二甲氧乙酯。磷酸三甲苯酯的毒性较高,也被禁止用于加工食用塑料。

(2)稳定剂   大多数稳定剂为金属盐类,如三盐基硫酸铅、二盐基硫酸铅或硬脂酸铅盐、钡盐、锌盐及镉盐,其中铅盐耐热性强。但铅盐、钡盐和镉盐对人体危害较大,一般不用于食品用具和容器。锌盐稳定剂在许多国家均允许使用,其用量规定为 1%~3%。有机锡稳定剂工艺性能较好,毒性较低(除二丁基锡外),一般二烷基锡碳链越长,毒性越小,二辛基锡可以认为经口无毒。

(3)其他塑料添加剂   其他塑料添加剂还包括抗氧化剂、抗静电剂、着色剂等。

抗氧化剂包括 BHA、BHT 等。抗静电剂一般为表面活性剂,有阴离子型,如烷基苯磺酸盐、α-烯烃磺酸盐,毒性均较低;阳离子型,如月桂醇 EO(4)、月桂醇 EO(9);非离子型,有醚类和酯类,醚类的毒性大于酯类。着色剂主要为染料及颜料,也是主要危害源,要严格控制使用。

3. 要求与标准

由于各种塑料的原料、加工成型变化以及添加剂种类和用量不同,因此对不同的塑料制品应有不同的要求,但总的要求应是对人体无害。我国对塑料制品及食品用塑料容具已颁发了卫生标准。其中规定了必须进行溶液浸泡的溶出试验,包括 3%~4% 醋酸(模拟食醋)、己烷或庚烷(模拟食用油)。此外还用蒸馏水及乳酸、乙醇、碳酸氢钠和蔗糖等的水溶液作为浸泡液,按一定面积接触一定量溶液(大多为 2 mL/cm²),以统一检验条件。由于长期储存的时间无法模拟,故一般都提高浸泡液温度,如蒸馏水 60 ℃、2 h,4%的醋酸 60 ℃、2 h,65%的乙醇室温、2h,正己烷室温、2h。我国几种常用塑料的卫生标准见表 3-1。此外,三聚氰胺还要求 4%的醋酸浸泡液中的甲醛不超过 30 mg/L。常用塑料制品用无色油脂、冷餐油、65%的乙醇涂擦都不得褪色。所有塑料制品浸泡液除少数有针对性的项目(如氯乙烯单体、甲醛、苯乙烯、乙苯、异丙苯)外,一般不进行单一成分分析。

表 3-1　　几种常用塑料的卫生标准　　　　　　　　　　　　　　　单位:mg/L

项　　目	聚乙烯	聚丙烯	聚苯乙烯	三聚氰胺
4%醋酸浸泡液中蒸发残留物 ≤	30	30	30	
蒸馏水浸泡液中蒸发残留物 ≤				10
65%乙醇浸泡液中蒸发残留物 ≤	30		30	
正己烷浸泡液中蒸发残留物 ≤	60	30		
水溶液中高锰酸钾消耗量 ≤	10	10	10	10
重金属(4%醋酸)	≤1	<1	<1	<1

(二)橡胶

橡胶也是高分子化合物,有天然橡胶与合成橡胶两种。随着食品工业的发展,橡胶应用于食品容器及包装材料的范围已越来越广。由于长期与食品接触,特别在高温、水蒸气、酸性、油脂的条件下,橡胶中的化学物质有可能向食品中移行,造成食品的污染,为此,应注意其中可能存在的化学物质的毒性问题。橡胶中毒性物质的来源有两个方面:①橡胶胶乳及其单体;②橡胶添加剂。

1.橡胶胶乳及其单体

天然橡胶是长直链高分子化合物,在体内不被酶分解,也不被吸收,因此可认为是无毒的,其主要危害来自各种添加剂。合成橡胶是高分子聚合物,可能存在未聚合的单体及添加剂的问题。

合成橡胶单体因橡胶种类不同而异,大多由二烯类单体聚合而成,主要有丁基橡胶(IIR)和丁二烯橡胶(BR),丁二烯橡胶的单体异丁二烯、异戊二烯有麻醉作用,但尚未发现有慢性毒性作用。苯乙烯丁二烯橡胶(SBR)蒸气有刺激性,但小剂量也未发现慢性毒性。丁腈(丁二烯丙烯腈)橡胶的耐热性与耐油性均较好,但其单体丙烯腈具有较强毒性,可引起流血且有致畸作用,美国已将其溶出限量由 0.3 mg/kg 降至 0.05 mg/kg。氯丁二烯橡胶(CBR)的单体 1,3-二氯丁二烯,有报告称可致肺癌和皮肤癌,但有争论。

2.橡胶添加剂

橡胶添加剂主要有硫化促进剂、防老化剂以及充填剂。①硫化促进剂:促进橡胶硫化,以提高其硬度、耐热性和耐浸泡性。无机类促进剂有氧化锌、氧化镁、氧化钙等,较为安全。氧化铅禁止用于食具。有机类促进剂多属于醛胺类,如六亚甲四胺(乌洛托品,又名促进剂 H)能分解出甲醛。硫脲类中的乙撑硫脲有致癌可能,已被禁用。烷基秋兰姆硫化物中,烷基分子愈大,安全性愈高,如双五乙烯秋兰姆较为安全。架桥剂中过氯化二苯甲酸的分解产物二氯苯甲酸毒性较大,不宜用于食品工业橡胶。②防老化剂:为使橡胶对热稳定,提高耐热性、耐酸性、耐臭氧性以及耐曲折龟裂性等而使用。防老化剂不宜采用芳胺类而应使用酚类,因前者的衍生物及其化合物具有明显毒性。后者应限制制品中游离的酚含量。③充填剂:主要有两种,即炭黑与氧化锌。炭黑提取物在 Ames 试验中被证实有明显的致突变作用。故其纯度要求高,并限制其苯并(a)芘含量,或将其提取至最低限度,法国规定为 0.01%。

(三)涂料

为防止食品容器、工具及设备腐蚀,提高其耐浸泡能力等,常需在其表面涂覆化学成膜物质即涂料。目前应用较广泛的是罐头内壁涂料,此外大型容器如贮放各种酒类、食醋、酱油、酱菜以及各种发酵食品的发酵池、贮藏池内壁也常用涂料。涂料的问题不少,必须引起注意。

在食品中较常用的涂料类型有:

(1)溶剂挥干成膜涂料　将固体涂料树脂(成膜物质)溶于溶剂中,涂覆后,溶剂挥发至干,树脂析出固化成膜。由于此种树脂涂料要求其聚合度不能太高,相对分子质量也需较小才能溶于溶剂中,因此与食品接触常可溶出造成食品污染。且在溶化时,需加入增韧剂以防龟裂,后者也可污染食品。此类涂料有过氯乙烯漆、虫胶漆等。

(2)高温液化涂料　高温熔融时涂覆,降温后成膜,如沥青,多用于啤酒发酵池和发酵罐。其易与一般煤焦油沥青混淆,已属应淘汰的品种。

(3)加固化剂交联成膜树脂　主要代表为环氧树脂和聚酯树脂,常用的固化剂为胺类化合物。这类树脂成膜后分子非常大,除未完全聚合的单体及添加剂外,涂料本身不易向食品移行。其毒性主要在于树脂中存在的单体环氧丙烷与未参加反应的固化剂。

(4)氧化成膜树脂　以干性油为主的油漆属于这一类。干性油在加入的催干剂(多为金属盐类)作用下形成漆膜。此类漆膜不耐浸泡,不宜盛装液态食品。

(5)高分子乳液涂料　以聚四氟乙烯树脂为代表,可耐热 280 ℃,属于防粘的高分子颗粒型涂料,多涂于煎锅或烘干盘表面,以防止烹调食品粘附于容器上。其问题是如聚合不充分,可能会有含氟低聚物溶于油脂中。

(四)其他包装材料

1.搪瓷和陶瓷

搪瓷器皿是将瓷釉涂覆在金属坯胎上,经过焙烧而制成的产品;陶瓷器皿是将瓷釉涂覆在由黏土、长石、石英等混合物烧结成的坯胎上,再经焙烧而制成的产品。

陶瓷容器在食品包装中主要用于装酒、咸菜、传统风味食品。陶瓷容器美观大方,促进销售,特别是其在保护食品的风味上具有很好的作用。但由于其原材料来源广泛,反复使用以及在加工过程中所添加的物质而使其存在食品安全性问题。

陶瓷容器的主要危害来源于制作过程中在坯体上涂的陶釉、瓷釉、彩釉等。釉是一种玻璃态物质,釉料的化学成分和玻璃相似,主要是由某些金属氧化物硅酸盐和非金属氧化物的盐类溶液组成。搪瓷容器的危害也是其瓷釉中的金属物质,釉料中含有铅(Pb)、锌(Zn)、铬(Cr)、锑(Sb)、钡(Ba)、钛(Ti)等多种金属氧化物硅酸盐和金属盐类,它们多为有害物质。当使用陶瓷容器或搪瓷容器盛装酸性食品(如醋、果汁)和酒时,这些物质容易溶出而迁移入食品,甚至引起中毒。

2.金属包装材料

铁和铝是目前使用的两种主要的金属包装材料。其中最常用的是马口铁、无锡钢板、铝、铝箔等。另外，还有铜制品、锡制品、银制品等。

马口铁罐头罐身为镀锡的薄钢板。锡起保护作用，但由于种种原因，锡会溶出而污染罐内食品。在过去的几十年中，由于罐藏技术的改进，已避免了焊缝处铅的迁移，也避免了罐内层铅的迁移。如在马口铁罐头内壁上涂上涂料，这些替代品有助于减少铅、锡等溶入罐内。但有实验表明，由于表面涂料而使罐中的迁移物质变得更为复杂。

铝质包装材料主要是指铝合金薄板和铝箔。包装用铝材大多是合金材料，合金元素主要由锰、镁、铜、锌、铁、硅、铬等。铝制品主要的食品安全性问题在于铸铝时和回收铝中的杂质。目前使用的铝原料的纯度较高，有害金属较少，而回收铝中的杂质和金属难以控制，易造成食品的污染。食物侵蚀铝制器皿的作用随 pH、温度、共存物质的性质而不同。铝的毒性表现为对脑、肝、骨、造血和细胞的毒性。临床研究证明，透析性脑痴呆症与铝有关；长期输入含铝营养液的患者，可发生胆汁淤积性肝病，肝细胞有病理改变，同时动物实验也证实了这一病理现象。铝中毒时常见的是小细胞低色素性贫血。

3. 玻璃包装材料

玻璃也是一种无机物质的熔融物，其主要成分 $SiO_2 \cdot Na_2O$，其中无水硅酸占 67%～72%，烧成温度为 1000～1500℃，因此大部分都形成不溶性盐。玻璃包装容器的主要优点是无毒无味、化学稳定性极好、卫生清洁和耐气候性好。玻璃是一种惰性材料，一般认为玻璃对绝大多数内容物不发生化学反应而析出有害物质。但是因为玻璃的种类不同，还存在着来自原料中的溶出物，所以在安全检测时应该检测碱、铅（铅结晶玻璃）及砷（消泡剂）的溶出量。

玻璃的着色需要用金属盐，如蓝色需要用氧化钴，茶色需要用石墨，竹青色、淡白色及深绿色需要用氧化铜和重铬酸钾，无色需要用碱。因此，玻璃中的迁移物与其他食品包装材料物质相比有不同之处。玻璃中的主要迁移物质是无机盐或离子，从玻璃中溶出的主要物质是二氧化硅（SiO_2）。

4. 纸包装材料

纸是以植物纤维为原料制成的材料的通称，是一种古老而又传统的包装材料。作为包装材料，纸最初被用于包裹物品。现代纸类包装制品已经扩大到纸箱、纸盒、纸袋、纸质容器等。

随着环境污染的加重和现代造纸工业的发展，纸质包装材料的安全隐患也不容忽视，其主要原因是造纸过程中需要在纸浆中加入化学品，如防渗剂/施胶剂、填料（使纸不透明）、漂白剂、染色剂等。防渗剂主要采用松香皂；填料采用高岭土、碳酸钙、二氧化钛、硫化锌、硫酸钡及硅酸镁；漂白剂采用次氯酸钙、液态氯、次氯酸、过氧化钠及过氧化氢等；染色剂使用水溶性染料和着色颜料，前者有酸性染料、碱性染料、直接染料，后者有无机颜料和有机颜料。

目前，食品包装用纸存在的食品安全问题主要包括：①纸原料不清洁，有污染，甚至霉变，使成品染上大量霉菌；②经荧光增白剂处理，使包装纸和原料纸中含有荧光化学污染物；③包装纸涂蜡，使其含有过高的多环芳烃化合物；④彩色颜料污染，如糖果所使用的彩色包装纸、涂彩层接触糖果造成污染；⑤挥发性物质、农药及重金属等化学残留物的污染。另外食品安全卫生法规定，食品包装材料禁止使用荧光染料。

六、动植物中的天然有害物质对食品安全性的影响

天然有害物质是指生物本身含有的或者生物在代谢过程中产生的某种有毒成分。一些

动植物本身含有某种天然有毒成分或由于贮存条件不当形成某种有毒物质,这些动植物被人食用后可能产生危害。自然界有毒的动植物种类很多,所含的有毒成分也较复杂,常见的天然毒素有:

(一)河豚毒素

河豚又名鲀,或称链鲅鱼,是一种味道鲜美但含有剧毒物质的鱼类,产于我国沿海各地及长江下游。河豚中毒主要发生在日本、中国和南海地区的一些国家。

河豚毒素是河豚所含的有毒成分,无色针状结晶,微溶于水,对热稳定,煮沸、盐腌、日晒均不被破坏。河豚的肝、脾、肾、卵巢、卵子、睾丸、皮肤以及血液、眼球等都含有河豚毒素,其中以卵巢最毒,肝脏次之。新鲜洗净鱼肉一般不含毒素,但如鱼死后较久,毒素可从内脏渗入肌肉中。有的河豚品种的鱼肉也具毒性。不同河豚的毒素含量不同,其毒性大小也有差异。不同品种东方鲀的毒性从大到小的顺序如下:紫色东方鲀、红鳍东方鲀、豹纹东方鲀、铅点东方鲀、墨绿东方鲀、虫纹东方鲀、条纹东方鲀、弓斑东方鲀、墨点东方鲀、水纹扁背鲀。每年春季 2—5 月为河豚的生殖产卵期,此时含毒最多,因此春季最易发生中毒。

河豚毒素主要作用于神经系统,阻碍神经传导,可使神经末梢和中枢神经发生麻痹。初为知觉神经麻痹,继而运动神经麻痹,同时引起外周血管扩张,使血压急剧下降,最后出现呼吸中枢和血管运动中枢麻痹。

由于河豚毒素耐热,120 ℃、20~60 min 才可破坏,一般家庭烹调方法难以将毒素去除,因此最有效的预防方法是将河豚集中处理,禁止出售。集中加工可将鱼头、内脏及鱼皮等有毒部分去除后制成腌干制品,经鉴定合格后再出售;市场出售海杂鱼前应先经过严格挑选,将挑出的河豚进行掩埋等适当处理,不可随便扔弃,以防被人拣食后中毒。同时还应大力开展宣传教育,使群众了解河豚有毒并能识别其形状,以防误食中毒。河豚的外形较特殊,头部呈棱形,眼睛内陷半露眼球,上下唇各有两个牙齿,形状似人牙,鳃小不明显,肚腹为黄白色,背腹有小白刺,皮肤表面光滑无鳞,呈黑黄色。

(二)组胺

组胺是组氨酸的分解产物,组胺的产生与所含组氨酸的多少直接有关。一般海产鱼类中的青皮红肉鱼,如鲐巴鱼、师鱼、竹夹鱼、金枪鱼等鱼体中含有较多的组氨酸。当鱼体不新鲜或腐败时,污染鱼体的细菌如组胺无色杆菌,特别是莫根氏变形杆菌所产生的脱羧酶,就使组氨酸脱羧基形成组胺。在温度为 15~37 ℃、pH 值为 6.0~6.2、盐分含量为 3%~5% 的条件下,最适于组氨酸分解形成组胺。一些青皮红肉鱼(如沙丁鱼)在 37 ℃下放置 96 h,产生的组胺可达 1.6~3.2 mg/g,淡水鱼类除鲤鱼能产生 1.6 mg/kg 的组胺外,鲫鱼和鳝鱼只能产生 0.2 mg/kg 的组胺。一般认为人摄入组胺含量超过 100 mg(相当于 1.5 mg/kg 体重)时,即可引起中毒。

组胺中毒是由于食用含有一定数量组胺的某些食物而引起的过敏性食物中毒。

组胺中毒的预防措施主要是防止鱼类腐败变质。商业部门应尽量保证在冷冻条件下运输和保存鱼类,市场不出售腐败变质鱼。对于易产生组胺的鲐巴鱼等青皮红肉鱼,家庭烹调时可加入适量的雪里红或红果,据报道可使鱼中的组胺下降 65% 以上。

(三)雪卡毒素

雪卡毒素中毒是由于食用某些贝类(如贻贝)、蛤类、螺类、牡蛎等引起的,中毒特点为神经麻痹,故称为麻痹性贝类中毒。国外许多沿海国家已有报告,我国虽未见报道,但浙江沿海曾报告由织纹螺引起的食物中毒,症状类似麻痹性贝类中毒,值得引起重视。

贝类之所以具有毒性与海水中的藻类有关。贝类食入有毒藻类(如膝沟藻科的藻类)后,其所含的有毒物质即进入贝体内,这种有毒物质经分离、提纯,得到白色、溶于水、耐热、易被胃肠道吸收的毒素,称为雪卡毒素,是一种相对分子质量较小的非蛋白质毒素。此毒素在贝体内呈结合状态,对贝类本身没有危害,但人食入这种贝肉后,毒素可迅速从贝肉中释放出来,呈现毒性作用。贝类中毒的发生往往与水域中藻类大量繁殖集结形成"赤潮"有关。

雪卡毒素为神经毒素,主要作用为阻断神经传导,作用机理与河豚毒素相似。毒性很强,对人的经口致死量为 0.54～0.9 mg/kg 体重。

对雪卡毒素中毒的预防主要应进行预防性监测,当发现贝类生长的海水中有有毒的藻类大量存在时,应测定当时捕捞的贝类所含的毒素量。美国 FDA 规定,新鲜、冷冻和生产罐头食品的贝类中,雪卡毒素最高允许含量为 80 mg/100 g。该毒素耐热,116 ℃加热后亦只能去除 50%,因此一般烹调方法不能将此类毒素破坏。

(四)氰苷

氰苷是杏仁、苦桃仁、枇杷仁、李子仁和木薯的有毒成分,是一种含有氰基(—CN)的苷类,可在酶和酸的作用下释放出氢氰酸。由于苦杏仁含氰苷最多,故亦将氰苷称苦杏仁苷。苦杏仁含氰苷量平均为 3%,而甜杏仁则平均含 0.11%,其他果仁平均含 0.4%～0.9%。木薯和亚麻籽中含有亚麻苦苷。

苦杏仁苷引起中毒的原因是其释放出了氢氰酸。苦杏仁苷溶于水,当果仁在口腔中咀嚼和在胃肠内进行消化时,苦杏仁苷即被果仁所含的水解酶水解放出氢氰酸,迅速被黏膜吸收进入血液引起中毒。氢氰酸为原浆毒,当被胃肠黏膜吸收后,氰离子即与细胞色素氧化酶中的铁结合,致使呼吸酶失去活性,氧不能被组织细胞利用,导致组织缺氧而陷于窒息状态。氢氰酸尚可直接损害延髓的呼吸中枢和血管运动中枢。苦杏仁苷为剧毒,对人的最小致死量为 0.4～1 mg/kg 体重,相当于 1～3 粒苦杏仁的含量。苦杏仁的品种和产地不同,毒性亦有差异。

预防氰苷中毒的主要措施是加强宣传教育,不生吃各种核仁,尤其不生食苦杏仁。苦杏仁苷经加热水解形成氢氰酸后可挥发除去,因此民间制作杏仁茶、杏仁豆腐等时,其杏仁均经加水磨粉煮熟,使氢氰酸在加工过程中充分挥发,故不致引起中毒。

南方某些地区有食用木薯的习惯,木薯含有氰苷,且 90%存在于皮内,故直接生食木薯常可导致与苦杏仁相同的氢氰酸中毒。木薯块根中的氰苷含量与栽种季节、品种、土壤、肥料等因素有关。新种木薯当年收获的块根,氢氰酸含量为 41.2～92.3 mg/100 g,而连种两年所获块根的氢氰酸含量仅为 6.6～28.3 mg/100 g。为防止中毒,食用鲜木薯必须去皮,加水浸泡 2 d,并在蒸煮时打开锅盖使氢氰酸得以挥发。

(五)棉酚

粗制生棉籽油中的有毒物质主要有棉酚、棉酚紫和棉酚绿三种,存在于棉籽色素腺体中,其中以游离棉酚的含量为最高。游离棉酚是一种毒苷,为细胞原浆毒,可损害人体的肝、肾、心等实质脏器及中枢神经,并影响生殖系统。棉籽油的毒性取决于游离棉酚的含量,生棉籽中的棉酚含量为 0.15%～2.8%,榨油后大部分进入油中,油中的棉酚含量可达 1%～1.3%。

棉酚中毒无特效解毒剂,故必须加强宣传教育,作好预防工作。在产棉区宣传生棉籽油的毒性,勿食粗制生棉籽油,榨油前必须将棉籽粉碎,经蒸炒加热后再榨油。榨出的油再经过加碱精炼,才可使棉酚逐渐分解破坏。卫生监督人员还应加强对棉籽油的管理,经常抽查棉酚含量是否符合卫生标准。我国规定棉籽油中的游离棉酚含量不得超过 0.02%,超过此规定的棉籽油不允许出售和食用。

(六)其他天然毒素

其他天然毒素的名称、来源和预防措施见表3-2。

表 3-2　某些天然毒素的名称、来源和预防措施

毒　素	来　源	预 防 措 施
甲状腺素	甲状腺	加强兽医检验,屠宰牲畜时除净甲状腺
龙葵素	发芽马铃薯	马铃薯贮存于干燥阴凉处。食用前挖去芽眼、削皮,烹调时加醋
皂素、植物血凝素	四季豆(扁豆)	豆角煮熟、煮透至失去原有生绿色
类秋水仙碱	鲜黄花菜	食用干黄花菜。如果食用鲜黄花菜,须用水浸泡或用开水烫后弃水炒煮后食用
银杏酸、银杏酚	白果	勿食生白果及变质白果,应去皮加水煮熟、煮透后弃水食用

第三节　物理因素对食品安全性的影响

一、非食源性物质对食品安全性的影响

非食源性物质危害通常是指从外部来的物体或异物,包括在食品中非正常性出现的能引起疾病或容易造成人身伤害的任何物理物质的危害,又称物理性危害。非食源性物质危害与化学性危害和生物性危害相比,其特点是危害造成的伤害出现快,而且容易确认伤害的来源。非食源性物质危害包括碎骨头、碎石头、铁屑、木屑、头发、蟑螂等昆虫的残体、碎玻璃等危害,几乎所有可能想象得到的物质都有可能混入食品中导致对人体的伤害和对身体健康的影响。非食源性物质危害不仅会造成食品污染,而且时常危害到消费者的健康,例如割破嘴巴、磕破牙齿、堵住气管引起窒息等严重后果。

造成非食源性物质危害的物质有很多,下面介绍几中常见的危害种类及污染途径。

(一)金属物的危害

1.金属物危害和污染途径

金属物危害是物理性安全危害中比较常见的一种。食品中含有的金属碎片等物质被消费者食入,可能会对人体造成不同程度的损伤,如口腔的割伤、咽部的划伤等;一些进入体内的金属物如不能及时排出,只能通过外科手术取出,这些都将给消费者造成巨大的身心痛苦和折磨,严重的还会危及消费者的生命。

食品中金属污染物的产生可归因于多种原因,如食品加工制造中与金属的直接接触误入的,包括生产中机械部件的破裂或脱落;食品包装、贮藏及运输过程中无意或疏忽造成的;也可能是人为故意的破坏而引起的,通过这些途径都可使金属污染物质进入食品中造成食品安全危害问题。

2.预防金属物危害的措施

一般来说,金属污染物可通过对产品采用金属测控装置或经常检查可能损坏的设备部位、增加过滤工序来预防和控制。

例如粮食的制粉原料中没有完全除尽的金属杂质经过机器磨制后,常碾成大小不一的颗粒状或刺针状,混存于粉状粮中。它的危害性很大,当它进入消化器官时,可能刺破食道、胃壁或肠壁,损害人体健康。GB/T 5509—2008 中的磁性金属物测定器法和磁铁吸引法就是专对粮油粉类中的磁性金属污染物进行检验和剔除的措施。

将在发酵酱油生产中的非食源性物质进行控制和剔除的方法是在生产过程中加过滤工序。此工序的目的是防止一些物理性的危害发生。在成品酱油中可能会存在一些细铁丝、铁钉、碎玻璃等杂质,人们食用了含有这些杂质的酱油,对人体存在潜在的危害。

除了以上的技术措施外,关键的还是要在食品厂全面建立良好操作规范(GMP)和危害分析与关键控制点(HACCP)的质量管理体系,这是控制食品安全的基本方式。

(二)玻璃物的危害

1.玻璃物危害和污染途径

玻璃物造成食品的危害也是非食源性物质危害中比较常见的、被投诉最多的一种危害。

食品中的玻璃污染物主要来自于原料,瓶、罐等多种玻璃器皿,玻璃类包装物,灯具,仪表盘等物质。通过各种途径进入食品的玻璃会对食品的安全造成危害。

2.预防玻璃物危害的措施

对于玻璃污染物的检验和剔除,可以在生产的关键环节根据实际情况制定和实施甄别和筛选工序,如将最终包装中的产品用 X 射线检测系统进行检测,及时剔除玻璃等异物,减少危害的发生。

(三)食品中非食源性物质危害的总体预防措施

食品中非食源性物质的危害在一定程度上是较容易预防和控制的。所以,在食品生产过程中采取相应的措施后这种危害是可以杜绝的。食品中的非食源性物质可利用适当仪器进行甄别和筛选。全面执行先进的质量管理方法可达到预防和杜绝的目的。

一般可采取以下措施进行预防:

(1)加强员工的安全教育和培训工作。安全教育和培训工作包括有关非食源性物质危害的知识和预防措施两方面内容,以提高员工的食品安全卫生意识,并制定相关的规章制度,以减少人为因素造成的非食源性物质危害。要求员工严格按照 GMP 的要求进行操作。

(2)控制原、辅材料中的非食源性物质危害。建立完整的供货商保证体系,利用金属探测、磁铁吸附、过筛、水选、人工挑选等方法在生产前对原、辅材料进行筛选。

(3)加强对生产过程的监控。在生产的关键环节根据实际情况制定和实施甄别与筛选工序,如目视检查、用金属探测器检查、加强加工设备的保养等。如许多金属探测器能发现食品中含铁的金属微粒;X 射线技术能发现食品中的各种异物,特别是金属、玻璃、石子、骨头等碎片。

(4)对可能成为食品中非食源性物质危害来源的因素进行控制。如:经常检修设备、生产用具,以保证其安全和完整性;对生产场所的周边环境进行控制,清除可能带来危害的物质。

二、辐射对食品安全性的影响

近年来,电磁波辐射污染事件时有发生,由辐射引起的各种污染问题越来越引起人们的重视,尤其是与人类息息相关的食品安全问题。

高剂量的电磁波辐射会影响和破坏生物体原有的生物电流和生物磁场,使生物体内原有的电磁场发生异常,导致生物体产生一系列病变,必然会导致食品的理化性状发生改变,产生有害物质,人类通过食物链的方式将这些有害物质摄入体内,进而危害到身体的健康。

医学研究证明,生物体长期处于高电磁波辐射的环境中,会使血液、淋巴液和细胞原生质发生改变。这就是说,电磁波有致畸、致突变、致癌效应。有关研究表明,电磁波的致病效应随磁场强度的增大而增大,如日本近年来对用平行平板电极产生的电磁场做了实验,实验结果表明,50 kV/m 的电磁场强度对玉米和紫苜蓿的发芽没有特别的影响,但在玉米和紫苜蓿的生长过程中,在叶尖看到了电晕,并发生了损伤及变色现象,这可能是由于电晕产生热及臭氧等的影响。但在 25 kV/m 的电磁场强度下没有发现损伤。

久处于高压强辐射环境下,电磁波的干扰会使生物体组织内分子原有的电场发生变化,破坏脑细胞的各种生物分子,产生过多的过氧化物等有害代谢物,甚至使细胞的 DNA 密码排列错乱,制造出一些非生理性的神经递质。动物试验发现,在高压场辐射的作用下,猴子的行为反常,对时间的感觉发生错乱;狗的血压升高;昆虫的遗传发生突变;鸭子与鹅失去平衡;奶牛的乳腺分泌功能失常。这些研究结果证明了高压输电线的电磁波辐射能量对动植物产生的危害。

电磁波辐射无所不在,几乎世界上的每个生物体都暴露于电磁波辐射中。当电磁波辐射能量被控制在一定限度内时,它对人体、有机体及其他生物体是有益的,如它可以加速生物体的微循环,防止炎症的发生,还可促进植物的生长和发育。但是,当电磁波辐射能量超过一定范围后,它不但不能为人类造福,反而会通过对动植物的危害影响以食物链的形式作用于人体,对人体造成一定的伤害,而且伤害程度还会发生累积,久而久之会成为永久性病态,甚至危及生命。对电磁波辐射污染的危害应进行防治,即利用社会科学手段,以法律为调控方法,减少电磁波辐射污染的危害。

三、核污染对食品安全性的影响

放射性核素在发挥其重要作用的同时,也产生了各种负面的影响,主要表现在一些放射性核素进入环境,对大气、水、土壤、农作物、畜禽类、鱼虾类等物质产生污染,再经过食物链进入食物,最终由人摄入体内产生危害。

各种放射性核素经食物链进入人体的转移过程,会受到放射性物质的性质、环境条件、动植物的代谢情况和人的膳食习惯等因素的影响。

天然放射性核素在自然界中的分布很广,存在于矿石、土壤、天然水、大气和动植物的组织中。由于核素可参与环境与生物体间的转移和吸收过程,因此可通过水、土壤、农作物、水产品、饲料等进入生物圈,成为动植物组织的成分之一。一般认为,食品中的天然放射性核素含量很低,基本上不会影响食品的安全。但是有一些水生生物,特别是鱼类、贝类等水产品对某些放射性核素有很强的富集作用,这样会使食品中放射性核素的含量显著增加,最终通过食物链进入人体造成危害。

一般动植物食品中不同程度地含有天然放射性核素,大部分情况下不会对人体构成危害。食品的放射性污染主要来源于核工业生产和使用放射性核素的科研、医疗及生产单位排放到环境中的放射性核废物,以及核爆炸及意外事故核泄漏造成环境的放射性核污染,并通过食物链的传递而污染食品。如切尔诺贝利核电站的意外事故使周边地区的牧草被污染,导致当地奶牛所产牛奶的放射性核素水平明显增高。食品被半衰期长的放射性核素污染后很难清除,对人体的健康危害较大。

放射性核素在植物中的分布取决于植物的不同种类、不同器官,也和植物的不同生长期有关。以^{90}Sr为例,叶部含量最多,而果实和种子部分含量较少;^{137}Cs的分布要比^{90}Sr均匀。在谷类中,外壳的^{90}Sr含量要比可食部分高。

放射性核素影响食品安全的另一问题是对水体的污染。全球水域面积占地球表面积的2/3以上,可以说是核试验放射性核素的主要受纳体,也是核动力工业放射性核素的受纳体。水体中的水生生物对放射性核素有明显的富集作用。如海洋生物体内^{210}Po的含量要比海水中高几百倍甚至上千倍。再如紫菜对^{106}Ru的吸收能力最强,其次是蛤蜊,且难排出体外。我国淡水鱼的锶含量为12~16单位,比海鱼中的0.4~1.7单位高。海洋生物和陆生的动植物一样都是人类主要的食物来源,对不同的放射性核素通过吸收、富集和转移,最终经食物链进入人体。进入人体的放射性核素,大部分不被人体吸收而排出体外,被吸收部分参与人体代谢。

放射性核素对人体的危害来自两方面:一方面是外照射,即体外辐射源对人体的照射;另一方面是内照射,即进入人体内的放射性核素作为辐射源对人体的照射。进入人体的放射性核素,在人体内继续发射多种射线引起内照射,当放射性物质达到一定浓度时,便能对人体产生损害,其危害性因放射性核素的种类、人体差异、浓集量等因素而有所不同,它们会损坏其他器官,引起恶性肿瘤、白血病等疾病,对人体健康造成严重危害。

预防食品放射性污染及其对人体的危害,一方面要防止食品受放射性物质的污染,另一方面还要防止已被放射性物质污染的食品进入人体和对人体造成危害。故其主要措施是加强对污染源的卫生防护和经常进行卫生监督。规范放射源的管理和放射性废弃物的处理与净化,是预防环境和食品放射性污染的根本措施;定期进行食品卫生监测,严格执行国家卫生标准,使食品中放射性核素的含量控制在允许浓度范围以内。

本章小结

食品危害按造成危害的污染物的性质来分,可分为生物性危害、化学性危害和物理性危害三种。这三种不同类型的危害影响着食品的安全,对我们的健康会造成严重的危害。食品的生物性污染包括微生物、寄生虫和昆虫的污染,主要以微生物污染为主,其中细菌和细菌毒素、霉菌和霉菌毒素危害较大。已发生的细菌性食物中毒以沙门氏菌、变形杆菌和葡萄球菌食物中毒为常见,其次为副溶血性弧菌、蜡样芽孢杆菌等。各种有毒化学物质进入食品并使其具有毒性,主要是由于食品在生产、加工、贮存和运输等过程中,受到这些化学物质的严重污染。化学物质污染食品的方式和途径比较复杂,例如:不遵守卫生制度,把食品装入未经清洗、消毒的曾盛过有害化学物质的容器或运输工具;在食品的生产加工过程中使用化学性质不稳定的材料制作的工具、管道或容器,特别是与酸性较强的食品较长时间地接触,有毒金属将更容易大量溶解而移入食品中;制造食品时使用被有毒化学物质污染的原料等,都可使食品遭受污染而具有不同程度的毒性。另外,由于误用、滥用食品添加剂或不良生活习惯而引起的化学性食物中毒也比较常见。在各种化学危害中,食品原料生产过程的污染(农药、化肥、生长促进剂等)是食品中最重要的化学危害。食品物理性危害中的非食源性物质是消费者投诉最多的安全事件之一,同时电磁波辐射污染对食品的危害也是不可忽视的,所以食品物理性危害对食品安全的影响同样不可轻视。

复习思考题

一、填空题

1. 合成亚硝基化合物的前体物质为_____和_____。
2. 以橡胶作为食品包装材料的主要卫生问题是_____、_____。
3. 细菌性食物中毒的预防措施包括_____、_____和杀灭病原菌及破坏毒素。
4. 镰刀菌毒素主要包括单端孢霉烯族化合物、_____和_____。
5. 去除食品中的多环芳烃可用_____、_____的方法。
6. 影响食品腐败变质的因素有_____、_____和环境因素。
7. 常见的引起金黄色葡萄球菌肠毒素食物中毒的食品是_____。
8. 去除油脂中的黄曲霉毒素的方法有_____、_____。

二、选择题

1. 食品污染的来源有生物性污染、物理性污染和(　　　)。
A. 细菌性污染　　　B. 病毒性污染　　　C. 病原性污染　　　D. 化学性污染

2. 七八分熟的涮羊肉不宜吃,因为比较容易得(　　　)。
A. 旋毛虫病　　　B. 蛔虫病　　　C. 绦虫病　　　D. 肝吸虫病

3. 亚硝酸盐属剧毒类化学物质,又叫工业用盐,如酸菜中就含一定量的亚硝酸盐,吃酸菜时最好吃一些(　　　),可减少亚硝酸盐的危害。
A. 绿色食品　　　　　　　　　　B. 新鲜蔬菜
C. 富含维生素 C 的水果　　　　D. 各种杂粮

4. 食品中的三大致癌物质是黄曲霉毒素、苯并芘和(　　　)。
A. 亚硝胺　　　B. 甲醛　　　C. 吊白块　　　D. 双氧水

5. 对于使用有机磷农药的果蔬,可以使用(　　　)方法去除农药残留。
A. 高温杀菌　　　B. 沸水浸泡　　　C. 碱水中浸泡　　　D. 淘米水浸泡

6. 全球报道最多、各国公认的食源性疾病的首要病原菌是(　　　)。
A. 副溶血性弧菌　　　B. 金黄色葡萄球菌　　　C. 志贺氏菌　　　D. 沙门氏菌

7. 生豆角中含有胰蛋白酶抑制剂、红细胞凝集素和皂素等对人体有害的物质,为防止吃豆角时发生食物中毒,最好采用(　　　)烹饪。
A. 低温短时间　　　B. 低温长时间　　　C. 高温短时间　　　D. 高温长时间

8. 年龄越小的儿童,越容易受到铅中毒的伤害,儿童对铅的吸收率比成人高 50%,预防儿童铅中毒的措施有（　　　）。

　　A. 要教育儿童养成勤洗手的好习惯

　　B. 适当补充可抑制铅吸收的奶制品和含钙、铁、锌及维生素的新鲜蔬菜、水果等

　　C. 尽量少吃含铅量高的松花蛋、爆米花等食品

　　D. 以上都对

9.以下哪种食品可以食用？（　　　）

　　A. 发霉的茶叶　　　　B. 发芽的土豆　　　　C. 变绿的豆芽　　　　D. 变红的汤圆

10.豆浆又叫"植物奶"，被国际营养协会评定为健康食品和世界六大营养饮料之一。但是喝豆浆也有注意事项，以下正确的是：（　　　）。

　　A. 喝没有煮沸的豆浆　　　　　　　　B. 豆浆中冲入鸡蛋

　　C. 喝豆浆时搭配其他食物　　　　　　D. 用保温瓶长时间储存豆浆

11.发芽马铃薯的主要有害物质是（　　　）。

　　A. 亚麻苦苷　　　　B. 苦杏仁苷　　　　C. 秋水仙碱　　　　D. 龙葵素

12.叶类蔬菜中都含有硝酸盐（主要来自肥料），在储藏了一段时间后，由于酶和细菌的作用，硝酸盐被还原成（　　　），这是一种有毒物质，在人体内与蛋白质类物质结合可生成致癌性的亚硝胺类物质。

　　A. 黄曲霉毒素　　　　B. 亚硝酸盐　　　　C. 不饱和脂肪酸　　　　D. 霉菌

13.在下列疫病中，可经肉传染给人的传染病是（　　　）。

　　A.猪丹毒　　　　B.鸡新城疫　　　　C.猪瘟　　　　D.禽流感

三、简答题

1.食品防霉去毒的措施是什么？

2.食物中亚硝酸盐含量增加的原因是什么？

3.防止苯并(a)芘危害有哪些措施？

实验与实训

实验　香肠中的亚硝酸盐的测定（盐酸萘乙二胺法）

一、实验目的

1.掌握样品制备、提取的基本要求。

2.掌握分光光度计的使用方法和技能。

3.掌握盐酸萘乙二胺法测亚硝酸盐的原理和操作要点。

二、实验原理

样品经沉淀除去脂肪后，在弱酸条件下，亚硝酸盐与对氨基苯磺酸重氮化，生成重氮化合物，再与盐酸萘乙二胺偶合形成紫红色的颜料，在538 nm的波长下测定其吸光度，与标准比较。本法的最低检出限为

0.0001 g/kg。

三、实验试剂

1. 亚铁氰化钾溶液:称取 106 g 亚铁氰化钾[$K_4Fe(CN)_6 \cdot 3H_2O$],溶于水后稀释至 1000 mL。

2. 乙酸锌溶液:称取 220 g 乙酸锌[$Zn(CH_3COO)_2 \cdot 2H_2O$],加 30 mL 冰乙酸溶于水,稀释至 1000 mL。

3. 饱和硼砂溶液:称取 5 g 硼酸钠[$Na_2B_4O_7 \cdot 10H_2O$],溶于 100 mL 热水中,冷却后备用。

4. 4 g/L 对氨基苯磺酸溶液:称取 0.4 g 对氨基苯磺酸,溶于 100 mL 20%的盐酸中,避光保存。

5. 2 g/L 盐酸萘乙二胺溶液:称取 0.2 g 盐酸萘乙二胺,溶于 100 mL 水中,避光保存。

6. 亚硝酸钠标准溶液:精密称取 0.1000 g 在硅胶干燥器中干燥 24 h 的亚硝酸钠,用蒸馏水溶解,移入 500 mL 的容量瓶中,并稀释至刻度。此溶液中亚硝酸钠的含量为 200 $\mu g/mL$。

7. 亚硝酸钠标准使用液:临用前,吸取亚硝酸钠标准溶液 5.00 mL 置于 200 mL 容量瓶中,加水稀释至刻度,此溶液中亚硝酸钠的含量为 5 $\mu g/mL$。

四、操作方法

1. 样品处理

称取 5.0 g 经绞碎混匀的样品,将其置于 50 mL 的烧杯中,加入 12.5 mL 饱和硼砂溶液,搅拌均匀,用 70 ℃ 左右的水约 300 mL,将样品全部转移入 500 mL 容量瓶中,置沸水浴中加热 15 min 后,取出冷却至室温,然后边转动边加入 5 mL 亚铁氰化钾溶液,摇匀后再加入 5 mL 乙酸锌溶液以沉淀蛋白质,加水至刻度,混匀,放置 0.5 h,除去上层脂肪后将清液用滤纸过滤,弃去初滤液约 30 mL,收集滤液备用。

2. 测定

吸取 40 mL 上述滤液于 50 mL 比色管中,另吸取 0、0.20、0.40、0.60、0.80、1.00、1.50、2.00、2.50 (mL)亚硝酸钠标准使用液[相当于 0、1、2、3、4、5、7.5、10、12.5 (μg)亚硝酸钠],分别置于 50 mL 比色管中。在样品管和标准系列中分别加入 2 mL 4 g/L 对氨基苯磺酸溶液,混匀后静置 3~5 min,再分别加入 1 mL 2g/L 盐酸萘乙二胺溶液,加水至刻度,混匀后静置 15 min,然后以 2 cm 比色杯,用零管调节零点,于 538 nm 的波长下测定吸光度,并绘制标准曲线比较定量。

五、结果计算

$$X = \frac{A \times V_1 \times 1000}{m \times V_2}$$

式中 X——样品中亚硝酸盐的含量,g/kg;

m——样品质量,g;

A——测定用样液中亚硝酸钠的含量,μg;

V_1——样品处理液的总体积,mL;

V_2——比色时吸取样品处理液的体积,mL。

六、注意事项

1. 显色时的 pH 值以 1.9~3.0 为宜,显色后的稳定性与室温有关,一般认为显色温度为 15~30 ℃,在 20~30 min 内比色为好。

2. 当样品中的亚硝酸盐含量高时,过量的亚硝酸盐可以将生成的偶氮化合物氧化,使红色消失,对结果产生影响。可以采取先放入试剂,然后再滴加试液的方法,防止氧化。

第四章　食品法规及食品标准

知识目标

1. 了解有关食品标准和标准化的基本情况，了解国际食品法律法规的情况，熟悉CAC食品法典的主要内容和ISO食品标准的分类。

2. 熟悉我国的食品法律法规体系的内容。

3. 掌握标准及标准化的基本知识，掌握我国食品标准体系的内容。

技能目标

1. 能够应用食品法规与标准解决实际工作中的问题。

2. 能够编制食品企业标准和准确应用食品标准。

思政目标

通过《食品安全法》的解读，引导学生正确认识食品安全领域存在的问题，培养学生的职业责任感，以及遵纪守法、爱岗敬业、无私奉献、诚实守信、公道办事、开拓创新的职业品格和行为习惯。

第一节　食品法律法规体系

食品法律法规体系是指以法律或政令形式颁布的，对全社会具有约束力的权威性规定。它既包括法律法规，也包含以技术规范为基础所形成的各种法规。具体的食品法规通常偏重于技术规范，并随时代的发展不断地发展和完善。

食品法律法规体系是世界各国提升食品安全质量水平的根本保障，是食品质量监管顺利推行的基础。只有建立了健全的法律体系，才能为国家开展食品执法监督管理提供依据。食品法律法规体系应涵盖所有食品类别和食品生产链的各个环节。

一、我国食品法律法规体系

（一）我国食品法律法规体系的构成

根据食品法律法规的具体表现形式及其法律效力层次，我国的食品法律法规体系由以下不同法律效力层次的规范性文件构成。

1. 法律

食品法律是由全国人民代表大会及其常务委员会经过特定的立法程序制定的规范性法律文件，其地位和效力仅次于宪法。2009 年颁布并于 2021 年 4 月第二次修正发布的《中华人民共和国食品安全法》是我国食品安全法律体系中法律效力层次最高的规范性文件，是制定从属性食品安全卫生法规、规章和其他规范性文件的依据。现已颁布实施的与食品安全相关的法律有《中华人民共和国产品质量法》《中华人民共和国农产品质量安全法》《中华人民共和国进出境动植物检疫法》《中华人民共和国消费者权益保护法》《中华人民共和国标准化法》《中华人民共和国农业法》《中华人民共和国进出口商品检验法》《中华人民共和国动物防疫法》《中华人民共和国国境卫生检疫法》《中华人民共和国渔业法》等。

2.行政法规

食品行政法规是由国务院根据宪法和法律而制定的有关国家食品行政管理活动的规范性法律文件,其地位和效力仅次于宪法和法律。行政法规分国务院制定的行政法规和地方性行政法规。食品行业管理行政法规是指国务院部委依法制定的规范性文件,行政法规的名称为条例、规定和办法。对某一方面的行政工作作出的比较全面、系统的规定,称为"条例";对某一方面的行政工作作出的比较具体的规定,称为"办法"。地方性食品法规是指省、自治区、直辖市以及省级人民政府所在地的市和经国务院批准的较大的市的人民代表大会及其常务委员会制定的适用于本地方的规范性文件。地方性食品法规和地方其他规范性文件不得与宪法、食品法律和食品行政法规相抵触,并报全国人民代表大会常务委员会备案才可生效。

3.部门规章

部门规章包括国务院各行政部门依法在其职权内制定的规章和地方人民政府制定的规章,如《食品添加剂卫生管理办法》《转基因食品卫生管理办法》《有机食品认证管理办法》等。

4.规范性文件

规范性文件不属于法律、行政法规和部门规章,也不属于标准等技术规范。规范性文件包括国务院或行政部门发布的各种通知、地方政府相关行政部门制定的食品卫生许可证发放管理办法,以及食品生产者采购食品及其原料的索证管理办法等。这类规范性文件也是不可缺少的,是食品法律体系的重要组成部分,它代表国家及各级政府在一定阶段的政策和指导思想,如《国务院关于进一步加强食品安全工作的决定》《食品生产企业危害分析与关键控制点(HACCP)管理体系认证管理规定》等。

(二)我国主要的食品安全法律法规

目前,我国已建立了一套比较完整的食品安全法律法规体系,为保障食品安全、提升质量水平、规范进出口食品贸易秩序提供了坚实的基础和良好的环境。我国现行的食品安全法律法规主要有《中华人民共和国食品安全法》《中华人民共和国农产品质量安全法》《中华人民共和国产品质量法》《中华人民共和国食品安全法实施条例》及其他相关的食品安全管理法律法规。

1.《中华人民共和国食品安全法》

《中华人民共和国食品安全法》(以下简称《食品安全法》)是 2009 年 2 月 28 日第十一届全国人民代表大会常务委员会第七次会议通过,2015 年 4 月 24 日第十二届全国人民代表大会常务委员会第十四次会议修订,并根据 2018 年 12 月 29 日第十三届全国人民代表大会常务委员会第七次会议《关于修改〈中华人民共和国产品质量法〉等五部法律的决定》第一次修正,根据 2021 年 4 月 29 日第十三届全国人民代表大会常务委员会第二十八次会议《关于修改〈中华人民共和国道路交通安全法〉等八部法律的决定》第二次修正。《食品安全法》的立法宗旨是为了保证食品安全,保障公众身体健康和生命安全。

(1)《食品安全法》的作用及意义

《食品安全法》的重要作用在于:该法是一部直接关系到广大人民群众身体健康和生命

安全,关系到经济健康发展和社会和谐稳定发展的重要法律文本,体现深入贯彻落实科学发展观的重大成果;该法的颁布实施是维护社会稳定和改善民生的有效手段,是维护公众健康安全利益的重要举措,是重大的民生问题;该法体现了预防为主、科学管理、综合治理的食品安全工作指导思想,明确了各部门的职责和分工,进一步确立了我国的食品安全监管体制,打造"从农田到餐桌"的全程监管,确保监管环节无缝衔接;该法借鉴国际先进的食品安全监管经验,赋予了卫生行政部门食品安全综合协调职能,发布信息,建立食品安全风险评估和食品召回等制度,统一食品安全标准;该法从法律上规范食品生产经营活动、许可制度、检验制度,加强对食品添加剂和保健食品的监管,完善食品安全事故的处置机制,强化监管责任,加大处罚力度,严格赔偿责任。该法为系统、有序地解决当前的食品安全问题提供了强有力的法律保障。

《食品安全法》的颁布与实施是我国食品产业的一件大事,对规范食品生产经营活动,增强食品安全监管工作的规范性、科学性、有效性,全方位构筑食品安全法律屏障,提高我国食品安全整体水平,切实保证食品安全,保障公众身体健康和生命安全,防范食品安全事故发生,促进经济社会和谐发展,具有重要意义。《食品安全法》的颁布与实施标志着我国的食品安全工作进入了新阶段,为我国进一步加强食品安全监管奠定了坚实的法律基础。

(2)《食品安全法》的内容

《食品安全法》共 10 章 154 条,包括总则、食品安全风险监测和评估、食品安全标准、食品生产经营、食品检验、食品进出口、食品安全事故处置、监督管理、法律责任和附则。

第一章总则,共 13 条。主要规定了食品安全法涉及的一些重大问题,主要包括立法目的、使用范围、食品生产经营者的社会责任、食品安全监管体制、各部门之间的分工协作关系、行业自律、食品安全知识宣传、食品安全科学研究以及组织或个人举报、知情、监督建议权等内容。

第二章食品安全风险监测和评估,共 10 条。主要包括食品安全风险监测制度的建立、食品安全风险监测计划的制订实施、食品安全风险信息的通报与交流、食品安全风险评估制度的建立、食品安全风险评估专家委员会的组建、食品安全风险评估建议制度以及食品安全状况综合分析等内容。

第三章食品安全标准,共 9 条。规定了食品安全标准的相关问题,主要包括以下内容:

①规定了食品安全标准的制定原则,明确了食品安全标准为强制性标准;

②对食品安全标准应包括的内容提出了具体要求;

③明确了国务院卫生行政部门负责制定和颁布食品安全国家标准,明确规定了食品安全国家标准的制定依据和制定程序;

④明确了对现行的各类食品安全标准予以整合,统一为食品安全国家标准;

⑤明确了食品安全地方标准的制定机关、制定依据和备案要求;

⑥明确了食品安全标准应公布,公众可以免费查阅;

⑦规定了食品生产企业食品安全标准的制定要求,国家鼓励食品生产企业制定严于食品安全国家标准的企业标准。

第四章食品生产经营,共 51 条。主要包括以下内容:

①规定了食品生产经营的各项要求和制度,如食品生产经营的必备条件和要求、食品生产经营的禁止性要求、食品生产经营许可和行政许可、食品生产经营企业安全管理和认证、

食品生产经营从业人员健康管理以及食品和食品添加剂的生产和销售等；

②规定了食品添加剂的管理制度以及食品和食品添加剂的标签、说明书和警示说明的使用，如食品添加剂许可制度、食品添加剂使用范围和用量标准、食品添加剂以外的化学物质或其他可能危害人体健康物质的禁止性规定以及食品和食品添加剂标签等；

③规定了食品中添加药品的要求和保健食品管理制度；

④规定了食品召回制度和食品广告管理制度；

⑤规定了集中交易市场开办者等的食品安全管理义务和食品生产经营规模化。

第五章食品检验，共 7 条。规定了食品检验制度，主要包括食品检验机构、食品检验要求、食品检验报告、监管部门开展食品检验以及食品生产经营企业开展食品检验等相关制度。

第六章食品进出口，共 11 条。规定了食品进出口制度，主要包括进口食品应经检验符合标准、首次进口的食品应取得许可、进口预包装食品的标签要求、进口商的食品进口和销售记录以及食品安全信息的收集汇总和通报等。

第七章食品安全事故处置，共 7 条。规定了食品安全事故处置制度，主要包括以下五个方面的内容：

①建立食品安全事故应急预案制度；

②明确了发生食品安全事故的报告和通报制度；

③规定了发生食品安全事故的应急措施；

④及时开展食品安全事故的调查；

⑤确定了疾病预防控制机构的职责。

第八章监督管理，共 13 条。规定了食品安全监管的具体内容，主要包括政府及其行政管理部门的监管和社会公众的监督。

第九章法律责任，共 28 条。规定了违反食品安全法行为的行政责任、民事责任和刑事责任。

第十章附则，共 5 条。规定了食品安全法的用语含义、食品生产经营许可证的效力、特定食品的安全管理、食品安全监管体制调整和该法的实施日期等。

（3）《食品安全法》的特点

①建立了食品安全风险监测和评估制度。食品安全风险评估机制在《食品安全法》中得到确立，是食品安全监管思路的重大转变，第一次从法律角度确立和保证风险评估体制的建立，使得对食品安全的监督有了更可靠的科学基础，这是《食品安全法》最大的特点之一。食品安全风险监测制度包括制订监测计划、实施监测方案、通报监测信息等方面内容。

②对食品安全监管体制进行了变革。"多头管理、职能交叉、管理效率低"等监管体制存在的问题，一直是社会认为导致食品安全问题的主要因素之一。《食品安全法》立法思路延续了《国务院关于进一步加强食品安全工作的决定》中明确的"以分段管理为主、品种管理为辅"的监管模式，在此基础上进行了进一步完善，主要体现在：一是对实行分段监管的各部门的具体职责进一步明确。二是在分段监管基础上，设立食品安全委员会，作为高层次的议事协调机构，协调、指导食品安全监管工作。三是进一步加强地方政府及其有关部门的监管职责。体现在《食品安全法》第五条、第六条和第七章、第八章的相关条款中。四是加大了责任追究的力度。

③统一了食品安全标准体系。食品安全标准不统一、不完整,一直是国内相关法律的技术性软肋,也是诸多食品安全问题的根源。针对多头监管、政出多门的现状,《食品安全法》对食品安全标准问题进行了明确的规定,并明确卫生部要对现行的食用农产品质量安全标准、食品卫生标准、食品质量标准和有关食品的行业标准中强制执行的标准予以整合,统一公布为食品安全国家标准。

④加强了对食品生产经营者的监管。《食品安全法》第四条明确指出:食品生产经营者应当依照法律、法规和食品安全标准从事生产经营活动,保证食品安全,诚信自律,对社会和公众负责,接受社会监督,承担社会责任。

⑤在食品生产小作坊监管上体现了实事求是的原则。在强调其"保证所生产经营的食品卫生、无毒、无害"的同时,有关部门应当对其加强监督管理,具体管理办法由省、自治区、直辖市人民代表大会常务委员会依照该法制定。

(4)2015年版《食品安全法》修订变更点

2015年版《食品安全法》共有154条,比原来的104条(2009年版)增加了50条,有重要修改的约80条。被称为史上最严的《食品安全法》。

①巩固监管体制改革和政府职能转变成果

根据国务院机构改革方案,系统调整了食品安全监管部门职责。以法律的形式确立了食品药品监督管理部门对食品生产经营活动的监督管理职责以及卫生部门组织开展风险监测和风险评估等职责,有效改善了原有的"九龙治水"、职责不清的问题。

将食用农产品的销售纳入食品安全法调整范围(第二条),明确食用农产品的市场销售及农业投入品的规定适用食品安全法。

县级人民政府食品药品监督管理部门可以在乡镇或者特定区域设立派出机构(第六条),增加了管理层级,将监管触角延伸到街乡镇等最基层的地区,可以有效提升监管效能。

完善食品添加剂生产许可制度。从事食品添加剂生产,应当具有与所生产食品添加剂品种相适应的场所、生产设备或者设施、专业技术人员和管理制度,并取得食品添加剂生产许可(第三十九条),申请条件、程序由"按照国家有关工业产品生产许可证管理的规定执行"改为按照《食品安全法》规定的程序执行。

②强化预防为主和全程控制

增加食品安全工作的基本原则,实现了立法思路及原则与国际接轨。《食品安全法》的基本原则是法律价值和法律精神的最直接体现,也是法律贯彻实施的指针和方向,对其他法律条款有约束和指引作用。食品安全工作实行预防为主、风险管理、全程控制、社会共治,建立科学、严格的监督管理制度(第三条)。

强化食品安全风险监测结果的使用。食品安全风险监测结果表明可能存在食品安全隐患的,县级以上人民政府卫生行政部门应当及时将相关信息通报同级食品药品监督管理等部门,并报告本级人民政府和上级人民政府卫生行政部门。食品药品监督管理等部门应当组织开展进一步调查(第十六条)。

强化食品安全风险评估。列举了六种必须进行风险评估的情形(第十八条),增加了为制定或修订食品安全国家标准需要,为确定重点领域、重点品种,为发现新的危害食品安全因素以及判断是否构成食品安全隐患的情形,拓展了应当进行食品安全风险评估的范围。完善了食品安全风险评估结果对食品安全风险控制和标准制定的支撑作用(第二十一条),

从控制层面提出向社会公告,告知消费者停止食用或者使用,并采取相应措施确保停止生产经营不安全食品的处理方式。

增设食品安全风险交流制度。县级以上人民政府食品药品监督管理部门和其他有关部门、食品安全风险评估专家委员会及其技术机构,应当按照科学、客观、及时、公开的原则,组织食品生产经营者、食品检验机构、认证机构、食品行业协会、消费者协会以及新闻媒体等,就食品安全风险评估信息和食品安全监督管理信息进行交流沟通(第二十三条)。

增设婴幼儿配方乳粉的产品配方和特殊医学用途配方食品的注册制度。婴幼儿配方乳粉的产品配方应当经国务院食品药品监督管理部门注册。注册时,应当提交配方研发报告和其他表明配方科学性、安全性的材料(第八十一条)。特殊医学用途配方食品应当经国务院食品药品监督管理部门注册。注册时,应当提交产品配方、生产工艺、标签、说明书以及表明产品安全性、营养充足性和特殊医学用途临床效果的材料(第八十条)。

③强化企业主体责任落实

强化食品生产经营者主体责任。规定食品生产经营者对其生产经营食品的安全负责,强调食品生产经营者要依法经营、诚信自律(第四条);食品生产经营企业的主要负责人应当落实企业食品安全管理制度,对本企业的食品安全工作全面负责(第四十四条)。

增设食品安全过程控制要求。增加生产经营过程控制一节;增设食品生产经营企业应当配备专职或者兼职的食品安全管理人员,加强对其培训和考核,考核不合格不得上岗(第四十四条);增加生产企业制定并实施原料控制、生产关键环节控制、检验控制、运输和交付控制等管理要求(第四十六条)。

增设食品安全自查制度。要求食品生产经营者定期检查评价食品安全状况;条件发生变化,不再符合食品安全要求的,食品生产经营者应当立即采取整改措施;有发生食品安全事故潜在风险的,应当立即停止生产经营活动(第四十七条)。

增设食品安全全程追溯制度。规定国家建立食品安全全程追溯制度,要求食品生产经营企业依法建立食品安全追溯体系,保证食品可追溯;在食品生产经营者层面,国家鼓励其采用信息化手段采集、留存生产经营信息,建立食品安全追溯体系;从部门协作层面,由国务院食品药品监督管理部门会同国务院农业行政等有关部门建立食品安全全程追溯协作机制(第四十二条)。

完善召回制度。增设食品经营者召回义务;增加了召回产品的范围;强化退市食品处置;对因标签、标志或者说明书不符合食品安全标准而被召回的食品,规定了食品生产者在采取补救措施且能保证食品安全的情况下可以继续销售,但销售时应当向消费者明示补救措施(第六十三条)。

增设网络食品交易第三方平台法律义务。规定网络食品交易第三方平台提供者应当对入网食品经营者实行实名登记并明确其食品安全管理责任,依法审查其许可证;发现严重违法行为的,应当立即停止提供网络交易平台服务;在民事责任承担方面,不能提供入网食品经营者的真实名称、地址和有效联系方式的,由网络食品交易第三方平台承担连带责任(第六十二条)。

强调特殊食品的严格管理。除了对特殊食品实施严格准入外,生产保健食品、特殊医学用途配方食品、婴幼儿配方食品和其他专供特定人群的主辅食品的企业,还应当按照良好生产规范的要求建立与所生产食品相适应的生产质量管理体系,并保证其有效运行(第八十三条)。

④强化地方政府责任落实

强化地方政府食品安全属地管理责任。规定县级以上人民政府应当将食品安全工作纳入本级国民经济和社会发展规划,将食品安全工作经费列入本级政府财政预算,加强食品安全监督管理能力建设(第八条)。

实行食品安全管理责任制。规定上级人民政府负责对下一级人民政府,县级以上地方人民政府负责对本级食品安全监管部门的食品安全监督管理工作进行评议、考核(第七条)。

制定食品安全年度监督管理计划,并明确将专供婴幼儿和其他特定人群的主辅食品、保健食品生产过程中的添加行为和按照注册或者备案的技术要求组织生产的情况、保健食品标签说明书以及宣传材料中有关功能宣传的情况、发生食品安全事故风险较高的食品生产经营者、食品安全风险监测结果表明可能存在食品安全隐患的事项作为监管重点(第一百零九条)。

强化小作坊、食品摊贩等的监管。食品生产加工小作坊和食品摊贩等的具体管理办法由省、自治区、直辖市制定。县级以上地方人民政府应当对食品生产加工小作坊、食品摊贩等进行综合治理,加强服务和统一规划,改善其生产经营环境(第三十六条)。

强化责任追究。明确列举对县级以上地方人民政府责任追究的 6 项具体情形:a. 对发生在本行政区域内的食品安全事故,未及时组织协调有关部门开展有效处置,造成不良影响或者损失;b. 本行政区域内涉及多环节的区域性食品安全问题,未及时组织整治,造成不良影响或者损失;c. 隐瞒、谎报、缓报食品安全事故;d. 本行政区域内发生特别重大食品安全事故,或者连续发生重大食品安全事故;e. 未确定有关部门的食品安全监督管理职责,未建立健全食品安全全程监督管理工作机制和信息共享机制,未落实食品安全监督管理责任制;f. 未制定本行政区域的食品安全事故应急预案,或者发生食品安全事故后未按规定立即成立事故处置指挥机构、启动应急预案(第一百四十二、一百四十三条)。

⑤强化监管方式方法创新

增设风险分级管理制度。食品安全监管部门应当根据食品安全风险监测、风险评估结果和食品安全状况等,确定监管重点、方式和频次,实施风险分级管理(第一百零九条)。

增设责任约谈制度。规定食品生产经营者未及时采取措施消除食品安全隐患的,食品药品监管部门可对法定代表人或主要负责人进行责任约谈(第一百一十四条)。监管部门未及时发现食品安全系统性风险,未及时消除监管区域内的食品安全隐患的,本级人民政府可对其主要负责人进行责任约谈;未及时消除区域性重大食品安全隐患的,上级人民政府可以对下级地方人民政府主要负责人进行责任约谈(第一百一十七条)。

实行食品安全信用档案公开和通报制度。食品药品监管部门应当建立食品生产经营者食品安全信用档案,记录许可颁发、日常监督检查结果、违法行为查处等情况,依法向社会公布并实时更新;对违法行为情节严重的食品生产经营者,可以通报投资主管部门、证券监督管理机构和有关的金融机构(第一百一十三条)。

增设临时限量值和临时检验方法制度。对食品安全风险评估结果证明食品存在安全隐患,需要制定、修订食品安全标准的,在制定、修订食品安全标准前,国务院卫生行政部门应当及时会同国务院有关部门规定食品中有害物质的临时限量值和临时检验方法,作为生产经营和监督管理的依据(第一百一十一条),解决了非标检验方法的合法性问题。

强化新闻核实引导。县级以上人民政府食品药品监管部门发现可能误导消费者和社会舆论的食品安全信息,应当立即组织有关部门、专业机构、相关食品生产经营者等进行核实、分析,并及时公布结果(第一百二十条)。公布食品安全信息,应当做到准确、及时,并进行必要的解释说明,避免误导消费者和社会舆论(第一百一十八条)。

⑥完善食品安全社会共治

强化行业自律。规定食品行业协会应当加强行业自律,按照章程建立健全行业规范和奖惩机制,提供食品安全信息、技术等服务,引导和督促食品生产经营者依法生产经营(第九条)。

强化消费者协会监督。消费者协会和其他消费者组织对违反本法规定,侵害消费者合法权益的行为,依法进行社会监督(第九条)。

强化群众举报投诉。对查证属实的举报,给予举报人奖励。有关部门应当对举报人的信息予以保密,保护举报人的合法权益。举报人举报所在企业的,该企业不得以解除、变更劳动合同或者其他方式对举报人进行打击报复(第一百一十五条)。

增设食品安全责任保险制度。规定国家鼓励食品生产经营企业参加食品安全责任保险(第四十三条)。

⑦严惩重处违法违规行为

增加了行政拘留措施。对违法添加非食用物质,经营病死畜禽,违法使用剧毒、高毒农药、生产经营添加药品的食品等违法行为,情节严重的予以行政拘留(第一百二十三条)。

提高了行政罚款的额度。例如对使用非食品原料生产食品的行为,罚款额度由原来的"货值金额不足一万元的,并处二千元以上五万元以下罚款;货值金额一万元以上的,并处货值金额五倍以上十倍以下罚款"修改为"货值金额不足一万元的,并处十万元以上十五万元以下罚款;货值金额一万元以上的,并处货值金额十五倍以上三十倍以下罚款"(第一百二十三条)。

增加了为违法行为非法提供场所和条件的法律责任。明知从事无证生产经营或者违法添加非食用物质等违法行为,仍为其提供生产经营场所或者其他条件的,由县级以上人民政府食品药品监管部门责令停止违法行为,没收违法所得,并处罚款(第一百二十二、一百二十三条)。

增补了部分违法行为的法律责任。增加了生产经营过程中超范围、超限量使用食品添加剂,生产经营标注虚假生产日期、保质期或者超过保质期的食品、食品添加剂,生产经营不符合法律、法规或者食品安全标准的食品、食品添加剂等违法行为的法律责任(第一百二十四条)。

强化检验机构和认证机构的法律责任。食品检验机构、食品检验人员出具虚假检验报告的,由授予其资质的主管部门或者机构撤销该食品检验机构的检验资质,并处罚款。认证机构出具虚假认证结论,由认证认可监督管理部门没收所收取的认证费用,并处罚款;情节严重的,责令停业,直至撤销批准文件(第一百三十八、一百三十九条)。

增加对行政累犯的处罚。对于在一年内累计三次因违反《食品安全法》规定受到责令停产停业、吊销许可证以外处罚的食品生产经营者,由食品药品监督管理部门责令停产停业,直至吊销许可证(第一百三十四条)。

增加了对拒绝、阻挠、干涉执法的处罚。拒绝、阻挠、干涉食品安全监督检查、事故调查处理、风险监测和风险评估的,责令停产停业,并处二千元以上五万元以下罚款;情节严重的,吊销许可证;构成违反治安管理行为的,由公安机关依法给予治安管理处罚(第一百三十三条)。

进一步完善了行刑衔接机制。规定县级以上人民政府食品药品监管部门发现涉嫌食品安全犯罪的,应当将案件及时移送公安机关。公安机关商请食品药品监管等部门提供检验结论、认定意见以及对涉案物品进行无害化处理等协助的,有关部门应当及时提供,予以协助(第一百二十一条)。

规定了消费者赔偿首负责任制。消费者因不符合食品安全标准的食品受到损害的,可以向经营者要求赔偿损失。也可以向生产者要求赔偿损失,接到消费者赔偿要求的生产经营者,应当实行首负责任制,先行赔付,不得推诿(第一百四十八条)。

完善了惩罚性赔偿制度和最低额赔偿制度。生产不符合食品安全标准的食品或者经营明知是不符合食品安全标准的食品,消费者除要求赔偿损失外,还可以向生产者或者经营者要求支付价款十倍或者损失三倍的赔偿金;增加赔偿的金额不足一千元的,为一千元(第一百四十八条)。

增设了五种连带责任。集中交易市场的开办者、柜台出租者、展销会的举办者未履行法定义务;网络食品交易第三方平台提供者未履行法定义务;广告经营者、发布者设计、制作、发布虚假食品广告;食品检验机构出具虚假检验报告,认证机构出具虚假认证结论;为严重违法生产经营者提供生产经营场所或者其他条件,使消费者或者公众的合法权益受到损害的,应当与生产经营者承担连带责任(第一百三十、一百三十一、一百三十八、一百三十九、一百四十条)。

强化对虚假食品安全信息发布者的民事责任。媒体编造、散布虚假食品安全信息,使公民、法人或者其他组织的合法权益受到损害的,依法承担消除影响、恢复名誉、赔偿损失、赔礼道歉等民事责任(第一百四十一条)。

由于2018年和2021年先后两次修正的《食品安全法》在内容上没有大的调整和变化,因此此处不做过多介绍。

2.《中华人民共和国农产品质量安全法》

《中华人民共和国农产品质量安全法》(以下简称《农产品质量安全法》)是2006年4月29日第十届全国人民代表大会常务委员会第二十一次会议通过,根据2018年10月26日第十三届全国人民代表大会常务委员会第六次会议《关于修改〈中华人民共和国野生动物保护法〉等十五部法律的决定》修正,2022年9月2日第十三届全国人民代表大会常务委员会第三十六次会议修订的。《农产品质量安全法》的立法宗旨是为了保障农产品质量安全,维护公众健康,促进农业和农村经济发展。该法适用于来源于种植业、林业、畜牧业和渔业等的初级产品,即在农业活动中获得的植物、动物、微生物及其产品。

(1)《农产品质量安全法》的意义

该法是新时期农业发展的一部重要法律,填补了我国农产品质量监管的法律空白,是农产品质量安全监管的重要里程碑,标志着我国的农产品由数量管理进入到数量、质量管理并重,并更加注重安全的新阶段;标志着农产品质量安全监管从此走上依法监管的轨道,是农业行政管理部门加强农产品质量安全监管的有效手段。

(2)《农产品质量安全法》的基本内容

新修订的《农产品质量安全法》共 8 章 81 条,比原法(2018 年版)增加了 25 条,进一步完善了农产品质量安全风险管理与标准制定,农产品产地、农产品生产、农产品销售等全程管控措施和监督管理制度机制,加大了对违法行为的处罚力度,有利于提升农产品质量安全治理水平,形成更加科学、严格的监管治理体系。

第一章总则,共 12 条。原则、概括地规定了《农产品质量安全法》的若干重要问题。主要包括立法目的、调整范围、管理体制、规划和经费、健全服务体系、风险评估制度、信息发布制度、鼓励和支持生产绿色优质农产品、科研与推广以及宣传引导、农民专业合作社和农产品行业协会加强自律管理等。

第二章农产品质量安全风险管理和标准制定,共 7 条。主要包括建立健全农产品质量安全风险监测制度、农产品质量安全风险评估制度、农产品质量安全标准体系以及农产品质量安全标准的制定、发布和修订等。

第三章农产品产地,共 5 条。主要包括建立健全农产品产地监测制度、农产品产地安全管理和基地建设、产地要求、产地保护以及防止投入品污染等。

第四章农产品生产,共 9 条。主要包括生产技术规范和操作规程制定、建立农产品质量安全管理制度、农产品生产记录、投入品许可和监督抽查、投入品安全使用及管理、鼓励和支持生产绿色优质农产品、农产品产地冷链物流基础设施建设以及物流标准、服务规范和监管保障机制等。

第五章农产品销售,共 11 条。主要包括销售农产品质量安全标准、农产品追溯管理、网络平台销售农产品规定、农产品质量安全承诺达标合格证制度、包装标识管理规定、保鲜剂使用要求、转基因标识、检疫标志与证明以及农产品标志等。

第六章监督管理,共 17 条。主要包括建立健全监督管理协作机制和随机抽查机制、检测机构及人员管理、禁止销售要求、检测计划与抽查、复检与赔偿、批发市场和销售企业责任、社会监督、现场检查和行政强制、事故报告、责任追究等。

第七章法律责任,共 18 条。主要包括监管人员责任、检测机构责任、产地污染责任、投入品使用责任、生产记录违法行为处罚、包装标识违法行为处罚、保鲜剂等的使用违法行为处罚、农产品销售违法行为处罚、冒用标志行为处罚、行政执法机关处罚、刑事责任和民事责任等。

第八章附则,共 2 条。主要规定了粮食质量安全管理和该法的施行日期。

(3)《农产品质量安全法》的特点

新修订的《农产品质量安全法》深入贯彻了习近平总书记"四个最严"要求,突出了"三大原则",体现了"三大变化"。

"四个最严"要求。即"最严谨的标准、最严格的监管、最严厉的处罚、最严肃的问责"。具体表现在以下三个方面:一是强调全链条控制。突出了从农产品产地、生产、收购、储存、批发、运输、销售等各环节的质量安全保障,确保农产品从田间地头到百姓餐桌的全过程监管。二是扩展责任主体范围。确立了农产品生产经营者应承担的质量安全责任,压实了农产品批发市场、农产品销售企业、冷链物流企业以及网络经营者等相关主体的责任。同时还规定,地方政府应当对本行政区域的农产品质量安全工作负责。三是增设新规定,完善制度衔接,如第三十九条提到了"建立健全农产品承诺达标合格证查验等制度",第四十一条提到了"农产品实施追溯管理"。

"三大原则"。即农产品质量安全工作实行"源头治理、风险管理、全程控制"的原则,在具体制度上,通过建立农产品质量安全风险监测计划和实施方案、风险评估制度等,加强对重点区域、重点农产品品种的风险管理。同时,适应农产品质量安全全过程监管需要,进一步明确农产品质量安全标准的范围、内容,确保农产品质量安全标准作为国家强制执行标准的严格实施。

"三大变化"。一是生产经营"重承诺",明确规定农产品生产经营者应当对其生产经营的农产品质量安全负责,接受社会监督,承担社会责任。二是监管执法"有力度",明确了农业农村、市场监管部门的监管职责,强调了农业农村和市场监管部门应当加强协调配合和执法衔接,建立全程监管协作机制,确保农产品从生产到消费各环节的质量安全。三是放心消费"有保障",强调要大力发展新的"三品一标"农产品(绿色食品、有机农产品、地理标志农产品和达标合格农产品),强调要推行农业标准化生产、推广绿色生产技术,加强农产品质量安全信用体系建设。

此外,新修订的《农产品质量安全法》明确提出了实施农产品质量安全承诺达标合格证制度。农业农村部从 2016 年开始在部分省试点农产品质量安全承诺达标合格证制度,2019 年开始在全国试行,在实践中不断完善这项制度。推进承诺达标合格证制度是党中央、国务院作出的决策部署,是顺应新形势新要求,加强农产品质量安全工作的重要制度创新。此次修订《农产品质量安全法》,对农产品生产者开具、收购者收取保存和再次开具、批发市场查验承诺达标合格证作出了具体规定,明确了法律责任,进一步确立了这项制度在农产品质量安全工作中的长期性、基础性地位。

3.《中华人民共和国产品质量法》

《中华人民共和国产品质量法》(以下简称《产品质量法》)是 1993 年 2 月 22 日颁布的,2000 年 7 月 8 日第一次修正,2009 年 8 月 27 日第二次修正,2018 年 12 月 29 日第三次修正。

(1)《产品质量法》的范畴及意义

《产品质量法》是调整产品的生产、流通和监督管理过程中因产品质量而发生的各种经济关系的法律规范的总称。该法所称的产品,是指经过加工、制作用于销售的产品。其内涵包括:①《产品质量法》适用的产品,是经过加工、制作的产品。"产品"一词,从广义上说,是指经过人类劳动获得的具有一定使用价值的物品,既包括直接从自然界获取的各种农产品、矿产品,也包括手工业、加工业的各种产品。从法律上说,要求生产者、销售者对产品质量承担责任的产品,应当是生产者、销售者能够对其质量加以控制的产品,即经过"加工、制作"的产品,而不包括内在质量主要取决于自然因素的产品。②适用《产品质量法》规定的产品,必须是用于销售的产品。非用于销售的产品,即不作为商品的产品。如自己制作自己使用或馈赠他人的产品,不属于国家进行质量监督管理的范围,对其制作者也不适用《产品质量法》关于产品责任的规定。

《产品质量法》的立法宗旨是为了加强对产品质量的监督管理,提高产品质量水平,明确产品质量责任,保护消费者的合法权益,维护社会主义经济秩序。

(2)《产品质量法》的基本内容

《产品质量法》共 6 章 74 条,主要内容有产品质量监督、产品质量义务和法律责任三部分。

①产品质量监督

a.产品质量监督体制。产品质量监督体制是指执行产品质量监督的主体,它确定了国家和行业在产品质量监督方面的权限和职责范围。《产品质量法》规定:国务院市场监督管理部门主管全国产品质量监督工作。国务院有关部门在各自的职责范围内负责产品质量监督工作。县级以上地方市场监督管理部门主管本行政区域内的产品质量监督工作。《产品质量法》对各级人民政府的产品质量监督职责也作出了规定。

b.产品质量标准制度。《产品质量法》规定:我国实行产品质量标准制度。

c.企业质量体系认证制度。《产品质量法》对企业质量体系认证制度进行了原则性的规定,主要遵循两个原则:一是坚持与国际惯例和国际通行做法相一致的原则;二是坚持企业自愿申请的原则。

d.产品质量认证制度。产品质量认证是依据产品标准和相应的技术标准,经认证机构确认,并颁发认证证书和认证标志的活动。《产品质量法》规定:国家参照国际先进的产品标准和技术要求,推行产品质量认证制度。企业根据自愿原则可以向国务院市场监督管理部门认可的或者国务院市场监督管理部门授权的部门认可的认证机构申请产品质量认证。经认证合格的,由认证机构颁发产品质量认证证书,准许企业在产品或者其包装上使用产品质量认证标志。

e.产品质量监督检查制度。产品质量监督检查制度是指国家对产品质量采取行政强制监督检查管理措施的制度。《产品质量法》规定:国家对产品质量实行以抽查为主要方式的监督检查制度,对可能危及人体健康和人身、财产安全的产品,影响国计民生的重要工业产品以及消费者、有关组织反映有质量问题的产品进行抽查。监督抽查工作由国务院市场监督管理部门规划和组织。县级以上地方市场监督管理部门在本行政区域内也可以组织监督抽查。

②产品质量义务

产品质量义务又称为产品质量责任和义务,是指产品质量法律关系主体应当做出或不做出一定行为的约束,或者是产品质量法律关系主体行为的法定范围限度。按照义务人的不同,产品质量义务分为生产者的产品质量义务和销售者的产品质量义务。《产品质量法》规定:生产者应当对其生产的产品质量负责;销售者应当建立并执行进货检查验收制度,验明产品合格证明和其他标识。

③法律责任

违反《产品质量法》的法律责任有民事责任、行政责任和刑事责任三种。

a.民事责任。产品质量民事责任主要包括生产者与销售者的产品瑕疵担保责任、产品缺陷损害赔偿责任以及相关单位的产品质量民事责任等。

b.行政责任。产品质量行政责任主要包括产品质量行政处分和产品质量行政处罚,其中产品质量行政处罚是最主要的产品质量行政责任。

c.刑事责任。产品质量刑事责任是一种个人责任,也是产品质量法律责任中最严厉的一种,是对产品质量犯罪人进行的刑事制裁,而追究产品质量刑事责任的前提是存在着产品质量犯罪。《产品质量法》规定了九个方面的产品质量刑事责任。

二、国际食品法律法规体系

国际食品法律法规是由国际政府组织或者民间组织制定的,被绝大多数国家所接受或承认的法律制度。

(一)国际《食品法典》体系

《食品法典》是国际食品法典委员会(CAC)按照一定的程序制定的与食品安全质量相关的标准、准则和建议,并提出各国采纳《食品法典》标准的程序,是全球食品生产加工者、消费者、管理机构和国际食品贸易重要的基本参照标准。

1.CAC 简介

国际食品法典委员会(Codex Alimentarius Commission,CAC)是由联合国粮农组织(FAO)和世界卫生组织(WHO)共同建立,以保障消费者的健康和确保食品贸易公平为宗旨的一个制定国际食品标准的政府间组织。CAC 自 1963 年创立以来,已有 180 多个成员国和 1 个成员国组织(欧盟)加入该组织,覆盖全球 99% 的人口。CAC 由 FAO 及 WHO 总干事直接领导,由 CAC 秘书处总体协调,每 2 年在罗马或日内瓦举行一次会议。CAC 的组织机构包括执行委员会、秘书处、一般专题委员会、商品委员会、政府间特别工作组和地区合作委员会(图 4-1)。

2.《食品法典》

CAC 作为一个食品安全领域的国际资讯组织,一贯致力于在全球范围内推广食品安全的观念和知识,关注并促进消费者保护。CAC 制定了《食品法典》和法典程序。《食品法典》包括标准和残留限量、法典和指南两部分,还包括《预包装食品标识通用标准》《关于产品说明的通用守则》《食品微生物指标的制定和应用以及意外核污染之后国际贸易中使用的食品中放射性核素水平》等守则。通常所说的 CAC 标准就是指 CAC《食品法典》中的各类标准,主要有食品的产品标准、卫生或技术规范、农药评价、食品添加剂评价、兽药评价、农药残留限量规定、污染物准则等,同时加强了消费者保护政策的制订。法典程序则确保了《食品法典》的制定是建立在科学的基础之上,并保证了各种意见的反馈。

《食品法典》以统一的形式提出并汇集了国际已采用的全部食品标准,CAC 标准共分为 13 卷 314 项,包括所有向消费者销售的加工、半加工食品或食品原料的标准。目前 CAC 标准已成为衡量一个国家食品措施和法规是否一致的基准。

3.《食品法典》取得的成效

(1)成为唯一的国际参考标准 自从 1961 年开始制定国际食品法典以来,负责这一工作的 CAC 在食品质量和安全方面的工作业已得到世界的重视。在过去的五十多年中,CAC 关注所有与保护消费者健康和维护公平食品贸易有关的工作。FAO 和 WHO 一向支持与食品有关的科学和技术研究与讨论,正因为如此,国际社会对食品安全和相关事宜的认知已提升到了一个史无前例的高度。在相关食品标准的制定方面,《食品法典》也因此成为唯一的、最重要的国际参考标准。

(2)促进国际社会和各国政府对食品安全的认同 在全球范围内,广大消费者和大多数政府对食品质量和安全问题的认识在不断提高,同时也充分认识到选择好的食品对健康的重要性。消费者通常会要求其政府采取立法的措施确保只有符合质量标准的安全食品才能销售,并最大限度地降低食源性健康危害风险。CAC 通过制定法典标准和对所有有关问题进行探讨,有力地促使食品问题作为一项实质内容列入各国政府的议事日程。事实上,各国政府都十分清楚不能满足消费者对食品的要求而带来的政治影响。

(3)增强了对消费者的保护 CAC 工作的最基本准则已得到了社会的广泛支持,那就是人们有权力要求他们所吃的食品是安全、优质的。CAC 主办的一些国际会议和专业会议

```
                          食品法典委员会
                    ┌─────────┴─────────┐
                执行委员会              秘书处
        ┌──────────┬──────────┴──────────┬──────────┐
   一般专题委员会      商品委员会        政府间特别工作组      地区合作委员会
   ┌─────────┐   ┌─────────┐     ┌─────────┐    ┌─────────┐
   农药残留        加工水果与蔬菜       生物技术食品         亚洲
   (荷兰)          (美国)            (日本)            (泰国)
   ┌─────────┐   ┌─────────┐     ┌─────────┐    ┌─────────┐
   食品进出口检验与认证  脂肪与油类         动物饮料           欧洲
   系统(澳大利亚)     (英国)            (丹麦)           (西班牙)
   ┌─────────┐   ┌─────────┐     ┌─────────┐    ┌─────────┐
   食品中兽药残留     新鲜水果与蔬菜       水果与蔬菜汁         中东
   (美国)          (墨西哥)          (巴西)            (埃及)
   ┌─────────┐   ┌─────────┐                   ┌─────────┐
   特殊膳食与营养     天然矿泉水                         非洲
   (德国)          (瑞士)                          (乌干达)
   ┌─────────┐   ┌─────────┐                   ┌─────────┐
   食品标签         可可制品与巧克力                    拉丁美洲与加勒比海
   (加拿大)         (瑞士)                          (多米尼加共和国)
   ┌─────────┐   ┌─────────┐                   ┌─────────┐
   分析方法与取样      鱼与鱼制品                        北美和西南太平洋
   (匈牙利)         (挪威)                          (澳大利亚)
   ┌─────────┐   ┌─────────┐
   一般准则         糖类
   (法国)          (英国)
   ┌─────────┐   ┌─────────┐
   食品添加剂与污染物   乳与乳制品
   (荷兰)          (新西兰)
   ┌─────────┐   ┌─────────┐
   食品卫生         肉类卫生
   (美国)          (新西兰)
                 ┌─────────┐
                 粮谷、豆和豆类植物
                 (美国)
                 ┌─────────┐
                 植物蛋白
                 (加拿大)
                 ┌─────────┐
                 汤
                 (瑞士)
```

图 4-1　CAC 机构示意图

在其中发挥了重要的作用,而这些会议本身也影响着委员会的工作。这些会议包括:联合国大会,FAO 和 WHO 关于食品标准、食品中化学物质残留和食品贸易的会议(同关税和贸易总协定合办),FAO/WHO 关于营养的国际大会,FAO 世界食品高峰会议和 WHO 世界卫生大会。几十年来,凡参加过这些国际性会议的各国代表已推动或承诺他们的国家采取措施确保食品安全和质量。

　　4.我国 CAC 工作开展的现状

　　1984 年我国正式成为 CAC 成员国,并由农业部和卫生部联合成立中国食品法典协调小组,秘书处设在卫生部,负责《食品法典》在我国国内的协调;联络点设在农业部,负责与CAC 相关的联络工作。1999 年 6 月,新的 CAC 协调小组由农业部、卫生部、国家质量技术监督检验检疫总局等 10 家成员单位组成。

自我国加入 CAC 后,参与会议及其他相关的活动主要经历了三个阶段。第一阶段为加入 CAC 初期(1984—1988 年),主要以了解 CAC 的组织情况、参加会议并研究 CAC 提出的有关问题、提交我国关于法典草案的审议意见为主;第二个阶段为一般性的参与(1989—1998 年),主要活动为了解并参与标准的制定,召开了 HACCP、危险性等级分析和 GMO 等各类研讨会,并通过国内协调小组开展与 CAC 的联系、协调工作,筹办了第 9 届 CCASIA(1994 年)和第 32 届 CCFAC(2000 年),组团代表我国政府参加了 CAC 大会和各类法典会议,加强了与 FAO、WHO 以及其他成员国的联系;第三个阶段为积极参与阶段(1999 年至今)。近十多年来,我国参与 CAC 工作的广度和深度都达到了前所未有的程度,2006 年 7 月在瑞士日内瓦举行的第 29 届 CAC 大会上,我国成功当选为国际农药残留委员会和食品添加剂委员会的主持国,成为 CAC 首个承担综合委员会组织协调任务的发展中国家。根据程序手册的规定,我国设立了农药残留委员会秘书处和食品添加剂委员会秘书处,分别设在农业部农药检定所和中国疾病预防控制中心营养与食品安全所。2007 年,我国首次成功主持第 39 届国际食品添加剂法典委员会会议。此后每年的国际食品添加剂法典委员会会议也由我国负责组织召开。2011 年 7 月,在瑞士日内瓦举行的第 34 届国际食品法典委员会会议上,我国当选下届国际食品法典委员会的亚洲区域执委。

(二)国际标准化组织(ISO)体系

国际标准化组织(International Organization for Standardization,ISO)是目前世界上最大、最权威的非政府性标准化专门机构,于 1947 年 2 月 23 日正式成立。我国是 ISO 的创始成员国之一,也是最初的 5 个常任理事国之一。ISO 的宗旨是在全世界范围内促进标准化工作及其相关活动的开展,以便于国际物质交流和服务,并扩大在知识、科学、技术和经济方面的合作。其活动主要是制定国际标准,管辖世界范围内的标准化工作,组织各成员和技术委员会进行情报交流,以及与其他国际组织合作,共同研究有关标准化问题。目前,ISO 已经发布近 14000 项国际标准、技术报告及相关指南,而且尚在不断增加之中。

ISO 机构包括全体成员大会、政策制定委员会、理事会、中央秘书处、理事会常设委员会、特别咨询组、技术管理局(包括标准物质委员会、技术咨询组、技术委员会),如图 4-2 所示。

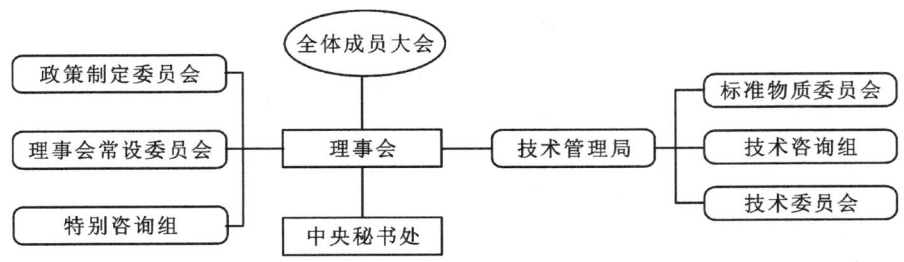

图 4-2 国际标准化组织机构示意图

ISO 的最高权力机构是全体成员大会,它由官员和各成员团体指定的代表组成。其官员由主席、副主席(政策)、副主席(技术)、司库和秘书长组成。一般每年举行一次会议,议事日程包括 ISO 年度报告、ISO 有关财政和战略规划及司库关于中央秘书处的财政状况报告。

ISO 国际标准的制定过程一般可分为七个阶段:提出项目,形成建议草案,标准草案登记,ISO 成员团体投票通过,提交 ISO 理事会批准,形成国际标准,公布出版。

(三)世界贸易组织(WTO)法规体系

1. 世界贸易组织(WTO)简介

世界贸易组织(World Trade Organization,WTO),简称世贸组织,是一个专门协调国际贸易关系的独立于联合国且具有法人地位的国际经济组织,总部设在瑞士日内瓦。WTO是根据"乌拉圭回合"多边贸易谈判达成的《建立世界贸易组织协定》文件,于1995年1月1日建立的。其前身是关税及贸易总协定(General Agreement on Tariff and Trade,GATT),简称关贸总协定。与关贸总协定相比,其多边贸易体制涵盖了货物贸易、服务贸易以及知识产权贸易,而关贸总协定只适用于货物贸易。WTO的目标在于建立一个完整的、更加具有活力和永久性的多边贸易体制。其基本职能是管理和执行共同构成世贸组织的多边及诸边贸易协定,作为多边贸易的讲坛,解决成员间的贸易争端,监督各成员的贸易政策,同制定全球经济政策有关的国际机构进行合作等。截至2021年年底,WTO有正式成员164个。我国于2001年12月11日正式加入WTO。

WTO与国际货币基金组织(IMF)、世界银行(WB)一起被称为世界经济发展的三大支柱。WTO致力于全球范围的食品安全工作,围绕食品安全问题提出了许多建设性的建议和策略,具体体现为:

(1)把食品安全作为公共卫生的基本职能之一,提供足够的资源,以建立和加强食品安全规划。

(2)制订和实施系统的、持久的预防措施,以显著减少食源性疾病的发生。

(3)建立和维护国家或区域水平的食源性疾病调查及食品中有关微生物和化学物质的监测和控制手段,强化食品加工者、生产者和销售者在食品安全方面应负的责任,提高实验室能力,尤其是发展中国家。

(4)防止微生物抗药性的发展,将综合措施纳入到食品安全策略中。

(5)支持食品危险因素分析评估科学的发展。

(6)把食品安全问题纳入消费者卫生和营养教育与资讯网络,开展相关的食品卫生和营养教育。

(7)从消费者角度建立包括个体从业人员在内的食品安全改善规划,并通过与食品企业合作,探索提高对良好生产规范的认识。

(8)协调国家级食品安全相关部门进行重大的食品安全活动,尤其是与食源性疾病危险性评估相关的活动。

(9)积极参与食品法典委员会和其他委员会的工作。

(10)加强食源性疾病监测系统的建设,进行危险性评价、交流和合作,增强WTO在公共健康等方面的作用。

2. 技术性贸易壁垒协定(WTO/TBT协定)

《世界贸易组织技术性贸易壁垒协定》(WTO/TBT协定)是非关税壁垒的主要表现形式,于1994年在"乌拉圭回合"中签署,1995年1月1日起生效。它的前身是《关税和贸易总协定贸易技术壁垒协定》(GATT/TBT协定)。WTO/TBT协定主要为国际贸易中出现的技术法规、标准和合格评定程序的制定与实施,以及相关争端解决机制制定相应规则,以协调国际贸易中日益普遍的技术型贸易措施问题。

通常认为,技术性贸易壁垒是指一国以维护国家安全或保障人类健康和安全,保护动植物的生命及健康,保护生态环境或防止欺诈行为,保证产品质量等为由而采取的一些强制性或非强制性的技术性措施,如技术法规和标准、合格评定程序、产品检验检疫、包装标签要求等,这些措施主观或客观地成为限制外国商品自由进入的壁垒。进口国通常通过颁布法律、条例、规定,建立技术标准、认证制度、检验检疫制度等方式制定对外国进口商品的技术、卫生检疫、商品包装和标签等措施,这些措施会形成对进口产品的贸易壁垒,从而提高对进口产品的要求,增加进口难度,最终达到限制进口的目的。

WTO/TBT 协定的宗旨是:为使国际贸易自由化和便利化,在技术法规、标准、合格评定程序以及标签标志制度等技术要求方面开展国际协调,遏制以带有歧视性的技术要求为主要表现形式的贸易保护主义,最大限度地减少和消除国际贸易中的技术壁垒,为世界经济全球化服务。

WTO/TBT 协定的原则是:避免不必要的贸易壁垒原则、非歧视原则、协调原则、等效和相互承认原则、透明度原则、争端磋商机制原则。

WTO/TBT 协定的内容共有 6 部分,包括 15 条 129 款和 3 个附件,突出论述了实现技术协调的两项基本措施:采用国际标准或实施通报制度。此外,在执行 WTO 原则、特别条款、成员间技术援助、对发展中国家的特殊待遇和争端解决等方面都做了详细规定。其内容包括:①序言、总则。主要阐述该协定的目的、宗旨和适用范围。②技术法规和标准。规范各成员国中央政府、地方政府和非政府机构制定、采用和实施技术法规和标准的行为。各成员国在制定技术法规、标准方面要以国际标准为基础,否则必须在文件的初期阶段进行通报。③符合技术法规和标准。规定各成员国中央政府、地方政府、非政府机构、国际级区域性组织制定、采用和实施合格评定程序的行为。其原则是采用通用的国家规范,尽可能承认其他国家的认证结果,积极参加国际和区域性的合格评定活动。④信息和援助。要求各成员国设立国家级 WTO/TBT 咨询点,代表政府按规定开展通报咨询工作;对其他成员提出的请求给予技术援助;对发展中国家成员提供特殊和差别待遇。⑤机构、磋商和争端解决。设立技术性贸易壁垒委员会,就协定执行中出现的有关事项进行磋商,并负责解决争端。⑥最后条款。要求各成员国在加入 WTO 时,对执行 WTO/TBT 协定作出承诺。未经其他成员的同意,不得对执行本协定的任何条款提出保留。⑦附件。包括本协定中的术语及其定义;技术专家小组;关于制定、采用和实施标准的良好行为规范。

3.卫生与植物卫生措施协定(WTO/SPS 协定)

《世界贸易组织实施卫生与植物卫生措施协定》(WTO/SPS 协定)是"乌拉圭回合"谈判的一个重要成果,是 WTO 法律框架内管理一个国家在进口货物方面采用措施的程序性规则的多边贸易协议。它是关于食品安全和动植物健康检疫的法规。该协定规定,为保护食品安全、防止动植物病害传入本国,各国有权制定或采取一定的防护措施,但这些措施不能人为地或不公正地对各国商品贸易形成不平等待遇,或超过保护消费者要求的更加严格的标准,造成潜在的贸易限制。

WTO/SPS 协定是关贸总协定原则渗透到动植物检疫工作的产物。该协定虽然表明为了动植物的健康和安全,实施动植物检疫制度是必需的,但是更强调将动植物检疫对贸易的不利影响要降到最低限度,不应构成对国际贸易的变相限制。

实施 WTO/SPS 协定应遵守的基本原则有:科学合理性原则,非歧视性原则,与国际标准、准则或建议协调一致原则,等效性原则,风险评估原则,区域化原则,透明度原则,特殊和差别待遇原则。

WTO/SPS 协定包括 14 条 42 款及 3 个附件，其内容丰富，涉及面广。这 14 条包括：总则；基本权利和义务；协调一致；同等对待；风险评估以及适当的动植物卫生检疫保护水平的确定；病虫害非疫区和低度流行区适用地区的条件；透明度；控制、检验和批准程序；技术援助；特殊和差别待遇；磋商和争端解决；管理；执行；最后条款。3 个附件分别是：定义、透明度条例的颁布、控制检验及批准程序。

4. WTO/TBT 协定与 WTO/SPS 协定的联系与区别

TBT 协定与 SPS 协定均支持各成员实施保护人类、动物、植物的生命或健康所采取的必需措施。TBT 协定明确规定了技术法规的制定和实施的根本原则是"不得对国际贸易造成不必要的障碍"，SPS 协定则要求"在风险分析的基础上制定必要的保护人类、动植物的措施，以便使其对贸易的影响降到最低，促进动植物及其产品国际贸易的发展"。两个协定都规定了非歧视的基本义务、提前通报拟议措施的类似规定，以及设立咨询点。两者的根本区别在于各自的管辖范围不一样，SPS 协定涉及食品安全、动物卫生和植物卫生三个领域，而TBT 协定涉及的范围更广，除去与上述领域有关的 SPS 措施外，所有产品的技术法规和标准都受 TBT 协定管辖。由于 SPS 协定的存在，TBT 协定未涉及 SPS 措施问题。例如一项对进口水果进行处理以防止害虫传播的措施会与 SPS 协定相关，而处理进口水果质量、等级和标签特性的措施则在 TBT 协定的管辖之下。此外，TBT 协定所指的国际标准是 ISO和 IEC 制定的标准。SPS 协定所指的国际标准是 CAC、IPPC 和 OIE 制定的标准。

第二节 食品标准

一、标准与标准化的概念

(一)标准

《标准化工作指南 第 1 部分：标准化和相关活动的通用术语》(GB/T 20000.1—2014)对标准的定义是：通过标准化活动，按照规定的程序经协商一致制定，为各种活动或其结果提供规则、指南或特性，供共同使用和重复使用的文件。

WTO/TBT 协定附件 1 第 2 款对标准的定义是：经公认机构批准的、规定非强制执行的、供通用或重复使用的产品或相关工艺和生产方法的准则、指南或特性的文件。该文件还可包括或专门关于适用于产品、工艺或生产方法的专门术语、符号、包装、标志或标签要求。

关于标准的含义，概括起来有六大要素：

(1)标准目的：获得最佳秩序、促进最佳共同效益，这也是制定标准的出发点。

(2)标准对象：重复性的事物。当事物或概念具有重复出现的特性并处于相对稳定时才有制定标准的必要，使标准作为今后实践的依据，最大限度地减少不必要的重复劳动，又能扩大标准重复利用的范围。

(3)标准内容：科学技术成果与生产经验的总结。标准既是科学技术的成果，又是实践经验的总结，并且这些成果和经验都是在经过分析、比较、综合和验证的基础上，加之规范化，这样制定出来的标准才具有科学性。这是标准产生的基础之一。

(4)标准制定规则：各方协商一致。标准反映的不是局部片面的经验和局部利益，制定标准要发扬技术民主,与有关方面充分协商一致,考虑共同利益。这样制定出来的标准才具有权威性、科学性、民主性、公正性和适用性。这是标准产生的基础之二。

(5)标准批准发布:公认的权威机构。标准是社会生活和经济技术活动的重要依据,是各相关方利益的体现,必须由能代表各方利益,并为社会公认的权威机构批准发布。

(6)标准适用范围:一定的范围内共同实施。

(二)食品安全标准

食品安全标准是指为了对食品生产、加工、流通和消费("从农田到餐桌")食品链全过程中影响食品安全和质量的各种要素以及各关键环节进行控制和管理,经协商一致制定并由公认机构批准,共同使用的和重复使用的一种规范性文件。食品安全标准皆为强制性标准,包括食品安全国家标准、食品安全行业标准、食品安全地方标准和食品安全企业标准四类。

(三)标准化

《标准化工作指南　第1部分:标准化和相关活动的通用术语》(GB/T 20000.1—2014)对标准化的定义是:为了在既定范围内获得最佳秩序,促进共同效益,对现实问题或潜在问题确立共同使用和重复使用的条款以及编制、发布和应用文件的活动。此定义包含了以下几方面的含义:

(1)标准化的目的是获得最佳秩序。标准化的主要作用在于为了其预期目的改进产品、过程或服务的适用性,防止贸易壁垒,并促进技术合作。对于一个国家、一个行业、一个企业,甚至整个世界,开展标准化工作都是为了在相应的范围内获得最佳秩序,追求最佳社会效益。

(2)标准化的活动领域相当广阔,不再仅仅局限于科学技术领域,而是已经扩展到经济管理、社会管理的各个人类活动领域。

(3)标准化实质上是一个活动过程,这个活动过程主要是编制标准、发布、实施及修订标准的过程,且是一个不断循环、螺旋上升的运动过程,每完成一个循环,标准的水平就提高一步。

二、标准的分类

我国的标准有几种分类方法,具体如下:

(一)标准按效力性质分类

标准按效力性质可分为强制性标准和非强制性标准。

强制性标准是由法律规定必须遵照执行的标准。强制性标准以外的标准是自愿执行的非强制性标准,又叫做推荐性标准。依据《中华人民共和国标准化法》的规定,国家标准和行业标准都可分为强制执行和自愿执行两类标准。涉及公共健康、人身安全、财产保护和环境方面的内容及其相关法律法规,为强制性执行标准,除此以外的内容为推荐性标准。省、自治州(区)和直辖市标准化行政主管部门制定的地方标准中涉及工业产品安全、卫生要求等方面的内容,在本地区域内是强制性标准。一旦某国家标准被核准颁布执行,现行的相关行业标准或地方标准都将随之被撤销。

(二)标准按层次分类

标准按层次可分为国家标准、行业标准、地方标准和企业标准。

国家标准是指由国家标准机构通过并公开发布的标准。国家标准体现了在全国范围统一的技术要求,以及在国家经济发展和技术进步中的重要性。我国的国家标准是由国务院标准化行政主管部门制定的需在全国范围内统一的技术要求,是我国标准体系中的主体。

行业标准是指某个行业领域作为统一技术要求所制定的标准。行业标准比国家标准的专业性和技术性更强,是对国家标准的补充,当相应的国家标准实施后,该行业标准应自行废止。我国的行业标准是指由国家有关行业行政主管部门公开发布的标准,由国务院有关行政主管部门制定,并报国务院标准化行政主管部门备案。行业标准是在没有国家标准而又需要在全行业范围内统一的情况下制定的标准,可分为强制性标准和推荐性标准两种。

地方标准是在没有国家标准和行业标准的情况下,由省、自治州(区)或直辖市标准化行政主管部门统一制定的标准。地方标准仅适用于当地行政管辖区域内。地方标准通常包括工业产品的安全与卫生要求,药品、兽药、食品卫生、环境保护、节约能源、种子等法律法规所规定的要求,以及其他法律法规规定的要求等。

企业标准是企业针对自身产品,按照企业内部需要协调和统一的技术、管理和生产等要求而制定的标准。企业标准或用于没有国家标准、行业标准和地方标准的产品,或是比国家标准、行业标准和地方标准更严格的标准。在我国鼓励企业制定自身的产品企业标准。

为了适应某些领域标准快速发展和变化的需要,作为对国家标准的补充,我国出台了"国家标准化指导性技术文件"。符合下列情况之一的项目,可以制定指导性技术文件:①技术尚在发展中,需要有相应的文件引导其发展或不具有标准化价值,尚不能制定为标准的项目;②采用国际标准化组织、国际电工委员会及其他国际组织(包括区域性国际组织)的技术报告的项目。指导性技术文件仅供使用者参考。

(三)标准按内容分类

标准按内容可以分为技术标准、管理标准和工作标准三类。

技术标准是对标准化领域中需要统一的技术事项所制定的标准。技术标准按功能又可以进一步分为基础技术标准、产品标准、工艺标准、检验和试验方法标准、设备标准、原材料标准、安全标准、环境保护标准、卫生标准等。其中的每一类还可以进一步细分,如基础技术标准还可再分为术语标准、图形符号标准、数系标准、公差标准、环境条件标准和技术通则性标准等。

管理标准是对标准化领域中需要协调统一的管理事项所制定的标准,主要是针对管理目标、管理项目、管理业务、管理程序、管理方法和管理组织所作的规定。

工作标准是为实现工作(活动)过程的协调,提高工作质量和工作效率,对每个职能和岗位的工作制定的标准。按岗位制定的工作标准通常包括岗位目标、工作程序和工作方法、业务分工和业务联系(信息传递)方式、职责权限、质量要求与定额、对岗位人员的基本技术要求和检查考核办法等内容。

(四)标准按信息载体分类

标准按信息载体可以分为标准文件和标准样品。

标准文件是为了规范某行业或某种工作而制定的统一标准,以便促进该行业的工作。它以文字形式表达,以文件形式颁布。

标准样品是以实物形式表达的标准,分为内部标准样品和有证标准样品。内部标准样品是在企业、事业单位或其他组织内部使用的标准样品,其性质是一种实物形式的企业内控标准;而有证标准样品是具有一种或多种性能特性,经过技术鉴定附有说明上述性能特征的证书,并经国家标准化管理机构批准的标准样品,其特点是经国家标准化管理机构批准并发给证书,并由经过审核和准许的组织生产和销售。

另外,标准也可按制定的主体或适用范围分为国际标准、区域标准、国家标准、行业标准、地方标准和企业标准。其中,国际标准是指国际标准化组织(ISO)、国际电工委员会(IEC)和国际电信联盟(ITU)制定的标准,以及国际标准化组织确认并公布的其他国际组织制定的标准,包括 ISO 标准、ITU 标准、CAC(国际食品法典委员会)标准、OIML(国际法制计量组织)标准等。区域标准是指由一个地理区域的国家代表组成的区域标准组织制定并在本区域内使用的标准,主要有 CEN(欧洲标准化委员会)标准、CEN-ELEC(欧洲电工标准化委员会)标准、ETSI(欧洲电信标准学会)标准、PAS(泛美技术标准)、ASMO(阿拉伯标准)和 ARS(非洲地区标准)等。

三、我国食品标准的分类

我国食品标准按其效力性质同样可分为强制性标准和非强制性标准两类,也有国家标准、行业标准、地方标准和企业标准四个不同层次。一般食品行业涉及的基础性卫生、安全性等标准均为强制性国家食品安全标准,部分产品标准为推荐性行业标准。

鉴于目前全球食品安全事件频繁发生,从现代食品供应链质量管理的观点出发,本着对食品实施"从农田到餐桌"的全过程监控,强调在食品的产前、产中至产后的全过程实行标准化管理的指导思想,食品安全标准体系还可以按照整个生产过程分为产地环境要求标准、农业生产技术规程标准、工业加工技术规程标准、包装储运技术标准、商品质量标准和卫生安全标准等。

强制性国家食品安全标准按食品种类可分为动物性食品安全标准、植物性食品安全标准、婴幼儿食品安全标准、辐照食品安全标准等。强制性国家食品安全标准中的基础标准主要是对食品中的某些毒素、污染物,以及某些元素的限量标准,并包括食品添加剂、营养强化剂等标准,例如涉及食品中真菌毒素限量和食品中污染物限量的标准等。强制性国家食品安全标准涉及食品包装材料的标准,如容器、食具、包装纸等卫生标准,以及产品标签通则等。推荐性国家食品安全标准包括微生物学检验方法和理化检验方法等标准。

四、标准代号及表示方法

标准代号在我国的《国家标准管理办法》《行业标准管理办法》《地方标准管理办法》和《企业标准管理办法》中都有相应的规定。国家质量监督检验检疫总局于 1999 年 8 月 24 日发布了《关于规范使用国家标准和行业标准代号的通知》,将国家标准和行业标准代号予以重新公布。部分国家标准代号、行业标准代号和地方标准代号如表 4-1 所示。

表 4-1 部分标准代号

分 类	代 号	含 义	管 理 部 门
国家标准	GB GB/T GB/Z	中华人民共和国强制性国家标准 中华人民共和国推荐性国家标准 中华人民共和国国家标准化指导性技术文件	国家标准化管理委员会

续表 4-1

分　类	代　号	含　　义	管 理 部 门
行业标准	HJ NY QG SY SC SN WS YC	环境保护 农业 轻工 商业 水产 商检 卫生 烟草	环保总局 农业部 轻工总会 商务部(原商业部) 农业部(水产) 国家质量监督检验检疫总局 卫生部 国家烟草专卖局
地方标准	DB DB/T Q	中华人民共和国强制性地方标准 中华人民共和国推荐性地方标准 中华人民共和国企业产品标准	省级质量技术监督局 省级质量技术监督局 企业

五、国际、欧盟与主要发达国家的食品标准体系

(一)国际食品标准

国际食品标准主要有国际食品法典委员会(CAC)、国际标准化组织(ISO)、国际乳制品联合会(IDF)、国际葡萄酒局(IWO/OIV)、欧共体(EC)及各个国家的国家标准化组织发布的食品标准、指南等。目前最重要的国际食品标准分属两大系统,即 ISO 系统的食品标准和 CAC 系统的食品标准,其现状和发展趋势对世界各国的食品发展有举足轻重的影响。

1. 食品法典(CAC)标准

由于世界经济一体化的发展和食品法典委员会卓有成效的工作,食品法典标准已成为全球消费者、食品生产者和加工者、各国食品管理机构和国际食品贸易唯一的和最重要的基本参照标准。

全部 CAC 食品标准构成 CAC 食品标准体系,又称 CAC 农产品加工标准体系。CAC 食品标准体系的结构模式采用横向的通用原则标准(由综合主题委员会负责拟订有关适用于所有食品的食品安全和消费者健康保护通用原则的标准)和纵向的特定商品标准(由商品委员会负责拟定有关特定商品的标准)相结合的网格状结构。横向通用原则标准简称通用标准,纵向特定商品标准简称专用标准。CAC 标准共分 13 卷 314 项标准,包括 87 项通用标准,193 项专用标准。按照标准的具体内容,又可将 CAC 食品标准分为商品标准、卫生或其他技术规范、限量标准、分析与取样方法、一般导则及指南 5 大类。

CAC 食品法典目录如表 4-2 所示。

2. 国际标准化组织(ISO)标准

国际标准化组织(ISO)是专门从事国际标准化活动的组织,是世界上最大的国际标准化机构。迄今,ISO 已经发布了 9200 个国际标准。在食品及食品相关产品的标准化方面,ISO 主要有 4 个技术委员会,分别是 ISO/TC 34(食品技术标准化技术委员会)、ISO/TC 93(淀粉和衍生物及其副产品标准工作的技术委员会)、ISO/TC 166(食品接触瓷器、玻璃制品技术委员会)和 ISO/TC 176(质量管理和质量保证技术委员会)。其中 ISO/TC 34 制定了绝大多数食品类的标准。ISO/TC 34 在食品标准化领域的活动主要包括术语、分析方法和取样方法、感官产品质量和分级、操作、运输和存储要求等方面。为了避免重复,凡 ISO 制定的产品分析标准都被 CAC 直接采用。

表 4-2　CAC 食品法典目录

卷　次	内　容
第一卷第一部分	一般要求
第一卷第二部分	一般要求(食品卫生)
第二卷第一部分	食品中的农药残留(一般描述)
第二卷第二部分	食品中的农药残留(最大限量值)
第三卷	食品中的兽药残留
第四卷	特殊膳食食品(包括婴幼儿食品)
第五卷第一部分	加工和速冻水果及蔬菜
第五卷第二部分	新鲜水果和蔬菜
第六卷	果汁及相关产品
第七卷	谷物、豆类及其制品和植物蛋白
第八卷	油脂及相关产品
第九卷	鱼和鱼制品
第十卷	肉和肉制品,包括浓肉汤和清肉汤
第十一卷	糖、可可制品、巧克力及其他制品
第十二卷	乳及乳制品
第十三卷	取样和分析方法

(二)欧盟与主要发达国家的食品标准

1. 欧盟的食品标准体系

欧洲标准化委员会(CEN)由欧洲经济共同体(EEC)和欧洲自由贸易联盟(EFTA)国家及西班牙共同组成。CEN 已经发布了 300 多个食品标准,主要是取样和分析方法。这些标准由 7 个技术委员会制定,分别是 TC 174 水果和蔬菜汁——分析方法;TC 194 与食品接触的器具;TC 275 综合方法;TC 302 牛奶和奶制品——取样和分析方法;TC 307 含油种子、蔬菜及动物脂肪和油以及其副产品的取样和分析方法;TC 327 动物饲料——分析方法;TC 338 谷类和谷类产品。另外,CEN 的工作计划还涵盖其他一些项目,如转基因食品的检测、取样方法,蛋白质基方法,定性和定量核酸基方法,以及转基因检测的一般要求等。

经过十几年的发展,欧盟逐步形成了由上层为数不多但具有法律强制力的欧盟指令,下层上万个包含具体技术内容、制造商可自愿选择的技术标准组成的两层结构的欧盟指令和技术标准体系。该体系的建立有效地消除了欧盟内部市场的贸易障碍。但欧盟同时规定,属于指令范围内的产品必须满足指令的要求才能在欧盟市场销售,达不到要求的产品不许流通。这一规定对欧盟以外的国家同样适用。从发展来看,欧盟指令和法规越来越简单,但有关安全、卫生、消费者权益保护的要求则越来越严格,按照欧盟指令制定的技术标准也将越来越复杂。

2. 美国的食品标准

美国食品标准的建立有着悠久的历史,最早可追溯到殖民时期。它是一个由少到多、由简到繁,不断修改、不断完善,逐渐构成标准体系的漫长过程。它的发展体现出以下特点:第一,发展历史悠久,不断促进食品标准体系的完善;第二,法律法规相应,切实保障食品标准体系的实施;第三,科学技术发展,深刻影响食品标准体系的演变;第四,重大安全事件,强力推进食品标准体系的跨越。

3. 日本的食品标准

JAS 是日本农林标准(Japanese Agricultural Standard)的缩写,JAS 被用于整个农林标

准制度。日本的农业标准化管理制度,即 JAS 制度,是基于日本农林水产省制定的《关于农林物质标准化及质量标识正确化的法律》(简称"JAS 法")所建立的对日本农林产品及其加工产品进行标准化管理的制度。任何在日本市场上销售的农林产品及其加工品(包括食品)都必须接受 JAS 制度的监管,遵守 JAS 制度的管理规定。因此,JAS 制度成为日本农业标准化最重要的管理制度。

JAS 技术法规体系中涉及食品质量安全的可以分为两大类:一类是关于食品质量的,另一类是关于安全卫生的,包括动植物疫病、有毒有害物质残留等。目前,日本厚生省和农林水产省颁布了 2000 多项农产品(食品)质量标准(技术法规),日本厚生省和农林水产省共同制定了 1000 多项农产品(食品)残留限量标准。

在食品卫生标准方面,日本制定的不多,只包括清凉饮料、谷物制品以及肉制品等 30 种食物。对于没有标准的食品,就按《食品卫生法》进行管理。凡是违反《食品卫生法》中的一般卫生要求,如腐败变质,有毒、有害物质污染,含有致病菌等的食品都要进行处理。对于任何不符合食品卫生标准的食品,政府按照《食品卫生法》的规定给予不同处罚,如停止销售、销毁、罚款甚至追究刑事责任。

六、我国的食品标准体系

(一)我国食品标准体系概况

我国的食品标准体系由国家标准、行业标准、地方标准、企业标准等 4 级构成。国家标准化管理委员会统一管理我国的食品标准化工作,国务院有关行政主管部门分工管理本部门、本行业的食品标准化工作。食品安全国家标准由各相关部门负责草拟,国家标准化管理委员会统一立项、统一审查、统一编号、统一批准发布。近年来,我国食品标准体系建设逐步加强。目前,我国已初步形成了门类齐全、结构相对合理、具有一定配套性和完整性的食品质量安全标准体系。食品安全标准包括农业投入品合理使用准则,动植物检疫规程,良好农业操作规范,食品中农药、兽药、污染物、有害微生物等限量标准,食品添加剂及使用标准,食品包装材料卫生标准,特殊膳食食品标准,食品标签标识标准,食品安全生产过程管理和控制标准,以及食品检测方法标准等方面,涉及粮食、油料、水果蔬菜及制品、乳与乳制品、肉禽蛋及制品、水产品、饮料酒、调味品、婴幼儿食品等可食用农产品和加工食品,基本涵盖了从食品生产、加工、流通到最终消费的各个环节。但我国食品质量安全标准体系尚不完善,食品卫生标准、食品质量标准、农产品质量安全标准和农药残留标准等标准体系有待进一步整合,不同行业间制定的标准在技术内容上存在交叉矛盾,需要进一步修订与完善。

(二)我国主要的食品标准

我国现行的食品标准基本上是按照标准的内容进行分类并编辑出版的,如食品工业基础及相关标准、食品卫生标准、食品产品标准、食品添加剂标准、食品包装材料及容器标准、食品检验方法标准等。

1.食品基础标准

食品基础标准是指在食品领域具有广泛的使用范围,涵盖整个食品或某个食品专业领域内的通用条款和技术要求,主要包括通用的食品技术术语标准,相关量和单位标准,通用的符号、代号(含代码)标准等。

(1)名词术语标准 《食品工业基本术语》标准规定了食品工业常用的基本术语。内容包括一般术语,产品术语,工艺术语,质量、营养及卫生术语等。

各类食品工业的名词术语标准包括 GB/T 19480—2009《肉与肉制品术语》、GB/T 15109—2021《白酒工业术语》、GB/T 15069—2008《罐头食品机械术语》、GB/T 12140—2007《糕点术语》、GB/T 8873—2008《粮油名词术语　油脂工业》、GB/T 19420—2003《制盐工业术语》、GB/Z 21922—2008《食品营养成分基本术语》等。

(2)图形符号、代号标准　食品的图形符号、代号标准包括 GB/T 12529.1～4—2008、GB/T 12529.5—2010《粮油工业用图形符号、代号　第 5 部分:仓储工业》、GB/T 13385—2008《包装图样要求》,QB 2683—2005《罐头食品代号的标示要求》等。

2. 食品安全限量标准

食品安全限量标准包括食品中有毒有害物质限量标准、与食品接触材料卫生要求以及食品添加剂使用限量标准,如 GB 2760—2014《食品安全国家标准　食品添加剂使用标准》。食品中有毒有害物质限量标准又包括食品中农药残留限量标准,食品中兽药残留限量标准,食品中有害金属、非金属及化合物限量标准,食品中生物毒素限量标准,食品中微生物限量标准。

(1)食品中污染物的限量标准　食品在生产(包括种植、养殖)、加工、包装、贮存、运输、销售直至食用过程或环境污染所导致产生的任何物质为污染物,包括除农药、兽药和真菌毒素以外的污染物。如 GB 2762—2022《食品安全国家标准　食品中污染物限量》标准规定了铅、镉、汞、砷、铬、铝、氟、苯并芘、N-亚硝胺、多氯联苯、亚硝酸盐等在各类食品中的限量标准以及检测方法;GB 14882—94《食品中放射性物质限制浓度标准》规定了主要食品中 12 种放射性物质的导出限制浓度(分天然物质和人工放射性物质),适用于各种粮食、薯类、蔬菜及水果、肉鱼虾类和奶类食品。

(2)食品中农(兽)药、激素(植物生长素)及抗生素的残留限量标准　现行国家标准为 GB 31650—2019《食品安全国家标准　食品中兽药最大残留限量》和 GB 2763—2021《食品安全国家标准　食品中农药最大残留限量》。

(3)食品中有害微生物和生物毒素的限量标准　食品中的有害微生物主要是指细菌、大肠菌群和致病菌。其中致病菌在所有食品中都不得检出,细菌总数和大肠菌群限量指标在各类食品及食品原料、农产品中都有严格规定。该项目包含在各类食品安全(卫生)标准中。

现行的食品中真菌毒素限量执行 GB 2761—2017《食品安全国家标准　食品中真菌毒素限量》标准,其中主要规定了食品中的黄曲霉毒素 B1、黄曲霉毒素 M1、脱氧雪腐镰刀菌烯醇、展青霉素、赭曲霉毒素 A、玉米赤霉烯酮的限量指标。

3. 食品检验检测方法标准

食品检验检测方法标准包括食品微生物检验方法标准、食品卫生理化分析方法标准、食品感官分析方法标准、毒理学评价方法标准等。GB/T 5009.1—2003《食品卫生检验方法理化部分　总则》、GB 4789—2016《食品微生物学检验》以及《食品卫生国家标准汇编(6)》的发布与实施,对食品卫生监督和食品卫生检验工作起到了极大的指导和推动作用。

(1)食品理化检验方法标准　食品理化检验包括食品中水分、蛋白质、脂肪、灰分、还原糖、蔗糖、淀粉、食品添加剂、重金属及有毒有害物质等的测定方法。

编号为 5009 的系列标准是我国食品卫生理化检验方法的主要标准,如 GB 5009.3—2010《食品中水分的测定》、GB 5009.5—2016《食品安全国家标准　食品中蛋白质的测定》、GB 5009.12—2017《食品中铅的测定》、GB 5009.24—2016《食品中黄曲霉毒素 M 族的测定》、GB 5009.33—2016《食品中亚硝酸盐和硝酸盐的测定》等。除了 GB 5009 系列标准外，2005 年还发布了 GB/T 19648—2006《水果和蔬菜中 500 种农药及相关化学品残留量的测定　气相色谱—质谱法》、GB/T 19649—2006《粮谷中 475 种农药及相关化学品残留量的测定　气相色谱—质谱法》、GB/T 19650—2006《动物肌肉中 478 种农药及相关化学品残留量的测定　气相色谱—质谱法》。

（2）食品微生物学检验方法标准　编号为 4789 的系列标准是我国食品微生物学检验方法的标准，主要包括：总则（GB 4789.1—2016）、菌落总数测定（GB 4789.2—2016）、大肠菌群计数（GB 4789.3—2016）、沙门氏菌检验（GB 4789.4—2016）、空肠弯曲菌检验（GB 4789.9—2014）、肉毒梭菌及肉毒毒素检验（GB 4789.12—2016）、乳与乳制品检验（GB 4789.18—2010）等。

（3）食品检验与评价方法标准　食品的检验方法标准包括各类食品的试验方法、检验方法、检验规程，各种成分的理化测定，食品的感官分析方法，各种食品的品质、性能试验等。

①食品试验、检验方法标准。食品产品检验方法标准包括 GB/T 4928—2008《啤酒分析方法》、GB 5413.38—2016《生乳冰点的测定》、GB 8538—2016《饮用天然矿泉水检验方法》、GB 18393—2001《牛羊屠宰产品品质检验规程》、GB 8955—2016《食用植物油及其制品生产卫生规范》等。

②食品与农产品检验检疫标准。我国目前实施的食品与农产品检验检疫规范与标准包括 GB/T 18088—2000《出入境动物检疫采样》、GB 7412—2003《小麦种子产地检疫规程》、GB 15569—2009《农业植物调运检疫规程》等。

③食品中的放射性物质检验标准。食品中的放射性物质检验标准包括 GB 14883.1—2016《食品中放射性物质检验　总则》、GB 14883.2—2016《食品中放射性物质氢-3 的测定》、GB 14883.9—2016《食品中放射性物质碘-131 的测定》等。

④食品安全性毒理学评价程序与实验方法。食品安全性毒理学评价程序适用于评价食品生产、加工、储存、运输和销售过程中所涉及的可能对健康造成危害的化学、生物和物理因素的安全性，评价的对象包括食品添加剂（含营养强化剂）、食品新资源及其成分、新资源食品、辐照食品、食品容器与包装材料、食品工具、设备、洗涤剂、消毒剂、农药残留、兽药残留、食品工业用微生物等。

2014—2015 年国家卫生和计划生育委员会发布了 GB 15193 系列标准，如 GB 15193.1—2014《食品安全性毒理学评价程序》、GB 15193.2—2014《食品毒理学实验室操作规范》、GB 15193.19—2015《致突变物、致畸物和致癌物的处理方法》、GB 15193.21—2014《受试物试验前处理方法》、GB 15193.3—2014《急性经口毒性试验》等，另有 GB/T 27406—2008《实验室质量控制规范　食品毒理学检测》。

⑤转基因食品检测标准。我国转基因食品检测的国家标准（GB/T 19495）主要包括通用要求和定义、实验室技术要求、核酸提取纯化方法、实时荧光定性聚合酶链式反应（PCR）检测方法、实时荧光定量聚合酶链式反应（PCR）检测方法、抽样和制样方法、蛋白质检测方法、植物产品液相芯片检测方法等 9 项内容。

4.食品质量安全控制与管理技术标准

食品质量安全控制与管理技术标准指通用的为满足和达到食品及食品生产、加工、储存、运输、流通和消费中的质量、安全、卫生要求的各种控制与管理技术规范、操作规程等标准。我国已将 ISO 15161 等同转化为 GB/T 19080—2003《食品与饮料行业 GB/T 19001 2000 应用指南》,也颁布了多项食品安全管理体系的行业标准。

（1）GB 14881—2013《食品生产通用卫生规范》　是制定各类食品厂专业卫生规范的依据和总则,规定了食品企业在加工过程、原料采购、运输贮存、工厂设计中的基本卫生要求。

（2）良好农业规范　包括 GB/T 20014 系列,如 GB/T 20014.2—2013《良好农业规范　第 2 部分:农场基础控制点与符合性规范》、GB/T 20014.9—2013《良好农业规范　第 9 部分:猪控制点与符合性规范》等。

（3）良好生产规范　包括 GB 12693—2010《食品安全国家标准　乳制品良好生产规范》、GB/T 23544—2009《白酒企业良好生产规范》、GB 12695—2016《饮料生产卫生规范》、GB 17405—1998《保健食品良好生产规范》等。

（4）危害分析与关键点控制　包括 GB/T 19538—2004《危害分析与关键控制点（HACCP）体系及其应用指南》、GB/T 27341—2009《危害分析与关键控制点（HACCP）体系　食品生产企业通用要求》、GB/T 27342—2009《危害分析与关键控制点（HACCP）体系　乳制品生产企业要求》等。

（5）食品安全管理体系　包括 GB/T 22000—2006《食品安全管理体系　食品链中各类组织的要求》、GB/T 22004—2007《食品安全管理体系　GB/T 22000—2006 的应用指南》、GB/T 23734—2009《食品生产加工小作坊质量安全控制基本要求》、GB/T 23887—2009《食品包装容器及材料生产企业通用良好操作规范》。

（6）质量管理体系　包括 GB/T 19001—2016《质量管理体系　要求》、GB/T 19002—2018《质量管理体系　GB/T 19001—2016 应用指南》。

5.食品标签标志标准

我国目前的食品标签标志标准主要有 GB 7718—2011《预包装食品标签通则》、GB 13432—2013《预包装特殊膳食用食品标签》、GB/T 191—2008《包装储运图示标志》、GB/T 12123—2008《包装设计通用要求》等。

6.食品产品标准

食品产品标准的主要内容包括产品分类、技术要求、试验方法、检验规则以及标签与标志、包装、储存、运输等。食品产品标准是食品工业生产标准化过程中涉及最多的一类标准。食品工业标准化体系包括 19 个专业,其中谷物食品、肉禽制品、水产食品、罐头食品、食糖、焙烤食品、糖果、调味品、乳及乳制品、果蔬制品、淀粉及淀粉制品、食品添加剂、蛋制品、发酵制品、饮料酒、软饮料及冷冻食品、茶叶等专业的主要产品都有国家标准或行业标准,如 GB 19301—2010《食品安全国家标准　生乳》、GB/T 23493—2009《中式香肠》、GB/T 1535—2017《大豆油》、GB/T 18186—2000《酿造酱油》、GB/T 10792—2008《碳酸饮料（汽水）》、GB/T 20980—2007《饼干》、GB/T 20823—2017《特香型白酒》、GB/T 21118—2007《小麦粉馒头》等。

7.食品接触材料与制品标准

食品接触材料及制品标准包括 GB 9683—1988《复合食品包装袋卫生标准》、GB 18192—2008《液体食品无菌包装用纸基复合材料》、GB/T 18454—2019《液体食品无菌包装用复合袋》、GB/T 19741—2005《液体食品包装用塑料复合膜、袋》、GB/T 16958—2008《包装用双向拉伸聚酯薄膜》、GB 14930.1—2015《食品安全国家标准　洗涤剂》等。

8.其他标准

食品的相关标准还有绿色食品标准、有机食品标准、无公害食品标准、森林食品标准、超市食品标准、快餐食品标准、辐照食品标准等。

七、食品标准的制定

(一)标准的制定原则

标准制定是指标准制定部门为制定一项新标准而进行的编制计划、组织草拟、审批、编号、发布和出版等活动。标准制定是将科学、技术、管理的成果纳入标准的过程,也是集思广益、体现全局利益的过程。

制定标准应遵循以下基本原则:

(1)贯彻国家有关法律法规和方针政策;

(2)充分考虑使用要求,维护消费者利益;

(3)推广先进的技术成果,提高经济效益,做到技术上先进、经济上合理;

(4)做到相关标准的协调配套;

(5)要有利于保障社会安全和人民身体健康,保护消费者利益,保护环境;

(6)积极采用国际标准和国外先进标准,以促进对外经济技术合作和发展对外贸易,使我国的标准化与国际接轨。

(二)国家标准、行业标准和地方标准的制定程序

1.一般国家标准、行业标准和地方标准的制定程序

根据 GB/T 16733—1997《国家标准制定程序的阶段划分及代码》,我国国家标准制定程序划分为 9 个阶段,即预备阶段、立项阶段、起草阶段、征求意见阶段、审查阶段、批准阶段、出版阶段、复审阶段、废止阶段。行业标准和地方标准的制定程序与国家标准制定程序相似。

(1)预备阶段　预备阶段是标准计划项目建议的提出阶段,这一阶段从全国专业标准化技术委员会(以下简称技术委员会)或部门收到新工作项目建议提案起,至将新工作建议上报国务院标准化行政主管部门(国家标准化管理委员会)止。在这一阶段中,技术委员会应根据我国市场经济和社会发展的需要,对将要立项的新工作项目进行研究及必要的论证,并在此基本上提出新工作项目建议,包括标准草案或标准大纲(如标准的范围、结构及与其他标准相互协调的关系等)。这一阶段的任务为提出新工作项目建议。

(2)立项阶段　立项阶段从国务院标准化行政主管部门收到新工作项目建议起,至国务院标准化行政主管部门下达新工作项目计划止。国务院标准化行政主管部门对上报的国家标准新工作项目建议统一汇总、审查、协调、确认,直至下达"国家标准制(修)订计划项目"。立项阶段的时间周期一般不超过 3 个月,这一阶段的任务为提出新工作项目。

(3)起草阶段　起草阶段从技术委员会收到新工作项目计划起,落实计划,组织项目的实施,至标准起草工作组完成标准征求意见稿止。新工作项目由技术委员会组织落实,由承担任务的单位负责完成。起草阶段的时间周期一般不超过 10 个月,这一阶段的任务为完成标准征求意见稿。

(4)征求意见阶段　征求意见阶段从标准起草工作组将标准征求意见稿发往有关单位征求意见起,经过收集、整理回函意见,提出征求意见汇总处理表,至完成标准送审稿止。征求意见阶段的时间周期一般不超过两个月,这一阶段的任务为完成标准送审稿。

(5)审查阶段 审查阶段自技术委员会收到起草工作组完成的标准送审稿起,经过会审或函审,至工作组最终完成标准报批稿止。采用会议方式审查的,应写出"会议纪要",并附参加审查会议的代表名单;采用函审方式审查的,应写出"函审结论",并附"函审单"。

起草工作组应根据会审或函审意见完成标准报批稿及其附件。若标准送审稿没有被通过,则应责成起草工作组完成标准送审稿(第二稿)并再次进行审查。此时,项目负责人应主动向有关部门提出延长或终止该项目计划的申请报告。这一阶段的任务为完成标准报批稿。

(6)批准阶段 批准阶段自国务院有关行政主管部门(或技术委员会)、国务院标准化行政主管部门收到标准报批稿起,至国务院标准化行政主管部门批准发布国家标准止。国务院有关行政主管部门(或技术委员会)对标准报批稿及报批材料进行审核,对不符合报批要求的,一般应返回起草单位,限时解决问题后再行审核。部门审核后,由国家标准技术审查机构对上报标准进行审查,并在此基础上对标准报批稿进行必要的协调和完善工作。时间周期不超过 3 个月。经国家标准技术审查机构审核通过的国家标准报批稿,由国务院标准化主管部门批准发布,时间周期不超过 1 个月。若报批稿中存在技术方面或协调方面的问题,一般应退回部门或有关专业标准化技术委员会限时解决问题后再行报批。批准阶段总的时间周期一般不超过 6 个月,这一阶段的任务为批准发布国家标准、提供标准出版稿。

(7)出版阶段 出版阶段自国家标准出版单位收到国家标准稿起,至国家标准正式出版止。出版阶段的时间周期一般不超过 3 个月,这一阶段的任务为提供标准出版物。

(8)复审阶段 国家标准实施后,应根据科学技术的发展和经济建设的需要适时进行复审,复审周期一般不超过 5 年。国家标准复审后,对不需要修改的国家标准可确认其继续有效;对需作修改的国家标准可作为修订项目申报,列入国家标准修订计划。对已无存在必要的国家标准,由技术委员会或部门对该国家标准提议废止。

(9)废止阶段 已无存在必要的国家标准,由国务院标准化行政主管部门予以废止。

上述 9 个阶段为正常情况下国家标准制定程序的阶段划分。

对下列情况,制定国家标准可采用快速程序:①对等同采用、等效采用国际标准或国外先进标准的标准制定、修订项目,可直接由立项阶段进入征求意见阶段,省略起草阶段;②对现有国家标准的修订项目或其他各级标准的转化项目,可直接由立项阶段进入审查阶段,省略起草阶段和征求意见阶段。

2.食品安全国家标准和地方标准的制定

为保证食品安全,保障公众身体健康和生命安全,我国《食品安全法》和《食品安全法实施条例》对食品安全国家标准和地方标准的制定做了以下规定:

食品安全国家标准由国务院卫生行政部门负责制定、公布,国务院标准化行政部门提供国家标准编号。食品中农药残留、兽药残留的限量规定及其检验方法与规程由国务院卫生行政部门、国务院农业行政部门制定。屠宰畜、禽的检验规程由国务院有关主管部门会同国务院卫生行政部门制定。

国务院卫生行政部门会同国务院农业行政、质量监督、工商行政管理和国家食品药品监督管理以及国务院商务、工业和信息化等部门制定食品安全国家标准规划及其实施计划。制定食品安全国家标准规划及其实施计划,应当公开征求意见。

国务院卫生行政部门应当选择具备相应技术能力的单位起草食品安全国家标准草案。提倡由研究机构、教育机构、学术团体、行业协会等单位,共同起草食品安全国家标准草案。

制定食品安全国家标准,应当依据食品安全风险评估结果并充分考虑食用农产品质量安全风险评估结果,参照相关的国际标准和国际食品安全风险评估结果,并广泛听取食品生产经营者和消费者的意见。

国务院卫生行政部门应当将食品安全国家标准草案向社会公布,公开征求意见。

食品安全国家标准应当经食品安全国家标准审评委员会审查通过。

没有食品安全国家标准的,可以制定食品安全地方标准。省、自治区、直辖市人民政府卫生行政部门组织制定食品安全地方标准,应当参照执行食品安全国家标准制定的规定,并报国务院卫生行政部门备案。

《食品安全法》第二十六条规定,食品安全标准包括八个方面的内容:①食品、食品添加剂、食品相关产品中的致病性微生物,农药残留、兽药残留、生物毒素、重金属等污染物质以及其他危害人体健康物质的限量规定;②食品添加剂的品种、使用范围、用量;③专供婴幼儿和其他特定人群的主辅食品的营养成分要求;④对与卫生、营养等食品安全有关的标签、标志、说明书的要求;⑤食品生产经营过程的卫生要求;⑥与食品安全有关的质量要求;⑦与食品安全有关的食品检验方法与规程;⑧其他需要制定为食品安全标准的内容。

(三)食品企业标准的制定程序和备案

1. 食品企业标准的制定程序

(1)调查研究　该阶段的主要任务是收集各种相关资料。制定一项企业标准需要收集的资料包括标准化对象的国内外(包括企业)现状与发展,有关的最新科技成果,顾客的要求与期望,生产(服务)过程及市场反馈的统计资料、技术数据,国际标准、国外先进标准、技术法规及国内外相关标准。

(2)起草标准草案　对收集到的资料进行整理、分析、对比、选优,必要时进行试验对比和验证,起草企业标准草案(征求意见稿)及其编制说明。

(3)征求意见　将企业标准草案(征求意见稿)发给企业内外的相关单位征求意见,根据反馈意见进行修改后,形成企业标准草案(送审稿)。

(4)标准审查　采取会议审查或函审的形式对企业标准草案(送审稿)进行审查。标准的审查重点是:标准送审稿以及相关各种标准化工作是否符合或达到预定的目的和要求,与有关法律、法规、强制性标准是否一致,技术内容是否符合国家方针政策和经济技术发展方向,技术指标与性能是否先进、安全可行,各种规定是否合理、完整和协调,与有关国际标准和国外先进标准是否协调,规定性技术要素内容的确定方法是否符合相关规定,标准编定格式参照 GB/T 1.1—2009。审查通过后编写企业标准(报批稿)和标准编写说明。

(5)标准编号　企业标准的编号为"Q/"依次加上企业代号、顺序号、年号。

(6)批准和发布　企业标准(报批稿)须由企业法人代表或其授权的主管领导批准后才能成为正式的企业标准。批准后的企业标准由企业法人代表授权的主管部门正式发布。

2. 食品企业标准的备案

企业产品标准应在发布后 30 天内,报当地政府标准化行政主管部门和有关行政主管部门备案,按各省、自治区、直辖市人民政府标准化行政主管部门的规定办理。企业食品安全标准应当报省级卫生行政部门备案。此外,企业标准还应定期复审,复审周期一般不超过 3 年。复审工作由企业标准化机构负责组织。

（四）食品标准起草制定的基本要求

食品标准起草制定时不仅内容要符合政策、经济合理、技术先进，而且表达形式要力求准确、简明，表述要规范化。标准的文体应简单明了，通俗易懂，不给使用者在理解上造成任何困难。制定行业、企业等标准时还应考虑标准接口、互换、兼容或配合。标准有其特定格式、编号、文字结构与表达方式，简述如下。

1.食品标准制定的资料性概述要素

资料性概述要素包括技术标准的封面、目次、前言和引言等内容。

（1）封面　封面为必备要素，需写明：①标准的分类号和备案号、类别和标志、编号和代替标准号；②中、英文名称，与国际标准一致性程度的标识；③发布日期、实施日期和发布部门等。

标准的中、英文名称为必备要素，是对标准的主题最集中、最简明的概括。名称可直接反映标准化对象的范围和特征，也直接关系到标准化信息的实施效果。标准名称是读者使用、收集和检索标准的主要判断依据。编写标准的中、英文名称应力求简练，既要明确表明标准的主题，又要使之与其他类别的标准相区别。

标准的中文名称最多包括三个要素，即引导要素、主体要素和补充要素。其中，主体要素为必备要素，其余为可选要素。引导要素表示标准所属的领域；主体要素表示所属领域的标准化对象；补充要素表示标准化对象的特定方面。GB 2716—2018《食品安全国家标准 植物油》中的名称"植物油"即为主体要素。GB 5009.12—2017《食品安全国家标准 食品中铅的测定》名称中的引导要素为"食品"；主体要素为"铅的测定"；其补充要素为"石墨炉原子吸收光谱法"（需要时才写明）。

标准的英文名称应尽量从相应国际标准的名称中选取，避免直译标准的中文名称。在采用国际标准时，应直接采用原标准的英文名称。英文名称的写法为：每一段第一个单词的首字母大写，其余小写。

2010 年的国家标准名称的最新规则是：中华人民共和国卫生部 2010 年颁布的食品国家标准名称前冠以"食品安全国家标准"（National food safety standard）字样。

（2）目次　目次为可选要素。其功能为：体现层次结构框架，引导阅读和检索。其中应列出完整的标题及所在页码。目次中所要列出的内容次序如下：①前言；②引言；③章的编号、标题；④带有标题条的编号、标题（需要时列出）；⑤附录编号、附录性质（在圆括号中注明"规范性附录"或"资料性附录"）、标题；⑥附录章的编号、标题（需要时才列出）；⑦附录条的编号、标题（需要时才列出，并且只能列出带有标题的条）；⑧参考文献；⑨索引；⑩图的编号、图题（需要时才列出）；⑪表的编号、表题（需要时才列出）。

（3）前言　标准的前言为必备要素，不应包含图、表和要求。前言由特定部分和基本部分组成。特定部分用于说明系列标准或多个部分组成的技术标准的结构，与对应国际标准的一致性程度，代替或废除的其他文件，与此标准前一版相比的重大技术变化，与其他文件的关系，标准中附录的性质等。例如，GB 2716—2018《食品安全国家标准 植物油》前言中说明新增附录 A 是"食用植物油和油脂脂肪酸组成标签格式和要求"。前言的基本部分用于说明该项标准的替代原标准情况、修改范围、修改术语定义、修改理化指标、增加食品营养强化剂使用要求、增加标签标识要求、增加附录 A 等。

如果起草新标准，例如，GB 25192—2010《食品安全国家标准 再制干酪》（现标准为：

GB 25192—2022《食品安全国家标准　再制干酪和干酪制品》)是我国首次发布的国家标准,在前言中进行了这样的说明:本标准对应于国际食品法典委员会(CAC)的标准 Codex Stan 285—1978(Amendment 2008)Codex General Standard for Named Variety Process (ed) Cheese and Spreadable Process(ed)Cheese 等。本标准与 Codex Stan 285—1978(Amendment 2008)的一致性程度为非等效。微生物指标对应于欧盟 Commission Regulation (EC)No1441/2007 of 5 December 2007 相关规定,本标准与其一致性程度为非等效。同时说明"本标准系首次发布"。

如果是标准更新,则在前言部分说明的主要内容有以下几条:

①现制定的标准适用范围,可替代哪些旧标准。例如,GB 2717—2018《食品安全国家标准　酱油》代替 GB 2717—2003《酱油卫生标准》。

②现制定标准与旧标准或其他标准相比的主要变化的内容表示。例如 GB 2717—2018《食品安全国家标准　酱油》中描述所示。

(4)引言　标准的引言为可选要素,是对"前言"中有关内容的特殊补充或对标准中有关技术内容的特殊说明、解释,以及制定该标准的特殊信息或说明。引言位于标准前言之后,一般不分条,也不编号。

2.食品标准的正文

标准正文的内容包括范围、术语和定义、技术要求、其他等。

(1)范围　标准的范围是规范性一般要素,同时又是必备要素,应位于标准的正文之首。范围应明确说明技术标准的对象和所涉及的各个方面,由此指明技术标准或其特定部分的适用界限。即标准中一切技术内容的规定都在范围所界定的界限内起作用,超出范围,这些规定就不适用。范围的编写应做到完整(提供的信息要全面,不缺项)、规范(用语要准确、规范)、简洁(高度提炼所要表达的所有内容)。

范围使用陈述句形式表达。例如,"本标准规定了……的方法(特征等)";"本标准确立了……的系统(一般原则等)";"本标准给出了……的指南";"本标准界定了……的术语"等。范围应给出标准适用性的陈述,如有必要,还应给出标准不适用的范围。例如,"本标准适用于……";"本标准适用于……也适用于……";"本标准适用于……也可参照(参考)使用";"本标准适用于……不适用于……";"本标准不适用于……"等。

例如,GB 2717—2018《食品安全国家标准　酱油》中的范围描述为:

1　范围

本标准适用于酱油。

(2)术语和定义　术语和定义(有时包括符号和缩略语)均为可选要素。通常为了理解一项技术标准,当其中使用的某些术语尚无统一规定时,应加以必要的定义或给出说明,对其中使用的某些符号和缩略语可以列出它们的一览表,并对所列符号、缩略语的功能、意义、具体使用场合给出必要的说明。

例如,GB 2717—2018《食品安全国家标准　酱油》中对酱油的定义如下:

2　术语和定义

2.1　酱油

以大豆和/或脱脂大豆、小麦和/或小麦粉和/或麦麸为主要原料,经微生物发酵制成的具有特殊色、香、味的液体调味品。

食品标准与法规术语和定义的引导语表示方式有："下列术语和定义适用于本标准"；"……确立的以及下列术语和定义适用于本标准"；"下列术语和定义适用于 GB/T ×××\n×—××××的本部分"；"……确立的以及下列术语和定义适用于 GB/T ××××—××\n××的本部分"。

通常在制定行业级别以上的标准时才制定术语和定义，在企业标准中一般很少出现。

（3）技术要求 各类标准中的"技术要求"内容差异较大，要根据各类标准的技术特征及其制定目的合理地选择必要的内容。以下原则主要针对产品标准，适用时也可用于过程标准或服务标准。

技术要求的原则包括：该标准所涉及的产品具有需要在较大范围内统一协调的特性，目的是要保证适用性；只要可能就应使用性能特性而不使用设计和描述特性来表达标准中的技术要求；该技术要求能够被试验方法在较短时间内证实（稳定性、可靠性或寿命等），应使用明确的数值附带公差，或者指出最大值、最小值来表示；应避免重复，如果需要借用其他技术标准中的某项要求，应采用引用方式而不必重复其内容。

①产品标准。以 GB 2717—2018《食品安全国家标准 酱油》标准为例，其技术要求包括以下内容：原料要求、感官要求、理化指标、污染物限量和真菌毒素限量、微生物限量、食品添加剂和食品营养强化剂。

②检测标准。如果制定的技术标准涉及检测技术，除满足"范围""规范性引用文件"的规则外，还包括"原理、试剂和材料、仪器和设备、分析步骤和分析结果的表述"等内容。如果技术标准规定的试验方法涉及使用危险的物品、仪器或过程，应使用一般警示用语和特殊警示用语。如果一个特性存在多种适用的试验方法，原则上技术标准中只能列入一种试验方法。如果因为某种理由在技术标准中需要列出几种方法，则应指明仲裁法。技术标准中所选试验方法的准确度应能对所要评定的特性值是否处在规定的公差范围内作出明确判定。当考虑技术需要时，对每项试验方法都应列出其相应的准确度范围。以 GB 5413.34—2010《食品安全国家标准 乳和乳制品酸度的测定》为例，标准中的第一法为"乳粉中酸度的测定"，其中有"基准法（记录所用氢氧化钠溶液的毫升数，精确至 0.05 mL）"、"常规法（精密度：在重复性条件下获得的两次独立测定结果的绝对差值不得超过1.0 °T）"；第二法为"乳及其他乳制品中酸度的测定"。

③生产规范类标准。以 GB 12693—2010《食品安全国家标准 乳制品良好生产规范》为例，这类标准的正文，除了"范围""规范性引用文件""术语和定义"之外，还包括：选址及厂区环境；厂房和车间（包括设计和布局、内部建筑结构、设施）；设备（包括生产设备、监控设备、设备的保养和维修）；卫生管理（包括卫生管理制度，厂房及设施卫生管理，清洁和消毒，人员健康与卫生要求，虫害控制，废弃物处理，有毒有害物管理，污水、污物管理，工作服管理）；原料和包装材料的要求（包括一般要求、原料和包装材料的采购和验收要求，原料和包装材料的运输和贮存要求，以及保存原料和包装材料采购、验收、贮存和运输记录）；生产过程的食品安全控制（包括：微生物污染的控制、化学污染的控制、物理污染的控制、食品添加剂和食品营养强化剂、包装材料、产品信息和标签）；检验；产品的贮存和运输；产品追溯和召回；培训；管理机构和人员；记录和文件的管理（包括记录管理、文件管理）。

（4）其他 标志和标签可以规定生产者的识别标志及其地址或总经销商的标志，如商品名、商标或识别标志；或产品标志，如商标、型式或型号、标记，以及对产品标签和（或）包装上诸如搬运说明、危险警示、生产日期等标志的要求,从而使产品便于识别,并向外界提供有关信息,有利于产品的发配和使用;或标志的使用方法(如通过铭牌、标签、印记、颜色、条纹等使用标志)。但标志和标签不应涉及合格标志。对于食品来说,现阶段的产品标签应符合GB 7718、相应产品国家标准及国家其他相关规定。

如 GB 2716—2018《食品安全国家标准 植物油》中"其他",说明了"植物油"在产品包装上的标识方法。

4 其他

4.1 单一品种的食用植物油中不应掺有其他油脂。

4.2 食用植物调和油产品应以"食用植物调和油"命名。

4.3 食用植物调和油的标签标识应注明各种食用植物油的比例。

4.4 食用植物调和油的标签标识可以注明产品中大于2%脂肪酸组成的名称和含量(占总脂肪酸的质量分数),格式和要求按附录 A 操作。

3.食品标准制定的一般性规则和要素

一般性规则和要素指标准的文字要求、图、表、引用、数和公式、量、单位和符号等。

标准中应使用规范文字,标点符号应符合通常的使用习惯。对要求的表述应该容易识别,并使其与可选择的条款相区分,以便使用者实施技术标准时,能了解哪些条款必须遵守,哪些条款可以选择。

如果用图、表提供信息更有利于对技术标准的理解,则最好使用图、表。每个图、表都应该在条文中明确提及。

通常会采用引用文件中特定条文的方法,不必重复抄录需引用的具体内容,以避免可能产生的错误或矛盾,也避免增加篇幅。如果认为有必要重复抄录有关内容,则应准确标明出处。

表示物理量的数值应使用后跟法定计量单位符号的阿拉伯数字。表示非物理量的数,一至九宜用汉字表示,大于九的数字一般用阿拉伯数字表示。小数点符号用圆点。小于1的数值写成小数形式时,应在小数点符号左侧补零。对于任何数,应从小数点符号起,或向右每三位数字一组,组间留1/4字符间隙,但表示年号的四位数除外。为清晰起见,数值和数值相乘应使用乘号,而不用圆点。

标准中的公式尽量用量关系式,特殊情况下才用数值关系式。

标准中应使用法定计量单位,尽可能从相关标准中选择量的符号和数学符号。表示量值时,应写出其单位。度、分和秒(平面角度)的单位符号应紧随数值后,所有其他单位符号前应有1/4的字符间隙。

在标准的最后一个要素之后,应有标准的终结线,以示标准完结。标准的终结线为居中的粗实线,长度为版面宽度的1/4。

(五)采用国际标准

国际标准通常是全球工业界、研究人员、消费者和法规制定部门经验的结晶,包含了各国的共同需要,因此采用国际标准是消除技术性贸易壁垒的重要基础之一。这一点已在世界贸易组织的"技术性贸易壁垒协议"(WTO/TBT)中被明确认可。为了发展对外贸易,应尽量使用国际标准。

根据 GB/T 20000.2—2009《标准化工作指南 第 2 部分:采用国际标准》,"采用"的定义是:(国家标准对国际标准)以相应国际标准为基础编制,并标明了与其之间差异的国家规范性文件的发布。

1.采用国际标准的程度与方法

在采用国际标准时,国家标准与相应的国际标准的一致性程度分为等同、修改和非等效。

(1)等同采用　等同采用是指国家标准与国际标准的技术内容和文本结构相同,没有或仅有最小限度的编辑性修改。

国家标准应尽可能等同采用国际标准。等同采用国际标准时,应使用翻译法。翻译法是指依据相应国际标准翻译成为国家标准,可做最小限度的编辑性修改。

(2)修改采用　修改采用是指国家标准与相应国际标准之间存在技术性差异,并且这些差异及其产生的原因被清楚地说明;或(和)文本结构变化,但同时有清楚的比较;还可包含编辑性修改。修改采用不包括只保留国际标准中少量或者不重要的条款的情况。修改采用时,我国标准与国际标准在文本结构上应当对应,只有在不影响与国际标准的内容和文本结构进行比较的情况下才允许改变文本结构。

修改采用国际标准时,一个国家标准应尽可能采用一项国际标准。在个别情况下,只有当使用列表形式清楚地说明技术性差异及其原因并很容易与相应国际标准的结构进行比较时,才允许一项国家标准采用若干项国际标准。

"修改"可包括如下情况:

①国家标准的内容少于相应的国际标准:国家标准的要求少于国际标准的要求,仅采用国际标准中供选用的部分内容。

②国家标准的内容多于相应的国际标准:国家标准的要求多于国际标准的要求,增加了内容或种类,包括附加试验。

③国家标准更改了国际标准的一部分内容:国家标准与国际标准的部分内容相同,但含有与对方不同的要求。

④国家标准增加了另一种供选择的方案:国家标准中增加了一个与相应的国际标准条款同等地位的条款,作为对该国际标准条款的另一种选择。

若因气候、地理或基本技术原因需对国际标准进行修改采用,应把与国际标准的差异减到最小,并应清楚地标示这些差异和说明产生这些差异的原因。修改采用国际标准时,应使用重新起草法。重新起草法是指在相应国际标准的基础上重新编写国家标准。

(3)非等效采用　"非等效"是指国家标准与国际标准的技术内容和文本结构不同,同时这种差异在国家标准中没有被清楚地说明。"非等效"还包括在国家标准中只保留了少量或不重要的国际标准条款的情况。与国际标准一致性程度为"非等效"的国家标准,不属于采用国际标准。

2.采用程度的表示方法

国家标准等同采用 ISO 标准和(或)IEC 标准的编号方法是国家标准编号与 ISO 标准和(或)IEC 标准编号结合在一起的双编号方法。具体编号方法为将国家标准编号及 ISO 标准和(或)IEC 标准编号排成一行,两者之间用一斜线分开,如 GB/T 7939—2008/ISO 6605:2002。双编号在国家标准中仅用于封面、页眉、封底和版权页上。

对于与 ISO 标准和(或)IEC 标准的一致性程度是修改和非等效的国家标准,只使用国家标准编号,不准许使用双编号方法。

一致性程度及代号如表 4-3 所示。

表 4-3 一致性程度及代号

一致性程度	代　号
等同	IDT
修改	MOD
非等效	NEQ

八、食品标准的实施

食品标准的贯彻实施可以分为计划、准备、实施、检查验收、总结五个程序。

1.计划

实施标准之前,各企业或单位应根据标准的性质和适用范围制订出实施的计划或方案,其内容主要是贯彻实施标准的方式、内容、步骤、负责人员、起止时间、要达到的要求和目标等。

2.准备

准备工作是标准实施的重要环节,主要做好思想、组织、技术、物质四个方面的准备工作。

3.实施

实施标准就是把标准规定的内容在生产、流通和使用等环节中加以执行,包括完全实施、引用、选用、补充、配套、提高等方式。

(1)完全实施就是直接采用标准,全文照搬,毫无改动地贯彻实施。对于重要的国家和行业基础标准、方法标准、安全标准、卫生标准、环境保护标准等强制性标准必须完全实施。

(2)引用就是对于适用于企业的推荐性标准,采取直接引用的形式进行贯彻实施,并在产品、包装或其说明上标注该项推荐性标准的标准编号。

(3)选用是选取标准中的部分内容实施。

(4)补充是在不违背标准的基本原则的前提下,企业可以企业标准的形式对标准再作出一些必要的补充规定。

(5)配套是在贯彻某些标准时,地方或企业可制定这些标准的配套标准以及这些标准的使用方法等指导性技术文件,以更全面、更有效地贯彻标准。

(6)提高是企业在贯彻某一项国家或行业标准时,以国际标准或国内外先进水平为目标,提高、加强标准中的一些性能指标,或者自行制定比该产品标准水平更高的企业标准,实施于生产中。

4.检查验收

检查应贯穿实施阶段的全过程。通过检查验收,找出标准实施中存在的问题,采取相应的措施,继续贯彻实施标准,如此反复进行几次,就可以促进标准的全面贯彻。

5.总结

总结包括技术上和方法上的总结以及各种文件、资料的归类、整理、立卷归档工作,还应该对标准贯彻中发现的各种问题和意见进行整理、分析、归类,然后写出意见和建议,反馈给标准制定部门。

本章小结

食品法律法规体系是指以法律或政令形式颁布的,对全社会具有约束力的权威性规定。它既包括法律法规,也包含以技术规范为基础所形成的各种法规。我国的食品法律法规体系由法律、行政法规、部门规章和规范性文件构成。

《食品安全法》是为保证食品安全,保障公众身体健康和生命安全而出台的食品法律,共10章154条,包括总则、食品安全风险监测和评估、食品安全标准、食品生产经营、食品检验、食品进出口、食品安全事故处置、监督管理、法律责任和附则。《农产品质量安全法》是为了保障农产品质量安全,维护公众健康,促进农业和农村经济发展而建立的,适用于未经加工、制作的农业初级产品。《产品质量法》是调整产品的生产、流通和监督管理过程中因产品质量而发生的各种经济关系的法律规范的总称。

国际食品法律法规是由国际政府组织或者民间组织制定的,被绝大多数国家所接受或承认的法律制度。重要的组织有食品法典委员会、国际标准化组织等。

标准是为了在一定的范围内获得最佳秩序,经协商一致制定并由公认机构批准,共同使用的和重复使用的一种规范性文件。标准化是为在一定范围内获得最佳秩序,对现实问题或潜在问题制定共同使用和重复使用的条款的活动。

我国的标准有几种分类方法,按效力性质可分为强制性标准和非强制性标准;按层次可分为国家标准、行业标准、地方标准和企业标准;按标准内容可分为技术标准、管理标准和工作标准;按信息载体可分为标准文件和标准样品。我国现行的食品标准主要包括食品工业基础及相关标准、食品卫生标准、食品产品标准、食品添加剂标准、食品包装材料及容器标准、食品检验方法标准、食品卫生管理生产规范等。

国际食品标准主要有国际食品法典委员会(CAC)、国际标准化组织(ISO)、国际乳制品联合会(IDF)、国际葡萄酒局(IWO/OIV)、欧共体(EC)及各个国家的国家标准化组织发布的食品标准、指南等。目前最重要的国际食品标准分属两大系统,即ISO系统的食品标准和CAC系统的食品标准,其现状和发展趋势对世界各国的食品发展有举足轻重的影响。

标准制定是指标准制定部门为制定一项新标准而进行的编制计划、组织草拟、审批、编号、发布和出版等活动。我国标准的制定程序一般分为预备、立项、起草、征求意见、审查、批准、出版、复审、废止等9个阶段。食品标准起草制定时不仅内容要符合政策、经济合理、技术先进,而且表达形式要力求准确、简明,表述要规范化,以满足标准制定的基本要求。在采用国际标准时,国家标准与相应的国际标准的一致性程度分为等同、修改和非等效。食品标准的贯彻实施可以分为计划、准备、实施、检查验收、总结五个程序。

复习思考题

一、名词解释

食品法律法规体系　标准　标准化　食品安全标准

二、简答题

1. 我国的食品法律法规有哪些？

2. 简述《食品安全法》的主要内容与特点。

3. ISO 和 CAC 在食品标准与法规中的作用和地位是怎样的？

4. 简述 WTO/TBT 协定与 WTO/SPS 协定的联系与区别。

5. 简述标准的分类。

6. 简述标准化的含义。

7. 我国的食品标准主要有哪些？简述按内容分类的主要标准。

8. 简述 CAC 食品法典标准的内容。

9. 什么是标准制定？制定标准应遵循的基本原则有哪些？

10. 试述食品企业标准制定的程序和过程。

11. 简述采用国际标准的程度与方法。

第五章 ISO 9000 质量管理体系

知识目标

1. 熟悉ISO 9000族标准的主要内容、特点和作用。
2. 掌握在食品企业建立食品质量管理体系的步骤和方法。

技能目标

针对某一食品企业的生产要求，能编写质量手册和程序文件。

思政目标

通过讲授ISO 9001质量管理体系的建立与实施步骤，培养学生养成严谨、务实、一丝不苟的工作作风和学习态度，树立持续改进的思想。

第一节 ISO 9000 族标准概述

ISO 9000 族标准自 1987 年 3 月问世以来，受到了全世界的广泛关注，现已被 80 多个国家（地区）所采用。ISO 9000 族标准已被称为全世界共同的话题，是一项跨世纪的工程。

一、ISO 9000 族标准的产生与发展

ISO 9000 族标准是国际标准化组织（ISO）所制定的关于质量管理和质量保证的一系列国际标准。自问世以来，在全球范围内得到了广泛的采用，对推动组织的质量管理工作和促进国际贸易的发展发挥了积极的作用。ISO 9000 族标准是总结各个国家在质量管理与质量保证的成功经验基础上产生的，经历了由军用到民用，由行业标准到国家标准，进而到国际标准的发展过程。

（一）ISO 9000 族标准产生的背景

第二次世界大战后，美国的军事工业高速发展，质量保证技术也随之发展。1959 年，美国国防部制定了第一个质量保证标准 MIL—Q—9858《质量大纲要求》。美国的民用工业借鉴其做法，在民品生产中也开展质量保证和质量认证活动，也取得了明显的效果。美国把质量保证活动进一步加以规范化，于 1979 年制定了全国通用的质量管理体系标准 ANSI Z1.15《质量体系通则》，其内容更严谨，为 ISO 9004 的起草奠定了基础。其他一些工业国家都借鉴美国的经验，纷纷效仿，制定一系列质量保证规范标准。1979 年，英国颁布了三级质量保证规范标准 BS 5750；加拿大、法国、挪威、澳大利亚等国家也都制定了有关质量管理和质量保证的国家标准。如加拿大的 CSA Z—299 系列标准，法国的 NF X50—11，挪威的 NS 5801—5803，澳大利亚的 AS 1822 等。随着国际贸易的不断发展，不同国家、企业之间的技术合作、经验交流和贸易也日益频繁，但由于各国采用的评价标准和质量体系的要求不同，

企业为了获得市场,不得不付出很大的代价去满足各个国家的质量标准要求。另外,由于竞争的加剧,有的国家利用严格的标准和质量体系来阻挡商品的进口,这样就阻碍了国际间的经济合作和贸易往来。因此,许多质量工作者呼吁制定一套国际上公认的、科学的、统一的质量管理体系标准,作为组织实施质量管理和相关方之间质量管理体系评价及认证的依据,使各国对产品的质量问题有统一的认识和共同的语言及共同遵守的规范。在这样的背景下,就导致了 ISO 9000 族标准的产生。

(二)ISO 9000 族标准的发展

ISO 9000 族标准从 1987 年 3 月问世以来,经过三次大的修改、一次修订后,形成了五个版本。

1.1987 版本

1987 版的质量标准还不够成熟。它包含了 6 个标准,即 ISO 8402:1986《质量　词汇》、ISO 9000:1987《质量管理和质量保证标准　选择和使用指南》、ISO 9001~9003:1987 质量体系的三种模式和 ISO 9004:1987《质量管理和质量体系要素指南》。1987 版质量标准过分强调认证,对质量改进有所忽略,对制造业以外的其他行业的质量管理的特殊性考虑不周,对欧洲以外的其他各国的质量管理经验吸纳不足,因而受到一些批评。但是,ISO 9000 族标准一出现,在国际贸易和国际质量管理界引起了极大反响,被有关各方纷纷采用,力争自己早日站在质量管理前列。不少组织纷纷推行并申请认证。到 1993 年年底,仅英国就有 2 万家组织获得 ISO 9000 的认证证书。

2.1994 版本

针对 1987 版质量标准的缺陷,质量管理和质量保证技术委员会(ISO/TC 176)于 1994 年组织专家组在保留总体结构和内容的基础上,对 1987 版本 ISO 9000 进行了重大补充和完善,对局部技术内容进行了一些修订,提出了一些新的管理概念和术语,并将其正式定义为“ISO 9000 族”。

1994 版标准的特点是增加了大量的新标准,以弥补原来 6 个标准的不足,使标准总数达到 24 个。为了克服重复认证给组织带来的负担和麻烦,在世界贸易组织(WTO)的推动和国际认可论坛(IAF)的努力下,对认可机构实施了同行评审,并在评审获得通过的基础上,由 17 个国家的 16 个认可机构签署了区域性多边承认协议。

3.2000 版本

针对 1994 版本中过多的标准,人们提出了意见。ISO/TC 176 对 1994 版 ISO 9000 族标准进行了规模空前的修改,于 2000 年 12 月 15 日正式发布新版的 ISO 9000 族标准,统称为 2000 版 ISO 9000 族标准。该版本从结构、逻辑到内容实施了重大修订,无论是内容结构、基本思想,还是具体要求都以新的面貌出现,使标准的适用范围更广,能适用于各种类型的组织;突出了持续改进是提高质量管理体系有效性和效率的重要手段;将顾客满意和不满意信息作为评价组织质量管理体系业绩的一种重要手段;内容结构由原来的 20 个要素结构改为过程方法模式,逻辑性更强,相关性更好;质量管理的八项原则在标准中得到了充分的体现。2000 版标准颁布后,国际标准化组织鼓励各行各业的组织采用新标准来规范组织的质量管理,并通过外部认证来达到增强客户信心和减少贸易壁垒的作用。世界各国纷纷进行等同采用或等效采用以作为认证的标准。我国随即等同采用并于 2000 年 12 月 28 日发布了 GB/T 19000 族标准,从 2001 年 6 月 1 日起实施。

2000 版 ISO 9000 族标准包括 4 项核心标准:ISO 9000《质量管理体系 基础和术语》、ISO 9001《质量管理体系 要求》、ISO 9004《质量管理体系 业绩改进指南》、ISO 19011《质量和(或)环境管理体系审核指南》。

2000 版 ISO 9000 族标准更加强调了顾客满意及监视和测量的重要性,增强了标准的通用性和适用性,促进了质量管理原则在各类组织中的应用,满足了使用者对标准的通俗易懂要求,强调了质量管理体系要求标准(ISO 9001)和指南标准(ISO 9004)的一致性。2000 版 ISO 9000 族标准将在提高组织的运作能力、加强国际贸易、保护顾客利益、提高质量认证的有效性等方面产生积极而深远的影响。

4.2008 版本

按照 ISO 致力于国际标准的建设和不断完善的工作原则,根据 ISO 的有关规则,所有标准都需要定期修订,一般为 5～8 年修订一次,以确保标准内容与思路的及时更新,能及时反映和充分体现被广泛接受的质量管理实践的科学成果与思想,以满足世界范围内的标准使用者的需要。因此,ISO 很早就开始考虑对 2000 版的 ISO 9000 族标准进行修正或修订。

(1)ISO 9000 的修订 2005 年 ISO 颁布了修订后的国际标准 ISO 9000:2005《质量管理体系 基础和术语》,等同转换的国家标准 GB/T 19000—2008《质量管理体系 基础和术语》也于 2009 年 5 月 1 日起正式实施。

(2)ISO 9001 的修订 2004 年,各成员国对 ISO 9001:2000 进行了系统评审,以确定是否撤销、保持原状、修正或修订 ISO 9001:2000。评审结果表明,需要修正 ISO 9001:2000。"修正"是指对规范性文件内容的特定部分的修改、增加或删除。在 2004 年的 ISO/TC 176 年会上,ISO/TC 176 认可了有关修正 ISO 9001:2000 的论证报告,并决定成立项目组对 ISO 9001:2000 进行有限修正。2008 年 11 月 15 日,ISO 颁布了修正后的 ISO 9001:2008 标准《质量管理体系 要求》,等同转换的国家标准 GB/T 19001—2008《质量管理体系 要求》也于 2009 年 3 月 1 日起正式实施。

修正 ISO 9001 的目的是更加明确地表述 2000 版 ISO 9001 标准的内容,并且加强标准与 ISO 14001:2004 标准的兼容性。ISO 9001:2008 既没有引入新的要求,也没对 ISO 9001:2000 进行升级或改变 ISO 9001:2000 的意图。

修正后的 ISO 9001 仍然保持标题、范围不变;继续保持过程方法;仍然适用于各行各业不同规模和类型的组织;尽可能提高与 ISO 14001:2004《环境管理体系 要求及使用指南》的兼容性;ISO 9001 和 ISO 9004《持续性管理 质量管理方法》标准仍然是一对协调一致的质量管理体系标准。

(3)ISO 9004 的修订 ISO 9004 的修订过程如下:2008 年 8 月,对 ISO/DIS 9004 标准进行了投票表决,2009 年 1 月底,投票表决结束;2009 年 2 月召开了 TG 1.20(负责修订 ISO 9004 的工作组)会议,对收集的针对 ISO/DIS 9004 标准的意见进行评议,并着手起草 ISO/FDI 9004 标准;2009 年 5 月,对 ISO/FDI 9004 标准进行投票表决,2009 年 7 月,结束投票表决;2009 年 11 月正式发布 ISO 9004:2009 标准。修订后的 ISO 9004:2009 标准为组织在复杂的、要求更高和不断变化的环境中获得持续成功提供管理指南。

5.2015 版本

2015 年 7 月,ISO/TC 176 组织发布了 2015 版 ISO 9001:2015《质量管理体系 要求》。新版标准采用通用的管理体系标准(management system standard,MSS)高阶结构,将以往

的八项质量管理原则精简为七项,术语和定义由原来的 84 个增加到 138 个,并从 13 个方面重新划分了"概念关系",明确提出必须确定影响企业实现其目标的内外部因素(组织环境),增加了理解相关方的需求和期望的要求,明确提出必须识别和应对企业所面临的风险和机遇,弱化了形式上的强制性要求,更加强调了运用质量管理体系的目的和作用在于获得预期的结果和绩效。总体来看,2015 版标准不仅表现为实际要求的改变,更是理念、方法上的不同。可以说,这一次是一种思维方式的改变。

(三)实施 ISO 9000 标准的作用

ISO 9000 族标准是在总结了世界经济发达国家的质量管理实践经验的基础上制订的具有通用性和指导性的国际标准。组织运用 ISO 9000 族标准建立、实施、保持和持续改进质量管理体系,可帮助组织提高质量管理的有效性,提高产品质量,增强顾客和其他相关方的满意程度。其作用可总结为以下几点:

1. 有利于提高组织的质量管理体系运作能力

ISO 9000 族标准提供了系统而科学地建立、实施、保持和持续改进质量管理体系的结构框架、要求和指南,鼓励组织采用过程方法,通过识别和管理相互关联的过程,并对这些过程进行系统的管理和连续的监视与控制,以实现顾客接受的产品,达到增强顾客和相关方满意度的目的。组织运用 ISO 9000 族标准建立、实施质量管理体系,可使组织的质量管理活动更为系统、规范、科学,使质量管理活动的有效性得以提高。

2. 有利于提高产品质量,增强竞争能力,提高经济效益

现代科学技术快速发展,使产品向高科技、多功能、精细化和复杂化的方向发展,如组织的质量管理体系不健全,则不能适应于内、外部环境的变化和市场竞争的需要,那么组织就无法保证持续地提供满足要求的产品,会影响产品的质量和组织的竞争力。如组织按照 ISO 9000 族标准实施、保持和不断改进质量管理体系,可以通过质量管理体系的有效运行,使组织不断地提高质量管理水平,提升过程能力和改进产品质量,实现产品质量的持续稳定和提高,增强组织的竞争力,提高组织的经济效益。

3. 有利于组织持续改进质量管理体系业绩

组织面临的内、外环境是不断变化和发展的,因此要求组织实施"动态管理",建立和保持有效的持续改进机制,以使组织保持并不断提高其质量管理体系业绩。ISO 9000 族标准提供的正是一个持续改进的质量管理体系运行模式,组织可以按照 ISO 9000 族标准提供的质量管理体系要求和指南,不断提升产品质量和过程能力,提高组织整体的有效性和效率,从而促使整个质量管理体系的业绩得以提高。

4. 有利于组织持续地满足顾客的需求和期望,增强顾客满意程度

顾客要求产品具有满足其需求和期望的特性,这些需求和期望通常在产品的技术要求或规范中表述,但顾客的需求和期望是不断变化的,当产品技术规范本身不完善或不能全面、及时地反映顾客对产品的要求和期望时,组织按技术要求或规范提供的产品很可能不能持续地满足顾客的需求和期望,就要求组织持续地识别顾客不断变化的需求和期望,通过改进组织的产品和过程来持续地满足顾客不断变化的需求和期望。

ISO 9000 族标准将质量管理体系要求和产品要求区分开来,将质量管理体系要求作为产品要求的补充,而质量管理体系要求恰恰为组织持续地改进其产品和过程提供了一条有效途径。组织按照 ISO 9000 族标准提出的质量管理体系要求,根据不断变化的顾客需求和

期望来改进产品和过程,从而持续地满足顾客需求,达到增强顾客满意的目的。

5.有利于提高组织的信誉和形象

组织在市场竞争中不仅仅是资本和技术的竞争,也是信誉和形象的竞争。组织通过运用 ISO 9000 族标准建立、健全质量管理体系,有效地应用质量管理体系来不断提高产品质量和相关方的满意程度,向外界证实其持续提供满足要求的产品的能力,以获得顾客和其他相关方的信任,提高组织的信誉和形象。

二、2015 版 ISO 9000 族标准的构成

2015 版 ISO 9000 族标准的构成见表 5-1。

表 5-1　2015 版 ISO 9000 族标准的构成

标准类型	具体构成
核心标准(现行有效版本)	ISO 9000:2015《质量管理体系　基础和术语》 ISO 9001:2015《质量管理体系　要求》 ISO 9004:2009《追求组织的持续成功　质量管理方法》
质量管理体系的指南	ISO 10001:2007《质量管理　顾客满意　组织行为规范指南》 ISO 10002:2004《质量管理　顾客满意　组织处理投诉指南》 ISO 10003:2007《质量管理　顾客满意　组织外部争议解决指南》 ISO 10004:2015《质量管理　顾客满意　监视和测量指南》(新增) ISO 10008:2015《质量管理　顾客满意　商家对消费者电子商务交易指南(B2C ECT)》(新增) ISO 19011:2013《管理体系审核指南》
质量管理体系技术支持指南	ISO 10005:2005《质量管理体系　质量计划指南》 ISO 10006:2003《质量管理　项目管理质量指南》 ISO 10007:2003《质量管理　技术状态管理指南》 ISO 10014:2006《质量管理　财务和经济效益实现指南》 ISO 10015:1999《质量管理　培训指南》 ISO 10018:2015《影响人们参与和能力的指南》(新增) ISO 10019:2005《质量管理体系　咨询师的选择及其服务指南》
支持质量管理体系的技术报告	ISO/TR 10013:2001《质量管理体系文件指南》 ISO/TR 10017:2003《统计技术应用指南》
特殊行业的质量管理体系要求	ISO/TS 16949:2009《质量管理体系　汽车行业生产件与相关服务件的组织实施 ISO 9001:2008 的特殊要求》

注:①原核心标准 ISO 19011:2013《管理体系审核指南》纳入管理体系指南;②特殊行业的质量管理体系要求是针对某些特定行业的质量管理体系要求的特定标准,一般是在 ISO 9001 要求基础上加上行业的特殊要求。

此次,国际标准化组织对管理体系标准在结构、格式、通用短语和定义方面进行了统一,意在确保今后编制或修订管理体系标准的持续性、整合性和简单化,也使得标准更易读、易懂。所有新版标准均遵循 ISO Supplement Annex SL 要求,采用管理体系标准(management system standard,MSS)高阶结构,即:总条款相同,都是 10 个条款;每个条款以及大部分的分条款的标题一致;不同标准共用的一些术语和定义的解释一致等等,以便整合其他标

准文件中的不同主题和要求。新版标准的这个安排,实际上也是关注质量管理体系(quality management system,QMS)的实际结果,而不是注重形式的具体表现。随着其他 MSS 标准的陆续修订,以及组织的熟悉和广泛应用,MSS 高阶结构会逐渐显现出它的影响力,甚至会超出 ISO 的范围,成为国际技术标准和规范以及贸易交流的新标杆。

ISO 9000 系列标准的三个核心标准简单介绍如下:

(1)ISO 9000:2015《质量管理体系　基础和术语》:阐述了 ISO 9000 系列标准中质量管理基本概念和质量管理原则,并确定了相关的术语和定义。

(2)ISO 9001:2015《质量管理体系　要求》:规定了一个组织若要推行 ISO 9000 系列标准,取得 ISO 9000 认证,所要满足的质量管理体系要求。采用基于风险的思维,更少的规定性要求,对成文信息的要求更加灵活,提高了服务行业的适用性;强调组织环境,增强对领导作用的要求,注重实现预期的过程结果以增强顾客满意。一般用于认证。

(3)ISO 9004:2009《追求组织的持续成功　质量管理方法》:通过对组织进行有效的管理、了解组织的环境、开展学习以及进行适当的改进和(或)创新,能够实现持续成功。倡导将自我评价作为评价组织成熟度等级的工具,包括评价领导作用、战略、管理体系、资源和过程等方面,从而识别组织的优势、劣势以及改进和(或)创新的机会。本标准关注的质量管理范围比 ISO 9001 更广,强调所有相关方的需求和期望,为系统地持续改进组织的整体绩效提供指南。不用于认证、法律法规和合同的目的。

三、2015 版 ISO 9000 族标准的质量管理原则

ISO 9000 族标准是应用全面质量管理理论对具体组织制定的一系列质量管理标准,"顾客导向、领导作用、全员参与、过程方法、改进、验证决策、关系管理"的质量管理原则是质量管理理论的基础。质量管理原则是 ISO 9000 系列标准实施的经验和理论研究的总结,是质量管理的最基本、最通用的一般性规律,适用于所有类型的组织。

(一)顾客导向

组织依赖顾客而生存(依存于顾客对组织所提供的产品和服务所作出的购买决策和实际购买选择)。质量管理的首要关注是满足顾客要求并且努力超越顾客期望。组织只有赢得和保持顾客和其他相关方的信任才能获得持续成功。与顾客相互作用的每个方面,都提供了为顾客创造更多价值的机会。理解顾客和其他相关方当前和未来的需求,有助于组织的持续成功。

(二)领导作用

领导作用指的是最高管理者具有决策和领导一个组织的关键性的作用。

组织的领导者应将本组织的宗旨、发展规划、战略方向和内部组织机构、职能活动加以统筹规划和协调。

领导对组织发展是至关重要的。而领导作用的首要方面即在于为组织发展确立一个根本方向、宗旨和战略规划。只有这样,才能为一个组织的长远的成功提供必要的基础和前提。领导作用的另一个重要方面体现在领导应能够创造出使员工充分参与实现组织目标的环境。

(三)全员参与

各级人员是组织之本。组织的质量管理不仅需要最高领导者的正确领导,还有赖于组

织的全员参与。因此,为提高质量管理活动的有效性,深入开展质量管理,确保产品、体系和过程的质量满足顾客和其他相关方的需要和期望,应充分重视提高各级各类人员的质量意识、思想和业务素质,事业心、责任心和职业道德以及适应本职工作的能力。

(四)过程方法

过程是指使用资源将输入转化为输出的活动的系统,任何一项活动都可以作为过程进行管理。一个组织的质量管理工作的开展,是通过一系列的活动来进行的。将活动作为相互关联、功能连贯的过程体系来理解和管理时,可以更高效地得到期望的结果。质量管理体系是由相互关联的过程所组成。系统的识别和管理组织所使用的过程,特别是这些过程之间的相互作用,称为过程方法。本标准鼓励采用过程方法管理组织。理解体系是如何产生结果的,能够使组织尽可能完善其体系并优化其绩效。

(五)改进

成功的组织持续关注改进。改进对于组织保持当前的绩效水平,对其内、外部条件的变化作出反应,并创造新的机会,都是非常必要的。质量管理实践表明,只有将持续改进作为质量管理的一项基本原则,积极寻找不足和差距,积极发现改进的机会采取有效的改进措施的组织,才能不断提高其质量水平,保持稳定的、较高的质量水平,在市场竞争中立于不败之地。

(六)验证决策

决策就是人们为了达到一定的目标,在掌握充分的信息和对有关情况进行深刻分析的基础上,用科学的方法拟定并评估各种方案,从中选出合理方案的过程。基于数据和信息的分析和评价的决策,更有可能产生期望的结果。决策是一个复杂的过程,并且总是包含某些不确定性。它经常涉及多种类型和来源的输入及其理解,而这些理解可能是主观的。重要的是理解因果关系和潜在的非预期后果。对事实证据和数据的分析可导致决策更加客观、可信。

(七)关系管理

当组织管理与所有相关方的关系以使相关方对组织的绩效影响最佳时,才有可能实现持续成功,因此,对供方及合作伙伴的关系网的管理是尤为重要的。互利的关系可增强双方创造价值的能力。在建立与供方的关系时,既要考虑眼前利益,又要考虑长远利益;相互依存的组织与提供方之间应该通过各种方式的沟通合作,共同发展,达到双赢的目的。

第二节　ISO 9001 质量管理体系文件的编写

文件的价值在于能够沟通意图、统一行动,其使用有助于满足顾客要求和质量改进;提供适宜的培训;具有重复性和可追溯性;提供客观证据;评价质量管理体系的有效性和持续适宜性。文件的形成本身不是目的,它应是一项增值的活动。文件是信息及其承载的媒体,是由两个要素构成的:一是信息;二是承载媒体。媒体可以是纸张、计算机磁盘、光盘或其他电子媒体、照片或标准样品,或组合。信息是文件的实质内容,信息的不同决定了文件性质的不同。

一、"文件化"的质量管理体系

GB/T 19000—2016 族标准中规定,质量管理体系是"文件化"的质量管理体系。"文件化",是说质量管理体系的建立、运行、改进的全过程都是在文件的指导下进行的,并且都有文件予以记录和证明。这对于我国的组织来说,需要有一个适应的过程。组织可能制定了不少文件,但那些文件往往是"灵活"的。员工、领导者、管理者很少有兴趣和时间去掌握这些正式的制度,而这些制度往往就是文件的主题,领导者、管理者更没有把文件放在心上,而是以"人治"的方式管理企业。"人治"管理并非一无是处,但却与现代组织的管理格格不入。GB/T 19000—2016 族标准强调"文件化",体现的是一种"法治"精神。它要求质量管理正规化、法制化、计划化,而这"三化"的前提就是文件化。该标准指出文件具有沟通意图、统一行动的作用,编写和使用文件是具有高增值性的活动。文件具有以下五大价值:

(一)文件有助于满足顾客需要和质量改进的实现

产品形成需要人、机、料、法、环五种资源。这五种资源可能都与文件有关,例如材料应有相应的合格证,质量标准等。其中的"法",更是离不开文件。同样,质量改进也离不开文件。

(二)文件可作为培训的教材

培训员工依据的就是文件。一项工作怎么做,先做什么,后做什么,有哪些要求,都可在文件中进行规定。员工通过学习文件,才能掌握加工方法和相关技能,从而统一步伐。

(三)文件可以确保重复性和可追溯性

组织的任何一项过程,都可能不只进行一次。如同样的装配过程,在流水线上往往是成千上万次重复的。这样的"重复",不允许其中的任何一次"不重复",如少装、错装、漏装、多装等,只有靠文件来保证。文件要求任何人干同一件事,都应按规定"重复"。可追溯性更是以成功应用文件来保证的,没有记录就不可能追溯。

(四)文件是一种客观证据

生产过程中,每个工序的操作都有文件记录在案,一查便知,这就是证据。

(五)文件有助于对质量管理体系进行评价

体系运行是否有效,是否持续适宜,将检测、分析的结果(记录性文件)与规定的质量目标(计划性文件)、程序要求(程序性文件)进行对照便知结果。如果没有这些文件,就只能作一个大致的估计。

很显然,组织越大,层次越多,技术越复杂,产品越精密,文件的价值就越高。

二、质量管理体系中使用的文件类型

文件是信息及其承载的媒体。任何组织都有自己的一套文件系统,只是有的组织的文件系统显得混乱、零碎、不完整而已,其作用因此而被削弱,甚至因此而产生严重问题。

组织质量管理体系中使用的文件主要有以下四种类型。

(一)质量手册

质量手册是规定组织质量管理体系的文件,它是向组织内部和外部提供关于质量管理体系一系列信息的文件。其内容包括质量方针、质量管理体系的范围、有关的程序文件、质量管理体系所包括的过程顺序和相互作用等。质量手册是纲领性文件,由管理者负责制定和组织实施。

(二)质量计划

质量计划是对特定项目、产品、过程或合同,规定由谁及何时应使用哪些程序和相关资源的文件。特定情况可以指某一具体产品,也可以指某一具体过程,还可以指某一具体项目或合同。如果说质量手册是组织一般性的"质量计划",那么质量计划就是组织特定情况下的"质量手册",它可以引用质量手册的内容,但质量计划内应有相应的质量目标。

(三)程序文件

程序是指为进行某项活动或过程所规定的途径,并形成文件的"书面程序"。程序文件的作用,是使所有参与该项活动或过程的部门或人员,都能按其规定统一行动。这种统一行动是使活动或过程达到规定目标的保证,也是降低活动费用、减少质量问题的保证。程序文件是规范性文件,由组织的有关部门负责制定和管理。

(四)记录性文件

记录是阐明所取得的结果或提供所完成活动的证据的文件,用于将可追溯性形成文件,并提供验证、预防措施和纠正措施的证据。生产过程中,每个工序的操作都有文件记录在案,一查便知,口说无凭,记录性文件就是证据。组织往往不重视记录,因而一旦需要时不能提供。记录性文件是操作性文件,一般由员工负责管理。

三、编写文件需考虑的因素

GB/T 19000—2016 族标准虽然强调了文件的作用,但并不意味着组织文件的编写越多、越详细越好。文件过多、过于泛滥,很可能造成灾难性后果,一方面增大组织的成本;另一方面使员工无所适从。因此,组织在编写文件时,一定要从组织的实际出发,不可照搬照抄。下列因素是编写文件时应注意的事项,也是建立质量管理体系时应认真考虑的,这对组织的质量管理体系是否能取得成效具有重大影响。

(一)组织的类型

加工制造型组织的文件要多一些,文件内容要复杂一些,服务型组织的文件可能要少一些,内容要简单一些;生产硬件的组织的文件内容要复杂一些,生产软件的组织的文件内容要简单一些。

(二)组织的规模

组织规模越大,文件就越多,内容也可能越复杂;反之则文件可少些。

(三)过程的复杂性

生产过程越复杂,文件内容越需要详细;简单的过程,则可简化文件内容。

(四)过程的相互作用

过程之间相互作用大,联系紧密,相互影响,则文件要求规定细一些;反之则可简单一些。

(五)产品的复杂性

产品越复杂,控制要求越多,文件内容也就要越详尽;简单的产品,如流程性材料,其文件内容就不能照搬复杂产品如汽车类产品的文件内容。

(六)顾客要求的重要性

与顾客要求直接相关之处,文件要规定得详尽严格一些;反之,则可简略宽松一些。

(七)适用的法规要求

有法律、法规规定的项目,文件应严格,以确保不违反其规定。这方面的失误将会给组织造成重大损害。

(八)涉及的人员能力

文件涉及的人员,如果其能力强,规定可以简略一些;反之,则要具体细致。人员的能力需要经过考核、考试证实。因此,对一些文件的执行,要进行人员培训后才能实施。

(九)需要证实的程度

这主要涉及质量管理体系的审核认证。如果顾客(第二方)或认证机构(第三方)有要求,则文件规定应详尽一些,记录也应严格。

第三节　ISO 9001 质量管理体系的建立与实施

组织贯彻 ISO 9000 标准,就是建立和完善质量管理体系并被确认的过程,这是一项系统、严密、扎实而又艰巨的工作,必须有通盘的策划和计划。

一、ISO 9001 质量管理体系的建立

(一)领导决策,统一思想,达成共识

建立和实施质量管理体系的关键在领导,领导要作出推行 ISO 9000 的决定,统一认识,向员工表明最高管理层的决心。领导要明确职责和将来可能投入的工作量。

(二)组织落实,建立机构

组织需要成立一个 ISO 9000 专门机构,从事文件编写、组织实施等工作。

(三)制订工作计划

组织要制订贯彻标准的计划,包括时间、内容、责任人、验证等,要求具体详细,一丝不苟。

(四)提供资源,进行质量意识和标准培训

组织领导应提供包括人力、物力、时间等在内的资源,还要对贯彻标准的班子和成员进行培训,在此基础上,有计划地对各级领导、管理人员、技术人员或具体操作人员进行必要的培训,提高每个员工的质量意识。

以上工作中,企业管理层的认识与投入是质量管理体系建立与实施的关键,组织和计划是保证,教育和培训是基础。

(五)建立体系

1. 选择国际标准

质量管理体系的国际标准有两个:一是 ISO 9001,是质量管理体系的基本标准,一般用于认证的目的;二是 ISO 9004,是质量管理体系较高的标准,一般不以认证为目的,而是以企业业绩改进为目标。组织如果仅希望获得质量管理体系认证或希望快速地改变落后的管理现状,可选用 ISO 9001,它比较简单易行。如果组织以提升管理水平和业绩为目标,则应选择 ISO 9004。

2. 识别质量因素

组织应找出影响产品或服务质量的决策、过程、环节、部门、人员、资源等因素。

(六)编写体系文件

组织应对照 ISO 9001 或 ISO 9004 国际标准中的各个要素逐一地制定管理制度和管理程序。凡是标准要求文件化的要素,都要文件化;标准没有要求的,可根据实际情况决定是

否需要文件化。

ISO 9001或ISO 9004国际标准要求必须编写的文件包括：

1. 质量方针和质量目标

质量方针是由组织的最高管理者正式发布的该组织总的质量宗旨和方向，是企业总方针的组成部分，是企业管理者对质量的指导思想和承诺，为建立和评审质量目标提供了框架。

质量目标是在质量方面所追求的目的，其理论依据是行为科学和系统理论。质量目标的建立有利于提供在质量方面关注的焦点，有目的、合理地分配和利用资源，对提高产品质量、改进作业效果有不可替代的作用。

2. 质量手册

质量手册是按组织规定的质量方针和适用的ISO 9000族标准描述质量体系的文件，其内容包括组织的质量方针和目标；组织结构、职责和权限的说明；质量体系要素和涉及的形成文件的质量体系程序的描述；质量手册使用指南等。质量手册是最根本的文件，ISO 10013《质量手册编制指南》规定了质量手册的内容和格式。

3. 质量体系程序文件

质量体系程序是为了控制每个过程质量，对如何进行各项质量活动规定有效的措施和方法，是有关职能部门使用的纯技术性文件，一般包括文件控制程序、记录控制程序、内部审核程序、不合格品控制程序、纠正措施程序、预防措施程序等。程序文件应具有系统性、先进性、可行性及协调性。

4. 其他质量体系文件

其他质量体系文件可根据组织的具体情况来制定，包括作业指导书、报告、质量记录、表格等，是工作者使用的更加详细的作业文件。

5. 运作过程中必要的记录

记录既是操作过程中所必需的，也是满足审核要求所必需的。

二、ISO 9001质量管理体系的实施

(一)发布文件

这是实施质量管理体系的第一步，一般要召开"质量手册发布大会"，把质量手册发到每个员工手中，统一意识，提高认识。

(二)全员培训

由ISO 9000小组成员负责对全体员工进行培训，培训的内容是ISO 9000族标准和本组织的质量方针、质量目标和质量手册，以及与各个部门有关的程序文件，与各个岗位有关的作用指导书，包括要使用的记录，便于员工都懂得ISO 9000，提高质量意识，了解本组织的质量管理体系，理解质量方针和质量目标，尤其是让每个人都认识到自己所从事的工作的相关性和重要性，确保为实现质量目标作出贡献。

(三)执行文件

质量管理体系要求一切按照程序办事，一切按照文件执行，使质量管理体系符合有效性的要求。执行文件的要求是：文件的规定在实际工作中应百分之百地执行；任何违反文件规定的运作将视为不符合；文件可以适时修改，但必须按规定修改。

三、ISO 9001 质量管理体系的评价

质量管理体系实施的效果如何,必须通过检查才知道。ISO 9001 和 ISO 9004 规定的检查方式有:对产品的检验和试验;对过程的监视和测量;向顾客调查;测量顾客满意度;进行数据分析;内部审核等。

（一）顾客反馈

顾客反馈就是通过调查法、问卷法、投诉法了解顾客对组织的意见,从中发现不符合项。

（二）内部审核

内部审核可以正规、系统、公正、定期地检查出不符合项。所有有关管理体系的国际标准都规定了内部审核的要求。

通过顾客反馈和内部审核,如果发现了不符合项,必须立即采取纠正和预防措施。纠正措施是针对不符合的原因采取的措施,目的是为了防止不符合项的再发生。预防措施是针对潜在的不符合原因采取的措施,目的是防止不符合项的发生。两者都是经常性的改进。不论是通过顾客反馈还是内部审核发现了不符合项,只要坚持采取纠正和预防措施,就可达到不断改进质量管理体系的目的。

（三）管理评审

管理评审通过最高管理者定期召开专门评价质量管理体系的评审会议来实施。管理评审时,要针对所有已经发现的不符合项进行认真的自我评价,并针对已经评价出的有关质量管理体系的适宜性、充分性和有效性方面的问题分别对质量管理体系的文件进行修改,从而产生一个新的质量管理体系。

四、ISO 9001 质量管理体系的保持和持续改进

保持就是继续运行质量管理体系,在运行中经常检查质量管理体系的不符合项并改进之,通过管理评审评价质量管理体系的适宜性、充分性和有效性,经过改进得到一个新的质量管理体系,在实施新的质量管理体系的过程中,继续进行检查和改进,得到更新的质量管理体系。如此循环运行,不断地进行改进。

本章小结

ISO 9000 族标准是国际标准化组织(ISO)所制定的关于质量管理和质量保证的一系列国际标准。自问世以来,其在全球范围内得到广泛采用,对推动组织的质量管理工作和促进国际贸易的发展发挥了积极的作用。ISO 9000 族标准是总结各个国家在质量管理与质量保证的成功经验基础上产生的,经历了由军用到民用,由行业标准到国家标准,进而到国际标准的发展过程。

ISO 9000 族标准从 1987 年 3 月问世以来,经过三次大的修改、一次修订后,形成了五个版本。一是 1987 版本,包含了 6 个标准,即 ISO 8402:1986《质量 词汇》、ISO 9000:1987《质量管理和质量保证标准 选择和使用指南》、ISO 9001～9003:1987 质量体系的三种模式和 ISO 9004:1987《质量管理和质量体系要素指南》。二是 1994 版本,特点是增加了大量的新标准,以弥补原来 6 个标准的不足,使标准总数达到 24 个。为了克服重复认证给组织

带来的负担和麻烦,在世界贸易组织的推动和国际认可论坛的努力下,对认可机构实施了同行评审,并在评审获得通过的基础上,由 17 个国家的 16 个认可机构签署了区域性多边承认协议。三是 2000 版本,包括 4 项核心标准:ISO 9000《质量管理体系　基础和术语》、ISO 9001《质量管理体系　要求》、ISO 9004《质量管理体系　业绩改进指南》、ISO 19011《质量和(或)环境管理体系审核指南》,具有内容全面、操作性强、采用过程模式结构、具有兼容性、标准的通用化和对质量管理体系文件的要求有适当的灵活性的特点。四是 2008 版本,该标准包括 4 个主要标准、八项基本原则,对提高组织的质量管理具有指导意义。五是 2015 版本,该标准采用通用的管理体系标准(MSS)高阶结构,将以往的八项质量管理原则精简为七项,术语和定义由原来的 84 个增加到 138 个,并从 13 个方面重新划分了"概念关系"。

　　文件的价值在于能够沟通意图、统一行动,其使用有助于满足顾客要求和质量改进;提供适宜的培训;具有重复性和可追溯性;提供客观证据;评价质量管理体系的有效性和持续适宜性。文件的形成本身不是目的,它应是一项增值的活动。文件是信息及其承载的媒体,是由两个要素构成的,一是信息;二是承载媒体。媒体可以是纸张、计算机磁盘、光盘或其他电子媒体、照片或标准样品,或组合。信息是文件的实质内容,信息的不同决定了文件性质的不同。

复习思考题

一、填空题

　　1. ISO 9000 族标准的发展经过三次大的修改,一次修订后,形成了五个版本,即_____、_____、_____、_____和_____。

　　2. 2015 版 ISO 9000 族标准包括 3 项主要标准:_____、_____、_____。

　　3. 组织质量管理体系中使用的文件主要有_____、_____、_____、_____四种类型。

二、简答题

　　1. 简述 2015 版 ISO 9000 族标准的构成。

　　2. 实施 ISO 9000:2015 标准有何作用?

　　3. 简述 2015 版 ISO 9000 族标准的基本原则。

　　4. 简述编写文件需考虑的因素。

实验与实训

实训一　ISO 9001 质量管理手册的编写

一、实训目的

　　通过实训教学,使学生能够熟悉 ISO 9001 质量管理手册的基本内容,掌握 ISO 9001 质量管理手册的编写步骤和方法。

二、实训原理

ISO 9001 质量管理手册是规定组织质量管理体系的文件,它是向组织内部和外部提供关于质量管理体系一系列信息的文件。其内容包括质量方针、质量管理体系的范围、有关的程序文件、质量管理体系所包括的过程顺序和相互作用等。质量管理手册是纲领性文件,由管理者负责制定和组织实施。

三、实训步骤

1.从互联网上搜索到某食品企业 ISO 9001 质量管理手册示例,熟悉 ISO 9001 质量管理手册的基本结构和内容。

2.指导学生在参考 ISO 9001 质量管理手册的基础上,以某一模拟食品企业为例,列出质量管理手册的标题,明确其应用的领域。

3.指导学生分组,对选择的质量体系要素进行描述。

4.在课堂上让学生分别对自己列出的质量管理手册的标题和质量体系要素的描述情况进行交流,交流过程中,其他学生可以质疑和补充。

5.教师对学生的描述结果进行点评。

6.以学生小组为单位完成某一虚拟食品企业 ISO 9001 质量管理手册的编写。

四、实训效果考核(表 5-2)

表 5-2 实训效果考核表

学生姓名	标题和要素描述的合理性(20分)	交流时的逻辑性(20分)	回答质疑的准确性(10分)	ISO 9001 质量管理手册的编写(50分)

实训二 ISO 9001 程序文件的编写

一、实训目的

通过实训教学,使学生能够了解 ISO 9001 程序文件的内容和编写方法。

二、实训原理

程序文件是规范性文件,由组织的有关部门负责制定和管理,是企业的各职能部门为落实质量手册的要求而规定的实施细则。程序文件就是要明确各职能部门、各体系和各项质量活动的 5W1H。其核心是明确各环节由谁做,做什么,怎么做,如何控制,达到什么程度和要求,需要形成何种记录和报告,相应的监督和签发手续等。

三、实训步骤

1.复习 ISO 9001 程序文件的具体内容。

2.指导学生对某项活动的目的和适用范围加以说明。

3.指导学生按照质量体系程序确定各职能部门的职责和工作程序。

4.将学生分组,在课堂上让学生按照ISO 9001质量管理手册对某一质量活动说明其目的和适用范围,列出该质量活动涉及或引用的有关文件、规定、法规、标准以及详细步骤和指标,同时明确活动所需的各种记录表和报告。在交流过程中,其他学生可以相互补充和质疑。

5.教师对学生的ISO 9001程序文件的编制情况进行点评。

6.每位学生完成某一部门ISO 9001程序文件的编写。

四、实训效果考核(表 5-3)

表 5-3　实训效果考核表

学生姓名	编写内容的规范性(20分)	内容的正确性(20分)	回答质疑的准确性(10分)	ISO 9001程序文件的编写(50分)

第六章 食品良好操作规范(GMP)

第一节 GMP 概述

良好操作规范(GMP),又称良好生产规范,是英文 Good Manufacturing Practice 的缩写,是指政府制定并颁布的强制性的有关食品原料、生产加工、包装、贮存、运输、人员等方面的卫生要求。它规定了食品生产必须满足的卫生条件,因此也可以说它是食品生产组织所必须满足的卫生标准。它的重点是:确认食品生产过程的安全性;防止异物、毒物、有害微生物污染食品;双重检验制度,防止出现人为的过失;标签管理制度;建立完善的生产记录、报告存档的管理制度。

GMP 起源于药品生产质量管理的需要。在经历了第二次世界大战期间数次较大的药物灾难之后,人们逐步认识到以成品抽样分析检验结果为依据的质量控制方法有一定缺陷,不能保证药品安全以及符合质量要求。美国于 1962 年修改了《联邦食品、药品和化妆品法》,将药品质量管理和质量保证的概念以法律形式固定下来。美国食品和药品管理局(FDA)根据上述法案的规定,由美国坦布尔大学六名教授编写制定了世界上第一部 GMP,并于 1963 年在美国国会得到通过,第一次以法令的形式予以颁布,并于第二年开始实施。1969 年,世界卫生组织(WHO)建议各成员国政府实施药品 GMP,以确保药品质量。同年,FDA 将 GMP 的观点引用到食品的生产法规中,制定了《食品制造加工、包装与贮藏的现行良好操作规范》即现行 GMP(CGMP)或食品 GMP(FGMP)。CGMP 很快被 FAO/WHO 的食品法典委员会(CAC)采纳,并作为国际规范推荐给 CAC 各成员国政府。继美国之后,日本、加拿大、新加坡、德国、澳大利亚和中国等都在积极推行食品 GMP。

由于食品 GMP 的提法诞生于美国,并被批准为法规(21 CFR.Part 110),故将类似内容的法规称为 GMP 法规。

通常情况下,GMP 中规定的内容是对食品安全起支持性作用的要求。食品生产组织应当按照 GMP 的要求制定本组织的安全支持性措施。

一、实施食品 GMP 的目的

GMP 能有效地提高食品企业的整体素质,确保食品的卫生质量,保护消费者的权益。

GB 14881—2013《食品安全国家标准　食品生产通用卫生规范》是规范食品生产行为,防止食品生产过程的各种污染,生产安全且适宜食用的食品的基础标准。GB 14881—2013 既是规范企业食品生产过程管理的技术措施和要求,又是监管部门开展生产过程监管与执法的重要依据,也是鼓励社会监督食品安全的重要手段。

(1)降低食品生产过程中人为的错误,提高食品的品质与卫生安全。

(2)防止食品在生产过程中遭到污染或品质劣变,保障消费者与生产者的权益。

(3)建立健全自主性的品质保证体系,强化食品生产者的自主管理体制。

(4)促进食品工业的健康发展。

二、GMP 的三大目标要素

实施 GMP 的目标要素在于将人为的差错控制在最低的限度,防止对食品的污染和降低质量,保证高质量产品的质量管理体系。

(一)将人为的差错控制在最低的限度

(1)在管理方面　例如,质量管理部门从生产管理部门独立出来,建立相互监督检查制度,指定各部门责任者,制定规范的实施细则和作业程序,各生产工序严格复核,如称量,材料贮存、领用等。

(2)在装备方面　例如,各工作间要保持宽敞,消除妨碍生产的障碍;不同品种的操作必须有一定的间距,严格分开。

(二)防止对食品的污染和降低质量

(1)在管理方面　例如,操作室清扫和设备洗净的标准及实施;对生产人员进行严格的卫生教育;操作人员定期进行身体检查,以防止生产人员带有病菌、病毒而污染食品;限制非生产人员进入工作间等。

(2)在装备方面　例如,操作室专用化;对直接接触食品的机械设备、工具、容器,选用与食物不发生反应的材质制造;防止机械润滑油对食品的污染等。

(三)保证高质量产品的质量管理体系

(1)在管理方面　例如,质量管理部门独立行使质量管理职责;机械设备、工具、量具定期维修校正;检查生产工序各阶段的质量,包括工程检查;有计划的、合理的质量控制,包括质量管理实施计划、试验方案、技术改造、质量攻关要适应生产计划要求;在适当条件下保存出厂后的产品质量检查留下的样品;收集消费者对食品投诉的情报信息;随时完善生产管理和质量管理等。

(2)在装备方面　例如,操作室和机械设备的合理配备,采用先进的设备及合理的工艺布局;为保证质量管理的实施,配备必要的实验、检验设备和工具等。

三、实施食品 GMP 的意义

实施 GMP 的重要意义在于为食品生产提供一套必须遵循的组合标准,可消除不规范的食品生产和质量管理活动。

(一)有利于食品质量的提高

GMP 对从原料进厂直至成品的储运及销售整个生产的各个环节,均提出了具体控制措施、技术要求和相应的检测方法及程序,有力地保证了食品质量。

(二)有利于提高食品企业和产品的声誉,增强竞争力

企业实施 GMP,势必会提高产品的质量,从而带来良好的市场信誉和经济效益,这样必然会提高企业的形象和声誉,提高市场的竞争力,占有更大的市场。

(三)有利于食品进入国际市场

GMP 作为国际通用的生产及质量管理所必须遵循的原则,也是通向国际市场的通行证。企业实施 GMP,有利于产品走出国门,扩大出口,提高食品在国际贸易中的竞争力。

(四)促进食品企业质量管理的科学化和规范化

目前我国许多食品企业的质量意识不强,质量管理水平较低,条件设备落后。实行 GMP 规范化管理制度将会提高我国广大企业加强自身质量管理的自觉性,提高质量管理水平,从而推动我国食品工业质量管理体系向更高层次发展。

(五)提高卫生行政部门对食品企业进行监督检查的水平

对食品企业进行 GMP 监督检查,可使食品卫生监督工作更具科学性和针对性,提高对食品企业的监督管理水平。

(六)为企业提供生产和质量遵循的基本原则和必需的标准组合

实施 GMP,可促进企业强化征税管理和质量管理,有助于企业管理现代化。采用新技术、新设备,提高产品质量和经济效益。

第二节　GMP 的内容与要求

GMP 是一种特别注重在生产过程中实施产品质量与卫生安全管理的自主性管理制度。食品企业实施 GMP 有利于食品质量控制,有利于企业的长远发展。企业要建立 GMP,就需要了解 GMP 的内容。参照《食品安全法》和《食品安全国家标准　食品生产通用卫生规范》(GB 14881—2013),GMP 的主要内容可归纳如下:

一、食品原辅料采购、运输及贮藏过程中的要求

(一)食品原辅料的采购

1. 采购食品原辅料的一般原则

(1)采购原辅料应按该种原辅料的质量卫生标准或卫生要求进行。负责具体采购工作的人员应熟悉本企业所用的各种食品原料、食品添加剂、食品包装材料的品种及卫生标准和卫生管理方法,了解各种原辅料可能存在的卫生问题。

(2)购入的原辅料,应具有一定的新鲜度,具有该品种应有的色、香、味和组织形态特征,不含有毒有害物质,也不应受其污染。采购食品原辅料时,应对其进行初步的感官检查,对卫生质量可疑的应随机抽样进行质量检查,合格方可采购。某些农、副产品原料在采收后,为便于加工、运输和贮存而采取的简易加工应符合卫生要求,不应造成对食品的污染和潜在危害,否则不得购入。

（3）采购食品原辅料，应向供货方索取同批产品的检验合格证或化验单。采购食品添加剂时，还必须同时索取定点生产证明材料。

（4）采购的原辅料必须验收合格后才能入库，按品种分批存放。

（5）原辅料的采购应根据企业食品加工和贮存能力有计划地进行，防止一次采购过多，短期内用不完而造成积压变质。盛装原材料的包装物或容器，其材质应无毒无害，不受污染，符合卫生要求。重复使用的包装物或容器，其结构应便于清洗、消毒。要加强检验，有污染者不得使用。

（6）采购人员应具有简易鉴别原辅料质量、卫生的知识和技能。

2.采购原辅料的要求

目前，我国主要的食品原料、食品辅料、食品包装材料多数有国家卫生标准、行业标准或地方标准，少数有企业标准或无标准。在订购、采购食品原料、辅料、包装材料时，应尽量按国家卫生标准执行；无国家标准的，依次执行行业标准、地方标准、企业标准；原材料无标准的，可参照类似食品的标准及卫生要求。

3.食品原辅料的验收

验收各种原辅料时，除了向供货方索取产品的检验合格证或化验单外，还必须通过对原辅料色、香、味、形等感官性状的检查来判断其新鲜程度，必要时采用理化或细菌学方法来判定。同时，检查原辅料是否受有毒有害物质污染也很重要。

（1）感官检查　感官检查简单易行，结果可靠。如蔬菜类、水果类采摘后新陈代谢仍在继续，随着时间的推移，新鲜度下降，并伴随着水分、色、香、味的变化。如当水分减少5％时，新鲜度明显下降，出现收缩、减重、变色或褪色，香气降低。肉类原料新鲜度下降时，由鲜红色变为褐色、灰色，失去光泽，表面发黏，香气丧失。鱼贝类等水产品，新鲜时体表有光泽、保持自然色调，不失水分，体形有张力，眼球充血，眼房鼓起透明，鳃腺红，肉体有弹性；新鲜度下降时，失去光泽和水分，腹部鼓起，肛门有分泌物流出，体表发黏，有异臭味等。不同食品原料的感官性状都有各自固有的特征，检查时，应抽取有代表性的样品，在充足的自然光下，对该原料的感官指标进行检查。

（2）理化检查　物理检查常用于食品表面的检查，如水产品表面弹力测定、农产品色调测定。常用导电性方法测定电阻、电容量等来判定食品的鲜度。通过化学检查，可测定果蔬类原料的叶绿素、抗坏血酸、可溶性氮等指标；常用测定 pH 值、氨基氮、挥发性盐基氮、组胺等来判定动物性食品的新鲜度。

（3）微生物学检查　食品可因某些微生物的污染而使其新鲜度下降甚至变质，主要指标有细菌总数、大肠菌群、致病菌等。

（4）食品原辅料有毒有害物质的检测　食品应该是无毒无害的，但在食品的种植或养殖、收获、加工、运输、销售、贮存等环节上，往往会受到不同程度的工业污染、农药污染、致病菌及毒素等污染。在采购食品原料时，应充分估计到这种可能性，必要时进行抽样检查，以排除污染的可能性。

（5）食品原辅料保护性措施　农副产品在采收时，难免会携带来自产地的各种污染物，如附着有害微生物、寄生虫、农药、工业污染物、放射性尘埃等。所以，对采收后的产品要实施一系列保护措施。一般常采用水、表面活性剂水溶液、碱水溶液、含氯消毒液等进行洗涤和消毒。

（二）食品原辅料的运输

1.运输工具应符合卫生要求

食品原辅料必须使用专用的车、船等运输工具进行运输,严禁与农药、化肥、化工产品及其他有毒、有害化学物质混载,也不得使用运输过上述物品的车、船及其他运输工具。如做不到运输工具专用,在运输食品原辅料前必须彻底清洗干净,确保无有毒、有害物质污染,无异味。运输工具应定期清洗、消毒,保持洁净、卫生。

运输工具(车厢、船舱)等应符合卫生要求,应备有防雨、防尘设施,根据原辅料特点和卫生需要,还应具备保温、冷藏、保鲜等设施。为防止运输途中被雨淋、被灰尘污染,使食品包装及食品原辅料受潮,车、船应设置顶棚,最好采用封闭式的车厢和舱,不具备上述条件的运输工具应用油布覆盖。运输作业应防止污染,操作要轻拿轻放,不使原料受损伤,不得与有毒、有害物品同时装运。

2.选择合适的运输工具

原辅料应根据其特点和卫生要求选择合适的运输工具。例如大米、面粉、油料等原料,可用普通常温车(车厢)和船运输;运输家畜、家禽等动物的车、船应分层设置铁笼,通风透气,防止挤压,也便于运输途中供给足够的饲料和饮水;水果、蔬菜类食品应装入箱子或篓中运输,避免挤压撞伤而腐烂;水产品、熟肉及其冰冻食品原料应采用低温冷藏车贮运。运输作业应避免强烈的震荡、撞击,轻拿轻放,防止损伤产品外形;且不得与有毒、有害物品混装、混运。作业终了,搬运人员应撤离工作地,防止污染食品。

（三）食品原辅料的贮藏

1.应设置与生产能力相适应的设施

食品企业应设置与生产能力相适应的原材料场地和仓库。食品原料贮藏设施的要求依据食品种类的不同而不同,主要取决于原辅料本身的性质。例如新鲜水果、蔬菜原料应设置原料接收场地、清洗设施及场所、保鲜仓库;以生肉、水产品为原料的食品企业应设置一定容量的低温冷库;油料、面粉、大米等干燥原料的贮藏设施应具有防潮功能。

2.食品原辅料的贮藏卫生管理

(1)原料场地和仓库应设专人管理,建立管理制度,定期检查质量和卫生情况,按时清扫、消毒、通风换气。各类冷库,应根据不同要求,按规定的温、湿度贮存。

(2)新鲜蔬菜和水果原料应贮存于遮阳、通风良好的场地和仓库,地面平整,有一定的坡度,便于通风换气和清洗、排水,及时挑出腐败、霉烂原料,将其集中到指定地点,按规定方法处理,防止污染食品和其他原料。还应有防鼠、防虫设施。

(3)各种原料应按品种分类、分批贮存,每批原料均有明显标志,同一库内不得贮存相互影响风味的原料。

(4)原料应离地、离墙并与屋顶保持一定距离,垛与垛之间也应有适当的间隔。

(5)先进先出,及时剔出不符合质量和卫生标准的原料,防止污染。

二、工厂设计与设施的要求

（一）食品工厂厂址选择

在选择厂址时,既要考虑来自外界环境的有毒、有害因素对食品可能产生的污染,又要避免生产过程中产生的废气、废水和噪声对周围居民的不良影响。综合考虑食品企业的经营与发展，食品安全与卫生以及国家有关法律、法规等诸多因素，食品企业厂址选择的一般要求如下：

（1）要选择地势干燥、交通方便、有充足水源的地区。厂区不应设于受污染河流的下游。

（2）厂区周围不得有粉尘、有害气体、放射性物质和其他扩散性污染源；不得选择有昆虫大量滋生的潜在场所，避免危及产品卫生。

（3）厂区要远离有害场所。生产区建筑物与外缘公路或道路应有防护地带，其距离可根据各类食品厂的特点由各类食品厂卫生规范另行规定。

(二)总平面布局

（1）各类食品厂应根据本厂特点制订整体规划。要合理布局，划分生产区和生活区，生产区应在生活区的下风向。

（2）建筑物、设备布局与工艺流程三者衔接合理，建筑结构完善，并能满足生产工艺和质量卫生要求；建筑物和设备布置还应考虑生产工艺对温度、湿度和其他工艺参数的要求，防止毗邻车间受到干扰。

（3）原料与半成品和成品、生熟食品均应杜绝交叉污染。

（4）厂区道路应通畅，便于机动车通行，有条件的应修环行路且便于消防车辆到达各车间；道路由混凝土、沥青及其他硬质材料铺设，防止积水及尘土飞扬。

（5）厂房之间、厂房与外缘公路或道路之间应保持一定距离，中间设绿化带，各车间的裸露地面应进行绿化。

（6）给排水系统应能适应生产需要，设施应合理有效，经常保持畅通，有防止污染水源和鼠类、昆虫通过排水管道潜入车间的有效措施。污水排放必须符合国家规定的标准，必要时应采取净化设施，达标后才可排放。净化和排放设施不得位于生产车间主风向的上方。污物（加工后的废弃物）的存放应远离生产车间，且不得位于生产车间上风向。

（7）存放设施应密闭或带盖，要便于清洗、消毒。

（8）锅炉烟筒高度和排放粉尘量应符合有关标准的规定，烟道出口与引风机之间须设置除尘装置；其他排烟、除尘装置也应达标后再使用，防止污染环境；排烟、除尘装置应设置在主导风向的下风向。季节性生产厂应设置在季节风向的下风向。

（9）待加工禽畜饲养区应与生产车间保持一定距离，且不得位于主导风的上风向。

(三)建筑设施

（1）食品企业生产厂房的高度应能满足工艺、卫生要求，以及设备安装、维护、保养的需要。

（2）生产车间人均占地面积（不包括设备占位）不能少于 1.50 m^2，高度不低于 3 m，地面应使用不渗水、不吸水、无毒、防滑材料（如耐酸砖、水磨石、混凝土等）铺砌，应有适当坡度，在地面最低点设置地漏，以保证不积水。其他厂房也要根据卫生要求进行设置。

（3）屋顶或天花板应选用不吸水、表面光洁、耐腐蚀、耐温、浅色材料覆涂或装修，要有适当的坡度，在结构上减少凝结水滴落，防止虫害和霉菌滋生，以便于洗刷、消毒。

（4）生产车间墙壁要用浅色、不吸水、不渗水、无毒材料覆涂，并用白瓷砖或其他防腐蚀材料装修，有高度不低于 1.50 m 的墙裙，墙壁表面应平整光滑，其四壁和地面交界面要呈弯形，防止污垢积存，并便于清洗。

（5）车间门、窗、天窗要严密不变形，防护门要能两面开，设置位置适当，并便于卫生防护设施的设置。窗台要设于地面 1 m 以上,内侧要下斜 45°。非全年使用空调的车间,门、窗应有防蚊蝇、防尘设施,纱门应便于拆下洗刷。

(6)通道要宽敞,便于运输和卫生防护设施的设置。楼梯、电梯传送设备等处要便于维护和清扫、洗刷及消毒。

(7)生产车间、仓库应有良好通风,采用自然通风时通风面积与地面面积之比不应小于1∶16;采用机械通风时换气频率每小时不应小于 3 次,机械通风管道进风口要距地面 2 m以上,并远离污染源和排风口,开口处应设防护罩。饮料、熟食、成品包装等生产车间或工序必要时应增设水幕、风幕或空调设备。

(8)车间或工作地应有充足的自然采光或人工照明,位于工作台、食品和原料上方的照明设备应加防护罩。

(9)建筑物及各项设施应根据生产工艺卫生要求和原材料贮存等特点,相应设置有效的防鼠、防蚊蝇、防尘、防飞鸟、防昆虫的侵入、隐藏和滋生的设施,防止受其危害和污染。

(四)卫生设施

(1)洗手设施应分别设置在车间进口处和车间内适当的地点。要配备冷热水混合器,其开关应采用非手动式,每班人数在 200 人以内者,龙头按每 10 人 1 个设置;200 人以上者,每增加 20 人便增设 1 个龙头。洗手设施还应包括干手设备(热风、消毒干毛巾、消毒纸巾等)。根据生产需要,有的车间、部门还应配备消毒手套,同时还应配备足够数量的指甲刀、指甲刷、洗涤剂和消毒液等。

(2)更衣室应设储衣柜或衣架、鞋箱(架),衣柜之间要保持一定距离,离地面 20 cm 以上,如采用衣架,应另设个人物品存放柜。还应备有穿衣镜,供工作人员自检用。

(3)厕所设置应有利于生产和卫生,其数量应根据生产需要和人员情况适当设置。生产车间的厕所应设置在车间外侧,并一律为水冲式,备有洗手设施和排臭装置。其出入口不得正对车间门,要避开通道;其排污管道应与车间排水管道分设。

(4)生产车间进口,必要时还应设有工作靴、工作鞋、消毒池。

(5)消毒池壁内侧与墙体呈 45°,坡形,以工作人员必须通过消毒池才能进入车间为目的设计消毒池的规格尺寸。

(6)淋浴室可分散或集中设置,每 20~25 个工作人员设置 1 个淋浴器。淋浴室应设置天窗或通风排气孔和采暖设备。

三、食品加工设备、工具的要求

食品加工设备、工具对食品质量和安全有着很大的影响,因此,所有国家均在食品 GMP法规中明确规定了对食品加工设备、工具的要求。要求如下:

(1)在材质上,凡接触食品物料的设备、工具、管道,必须用无毒、无味、抗腐蚀、不吸水、不变形的材料制作。

(2)在结构上,要求设备、工具管道边角圆滑,无死角,不易积垢,不漏隙,便于拆卸、清洗和消毒。

(3)在安装上,应符合工艺卫生要求,与屋顶(天花板)、墙壁等应有足够的距离。

设备一般应用脚架固定,与地面应有一定的距离。传动部分应有防水、防尘罩,以便于清洗和消毒。

对食品加工设备、工具进行洗涤和消毒时常采用水，酸、碱洗涤剂(1％～2％硝酸溶液和1％～3％氢氧化钠溶液在65～80 ℃时使用)，杀菌剂(含氯消毒杀菌剂)。

四、食品用水的要求

食品企业用水按其用途分为生活饮用水(一般生产用水)、特殊工艺用水、冷却用水等。

食品企业生产用水一般用于原料的清洗、蒸煮、直接冷却、清洗设备等，其水质要求符合《生活饮用水卫生标准》(GB 5749—2022)。

特殊工艺用水主要是指直接构成产品组分的原料水和锅炉水，其要在生活饮用水的基础上进一步处理，以满足特殊需要。食品企业因产品不同，对构成食品组分的用水要求各异。如啤酒、饮料等的水质理化指标和水产品加工过程中使用的海水必须符合国家相关标准要求。

锅炉用水中若钙、镁盐类含量较多，使炉壁形成水垢，会影响传热并使金属壁过热而凸起，易造成爆炸事故。故需要将生产用水软化后才能供给锅炉使用。

冷却用水是指在食品生产中起热交换作用的大量冷水。因不与食品接触，对其要求是硬度适当即可。

五、食品加工过程中的要求

食品加工过程包括从原料到成品的整个过程。食品原料经过各种形式的加工工艺，如冷冻、热处理、脱水、发酵、煎炸、膨化、烘烤、盐渍、罐藏等处理，成品经包装、贮存。生产过程中环节多，污染的几率较大，这就要求整个生产过程中按生产工艺的先后次序和产品特点，应将原料处理、半成品处理、加工、包装材料和容器的清洗、消毒、成品包装和检验、成品贮存等工序分开设置，防止前后工序相互交叉污染。生产设备、工具、容器、场地等在使用前后均应彻底清洗、消毒。维修、检查设备时，不得污染食品。各项工艺操作应在良好的情况下进行，防止变质和受到腐败微生物及有毒有害物质的污染。

(一)管理制度

(1)应按产品品种分别建立生产工艺和卫生管理制度，明确各车间、工序、个人的岗位职责，并定期检查、考核。具体办法在各类食品厂的卫生规范中分别制定。

(2)各车间和有关部门应配备专职或兼职的工艺卫生管理人员，按照管理范围做好监督、检查、考核等工作。

(二)原材料的卫生要求

(1)进厂的原材料应符合相关的规定。

(2)原材料必须经过检验、化验，合格者方可使用；不符合质量卫生标准和要求的，不得投产使用，要与合格品严格区分开，防止混淆和污染食品。

(三)生产过程的卫生要求

(1)按生产工艺的先后次序和产品特点，应将原料处理、半成品处理和加工、包装材料和容器的清洗及消毒、成品包装和检验、成品贮存等工序分开设置，防止前后工序相互交叉污染。

(2)各项工艺操作应在良好的情况下进行，防止变质和受到腐败微生物及有毒有害物质的污染。

(3)生产设备、工具、容器、场地等在使用前后均应彻底清洗、清毒。维修、检查设备时，不得污染食品。

(4)成品应有固定包装,经检验合格后方可包装;包装应在良好的状态下进行,防止异物带入食品。使用的包装容器和材料应完好无损,符合国家卫生标准。包装上的标签应按 GB 7718 的有关规定标注。成品包装完毕,按批次入库、贮存,防止差错。生产过程的各项原始记录(包括工艺规程中各个关键因素的检查结果)应妥善保存,保存期应较该产品的商品保存期延长 6 个月。

(四)设备的卫生控制

与食品接触的设备表面必须用无毒、无害、不吸水、耐腐蚀、易消毒、易于清洁的材料制作,如切菜板、切肉板使用合成橡胶,而不能使用木制品,这是因为木质品常会有裂缝,会成为细菌繁殖的良好场所,并且会有木刺或木屑混入食品中。与食品接触的器具设备表面被污染时,必须立即清洗和消毒。设备在每次使用前和使用后,应正确地清洁和消毒。当设备和工具暂时不使用时,应清洁并妥善贮存。可能污染食品的设备润滑部位,必须使用食用级润滑油。

(五)用具和容器的洗涤与消毒

为了保证食品卫生,避免因用具和容器不洁而导致的交叉污染,用具和容器在使用前应进行彻底的清洁和消毒。装生熟食品的器具要分开,塑料筐要做到专筐专用。已清洗过的设备和器具应避免再次受污染。

食物容器不允许直接放置于地面。外包装材料不允许直接接触地面,应置于货架上,并且不允许直接带入生产区域。已清洗消毒的设备和用具,应放在能防止食品接触面受到再次污染的地方。使用清洗剂和消毒剂时应采取适当措施,防止人身、食品受到污染。

(六)食品初加工的卫生

对于不需要热加工而直接入口的水果、蔬菜类,必须设有专门的冷库间,做到专人、专室、专消毒、专工具和专冷藏。必须用卫生部门批准的消毒剂进行浸泡消毒,然后用流水彻底清洗干净。初加工的肉、禽、水产品要洗净,掏净内脏,去净毛、血块、鳞片。蔬菜、水果要择洗干净,无烂叶、无杂物、无泥沙、无虫子。荤素要分开加工,动物性食品和蔬菜类食品的加工要分别设有加工车间和加工用具。初加工的废弃物要及时清理,做到地面、地沟无油泥、无积水、无异味。

(七)预防交叉污染和二次污染

要防止交叉污染,必须保证生、熟食品分开贮藏,原材料、半成品和成品也要使用不同的冷库,温度控制在 0~5 ℃。所有冰箱和冷库都应备有温度计,温度计设在冷藏间温度最高的地方。没有包装的原材料和半成品,应覆盖一次性无毒塑料保鲜膜,并贴生产日期标签。

为了防止环境对产品造成二次污染,每天应用紫外线消毒灯进行空气消毒,工作台、设备、器具等与食品接触的所有物品均应用消毒剂消毒。

(八)几种食品加工过程的良好操作规范

1.食品高温处理

控制食品的卫生,最主要的是控制食品中微生物的生长和繁殖。食物营养成分丰富,是微生物赖以生存的环境,要控制微生物生长的环境,我们必须控制温度和时间。加热是杀死微生物最有效、最安全的方法,对于不同的原材料应采用不同的方法。如禽、蛋类食品由于受污染程度普遍严重,且易受沙门氏菌污染,加热后其核心温度不能低于 72 ℃。由于微生物在危险温度带(5～63 ℃)中会快速地生长和繁殖,因此,热食在加热后要尽快地通过危险温度带。经过热处理后食物温度要在 65 ℃以上,并及时将其推入速冷库,在 4 h 之内使其温度降至 10 ℃以下,然后进行冷藏,2 h 之内必须保证食品的中心温度为 0～5 ℃。

2.食品的冷藏和冷冻

食品在冷藏、冷冻前应尽量保持新鲜,减少污染。用冷水和冰冷却时,要保证水和人造冰的卫生质量达到饮用水卫生标准;任何情况下,冰融化的水滴都不能接触食品;使用的制冷剂绝对不能泄漏;冷藏库和车船还要注意防鼠和出现异臭等;食物在解冻时,还应注意卫生条件,防止微生物污染和繁殖。

3.食品干制

食品干制是将食品中的水分降至微生物生长繁殖所必需的水分含量以下。例如:奶粉含水量应在 8%以下,面粉含水量在 13%～15%之间,豆类含水量在 15%以下。食品在干制之前,应进行热漂或亚硫酸盐处理。干制后,为防止制品吸水返潮,应进行密封包装。

4.食品辐射

利用放射线辐射食品,可达到灭菌、杀虫、抑制发芽和改性等目的。被辐射的食品一定要完好、无腐烂,在辐射前有一定的包装,防止因辐射导致食品质量的劣化。加工时,严格按照工艺确定的辐射剂量进行操作。

六、食品包装的要求

食品包装指采用适当的包装材料、容器和包装技术,把食品包裹起来,以使食品在运输和贮藏过程中保持其价值和原有的状态。包装具有保护食品、方便贮运、促进销售、提高食品价值的作用。在使用食品包装材料、容器时,应该注意包装材料本身的安全与卫生、包装后食品的安全与卫生问题。食品包装的 GMP 包括如下内容:

(1)食品企业应设有专门的食品包装间,内设空调、紫外线灭菌、二次更衣间和清洗消毒等设施。

(2)成品应有固定包装,且检验合格后方可包装。包装应在良好的状态下进行,防止异物带入食品。

(3)使用的食品容器和包装材料应完好无损,符合国家卫生标准。

(4)包装上的标签应按《食品安全国家标准 预包装食品标签通则》(GB 7718)的有关规定执行。

(5)成品包装完毕,按批次入库、贮存,防止差错。

七、食品检验的要求

(1)食品厂应设立与生产能力相适应的卫生和质量检验室,并配备经专业培训、考核合格的检验人员从事卫生、质量的检验工作。

(2)卫生和质量检验室应具备所需的仪器、设备,并有健全的检验制度和检验方法。原始记录应齐全,并应妥善保存,以备查核。

(3)应按国家规定的卫生标准和检验方法进行检验,要逐批次对投产前的原材料、半成品和出厂前的成品进行检验,并签发检验结果单。

(4)对检验结果如有争议,应由卫生监督机构仲裁。

（5）检验用的仪器、设备，应按期检定，及时维修，使其经常处于良好状态，以保证检验数据的准确。

（6）应规定产品的品质规格、检验项目、检验标准及抽验检验的方法。

（7）在试验过程中要详细记录样品名称、采样日期、采样地点及各项检验项目；操作人员、记录人员及审核人员必须签名。

食品检验的实施主要包括以下几步：

（1）明确检验对象，获取检验依据，确定检验方法。

（2）抽取能够代表样本总体的部分用于检验的样品。

（3）按照检验依据的要求，逐项对样品进行检验。

（4）将测定结果与检验依据进行对比。

（5）根据对比结果对产品作出合格与否的结论。

（6）对不合格的产品进行处理，给出相应的处理办法和方案。

（7）记录检验数据，出具报告并对结果作出适当的评价和处理，及时反馈信息，并进行改进。

八、食品生产经营人员个人卫生的要求

（一）食品生产人员的健康要求

食品生产人员尤其是与食品直接接触的人员的健康与食品卫生质量直接相关，我国食品卫生法规规定：食品生产经营人员每年必须进行身体健康检查，新参加工作和临时参加工作的食品生产经营人员必须进行身体健康检查，取得健康证明后方可参加工作；凡患有痢疾、伤寒、病毒性肝炎等消化道传染病（包括病原携带者）、活动性肺结核、化脓性或渗出性皮肤病以及其他有碍食品卫生的疾病的，不得参加接触直接入口食品的工作。其他有碍食品卫生的疾病主要有流涎症状、肛瘘、腹泻、皮屑症等。承担健康检查的医疗机构必须是经当地卫生行政部门认可的单位，在指定范围内进行健康检查工作。

（二）食品生产人员的卫生要求

1.保持衣帽整洁

食品生产人员进入车间前，必须穿戴整洁的工作服、帽、靴、鞋等。头发不得外露于帽外，以防止头发或头皮屑落入食品，不在加工场所梳理头发。接触直接入口食品的工作人员还应戴口罩。工作服应每天清洗更换，不要穿工作服、鞋进入厕所和离开生产加工场所。

2.重视操作卫生

直接与食品原料、半成品和成品接触的人员不允许戴手表、戒指、手镯等饰物，以免妨碍清洗、消毒或落入食品中。进入车间前不宜化浓妆、涂抹指甲油、喷洒香水，以免玷污食品。工作时不得吸烟、饮酒、吃零食，不宜用勺直接尝味或用手抓食品，不接触不洁物品。操作人员手部受外伤时，不得接触食品或原料，经过包扎治疗、戴上防护手套后，方可参加不直接接触食品的工作。

3.培养良好的卫生习惯

从业人员应该做到勤洗手和剪指甲、勤洗澡、勤洗衣服和被褥、勤换工作服，经常保持个人卫生，努力克服不良习惯。从业人员还应养成完成一天的工作后，及时冲洗、清扫、消毒工作场所的习惯，以保持清洁的环境，有利于提高产品的质量。

九、食品工厂的组织和管理

食品生产企业应当建立相应的卫生管理机构,成立专门的卫生或产品质量检验部门,由企业主要负责人分管卫生工作。管理人员应由经过专业培训的专职或兼职人员组成,负责宣传和贯彻食品卫生法规和有关规章制度,监督、检查本单位的执行情况,并制定和修改本单位的各项卫生管理制度和规划,组织卫生宣传教育工作,培训食品从业人员,定期进行本单位从业人员的健康检查,并做好善后处理。这样有利于将食品企业的卫生管理工作始终贯穿于食品生产的各个环节,对本单位的食品卫生工作进行全面管理。

食品生产企业应当建立相应的各项卫生管理制度,如原辅料采购的卫生要求;车间的卫生制度;食品加工机械、容器具及其他器械的清洁卫生制度;食品原料、辅料、成品的贮存、运输、销售卫生制度;生产过程的卫生制度及所执行的卫生质量标准、卫生检查制度;食品企业的消毒制度。

十、产品召回管理

《食品安全法》第六十三条明确规定:国家建立食品召回制度。食品生产者发现其生产的食品不符合食品安全标准或者有证据证明可能危害人体健康的,应当立即停止生产,召回已经上市销售的食品,通知相关生产经营者和消费者,并记录召回和通知情况。食品经营者发现其经营的食品有前款规定情形的,应当立即停止经营,通知相关生产经营者和消费者,并记录停止经营和通知情况。食品生产者认为应当召回的,应当立即召回。食品生产经营者应当对召回的食品采取无害化处理、销毁等措施,防止其再次流入市场,并将食品召回和处理情况向所在地县级人民政府食品药品监督管理部门报告。食品生产经营者未依照本条规定召回或者停止经营的,县级以上人民政府食品药品监督管理部门可以责令其召回或者停止经营。召回的食品中,如果通过修改标签、标识、说明书等补救措施能够保证食品安全的,可以在采取补救措施后继续销售。

第三节 GMP 的认证

食品 GMP 是一种自主性的质量保证制度,为了提高消费者对食品 GMP 的认知和信赖,一些国家和地区开展了食品 GMP 的自愿认证工作。

一、食品 GMP 认证程序

食品 GMP 认证程序包括申请及登录、资料审查、现场评审、产品检验、确认、签约、授证、追踪管理等步骤。

(一)申请及登录

(1)向食品 GMP 现场评审小组申请食品 GMP 认证时,应具备下列文件:

①食品 GMP 认证申请书。

②公司执照或商号的营利事业登记证复印件 1 份。

③工厂登记证复印件 1 份。

(2)下列文件,可送认证执行机构办理资料审查作业:

①各种专门技术人员的学历证件与相关训练结业证书复印件各1份。

②食品工厂GMP通则及申请认证产品有关专则所规定的各类标准书。

食品GMP现场评审小组秘书处受理申请案件后,进行初步资格确认。资格审查通过后,移请推广宣传执行机构办理登录。登录完成后,依产品类别转请认证执行机构办理资料审查。

(二)资料审查

(1)认证执行机构应于申请书收到日起两星期内审查完毕,并将资料审查结果通知申请厂商,副本抄送食品GMP现场评审小组。

(2)资料审查未通过者,认证执行机构应以书面形式通知申请厂商补正或驳回。

(3)资料审查通过者,由认证执行机构报请食品GMP现场评审小组进行现场评审。

(三)现场评审

(1)现场评审作业由食品GMP现场评审小组执行,该小组由主管部门相关领导、食品GMP认证执行机构代表和行业专家共同组成。

(2)现场评审的执行:

①现场评审时,原则上每厂安排一天。

②食品GMP认证的现场评审程序:首先,现场评审小组在资料评审及现场评审后,由领队召集人员召开小组内部讨论会议,讨论评审结果。先就各评审委员所提的缺点逐项进行讨论,并列入"食品GMP现场评审缺点记录表",讨论时原则上以"共识决为主,多数决为辅"。若未能达成一致共识,以无记名投票方式表决。

(3)评审结果的宣布

现场评审结束后,由食品GMP现场评审小组行文告知评审结果,并上报认证执行机构。

现场评审通过者,当天由认证执行机构进行产品抽样。

现场评审未通过者,申请厂商应在改善后提出改善报告书,经食品GMP现场评审小组确认改善完成后,方可申请复核。如超过6个月未申请复核,应重新办理资料审查。

复核仍未通过者,申请厂商于驳回通知文发出当日起3个月后,重新提出申请。

(四)产品检验

(1)产品抽样由认证执行机构人员进行。

(2)抽样检验未通过者,由认证执行机构以书面形式通知申请厂商,申请厂商应于改善后提出改善报告书,经认证执行机构确认改善完成后,方可申请复查检验,复查检验以一次为限。

(3)复查检验未通过者,从申请案驳回通知文到达3个月后才可重新申请,且应由资料审查员重新办理。

(4)产品的抽样与检验费用依认证执行机构的既定收费标准酌情收取工本费,并由推广宣传执行机构代收转付。

(5)取样数量以申请认证产品每单位包装净重为依据:200 kg以下者抽10件,201~500 kg者抽7件,超过500 kg者抽5件。

(6)申请新增产品认证时,应备齐相关资料报请认证执行机构办理资料审查及产品检验。

(7)各类产品的检验项目由食品GMP技术委员会规定。产品标签应与其内容物相符,其标签应符合食品GMP通(专)则之相关规定。

（五）确认

（1）申请认证厂商通过现场评审及产品检验,并将认证产品的包装标签样稿送请认证执行机构审核后,由认证执行机构编定认证产品编号,并将相关资料报请食品 GMP 现场评审小组确认。

（2）认证执行机构应将食品 GMP 现场评审小组确认的结果告知推广宣传执行机构、食品 GMP 现场评审小组及申请认证工厂。

（六）签约

（1）推广宣传执行机构在获知申请认证工厂通过认证后,应通知申请认证工厂于 1 个月内办妥认证合约书签约手续;申请认证工厂逾期,视同放弃认证资格。

（2）食品 GMP 认证工厂申请新增产品认证,应向认证执行机构申办,产品经检验合格及确认产品标签后,通知推广宣传执行机构办理签约手续,并由推广宣传执行机构逐案报请食品 GMP 现场评审小组备查。

（3）新增认证工厂或产品在办妥签约手续后,应由推广宣传执行机构通知食品 GMP 现场评审小组备查,并通知认证执行机构。

（七）授证

申请食品 GMP 认证工厂在完成签约手续后,由推广宣传执行机构代食品 GMP 现场评审小组核发"食品 GMP 认证书"。

（八）追踪管理

申请认证工厂应自签约日起,依据"食品 GMP 追踪管理要点"接受认证执行机构的追踪查验。依认证工厂的追踪结果,按食品 GMP 推行方案及相关规定,对表现绩优者予以适当鼓励;对严重违规者予以取缔。

二、食品 GMP 认证标志

食品 GMP 认证标志如图 6-1 所示,图中的"OK"手势,代表消费者对认证产品的安全、卫生相当"安心";笑颜,代表消费者对认证产品的品质相当"满意"。

食品 GMP 认证的编号由 9 个数字组成,编号的前两码代表认证产品的产品类别;3～5 码为工厂编号,代表认证产品制造工厂取得该产品类别先后的序号;6～9 码称为产品编号,代表认证产品的序号。

图 6-1　食品 GMP 认证标志

本章小结

良好操作规范(GMP),又称良好生产规范,是英文 Good Manufacturing Practice 的缩写,是指政府制定并颁布的强制性的有关食品原料、生产加工、包装、贮存、运输、人员等方面的卫生要求。它规定了食品生产必须满足的卫生条件,因此也可以说它是食品生产组织所必须满足的卫生标准。它的重点是:确认食品生产过程的安全性;防止异物、毒物、有害微生物污染食品;双重检验制度,防止出现人为的过失;标签管理制度;建立完善的生产记录、报告存档的管理制度。

GMP 也是一种具体的食品质量保证体系,其要求食品工厂在各个环节均能符合良好生产规范,防止食品在不卫生条件或可能引起污染及品质变坏的环境下生产,减少生产事故的发生,确保食品安全卫生和品质稳定。

复习思考题

1. 实施 GMP 对食品质量控制有何意义?
2. 食品的 GMP 认证程序包括哪几个步骤?
3. 利用假期协助食品企业建立该厂的 GMP。

实验与实训

实训　协助食品企业建立 GMP

一、实训目的

通过实训教学,使学生熟悉食品 GMP 的主要内容,掌握 GMP 在食品生产企业的应用。

二、实训原理

GMP 是一种特别注重在生产过程中实施产品质量与卫生安全管理的自主性管理制度。其内容包括食品原辅料的采购、工厂设计与设施、生产设备、生产用水、生产加工、包装、检验、人员、召回等方面的卫生要求。食品企业实施 GMP 有利于食品质量控制,有利于企业的长远发展。企业要建立 GMP,就需要了解GMP 的内容。

三、实训步骤

1. 从互联网上搜索到某食品企业 GMP 实施示例,熟悉 GMP 文件的基本结构和内容。
2. 指导学生在参考 GMP 实施示例的基础上,以某一模拟食品企业为例,列出 GMP 的标题。
3. 指导学生分组(全班分成 6 个组,6～8 人/组,人数少的班级 5～6 人/组),食品企业类别自选,如乳制品、肉制品、果蔬制品等,组与组之间内容不得重复,对选择的 GMP 要素进行描述。
4. 在课堂上让学生分别对自己列出的 GMP 文件的标题和 GMP 文件要素的描述情况进行交流,交流过程中,其他学生可以质疑和补充。
5. 教师对学生的描述结果进行点评。
6. 以学生小组为单位完成该虚拟食品企业 GMP 文件的编写。

四、实训效果考核(表 6-1)

表 6-1　实训效果考核表

学生姓名	标题和要素描述的合理性(20 分)	交流时的逻辑性(20 分)	回答质疑的准确性(10 分)	GMP 文件的编写(50 分)

第七章　卫生标准操作程序(SSOP)

第一节　SSOP 概述

卫生标准操作程序(Sanitation Standard Operation Procedures,SSOP)是食品加工企业为了保证达到 GMP 所规定的要求,确保在加工过程中消除不良的人为因素,使其所加工的食品符合卫生要求而制定的指导食品生产加工过程中如何实施清洗、消毒和保持卫生的指导性文件。SSOP 是食品生产和加工企业建立和实施食品安全管理体系的重要前提条件,如果没有对食品生产环境的卫生控制,即使实施 HACCP 管理,仍会导致食品的不安全。无论从人类健康的角度来看,还是从食品国际贸易要求来看,都需要食品的生产者在良好的卫生条件下生产食品,这是保证食品安全的基础,也是法律法规的要求。

一、SSOP 的起源

20 世纪 90 年代,美国频繁爆发食源性疾病,造成每年 700 万人次感染和 7000 人死亡。调查数据显示,其中有大半感染或死亡的原因与肉、禽产品有关。这一结果促使美国农业部(USDA)重视肉、禽产品的生产状况,并决心建立一套涵盖生产、加工、运输、销售所有环节的肉、禽产品生产安全措施,从而保障公众的健康。1995 年 2 月颁布的《美国肉、禽产品HACCP 法规》中第一次提出要建立一种书面的常规可行程序,即卫生标准操作程序(SSOP),确保生产出安全、无掺杂的食品。同年 12 月,美国 FDA 颁布的《美国水产品的HACCP 法规》进一步明确了 SSOP 必须包括的八个方面内容及验证等相关程序,从而建立了 SSOP 的完整体系。

二、SSOP 和 GMP 的关系

GMP 规定了在食品生产、加工、贮存、运输等方面的基本要求,是政府食品卫生主管部门以法规形式发布的强制性要求。食品企业必须达到 GMP 规定的卫生要求。SSOP 则是企业为了达到 GMP 所规定的卫生要求而制定的、企业内部的卫生控制文件。

GMP 的规定是原则性的,包括硬件和软件两个方面,是相关食品加工企业必须达到的基本条件。SSOP 的规定是具体的,负责指导卫生操作和卫生管理的具体实施。GMP 是 SSOP 的基础,制定 SSOP 的依据是 GMP。将 GMP 法规中有关卫生方面的要求具体化,使其转化为具有可操作性的作业指导文件,即构成了 SSOP 的主要内容。

三、SSOP 的内容

(一)水(冰)的安全

安全用水(冰)的卫生质量是影响食品卫生的关键因素。对于任何食品的加工,首要的一点就是保证水的安全。食品加工企业一个完整的 SSOP 计划,首先要考虑与食品接触或与食品表面接触的用水(冰)的来源与处理应符合有关规定,并要考虑非生产用水及污水处理的交叉感染问题。

1.生产加工用水的要求

在食品加工过程中,水的作用非常重要,是食品加工厂的一个最重要的组成部分,也是某些产品的组成成分。食品的清洗,设施,设备,工、器具的清洗和消毒,饮用等都离不开安全卫生的水。

现行的良好操作规范(GMP)规定,食品加工厂加工用水必须充足且来源于适当的水源。接触食品或食品接触面的水必须安全、卫生。通常情况下,安全卫生的水是指符合国家饮用水标准的水。

在食品加工中应使用符合国家《生活饮用水卫生标准》(GB5749)规定的水。水产品加工中原料冲洗使用的海水应符合《海水水质标准》(GB3097)。软饮料用水质量标准应符合《软饮料用水的质量》(GB1097)。就安全、卫生而言,我们重点应关注生产用水的细菌学指标。

2.生产加工用水可能被污染的因素

水中经常发现大肠杆菌群,大肠杆菌的存在表明水受到了污染。对于饮用水或接触食品的水必须进行大肠杆菌群处理。饮用水中这些细菌的存在通常是由于水处理或输水管道存在问题,同时表明水被有害生物污染。

有些致病生物,可以耐受去除大肠杆菌群而进行的水处理。在水中能引起问题的主要病毒(如甲型肝炎病毒)与粪便污染有关。氯处理一般能使这些病毒失活。

(1)城市供水(自来水)。是食品加工中最常用的水源,具有安全、优质、可靠的优点。自来水在化学和微生物含量方面保持高的水质标准,经过净化或处理,使用前又经过了检验,一般不会有安全、卫生方面的问题。

当管道中饮用水与其他任何非饮用水(特别是污水或其他液体)混合时,会产生交叉污染。交叉污染可以是水源间的直接污染或污染水源吸入或进入饮用水源的非直接污染。

(2)自供水。自供水来自不同的地表水源,最常用的是井水。与城市供水相比,井水含有大量的可溶性矿物质、不溶性固体、有机物质、可溶性气体及微生物。井水的化学和微生物的污染有不同的来源，污水可以通过洪水或由于井与污水池、粪池或灌溉田距离太近而进入井水中。井的保护性装置或内涂层破裂或密封不当也会引起污染。另外地下水本身由于没有充分的过滤和渗透除去杂质也会导致污染。井水的化学污染是由于油罐的泄露、农田农业化学品的使用及工业废弃物。

鉴于以上原因，自供水应注意以下几点：一是水井应选择在当地地下水流的上方，周围环境无污染；二是蓄水池、蓄水塔应保持卫生、安全、防鼠、与外界相对封闭；三是井口应离地面 1m 以上，防止地面污水倒流井中；四是根据实验室的微生物检测报告决定是否使用化学消毒剂，如需使用，常采用加氯消毒处理，但应对余氯进行监测。游离余氯应符合《生活饮用水卫生标准》(GB5749)的要求。

（3）海水。加工过程使用的海水，作为自然水源，由于受每日天气、季节状况、环境污染的影响，其水的安全性和质量得不到保证，这时水处理（例如使用氯处理）能有效地减少微生物污染的问题，如可能仅限制在初加工中使用海水，随后进一步加工或洗涤中使用贮水槽中的饮用水，就不会影响食品的安全性。

根据上述对饮用水的要求，海水在加工操作前应监测和尽可能进行去除微生物的处理，除了涉及细菌污染外，海水还会受到天然毒素（如赤潮）引起的化学污染。由于这些原因，海水安全性的监测应比陆地水更广泛和频繁。

3.水源监测

无论是城市供水还是自备水源或海水，都必须进行定期的监测，确保生产用水安全地用于食品和食品接触面。

生产加工企业应制定详细的供水网络图，以便日常对供水系统进行管理与维护。车间的每个出水口应按顺序编号。冷、热水管必须着色标识。

对于城市供水每年至少要有两次经当地防疫部门进行的全项目检测，并有检测报告。企业实验室应每月进行一次微生物指标检测。

对于自供水，井水在工厂投产前必须经当地防疫部门进行全项目检测，以后每年不少于两次。企业实验室应每周进行一次微生物指标检测，每天对余氯进行检测。发现异常时应增加检测的频率。

使用海水加工的，其水质应符合《海水水质标准》(GB3097)标准，检测的频率应比陆地城市供水或自供水更频繁。

对管道的监测也是非常重要的，一般应每月一次对饮用水管道、非饮用水管道及污水管道之间可能出现问题的交叉连接的地方进行检查。

除了对水源的安全性和相连的管道进行监测外，用这些水制成的冰也必须进行周期性的检测。制冰用水必须符合饮用水标准；制冰设备要求卫生、无毒、不生锈；贮存运输和存放冰的容器应卫生、无毒、不生锈；要经常进行微生物监测。

（1）水的检测标准。国家生活饮用水卫生标准：GB5749 全部项目指标。

（2）取样计划。每次取样必须包括总出水口；一年内做完所有的出水口。

（3）取样方法。先对出水口进行消毒，放水 5min 后取样。

（4）日常检测的内容和方法。①余氯：试纸、比色法、化学滴定法。②pH 值：试纸、比色法、化学滴定法。③微生物：细菌总数、大肠菌群、致病菌、生化培养。

4.纠正措施

当监测发现加工用水存在问题时,加工厂必须进行评估。如果有必要,应中止使用此水源的水直至问题得到解决。另外必须对这种不利条件下生产的所有产品进行隔离、评估。

5.记录

认真做好水质检测报告、余氯检测报告、管网维修检查记录等。

(二)食品接触面的状况和清洁

食品接触面是指接触人类食品的那些表面,以及在正常加工过程中会将水滴溅在食品或与食品接触的表面上的那些表面。

根据潜在的食品污染的可能来源途径,我们通常把食品接触面分成:直接与食品接触的表面和间接与食品接触的表面。直接接触的表面有:加工设备、工器具、操作台案、传送带、贮冰池、内包装物料、加工人员的手或手套、工作服(包括围裙)等。间接接触的表面有:未经清洗消毒的冷库、车间和卫生间的门把手、操作设备的按钮、车间内的电灯开关等。

为保持食品接触面的清洁卫生,必须对食品接触面的设计、制作工艺和用材(材料)事先进行考虑,并有计划地进行清洁、消毒。

1.食品接触面的材料要求

食品接触面的选材适当、设计合理,有利于防止潜在的食品污染。应选用安全、无腐蚀、易于清洁和消毒的材料。安全的材料应无毒、不吸水、抗腐蚀并不与清洁剂和消毒剂产生化学反应。在设计制造方面要求表面光滑(包括缝、角和边在内),易于清洗和消毒。通常用于食品接触面的材料有:

(1)不锈钢。因其表面光滑和耐用,为推荐使用的材料。应该选用较高等级的不锈钢,低等级的不锈钢容易被氧化剂腐蚀。

(2)塑料。选用无毒塑料,根据用途选择不同的颜色。

(3)混凝土。食品初级加工使用,也作为蓄水池。

(4)瓷砖。不应含有铅等有害成分。选择高质量的瓷砖,防止腐蚀和开裂。贴瓷砖时应使用水泥浆,防止砖与砖之间留有缝隙。

(5)木质器具。许多国家的法规中已明令禁止在食品加工过程中使用竹木器具,因此除了传统工艺需要必须使用木质器具外,一般不推荐使用木质器具。

通常应避免作为食品接触面的材料有:

(1)竹木制品(考虑到微生物问题)。

(2)黑铁和铸铁(考虑到腐蚀问题)。

(3)黄铜(考虑到腐蚀和产生质量问题)。

(4)镀锌金属(考虑到腐蚀和化学渗出的问题)。

对于手套、围裙、工作服等应根据用途采用耐用材料,合理设计和制造,禁止使用布手套。手套、围裙、工作服等要定期清洗、消毒,存放于干净和干燥的场所。

2.设备的设计、安装要求

食品接触面的制造和设计应本着便于清洁和消毒的原则,制作要精细,无缝隙,无粗糙焊接、凹陷、破裂,表面平滑等。固定设备的安装应离墙有一定的距离,并高于地面,以便于清洗、消毒和维修。

3.食品接触面的清洁和消毒

食品接触面的清洁和消毒是控制病原微生物污染的基础，良好的清洁和消毒通常包括以下步骤：

（1）清扫。用刷子、扫帚等清扫设备及工、器具表面的食品颗粒和污物。

（2）预冲洗。用清净的水冲洗被清洗器具的表面，除去清洗后遗留的微小颗粒。

（3）用清洁剂。清洁剂的类型主要有普通清洁剂、碱、含氯清洗剂、酸、酶等。根据清洗对象的不同，选用不同类型的清洁剂。

①冲洗：用流动的洁净的水冲去食品接触面上的清洁剂和污物，要求接触面要清洗干净，不残留清洁剂和污物，为消毒提供良好的表面。

②消毒：应用允许使用的消毒剂，杀灭和消除物品上存在的病原微生物。在食品接触面清洁以后，必须进行消毒除去潜在的病原微生物。消毒剂的种类很多，有含氯消毒剂、过氧乙酸、醋酸、乳酸等。消毒的方法通常为：浸泡、喷洒等。

③清洗：消毒结束后，应用符合卫生要求的水对被消毒对象进行清洗，尽可能减少消毒剂的残留。

4.工作服、手套、车间空气的消毒

工作服应用专用的洗衣房清洗和消毒，不同清洁区域的工作服要分开清洗，工作服每天必须清洗消毒，一般每个工人至少配备两套工作服。需要注意的是：工作服是用来保护产品的，而不是保护加工工人自己的衣服。工人出车间、去卫生间必须脱下工作服、帽和工作鞋。更衣室和卫生间的位置应设计合理。

手套一般在一个班次结束后或中间休息时更换。手套不得使用线手套，手套清洗消毒后应贮存在清洁的密闭容器中送到更衣室。

车间空气消毒一般用臭氧发生器产生的臭氧进行消毒。紫外线灯由于所产生的紫外线穿透能力差，车间内一般不使用紫外线灯。

5.食品接触表面的监测

为确保食品接触面（包括手套、外衣）的设计、安装、便于卫生操作、维护、保养符合卫生要求，以及能及时充分地清洁和消毒，必须对食品接触表面进行监测。

（1）监测的内容。加工设备和工具的状态是否适合卫生操作，设备和工具是否被适当地清洁和消毒，使用消毒剂的类型和浓度是否符合要求，可能接触食品的手套和外衣是否清洁并且状况良好。

（2）监测的方法。

感官检查——检查接触表面是否清洁卫生，有无残留物。工作服是否清洁卫生，有无卫生死角等。

化学检查——主要检查消毒剂的浓度，消毒后的残留浓度。

表面微生物的检查——推荐使用平板计数，一般检查时间较长，可用来对消毒效果进行检查和评估。

（3）监测的频率。取决于被监检测的对象，如设备是否锈蚀，设计是否合理，应每月检查1次，消毒剂的浓度应在使用前检查。感官检查（工作服、手套）应在每天上班前、下班清洗消毒后进行。实验室监测按实验室制定的抽样计划进行，一般每周1～2次。

6.纠正措施

在检查发现问题时，应采取适当的方法及时纠正，如再清洁、消毒、检查消毒剂浓度，对员工进行培训等。

7. 记录

记录包括卫生消毒记录、个人卫生控制记录、微生物检测结果报告、臭氧消毒记录、员工消毒记录。

(三)防止交叉感染

交叉感染是通过生的食品、食品加工者或食品加工环境把生物或化学的污染物转移到食品的过程。当致病菌或病毒被转移到即食食品上时,通常意味着导致食源性疾病的交叉污染。

1. 交叉污染的来源及预防

(1)工厂选址、设计和布局不合理。

企业由于选址、设计上的失误,把厂区建在环境有污染的地方,如附近有医院、制药厂、水泥厂等污染源,地下水可能被污染。工厂建在低洼处,到雨季地面污水可能倒灌进而污染水源。如果车间设计上不合理可造成工艺倒流,清洁区与非清洁区界线不明显,可造成产品交叉污染。

预防措施:工厂选址、设计、建筑应符合食品加工企业的卫生要求。周围环境无污染,锅炉房设在厂区下风处,厂区厕所、垃圾箱远离车间。在车间设计上应根据不同的产品、不同的生产加工工艺,本着从原料到初级加工、精加工、冷冻、包装贮存等一环扣一环的原则,由非清洁区到准清洁区,最后到清洁区,合理安排车间布局。工艺流程不能倒流,初加工、精加工、成品包装分开,清洗消毒与加工车间分开,原料库与成品库分开,车间内所用材料应易于清洗消毒,材料本身无毒。

(2)生熟产品未严格分开,原料和成品未隔离。

生的食品含有引起食品腐败的微生物也可能含有致病的病源微生物,可导致人类患病。加工中如果生的产品与熟的产品不能严格分开,生的食品上所带的病原微生物就有可能污染熟的食品,所以要求采取措施防止熟的或即食的产品被生的产品、加工生的产品的食品接触面、加工生的产品的员工污染。同样原料和成品未能进行有效的隔离,也是造成交叉污染的原因之一。

预防措施:对于生产即食食品、油炸食品、熟的偶蹄动物肉的加工厂,要做到人流、物流、气流、水流严格分开,不能相互交叉。对双向开门的加热设备应具有机械联动的装置,确保两边不能同时开门。水煮的产品由生区向熟区传递时,必须通过可关闭的窗口及滑道进入熟区水煮锅,防止气流交叉。

对于生产其他产品的企业,也要明确人流、物流、水流、气流的方向:

人流——从高清洁区到低清洁区,且不能来回串岗。

物流——不造成交叉污染,可用时间、空间分隔。

水流——从高清洁区到低清洁区。

气流——从高清洁区到低清洁区,正压排气。

(3)加工人员个人卫生不良及卫生操作不当。

食品加工操作人员的皮肤、手以及他们的消化系统或呼吸系统中会暗藏着致病菌。这些致病菌和其他微生物在食品加工厂内自己不能移动,而必须借助外力由一个地方转移到另一个地方。

手、手套、外衣、工器具、设备的食品接触面若与污水、地面或其他不清洁物品相接触，都会导致产品污染。同样，加工人员的手、工作服不清洁，可能导致污染产品。员工的不良习惯，如随地吐痰、对产品打喷嚏、吃零食、戴首饰；进车间、如厕后不按规定洗手消毒；接触了生的产品的手，又去接触熟的产品；生区和熟区人员来回串岗等都可能对产品造成污染。

预防措施：应具有良好的卫生习惯，进入车间、如厕后应严格按照洗手消毒程序进行洗手消毒。所有直接与食品、食品接触面及食品包装物料接触的人都应遵守卫生规范，工作中应尽量避免污染食品。

生产加工人员保持食品清洁的方法还包括以下几个方面：

①开工前和离开车间后或每当手被弄脏和污染时，都要在指定的洗手设施彻底洗手或消毒。

②摘掉所有不安全的首饰及其他可能落入食品、设备或容器中的物品。

③工作中，应保持适当的着装方式，戴发网、发带、帽子及其他可有效遮盖头发的东西。食品中的头发可能是微生物污染的来源，食品加工者需要保持头发清洁，留长度适中的头发和胡须。

④员工在开工前应换上消毒过的靴子或橡胶鞋，因为未消毒的鞋可能把污物传到员工的手上或带到加工区域。

⑤不应该在食品暴露处，设备，工器具清洗处吃东西、嚼口香糖、喝饮料或吸烟，因为健康的人的口腔和呼吸道中经常暗藏致病菌。吃东西、喝饮料或吸烟都涉及手与口的接触，致病菌便会传染到员工的手上，然后通过整理食品传播到食品上。

2.交叉污染的监测

为了有效地控制交叉污染，需要评估和监测各个加工环节和食品加工环境，从而确保生的产品在整理、贮存或加工过程中不会污染熟的、即食的或需进一步加热的半成品。

(1)指定人员应在开工时或交班时进行检查。确保所有卫生控制计划中的加工整理活动，包括生的产品加工区域或与煮熟或即食食品的分离。

(2)如果员工在生的加工区域活动，那么他们在加工熟食或即食产品前，必须清洗和消毒手。

(3)当员工由一个区域到另一个区域时，还应当清洗靴鞋或进行其他的控制措施。

(4)当移动的设备、工具或运输工具由生的产品加工区移向熟制的或即食产品的加工区域时，也应进行清洗、消毒。

(5)产品贮存区域如冷冻室应每日检查，以确保煮熟和即食食品与生的产品完全分开。通常可在生产过程中或收工后检查。

(6)卫生监督员应在开工时或交班时以及工作期间定期地监测员工的卫生，确保员工个人清洁卫生，衣着适当。在加工期间应定时地监测员工操作：恰当使用手套，严格手部清洗和消毒过程，在食品加工区域不得饮酒、吃饭和吸烟，生的产品的加工员工不能随意去或移动设备到加工熟制或即食产品的区域，以确保不发生交叉污染。

3.纠正措施

(1)如果有必要立即停产，直到问题被纠正。

(2)采取措施防止再发生污染。

(3)评估产品的安全性。如有必要，改用、再加工或废弃。

（4）记录采取的改正措施。

（5）加强员工的培训。

4.记录

记录包括培训记录、员工卫生检查记录、纠正措施记录等。

（四）手的清洁与消毒，厕所设施的维护

食品加工过程通常需要大量的手工操作人员，然而员工的手平时会被不良微生物和有害物质污染。可见洗手对生产加工食品是很有必要的。员工在整理即食食品、食品包装材料及即食食品的接触面时，进行手部清洁和消毒是必需的。如果手在处理食品前没经过清洗、消毒，那么它们很有可能成为致病微生物的主要来源或者对成品造成污染。食品加工厂必须建立一套行之有效的手部清洗程序。

为防止工厂内污物和致病微生物的传播，厕所设施的维护也是手部清洗程序的必要部分。

1.洗手消毒和厕所设施

（1）洗手消毒设施。车间入口处、车间内加工操作岗位的附近应设有与车间内人员数量相适应的洗手消毒设施，洗手龙头所需配置的比例应为每 10 人 1 个，200 人以上的每增加 20 人增设 1 个。

洗手龙头必须为非手动开关，洗手处有皂液盒，在冬季有热水供应，水温 43℃ 左右。盛放洗手消毒液的容器，在数量上也要与使用人数相适应并合理放置。

干手用具必须是不导致交叉污染的物品，如一次性纸巾、干手器等。

车间内适当的位置应设有足够数量的洗手消毒设施，以便于员工在操作过程中定时洗手、消毒，或在弄脏手后能及时洗手。

（2）厕所设施。厕所的位置应设在卫生设施区域内并尽可能离作业区远一些，厕所的门、窗不能直接开向加工作业区，卫生间的墙壁、地面和门窗应该用浅色（深色易招蚊虫）、易清洗消毒、耐腐蚀、不渗水的材料建造，并配有冲水、洗手消毒设施，防蝇设施齐全、通风良好，不得使用旱厕。

2.洗手消毒程序

良好的进入车间的洗手程序为：工人更换工作服→换鞋→清水洗手→用皂液或无菌皂洗手→清水冲净皂液→50mg/L 的次氯酸钠溶液浸泡 30s→清水冲洗→干手（干手器或一次性纸巾）→75％食用酒精喷洒。

良好的如厕程序为：更换工作服→换鞋→如厕→冲厕→皂液洗手→清水冲洗→干手→消毒→换工作服→换鞋→洗手消毒进入工作区域。

3.手清洗消毒与厕所设备维护的监测

员工进入车间，如厕后应设专人随时监督检查洗手消毒情况。车间内操作人员应定时进行洗手消毒。生产区域、卫生间和洗手间的洗手设备每天至少检查一次，确保处于正常使用状态，并配备有热水、皂液、一次性纸巾等设施。消毒液的浓度应每小时检测一次，上班高峰时每半小时检测一次。

对于厕所设施状况的检查，要求每天开工前至少检查一次，保证厕所设施一直处于完好状态，并经常打扫使其保持清洁卫生，以免造成污染。

4.纠正措施

当厕所和洗手设施卫生用品缺少或使用不当时,应马上修理或补充卫生用品;若手部消毒液浓度不适宜,则应配置新的消毒液;及时修理不能正常使用的厕所。

5.记录

记录包括每日卫生控制记录、消毒液浓度记录等。

（五）防止外部污染

在食品加工过程中,卫生操作不当就有可能造成外来污染物的污染。

1.外来污染产生的原因

（1）微生物污染。污染的水滴和冷凝水;空气中的灰尘、颗粒;溅起的污水(清洗工器具和设备的水、冲洗地面的水、其他已污染的水直接排到地面溅起的水滴等);因不戴口罩造成的口沫、喷嚏污染等。

（2）物理性污染。天花板、墙壁的脱落物(涂料);工具上脱落的漆片、铁锈;竹木器具上脱落的硬质纤维;无保护装置的照明设备的碎片;因头发外露而造成头发的脱落等。

（3）化学性污染。润滑剂、燃料、杀虫剂、清洁剂、消毒剂等化学品。

2.控制外部污染的措施

（1）工厂在最初的设计上应考虑外部污染问题。车间对外要相对封闭,正压排气,加工状况应该考虑人流、物流方向、通风控制问题。

（2）冷凝水问题。这是企业普遍存在的问题,它可以导致外部污染。解决的办法:①良好的通风,进风量要大于排风量;②车间温度控制尽量缩小温差;③将热源如蒸柜、杀菌等单独设房间,集中排气;④顶棚呈圆弧形。

（3）包装物料与贮存库。包装物料要专库存放,干燥、清洁、通风、防霉,内外包装要分别存放,上有盖布下有垫板,并设有防虫、鼠设施。内包装进厂要进行微生物检测。贮存库要保持卫生,异味产品、原料与成品要专库存放。车间内使用的消毒剂要专柜存放,专人保管并做好标识,对工具消毒后要用清水冲洗干净,以防消毒药液残留。

（4）物理性外来杂质。车间内天花板、墙壁使用耐腐蚀、易清洗、不易脱落的材料;生产线上方的灯具应装有防护罩;加工器具、设备、操作台使用耐腐蚀、易清洗、不易脱落的材料;禁用竹木器具;工人禁戴耳环、戒指等饰物,不准涂抹化妆品,头发不得外露。

（5）化学性外来杂质。加工设备上使用的润滑剂必须是食用级润滑油;有毒化学物应正确标识、保管和使用。在非产品区域使用有毒化合物时,应采取相应措施保护产品不受污染;禁用没有标签的化学品。

3.外部污染的监测

任何可能污染食品和食品接触面的外部污染物,如潜在的有毒化合物、不卫生的水和不卫生的表面所形成的冷凝物,建议在开始生产及工作时每4个小时检查1次。

4.纠正措施

对于任何可能导致产品污染的行为应该及时纠正,从而避免对食品、食品接触面或食品包装材料造成污染。对不正确操作可采取的纠正措施如下:

（1）除去不卫生表面的冷凝物。

（2）调节空气流通和房间温度以减少凝结。

（3）安装遮盖物防止冷凝物落到食品、包装材料和食品接触面上。

（4）清扫地板、清除地面上的积水。

（5）清洗因疏忽暴露于化学污染物的食品接触面。

（6）在非产品区域操作有毒化合物时，设立遮蔽物以保护产品。

（7）测算由于不恰当使用有毒化合物所产生的影响，以评估食品是否被污染。

（8）加强对员工的培训，纠正不正确的操作。

（9）丢弃没有标签的化学品。

5. 记录

每日都必须有控制记录。

（六）有毒化合物的正确标记、贮存和使用

有毒化学物质不正确的使用是导致食品外部污染的一个常见原因。大多数的食品加工企业使用的化学物质包括清洁剂、灭虫剂、杀虫剂、机械润滑剂、食品添加剂等。在使用这些化学物质时必须小心谨慎，按产品说明书使用，做到正确标记、安全贮藏，否则会导致企业加工的食品有被污染的风险。

1. 食品加工厂有毒化合物的种类、标记

清洗剂、消毒剂：如洗洁净、次氯酸钠、95％酒精、过氧乙酸等。

灭鼠剂、杀虫剂：如灭害灵、"一步倒"等。

润滑剂：润滑油。

化验室用药：甲醇、氰化钾。

添加剂：亚硫酸钠

以上所列化学物质的原包装容器的标签必须标明制造商、使用说明和批准文号、容器中的试剂或溶液名称。工作容器标签必须标明容器中试剂或溶液名称、浓度、使用说明，并注明有效期。

2. 有毒化合物的贮存和使用

食品加工厂要编写本企业有毒化学物质一览表，所使用的化合物要有主管部门批准生产、销售、使用证明，主要成分，毒性，使用浓度和注意事项，做到正确使用。建立有毒化合物的领用、配制、使用制度、使用记录，使全过程处于受控状态。

有毒化合物的贮存要设单独的区域，带锁的柜子，贮存于不易接近的场所；食品级化合物应与非食品级化合物分开存放；有毒化合物品应远离食品设备、工具和其他易接触食品的地方。

严禁使用曾存放过清洁剂、消毒剂的容器再存放食品。

3. 有毒化学物品的监测

监测的目的是确保有毒化合物的标记、贮藏和使用，使食品免遭污染。监测的区域主要包括食品接触面、包装材料，用于加工过程和包含在成品内的辅料。企业要以足够的监测频率来检查是否符合要求，一般每天至少检查一次，全天都应注意观察实施情况。

4. 纠正措施

对不符合要求的情况要及时纠正，包括有毒化合物的及时处理以避免其对食品、辅料、食品接触面和包装材料的潜在污染。对不正确操作可采取的纠正措施如下：

（1）将存放不正确的有毒物转移到合适的地方。

（2）将标签不全的化合物退还给供货商。

（3）对于不能正确辨认内容物的工作容器应重新标记。

（4）不合适或已损坏的工作容器弃之不用或销毁。

（5）评价不正确使用有毒化合物所造成的影响,判断食品是否已遭污染(有些情况必须销毁食品)。

（6）加强员工培训以纠正不正确的操作。

5.记录

记录包括化学物质进厂验收记录、入库记录、使用控制记录、消毒液浓度配制记录等。

（七）员工健康状况的控制

员工的健康状况主要涉及那些患病、有外伤或其他身体不适的员工,他们可能会成为食品的微生物污染源。当员工患病或有化脓伤口时,不得从事与食品或食品接触面相关的工作。

某些致病菌可通过患病的员工污染食品。如果加工食品的员工出现下列迹象或症状便表明通过病原体引起的传染病可能会通过食品供应传播给其他人。这些症状是:痢疾、呕吐、皮肤的创伤、烫伤、发烧、尿液加深或黄疸症等。一些员工虽没表现出任何症状,但也可能是某些病原体的携带者,这些均会造成食源性传播。非食源性传播路径,比如人与人之间的传播,也是病菌传播的一个主要途径。

由此可见,食品生产企业的生产人员是直接接触食品或食品接触面的人,其身体健康及卫生状况直接影响产品卫生质量,甚至可能造成疾病的流行。我国《食品安全法》规定,凡从事食品生产的人员必须体检合格持有健康证方能上岗,并且每年要进行一次体检。

1.食品加工人员的健康卫生要求

食品生产企业应制定员工健康体检计划,并设有健康档案。凡患有下列疾病的人员不得从事食品加工或接触食品:病毒性肝炎、开放性肺结核、肠伤寒及其带菌者、化脓性或渗出性脱屑、皮肤病患者、手外伤未愈合者。

生产人员要养成良好的卫生习惯,如有疾病应及时向领导汇报,进入车间要更换清洁的工作服、帽、口罩、鞋等,不得化妆、戴首饰、手表等。尽量避免咳嗽、打喷嚏等会污染食品的行为。

2.员工健康状况的监测

监测员工健康的主要目的是控制可能导致食品、食品包装和食品接触面的微生物污染状况。应在上班前或换班时观察员工是否患病或有外伤感染的情况,可疑的应立即报告处理。

3.纠正措施

确诊已患病的员工应重新分配工作,到非食品加工区或回家休养,手有外伤的应包扎后重新安排工作。

4.记录

记录包括每日卫生检查记录、健康检查记录、员工健康档案等。

（八）虫害、鼠害的灭除

虫害、鼠害的灭除对食品加工厂而言是非常重要的,若食品加工环境中出现害虫会影响食品的安全卫生,可导致疾病传染给消费者。有害动物的危害主要包括:直接消耗食品;在食品中留下令人厌恶的东西(如粪便、毛发);给食品带来致病性微生物的污染,如:苍蝇、蟑螂可传播沙门氏菌、葡萄球菌、志贺氏菌、链球菌以及其他致病菌,啮齿类动物可传播沙门氏菌和寄生虫,鸟类是多种病原菌的寄主(如沙门氏菌、李斯特菌)。为此,在食品加工厂中,害虫的控制对减少通过微生物污染而传播的食源性疾病是十分重要的。

1.厂区环境应保持清洁卫生

企业要制订详细的厂区环境卫生计划,定期对厂区环境卫生进行清扫,特别注意不留卫生死角。清除杂草、厂区平整、不积水,清除蚊蝇的滋生地,生活垃圾要及时清理,厂区厕所派专人负责,每天清扫,不准在厂内饲养动物。

2.必要的防范措施

工厂要有灭鼠网络图,有灭鼠设备和措施,灭鼠的重点应设在锅炉房、餐厅、垃圾箱、厕所等处。生产车间对外的口应设挡鼠板和防蝇虫设施,如风帘、水帘、翻水弯、纱网、暗室等。车间更衣室、柜要定期打扫,保持清洁卫生。

3.使用杀虫剂和灭鼠器

厂区设有足够的捕虫器,同时定期使用杀虫剂喷洒,车间入口使用灭蝇灯。在仓库、食堂、垃圾场等处使用粘鼠板和鼠笼,不得使用烈性灭鼠药。

4.监测

应对加工区域、包装区域和贮存区域进行检测,检查害虫是否存在(包括饲养动物、昆虫、啮齿动物、鸟类)和害虫最近留下的痕迹(如粪便、啃咬痕迹和造巢材料等)。

5.纠正措施

根据实际情况,及时调整灭鼠、除虫方案。

6.记录

虫害、鼠害控制记录表。

第二节　SSOP 实施实例

本节以×××食品公司的 SSOP 为例进行描述。

1.目的

通过制定与本公司情况相应的 SSOP 计划,对加工过程中的用水、食品接触面、有毒有害物质、虫害防治等实施有效的控制,以保证本工厂产品的安全可靠性。

2.适用范围

本程序适用于整个生产过程中的各环节、各工序、各类相关人员。

3.职责

3.1 卫生监督员负责对日常卫生进行监督检查。

3.2 办公室负责厂区的环境卫生和员工健康检测、档案的管理。

3.3 品控科负责原辅材料的卫生检测、生产过程卫生监督检查。

3.4 车间负责本范围设施卫生、生产过程卫生的管理。

4.要素控制

4.1 加工用水的安全

4.1.1 控制和监测:

a.公司所有的加工用水取自井水。监测频率:每年两次。

b.自来水水管不得与其他非饮用水水管交叉连接。监测频率:当管道系统进行安装或者变动时。

c.检查公司内外所有的水龙头,看是否能有效防止虹吸。监测频率:每天上班前、工作中、收工后。

d.水质常规项目(包括细菌总数、大肠菌群、余氯、pH 值)的实验室检测。监测频率:每半月一次,一年内的取样点覆盖所有的水龙头。

4.1.2 纠正措施:

a.发现水受污染的情况下,停止一切生产,判定是何时受污染,暂存这段时间生产的产品,进行安全评估,以保证产品的安全性。

b.只有当水质符合国家水质标准时,才可恢复生产。

c.对员工进行教育培训,避免出现易导致虹吸的操作。

d.找出造成不合格的原因,采取纠正措施,评估不合格对产品安全造成的影响,如有必要,对偏离产品进行处置。

4.1.3 记录:

a.余氯检测记录;

b.管网维修检查记录;

c.水样送检全项目检测报告;

d.工厂实验室水质检测报告。

4.2 食品接触面的状况和清洁(包括工器具、手套、工作服)

4.2.1 控制和监测:

食品接触面应充分清洁(没有缝隙、洞、叠接点、水垢积聚处等不能充分清洁的地方),卫生监督员应对食品接触面进行检查,以确定是否可充分清洗。监测频率:每天。

对食品接触面的清洁和消毒程序:

a.上班前,应用自来水冲洗设备、工器具和操作台面。监测频率:上班前。

b.中午下班前,应将地面、设备和接触面上的主要固状物清除掉,并用自来水冲洗干净,再用自来水冲洗所有设备、工器具、操作台面。监测频率:中午下班前。

c.每天下班后,应先清除地面、墙壁、操作台面、设备、工器具表面的食物残渣,然后用自来水冲洗,再用清水刷洗操作台面、工器具。清洗干净后应进行消毒,地面、墙壁用 400 ppm 的次氯酸钠消毒液喷洒,设备、工器具、操作台面用 100 ppm 的次氯酸钠消毒液消毒。第二天上班前用清水冲洗。卫生监督员应检查消毒液浓度是否正确,食品接触面是否清洗消毒过。监测频率:下班后。

员工应穿戴干净的手套和工作服;加工车间的员工都应穿戴干净的工作服、防水围裙和防水靴,每天更换防水围裙,送洗衣房清洗;管理人员在车间也应穿上干净的工作服和防水靴;维修人员应穿工作服和防水靴;工作服由洗衣房统一清洗、晒干,上班前在更衣室用紫外灯照射 30 min;卫生监督员应监督员工防水围裙和工作服的清洁度。监测频率:上班前。

化验室定期对设备、工器具、操作台面取样进行微生物检验,验证清洗消毒效果。监测频率:10 天。

4.2.2 纠正措施:

a.应维修或替换不能充分清洗的食品接触面。

b.当消毒液浓度不正确时,调整消毒液浓度,对不干净的食品接触面进行清洗消毒。

c.对可能成为食品的潜在污染源的袖套、工作服进行清洗消毒或更换。

d.找出造成不合格的原因,采取纠正措施。

4.2.3 记录:

a.每日卫生控制记录。

b.实验室微生物检测报告。

4.3 防止交叉污染

4.3.1 控制和监测:

公司为新任卫生监督员安排基本的食品卫生培训。监测频率:雇佣新卫生监督员时。

要求员工操作不能导致交叉污染(包括头发、手的清洁,个人物品的存放、消毒);员工应戴内帽、帽子或其他的毛发束缚物,不得戴首饰、项链等可能掉入食品、设备、包装物中的物品;员工应戴消毒处理过的手套,必要时及时更换。

上班前、每次离开工作岗位后和每次弄脏手后,员工都应清洗并消毒手。清洗、消毒手的程序为:清水→洗手液→清水→消毒液→清水→干手。应在50 ppm的次氯酸钠溶液中浸泡手10 s。

衣服和个人物品存放在更衣柜内,不能存放在车间;员工不得在生产车间内吃零食、嚼口香糖、饮水和吸烟;员工穿的围裙为白色。员工不能互相串岗,随意进入其他车间;在进入加工车间之前,员工应在盛有200 ppm次氯酸钠消毒液的靴消毒池中对靴子进行消毒;卫生监督员应监督员工操作,监测频率为上班前、生产过程中每4 h一次。生产过程中每4 h更换一次靴子消毒液;由卫生监督员检查工厂地面,应保持状况良好,防止污染食品,监测频率:上班前。地面应无积水,应检查加工车间地面,确保排水彻底,监测频率:上班前、生产过程中每4 h一次。卫生监督员检查包装材料,防止在贮藏过程中被污染,监测频率:每天上班前。加工车间和其他车间的工器具、容器、清洁设备应分开,不得混用,监测频率:上班前、生产过程中每4 h一次。

4.3.2 纠正措施:

对新任卫生监督员进行基本的卫生培训;对员工不符合卫生规范的操作应予以纠正;更换靴子消毒液;对破损的地面进行维修;清除积水或疏通管道,确保排水畅通;对可能造成食品污染的情况加以纠正;严格区分加工车间和其他车间的工器具、容器、清洁设备,如混用,要求其改正。

4.3.3 记录:

a.培训记录。

b.每日卫生控制记录。

c.定期卫生控制记录。

4.4 手的清洗、消毒和厕所设施的维护

4.4.1 控制和监测:

厕所设施应齐全,维护保养状况良好,并在每天上班前进行清洗、消毒,卫生监督员应检查厕所设施和洗手设施。监测频率:每天一次。

洗手设施包括脚动水龙头、洗手液。每天更换一次干净手巾,有提醒员工何时洗手和如何洗手的标识,手的清洗和消毒应在上班前、每次离开工作岗位后和每次被弄脏时。卫生监督员负责检查手清洗、消毒设备和消毒液浓度。监测频率:上班前。

4.4.2 纠正措施：

对厕所设施进行清洁,纠正任何可能造成污染的情况,必要时进行维修。

对损坏的设施进行更换和调整消毒剂浓度。

4.4.3 记录：

每日卫生控制记录;消毒液浓度检测记录等。

4.5 防止食品、食品包装材料和食品接触面的外部污染

4.5.1 控制和监测：

加工和包装区域所使用的清洁剂、消毒剂和润滑剂须经批准后才能在车间使用。食品级化合物验收入库前,由品控科对照货物清单检验后方能入库。监测频率:在接收清洁剂、消毒剂、润滑剂时。

食品级和非食品级的化合物和润滑剂应分开贮存于加工区、包装区外,由卫生监督员负责检查。监测频率:每天上班前。

应防止食品、食品包装材料和食品接触面外部污染生物的、化学的和物理的污染物。加工区和包装区的照明设备应装有防护装置,卫生监督员负责检查加工和包装区。监测频率:每天上班前,生产过程中每4 h一次。

设备应维护良好,无松动的或丢失的金属件,卫生监督员负责检查生产和包装设备。监测频率:每天上班前。

液滴及冷凝物不会污染食品及包装材料。监测频率:每天上班前,生产过程中每4 h一次。

4.5.2 纠正措施：

未经许可的化合物应退回或在非加工区内使用;贮存不正确的化合物应正确存放;检查产品的安全性;必要时进行维修;卫生监督员应纠正任何冷凝物问题。

4.5.3 记录：

定期卫生控制记录;每日卫生控制记录。

4.6 有毒化合物的正确标记、贮存和使用

4.6.1 控制和监测：

公司内使用的所有有毒化合物都应标明制造商、使用说明,或含有必要信息的文件。在贮存有毒化合物前,仓库要验证该文件资料。监测频率:当接收有毒化合物时。

清洁剂、消毒剂、润滑剂、杀虫剂及其他有毒化合物应正确标记并贮存于加工和包装区外的专用库内,由专人保管,卫生监督员应定时检查。监测频率:每天上班前。

应遵守所有的使用说明及建议。由专人进行分装操作,分装瓶应正确标明本化合物的常用名,且不能将那些化合物存放于可能滴落到食品或食品包装材料中的地方,卫生监督员必须检查使用程序和标签。监测频率:每天上班前。

4.6.2 纠正措施：

资料不全或不适当的有毒化合物应先搁置一边,直到获得所需资料;无资料的有毒化合物应退还给供货商。

不恰当贮存的化学物品应移至合适的地方,有泄漏的容器应重新密封或更换。

不恰当使用化合物的员工应接受纪律处分或再培训,可能受到污染的食物应销毁或作他用,更正分装容器的不恰当标记。

4.6.3 记录：

化学物质使用控制记录;消毒剂领用记录;贮存保管登记;消毒液配制记录等。

4.7 员工的健康

4.7.1 控制和监测:

新员工进公司前应经过体检,确认没有患有有碍食品卫生疾病的人员,才能从事与食品卫生有关的工作。所有员工每年必须体检一次,凡患有有碍食品卫生疾病的人员,必须调离食品工作岗位。监测频率:新员工进公司时,每年。

对于可能导致食品污染的健康状况,员工应及时汇报给卫生监督员,卫生监督员将可疑的健康问题汇报给车间主任,由车间主任来决定是否存在可能污染食品的情况。监测频率:每天上班前。

卫生监督员应检查员工身上那些可能污染食品的受感染的伤口。监测频率:每天上班前。

4.7.2 纠正措施:

患有有碍食品卫生疾病的人员不能从事与食品卫生有关的工作,应调离食品工作岗位。

患有可能污染食品的疾病的员工应回家休息或重新分配不接触食品的工作。

有伤口的工作人员应将伤口缠上不透明的绷带,或重新分配工作,或回家休养。

4.7.3 记录:

健康检查记录;每日卫生控制记录;卫生培训计划及培训记录。

4.8 虫害的去除

4.8.1 控制和监测:

定期对厂区环境进行除虫处理,如有必要,还应使用化学物质进行处理。监测频率:每月。

每天晚上将鼠夹放置在捕鼠点上。监测频率:每天。

工厂地面和车间区域不得堆放会引起害虫孳生的垃圾和废料。公司和车间的防蝇、防虫设施完好,厂区和车间没有害虫出没。卫生监督员检查是否有害虫存在。监测频率:每天上班前。

4.8.2 纠正措施:

进行除虫处理;将鼠笼放在捕鼠点上;清除害虫孳生源;维修防蝇虫设施,如发现害虫,应进行除虫处理。

4.8.3 记录:

虫害、鼠害检查和纠偏记录。

本章小结

SSOP(Sanitation Standard Operation Procedures)是卫生标准操作程序的简称,是食品企业为了满足食品安全的要求,在卫生环境和加工要求等方面所需实施的具体程序。SSOP和 GMP 是进行 HACCP 认证的基础。

SSOP 至少包括 8 项内容:与食品接触或与食品接触物表面接触的水(冰)的安全;与食品接触的表面(包括设备、手套、工作服)的清洁度;防止发生交叉污染;手的清洗与消毒、厕所设施的维护与卫生保持;防止食品被污染物污染;有毒化学物质的标注、储存和使用;员工的健康与卫生控制;虫害的防治。

复习思考题

一、填空题

1. SSOP 内容中造成食品交叉污染的来源有：_____、_____、_____。
2. SSOP 内容中外部污染产生的原因有：_____、_____、_____。

二、简答题

1. 什么是 SSOP？
2. SSOP 包括哪些内容？

实验与实训

实训　制定一份某食品加工企业的 SSOP

一、实训目的

通过实训教学，使学生熟悉食品 SSOP 的主要内容，掌握食品 SSOP 在食品生产企业的应用。

二、实训原理

GMP 规定了在食品生产、加工、贮存、运输等方面的基本要求，SSOP 则是企业为了达到 GMP 所规定的卫生要求而制定的、企业内部的卫生控制文件。SSOP 是食品生产和加工企业建立和实施食品安全管理体系的重要的前提条件，如果没有对食品生产环境的卫生控制，即使实施 HACCP 管理，仍会导致食品的不安全。无论从人类健康的角度来看，还是从食品国际贸易要求来看，都需要食品的生产者在良好的卫生条件下生产食品，这是保证食品安全的基础，也是法律法规的要求。

三、实训步骤

1. 从互联网上搜索到某食品企业 SSOP 实施示例，熟悉 SSOP 文件的基本结构和内容。
2. 指导学生在参考 SSOP 实施示例的基础上，以某一模拟食品企业为例，列出 SSOP 的标题。
3. 指导学生分组（全班分成 6 个组，6～8 人/组，人数少的班级 5～6 人/组），食品企业类别自选，如乳制品、肉制品、果蔬制品等，组与组之间内容不得重复，对选择的 SSOP 要素进行描述。
4. 在课堂上让学生分别对自己列出的 SSOP 文件的标题和 SSOP 文件要素的描述情况进行交流，交流过程中，其他学生可以质疑和补充。
5. 教师对学生的描述结果进行点评。
6. 以学生小组为单位完成某一虚拟食品企业 SSOP 文件的编写。

四、实训效果考核(表 7-1)

表 7-1　实训效果考核表

学生姓名	标题和要素描述的合理性(20分)	交流时的逻辑性(20分)	回答质疑的准确性(10分)	SSOP 文件的编写(50分)

第八章 危害分析与关键控制点（HACCP）

知识目标
1. 了解HACCP的发展概况、特点及实施意义。
2. 掌握HACCP的基本原理。
3. 熟悉HACCP的具体实施步骤。
4. 熟悉GMP、SSOP、HACCP体系及ISO 9000族标准间的相互关系。

技能目标
能够制定某种具体食品生产的HACCP计划。

思政目标
通过对食品安全危害发生的可能性和严重性进行分析，引导学生以食品安全为己任，自律自强，艰苦奋斗，为食品行业的发展做出自己的贡献。

危害分析与关键控制点（HACCP）体系，是对可能发生在食品生产过程中的食品安全危害进行识别、评估，进而采取控制措施的一种预防性食品安全控制方法，以其科学性和实用性在食品产业迅速推广，成为国际公认的现代食品安全控制方式。

20世纪60年代初，美国最早使用HACCP理念控制太空食品安全。20世纪90年代，我国引入HACCP，经过广泛的推广，如今，我国在HACCP研究与应用领域已走在世界前列，对提高我国食品企业的食品安全控制水平发挥了巨大作用。我国于2009年6月1日起实施的《食品安全法》明确鼓励食品生产经营企业实施HACCP体系，首次将HACCP应用上升到国家法律层面，必将进一步推动我国HACCP应用的发展。

第一节 HACCP概述

一、HACCP的概念

HACCP是"危害分析与关键控制点（Hazard Analysis and Critical Control Point）"的英文缩写。它主要是通过科学、系统的方法，分析和鉴别食品生产全过程（从原材料至消费等）各个环节中可能发生的各种危害（包括生物性、化学性和物理性危害），评估危害的严重性（即是否为显著危害），确定具体的预防控制措施和关键控制点（CCP）并实施有效的监控，从而达到消除或减少危害，或将危害降低到可接受水平的目的。HACCP是一种科学、合理、针对食品生产加工过程进行过程控制的预防性体系，这种体系的建立和应用可保证食品安全危害得到有效控制，以防止发生危害公众健康的问题。它是目前国际上公认的最有效的食品安全卫生质量保证体系。HACCP原理适用于食品生产的所有阶段，包括基础农业、食品制备与处理、食品加工、食品服务、配送体系以及消费者处理和使用。

《食品工业基本术语》对 HACCP 的定义是：生产（加工）安全食品的一种控制手段；对原料、关键生产工序及影响产品安全的人为因素进行分析，确定加工过程中的关键环节，建立、完善监控程序和监控标准，采取规范的纠正措施。

国际标准 CAC/RCP 1《食品卫生通则》（1997 修订 3 版）对 HACCP 的定义是：鉴别、评价和控制对食品安全至关重要的危害的一种体系。

食品法典委员会（CAC）对 HACCP 的定义是：一个确定、评估和控制那些重要的食品安全危害的系统。它由食品的危害分析（hazard analysis，HA）和关键控制点（critical control points，CCP）两部分组成，首先运用食品工艺学、食品微生物学、质量管理和危险性评价等有关原理和方法，对食品原料加工直至最终食用产品等过程实际存在和潜在性的危害进行分析判定，找出与最终产品质量有影响的关键控制环节，然后针对每一关键控制点采取相应预防、控制以及纠正措施，使食品的危险性减少到最低限度，达到最终产品有较高安全性的目的。

二、HACCP 体系的特点

HACCP 体系是涉及"从农田到餐桌"全过程食品安全卫生的预防体系，它防患于未然，对可能发生的问题提前采取预防措施，与其他质量控制体系相比具有以下特点：

（1）针对性和预防性　每个 HACCP 计划都针对具体食品的加工方法特性制订，设计着眼于在生产加工中预先防止食品污染。

（2）缺陷最小化　HACCP 不是零风险体系，但使食品生产最大限度地趋近于"零缺陷"，尽量减少食品安全危害的风险。

（3）指向性　科学确定食品安全责任的首要责任由食品生产者及食品销售者承担。

（4）动态性　关键控制点随生产设备、检测仪器、人员等的变化而改变，实施方案不断更新，与时俱进。

（5）有效性　防止传统食品安全控制方法（现场检查和成品测试）的缺陷，重点关注 HACCP 的制定和执行，检测加工过程中最易发生危害的环节，安全控制更加有效。

（6）广泛性　HACCP 体系被 FAO/WHO、CAC 大力推荐，世界各国也普遍接受。食品企业推广应用，有助于提高市场竞争力，提高经济效益。

（7）经济性和实用性　HACCP 体系操作比较容易，改进方便，通过预防减少产品损失，降低了产品的检测成本。

（8）可信性　只需通过判断危害是否得以控制来检验食品安全，有利于政府监督及政府与企业的相互沟通，改善企业与政府、消费者的关系，树立食品安全的信心。

上述诸多特点，可以归结为 HACCP 把检验最终生产出的食品是否合格这一传统方法转化为预先控制生产环节中的潜在危害，使食品生产商或供应商以最终产品检验为主的观念转变为在原料生产→采购→加工→消费整个过程中鉴别并控制潜在危害，保证食品的安全。

三、实施 HACCP 体系的意义

HACCP 体系作为一种与传统食品安全质量管理体系截然不同的食品安全保障模式，它的实施对保障食品安全、促进食品产业健康持续发展具有广泛而深远的意义。

（1）实施 HACCP 体系可以建立一个以预防为主的食品安全控制体系,从而有效地保证食品卫生与安全,减少食品安全问题的发生,保护人民身体健康,促进经济与社会发展。

（2）HACCP 体系是保证生产安全食品最有效、最经济的方法,其目标直接指向生产过程中的有关食品卫生和安全问题的关键部分,因此能降低质量安全管理成本,降低终产品的不合格率,提高产品质量,延长产品的货架期,大大减少由于食品腐败而造成的经济损失。

（3）HACCP 体系更新了食品生产企业的质量控制理念,提高了食品生产企业的质量控制技术水平,减少了企业和监督机构在人力、物力和财力方面的支出,最终形成经济效益、生产与质量管理等方面的良性循环。

（4）HACCP 体系能通过预测潜在的危害以及提出控制措施使新工艺和新设备的设计与制造更加容易和可靠,有利于食品企业的发展和改革。

（5）HACCP 体系为食品生产企业和政府监督机构提供了一种最理想的食品安全监督和控制方法,使食品质量管理与监督体系更完善,管理过程更科学。应用 HACCP 体系可以弥补传统的质量控制与监督方法的不足,有利于促进政府监管机构的有利配合,解决监管缺位现象。

（6）HACCP 体系已被政府监督机构、媒介和消费者公认为目前最有效的食品安全控制体系,实施该体系等于向公众证明企业是一个将食品安全视为第一的企业,从而增强人们对产品的信心,提升企业形象。

（7）HACCP 体系正日益成为与国际接轨、进入国际市场的通行证,同时也已成为发达国家进行国际贸易时的技术壁垒。实施 HACCP 体系必将有助于提升我国食品在国际上的认可程度,提高食品企业在国际市场上的竞争力,促进贸易发展。

四、HACCP 体系的使用范围

HACCP 体系是可广泛应用于简单和复杂操作的一种强有力的体系,它被用来保证食品生产全过程的安全。HACCP 体系适用于食品链内的各类组织,从饲料生产者、初级生产者,食品加工、运输、仓储和经营者,直到零售和餐饮输出组织,以及与此相关联的组织,如设备、包装材料、清洁剂、添加剂和辅料的生产组织等。食品生产企业在实施 HACCP 体系时,不仅必须检查其成品和加工过程,同时还必须考虑到原料（种植业、畜牧业、养殖业、渔业）及辅料的供应,成品储存、运输、销售,直到消费终点,即“从农田到餐桌”。

第二节　HACCP 体系的基本原理

HACCP 是一种质量安全保证体系,是一种预防策略,是一种简便、易行、合理、有效的食品安全保证系统,其为政府机构实行食品安全管理提供了实际内容和程序。HACCP 是确定、评估和控制食品安全危害的一个重要系统。1999 年,食品法典委员会（CAC）在《食品卫生总则》附录《危害分析和关键控制点（HACCP）体系应用准则》中,将 HACCP 体系的 7 个原理确定如下。

一、进行危害分析

这是 HACCP 体系 7 个原理的基础,是 HACCP 体系的核心之一。危害分析,是通过以往资料分析、现场实地观测、实验采样检测等方法,对食品生产全过程各个环节中可能发生的危害及危害的严重性进行科学、客观、全面的分析和评估,以判断危害的性质、程度和对人体健康的潜在影响,从而确定哪些危害对食品安全是重要的,应被列入 HACCP 计划中并制定相应的预防控制措施。其中,危害指食品中可能影响人体健康的生物性、化学性和物理性因素或状态,尤以生物性危害(特别是微生物危害)最为严重,也最易发生。可能发生的危害属于危害的风险性范围,而危害的风险性与严重性是区分危害和显著危害的重要依据。显著危害,是指极有可能发生,如不加以控制就有可能导致消费者不可接受的健康或安全风险的危害。HACCP 体系中的危害分析主要针对显著危害。

二、确定关键控制点(CCP)

控制点(CP)是指食品生产加工过程中,能用生物的、化学的、物理的因素加以控制的任何一个点、步骤或工序。而关键控制点(CCP)是指若采取有效措施加以控制就可预防、消除或降低食品安全危害至可接受水平的一个点、步骤或工序。CP 与 CCP 之间是一种包含与被包含的关系,CCP 包含于 CP。在食品加工过程中,许多点、步骤或工序都可以作为 CP,而 CCP 主要是那些能控制显著危害的点、步骤或工序。与危害分析一样,确定 CCP 也是 HACCP 体系的核心之一,其目的是使一个潜在的食品危害被预防、消除或降低到可以接受的水平。

三、建立关键限值(CL)

关键限值(CL)是指为确保各 CCP 处于控制之下以防止显著危害发生的预防性措施,是必须达到的、能将可接受水平与不可接受水平区分开的判断指标、安全目标水平或极限,是确保食品安全的界限。值得注意的是,CL 是一个数值,而不是一个数值范围;每个 CCP 必须要有一个或多个 CL,且 CL 应合理、适宜,可操作性强,符合实际和实用。这些关键限值通常是一些与食品加工保藏相关的工艺参数,比如温度、时间、物理性能(如张力)、水分、水分活度、时间、pH 值、细菌总数等。当加工偏离了这些关键限值时,应采取纠正措施以确保食品安全。

四、建立 CCP 的监控程序

监控是指对已确定的 CCP 进行一系列有计划、有顺序的观察、检查或测试,准确、及时地记录所有观察或测试结果,并将结果与已确定的 CL 进行比较,以确保 CCP 处于控制之下或 CL 完全符合规定要求。监控需要形成文件的监控程序,其目的是跟踪加工过程,查明和注意可能偏离关键限值的趋势,并及时采取措施进行加工调整,使整个加工过程在关键限值发生偏离前恢复到控制状态;同时当一个 CCP 发生偏离时,可以很快查明何时失控,以便及时采取纠偏行动;另外监控记录可以为将来的验证提供必需的资料。

通常情况下,每个监控程序必须包括 4 个要素,即监控什么、怎样监控、何时监控、谁来监控。

五、建立纠偏措施

纠偏措施是指当监测结果显示 CCP 失控即 CL 发生偏离或不符合规定时,所应采取的措施。在食品生产过程中,任何 CCP 的 CL 即使是在建立完善的 CCP 监控程序后,不发生偏离也是几乎不可能的。因此,为了使监控到的失控 CCP 或发生偏离的 CL 得以恢复正常并处于控制之下,必须建立相应的纠偏措施以确保 CCP 再次处于控制之下。

六、建立验证程序

验证是指核定 HACCP 体系是否按 HACCP 计划进行的所有有关方法、程序和测试,包括应用监控以外的审核、确认、监视、测量、检验和其他评价手段,通过提供客观证据,对 HACCP 体系运行的符合性和有效性进行的认定。

验证程序的正确制定和执行是 HACCP 计划成功实施的基础。HACCP 计划的宗旨是防止食品安全的危害,验证的目的是提供置信水平。一是证明 HACCP 计划是建立在严谨、科学的基础上的,它足以控制产品本身和工艺过程中出现的危害;二是证明 HACCP 计划所规定的控制措施被有效实施,整个 HACCP 体系在按规定有效运转。

一般来说,验证程序的要素包括:HACCP 计划的确认,CCP 的验证,对 HACCP 系统的验证,执法机构强制验证。

七、建立文件和记录的保持系统

HACCP 体系建立实施过程中有大量的技术文件和各种日常工作监测记录,而完整、准确地记录和妥善保存这些资料是成功建立实施 HACCP 体系的关键之一。因此,在建立实施 HACCP 体系的过程中,所有程序、记录必须文件化,所有文件必须妥善保存且保存应符合操作特性和规范。文件系统主要包括危害分析工作单、HACCP 计划表、对 CCP 的监控记录、纠偏措施和验证记录等。

以上 7 个原理中,原理 1～5 是环环相扣的步骤,显示了 HACCP 体系极强的科学性、逻辑性,而原理 6 和原理 7 的顺序可做相应调整,显示了 HACCP 体系的灵活性。这 7 个原理中,危害分析是基础,CCP 及其 CL 的确定是根本,监控程序,纠偏行动,验证程序,科学、完整的记录及其保持程序是关键。

第三节　HACCP 体系实施的基本步骤

HACCP 体系在不同国家、不同的食品生产企业有不同的模式,即使是同一国家,不同的管理部门对不同的食品生产推行的 HACCP 体系也不尽相同,同一食品生产企业针对不同的食品生产所建立实施的 HACCP 体系也有差异。如 CAC 和美国 NACMCF 推荐用 12 个步骤来建立 HACCP 体系,而美国 FDA 推荐用 18 个步骤来建立(水产品)HACCP 体系。但在 HACCP 体系的建立实施过程中,仅具备这些步骤是不够的,还应做一些前期准备和后期回顾工作。归纳起来,食品生产企业根据 HACCP 体系的 7 个原理建立实施 HACCP 体系一般要经历三个阶段,即准备阶段、建立实施阶段和回顾与总结阶段。

一、准备阶段

该阶段包括管理承诺及制订前提计划两个步骤。

(一)管理承诺

管理者承诺实施 HACCP 体系并关注其利益和成本是成功实施 HACCP 体系的最终目

标。最高管理者的决策和支持不仅是企业启动 HACCP 体系的前提和动力,也是动员全体员工投入 HACCP 体系建立的重要保证。因此,最高管理者应制定本企业的食品安全方针并作出承诺,在企业内大力宣传食品安全的重要性,同时还要给予人、财、物、时间和技术的支持。

(二)制订前提计划

前提计划,是指为保证产品安全卫生的基本工厂环境和操作条件,是 HACCP 体系建立的基础。前提计划必须文件化并定期审核,否则将失去作用。食品生产企业建立实施 HACCP 体系的前提计划的基本内容如下,企业可根据具体情况进行选择。

1. 良好生产规范(GMP)

GMP 把保证食品质量的工作重点放在从原料的采购到成品及其贮运的整个生产过程的各个环节上,已被国际上公认为是实施 HACCP 体系的必备程序。

2. 卫生标准操作程序(SSOP)

SSOP 计划可根据企业的具体情况制定。

GMP 和 SSOP 是对食品加工环境的控制,是 HACCP 体系的必备程序,是实施 HACCP 体系的基础,离开了 GMP 和 SSOP 的 HACCP 体系将起不到预防和控制食品安全的作用。

3. 人员培训计划

HACCP 体系必须靠人来执行,因此人员是 HACCP 体系成功实施的重要条件,企业应对雇员进行全面培训,对 HACCP 小组成员进行重点培训。

(1)培训对象　企业的管理人员、技术人员、检验人员、加工操作人员、仓储人员、销售人员、采购人员、运输人员等均需接受 HACCP 理论及应用的培训。在 HACCP 体系建立实施过程中,负有进行危害分析,制定预防控制措施,制订 HACCP 计划,评估纠偏行动计划,修改 HACCP 计划,确认 HACCP 计划,进行危害分析,验证、记录、复查 HACCP 体系等执行职责的人员,必须通过政府有关部门认可的培训,或具有与培训课程等同的知识。

(2)培训内容　培训内容包括相关法规规章、GMP、SSOP、HACCP 原理及应用(HAC-CP 计划)、HACCP 体系建立(HACCP 体系文件编制)、HACCP 体系实施(本企业 HACCP 体系文件)培训。

(3)培训的实施　制订具体培训计划,包括培训课程、培训教师、参训人员、培训时间和地点、培训日程安排、考试方式等。HACCP 小组成员和执行关键职责人员的培训应在企业建立 HACCP 体系之前完成,对全体员工的培训可在体系文件颁布实施时进行。通常情况下,企业可派人参加有资格的培训机构举办的 HACCP 体系建立培训,也可请有资格的认可咨询机构对企业人员进行 HACCP 体系建立的培训。

(4)培训记录　企业的所有人员均应有一份培训档案,包括下列内容:姓名、所在部门和进厂日期,培训日期、地点、内容,考核成绩,职务变动情况等。同时,培训档案还应包括所有正式的教育与培训,如参加培训机构 HACCP 体系建立培训班等。

4. 工厂维修保养计划

作为 SSOP 实施的前提和基础,工厂必须随时保证生产卫生条件符合我国《食品生产通用卫生规范》《出口食品生产企业卫生要求》或进口国食品生产 GMP 的规定。工厂要制订经常性的或定期的维修计划。计划要包括:对厂区内环境、厂房和场地、工器具、设备设施等食品生产卫生、安全条件进行维修和保养的频度和程序,并对维修计划进行有效的检查和监督。工厂虽然可能已经在国内、外官方考核后获得了批准,但在缺乏维修保养计划的情况下,工厂不能保证在任何时候都能达到生产的良好卫生状况。工厂维修保养计划的目的就是确保不违反官方卫生法规的规定。

5.产品回收计划

产品回收计划描述了企业需要回收产品时所执行的程序,其目的是保证企业产品进入市场后,出现安全或质量问题时能够及时回收,有效、迅速地进入调查程序。回收计划应包括两个系统,即回收系统和实施回收系统。

6.产品识别代码计划和可追溯性

产品必须有科学、准确的标识,不但能使消费者知道产品的相关信息,还能避免错误地发运和使用产品。产品识别代码计划包括:①产品的标识和可追溯性。它可帮助企业确定产品问题的根本原因,实现良好的批次管理,有效实施产品回收计划。②产品批次、批号管理。③产品包装的识别代码,包括产品名称、生产日期、批号等。

产品可追溯性包括两个基本要素:一是能确定生产过程的输入(如杀虫剂、除草剂、化肥、农药、包装、设备等)以及这些输入的来源;二是能确定成品已发往的地址。

7.原料、辅料的接收计划

原料、辅料的接收计划包括对原料、辅料的包装检查,可追溯性、检测、供应商的控制,运输和储存条件及场所的规定等。

8.应急计划

应急计划是对于企业发生的紧急情况所采取的应对措施的计划,包括水质不良、停水、停电时的应急计划等。企业应定期进行模拟应对措施的演练,验证应急计划的有效性。

9.雇员的健康计划

雇员的健康计划包括毛发的物理检查、传染性疾病的规定、短期外伤的规定、短期疾病的规定等。

10.企业的内审计划

企业应定期对计划进行内审,以验证前提计划的执行情况。验证包括审核监控记录,定期检测、观察。

11.良好养殖/农业操作规范(GAP)

(1)良好养殖规范:在畜禽、水产养殖场,为了使畜禽、水产养殖品污染病原体、违禁药物、化学品和污物的可能性减少或降到最低的操作规范。

(2)良好农业操作规范:主要针对未加工或最简单加工出售给消费者或加工企业的农作物、果蔬的种植、采收、清洗、摆放、包装和运输过程中常见的微生物危害控制,其关注的是新鲜农作物、果蔬的生产和包装,但不限于农场,包含"从农田到餐桌"的整个食品链的所有步骤。

12.其他前提计划

其他前提计划可以包括对供应商的控制、质量保证程序、清洁消毒计划、加工标准操作程序、标贴、食品和原辅料作业规范等。

二、建立实施阶段

建立实施阶段由12个基础步骤组成,其中前5个为预备步骤,后7个为HACCP基本原理的应用。建立HACCP体系的基础步骤如图8-1所示。

(一)组建 HACCP 小组

组建 HACCP 小组是建立 HACCP 体系的重要步骤,它能减少风险,避免关键控制点被错过或某些操作过程被误解。

1. HACCP 小组组长的资格

HACCP 小组的组长应符合以下条件:有食品加工生产的实际工作经验;具有微生物学及食源性疾病的基本知识;对良好的环境卫生、良好操作规范以及工业化生产有科学的理解;了解与本企业产品有关的各类危害以及控制措施;了解食品加工设备的基本知识;具有有效的表达和组织能力,确保HACCP 小组成员完全理解 HACCP 体系。

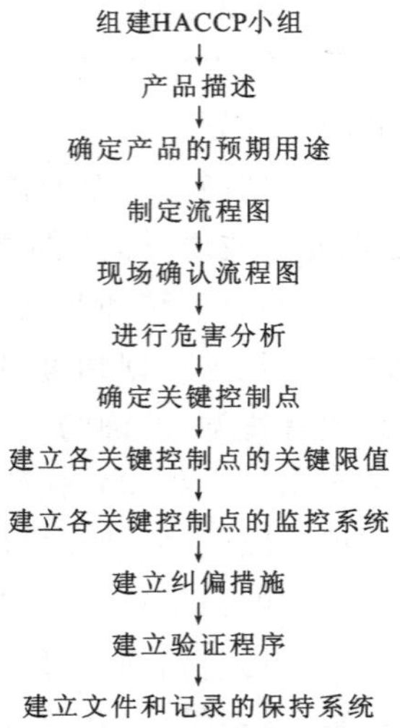

2. HACCP 小组成员的组成

企业 HACCP 小组成员的能力应满足本企业食品生产专业的技术要求,并由不同部门的人员组成,应包括卫生质量控制、产品研发、生产工艺技术、设备设施管理、原辅料采购、销售、仓储及运输部门的人员,必要时,可请外部专家参与。小组成员应具有与企业的产品、过程、所涉及危害相关的专业技术知识和经验,并经过适当培训。一般而言,HACCP 小组至少应由 5～6 人组成,其中包括 1 名组长、1 名秘书、1～2 名起草人及 1～2 名其他人员。

3. HACCP 小组的主要职责

HACCP 小组承担着制定 GMP、SSOP 等前提条件、制订 HACCP 计划、验证和实施HACCP 体系的职责。组长的职责和权限包括:①确保 HACCP 体系所需的过程得到建立、实施和保持;②向最高管理者报告 HACCP 体系的有效性、适宜性以及任何更新或改进的需求;③领导和组织 HACCP 小组的工作,并通过教育、培训、实践等方式确保 HACCP 小组成员在专业知识、技能和经验方面得到持续提高。

4. HACCP 小组的特殊人员(专家)

由于危害分析需要有大量的专业技术信息作为支持,企业往往需要有对该行业熟悉的专家来作为危害分析的技术后盾。这样的专家可以是企业内部的,也可以是企业外部的。专家不仅要完成危害分析的技术工作,还要帮助企业验证危害分析和 HACCP 体系的完整性。专家应当:能正确地进行危害分析;能识别潜在危害以及必须控制的危害;能推荐控制方法,关键限值,监控、验证程序,纠偏行动;如缺乏重要信息,能指导企业开展相关的 HAC-CP 体系的研究工作;能确认 HACCP 体系。

5. HACCP 小组同外来专家的配合

HACCP 小组应当积极同专家开展配合工作,同时也不能一味地依赖专家来进行HACCP 体系的制定。毕竟外来专家熟悉的是行业层次上所呈现的技术问题,但是任何一家食品企业都有自己企业的特殊条件、工艺和环境,不能一劳永逸地套用某一个行业模式,这样,对于企业自身的 HACCP 体系的有效制定和运行都是很不利的。

(二)产品描述

HACCP 小组应针对产品,识别并确定进行危害分析所需的下列适用信息:①原辅料、

组建HACCP小组
↓
产品描述
↓
确定产品的预期用途
↓
制定流程图
↓
现场确认流程图
↓
进行危害分析
↓
确定关键控制点
↓
建立各关键控制点的关键限值
↓
建立各关键控制点的监控系统
↓
建立纠偏措施
↓
建立验证程序
↓
建立文件和记录的保持系统

图 8-1　建立 HACCP 体系的基础步骤

食品包装材料的名称、类别、成分及其生物、化学和物理特性；②原辅料、食品包装材料的来源，以及生产、包装、储藏、运输和交付方式；③原辅料、食品包装材料的接收要求、接收方式和使用方式；④产品的名称、类别、成分及其生物、化学、物理特性；⑤产品的加工方式；⑥产品的包装、储藏、运输和交付方式；⑦产品的销售方式和标识；⑧其他必要的信息。

产品描述实例见表 8-1。

表 8-1　超高温灭菌麦片早餐乳的产品描述

项目	麦片早餐乳
成分 产品的重要指标	原料乳、白砂糖、麦片、水、增稠剂、食用香精等 ①感官特性：色泽呈微黄色或淡褐色；具有浓郁的麦香味和牛乳香味，口感顺滑，无异味；呈均一流体，无凝块，允许少量沉淀 ②净含量：250 mL ③主要营养成分含量（每 100 mL）： 蛋白质　　　　≥2.5 g 脂肪　　　　　≥2.3 g 非脂乳固体　　≥6.5 g
加工方法 包装形式 食用方法 保质期 销售对象 销售地点 特殊的储存和分销要求 备注	超高温瞬时灭菌，即（137±2）℃/4 s 与产品直接接触的是复合纸包装（利乐砖）；外包装为瓦楞纸箱 开盒即饮或加热后饮用 常温条件下保存 6 个月 普通人群，包括儿童、老人、病人以及免疫缺陷的弱体质人群；乳糖不耐症者慎用 超市、便利店、宾馆、餐厅、学校 ①常温、阴凉、干燥、通风处储存；常温运输；不得与有毒、有害、有异味的物品同处储存和运输；外包装箱码放高度不超过 8 层；轻装轻卸 ②分销时轻拿轻放，避免暴晒 开口后 4 ℃冷藏保存，24 h 内饮用完毕

（三）确定产品的预期用途

HACCP 小组应在产品描述的基础上，识别并确定进行危害分析所需的下列适用信息：①顾客对产品的消费或使用期望；②产品的预期用途、储藏条件和保质期；③产品预期的食用或使用方式；④产品预期的顾客对象；⑤直接消费产品对易受伤害群体的适用性；⑥产品非预期（但极可能出现）的食用或使用方式；⑦其他必要的信息。

确定预期用途和消费者的原因在于，对不同用途和不同消费者而言，对食品安全的要求不同。产品的预期用途将直接影响到后面的危害分析结果。HACCP 小组应详细说明产品的销售地点、目标群体，特别是能否供敏感人群使用。有 5 种敏感或易受伤害的人群：婴儿、老人、病人、孕妇及免疫缺陷的弱体质人群，这些群体中的人对某些危害特别敏感。

例如，对即食食品而言，某些病原体的存在可能是显著危害；但对消费前需要加热的食品而言，这些病原体就不是显著危害了。又如，有的消费者对 SO_2 有过敏反应，有的则没有这种过敏反应，因此，如果食品中含有 SO_2，就需要注明，以免具有过敏反应的消费者误食。再如，李斯特菌可导致流产，如果产品中可能带有李斯特菌，就应在产品标签上注明"孕妇不宜食用"。

（四）制定流程图

流程图是生产或制作特定食品所用操作顺序的系统表达，是用简单的方框或符号，清晰、简明地描述从原料接收到产品储运的整个加工过程以及有关配料等辅助加工的各个步骤和环节。完整、准确的流程图可给 HACCP 小组和审核员提供一个重要的视觉工具，可为 HACCP 小组识别加工过程中的潜在危害、全面分析相关危害奠定基础，是危害分析的关键。因此，绘制流程图对建立实施 HACCP 体系具有重要意义。

HACCP 小组应在企业产品生产的范围内，根据产品的操作要求描绘产品的工艺流程图。此图应包括：①每个步骤及其相应操作；②这些步骤之间的顺序和相互关系；③返工点和循环点（适宜时）；④外包的过程和外包的内容；⑤原料、辅料和中间产品的投入点；⑥废弃物的排放点。

流程图的制定应完整、准确、清晰，尤其是原材料、中间产品的流程图。只有制作完整，才不会遗漏对原材料、中间产品的制作过程进行的危害分析。

每个加工步骤的操作要求和工艺参数应在工艺描述中列出。适用时，应提供工厂位置图、厂区平面图、车间平面图、人流物流图、供排水网络图、防虫害分布图等。

（五）现场确认流程图

流程图的准确与否直接影响危害分析的准确性，因此，流程图绘制完毕后，应由熟悉操作工艺的 HACCP 小组人员对所有操作步骤在操作状态下进行现场核查，确认并证实与所制定的流程图是否一致。如果不一致，HACCP 小组应将原流程图偏离的地方加以修改调整和纠正，以确保流程图的准确性、实用性和完整性。图 8-2 所示为超高温灭菌麦片早餐乳的生产工艺流程图。

（六）进行危害分析，提出控制措施——原理1

危害分析与预防控制措施是 HACCP 原理的基础，也是建立 HACCP 计划的第一步。应根据食品中存在的危害以及相应的控制措施，结合工艺特点，进行详细的分析。进行危害分析时应具体问题具体分析，咨询专家以及参考有关资料。

1. 有关的定义

危害：食品中所含有的任何可能对健康构成不良影响的生物、化学或物理因素。

潜在危害：如不加以预防，将有根据预期发生的危害。

显著危害：如不加以控制，将极可能发生并引起疾病或伤害的潜在危害。

安全危害：如不加以防范，将发生的显著危害。

危害分析：对危害以及导致其存在的信息进行收集和评估的过程，以确定哪些是食品安全的显著危害，因而需列入 HACCP 计划中。

显著危害与危害的区别：①风险性。显著危害极有可能发生，如生食双壳贝类极有可能会引起天然毒素 PSP 中毒。这当然要由专家、历史经验、流行病学资料以及其他科学技术资料来支持。②严重性。显著危害的程度严重到消费者不可接受，如食品添加剂在规定的限量之内，相对的危害程度要小，而致病菌的危害程度就大。

危害分析是分析显著的危害并加以控制，不能对过多的危害进行分析，以致失去了重点。

2. 危害分析的建立

危害分析应建立显著危害分析表，即在未控制下或未有效控制下有理由可能使食品不安全的危害一览表。在 HACCP 计划内，不考虑有理由不可能发生的危害。危害分析中要考虑原料、组成成分、各加工步骤、产品储藏、销售和消费者最终食用方式等因素。

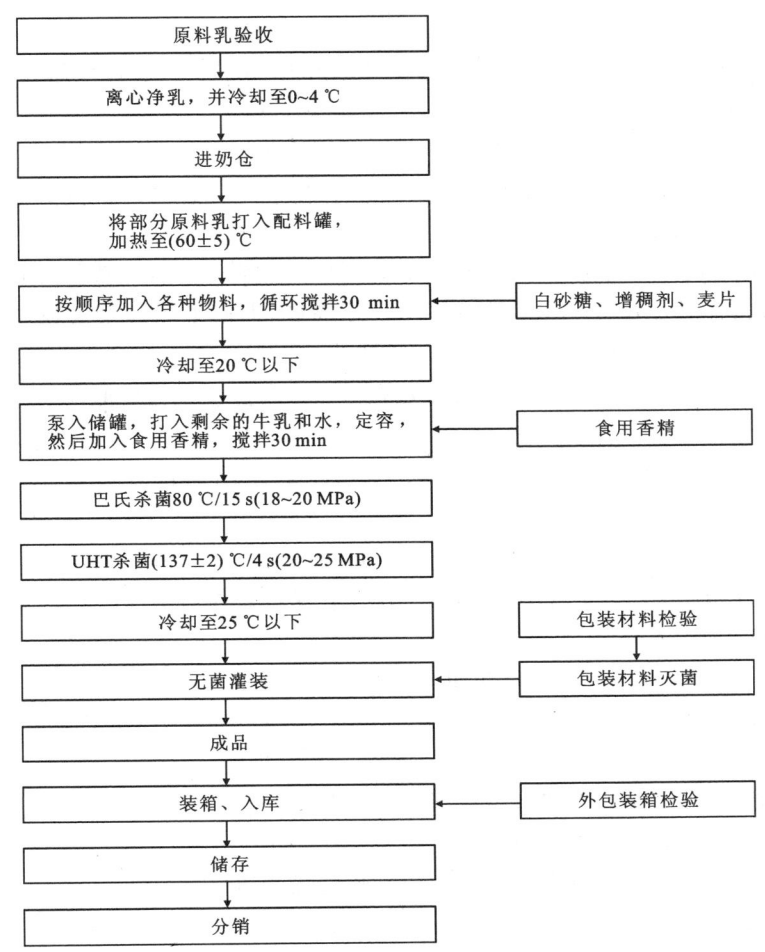

图8-2 超高温灭菌麦片早餐乳的生产工艺流程

危害分析分为两个阶段：第一，分析思考，即 HACCP 小组回顾产品成分、加工工序所用设备、最终产品、储存和销售方式、预期用途和消费者，在此基础上建立在加工过程各步骤中可能导入、增加或需控制的生物性、化学性、物理性潜在危害一览表。历史上曾经发生过的食品安全事件要予以充分考虑。第二，HACCP 小组决定哪些潜在危害必须列入 HACCP 计划内加以控制。要对各个潜在危害的严重性和发生的可能性予以评价。危害的严重性是指消费有该危害的产品（危害暴露）后产生后果的严重程度，如后遗症、疾病、伤害的程度和持续时间。对危害发生可能性的评价要建立在经验、流行病学数据和技术文献的基础上。在危害评价时要考虑该危害在未予控制条件下发生的可能性和潜在后果的严重性，包括潜在危害的短期效应和长期效应。

在完成危害分析的基础上，列出各加工工序相关联的危害和用于控制危害的措施。控制某一特定危害可能需要一个以上的控制措施，相应的，某个控制措施（如牛奶的巴氏杀菌）也可能可以控制一个以上的危害。

下面的例子可以作为控制措施，用来控制相应的危害。

（1）生物性危害

A. 细菌性

①时间/温度控制。例:适当地控制冷冻和贮藏时间可延缓病原体的生长。

②加热和蒸煮过程。例:热处理。

③冷却和冷冻。例:冷却和冷冻可延缓病原体的生长。

④发酵和/或 pH 值控制。例:菌株中产生乳酸的细菌可抑制一些病原体的生长,即使它们在酸性条件下不能生长。

⑤盐或其他防腐剂的添加。例:盐和其他防腐剂可抑制一些病原体的生长。

⑥干燥。例:干燥过程可以用足够的热杀死病原体,即使干燥过程是在较低的温度下,也可以通过除去食品中足够的水分来抑制一些致病菌生长。

⑦来源控制。例:可以通过从非污染源处取得原料来控制大量病原体。

B. 病毒

充分的蒸煮可将病毒杀死。

C. 寄生虫

①饮食控制。例:防止寄生虫接近食品,如可对猪的饮食与环境进行控制而减少旋毛线虫感染。然而,这种控制方法并不是对所有可用作食品的动物都有效。例如,野生鱼的饮食和环境就不能被控制。

②失活/去除。例:一些寄生虫能抵抗化学消毒,但可通过热、干燥或冷冻而使其失活。一些寄生虫可通过"挑虫"工序去除。

（2）化学性危害

①来源控制。例:销售证明和原料检测。

②生产控制。例:食品添加剂的合理使用和应用。

③标识控制。例:合理标出成品的配料和已知过敏物质。

（3）物理性危害

①来源控制。例:销售证明和原料检测。

②生产控制。例:磁铁、金属探测器、筛网、除粒机、澄清器、空气干燥机、X 射线设备的使用。

3. 危害分析工作单

危害分析工作单对于准确记录食品安全危害是很有用途的,由表头、表格组成。如表 8-2 所示。

表 8-2　危害分析工作单

产品名称:　　　　　　　　　　　　产品描述:

企业名称:　　　　　　　　　　　　销售与贮存方法:

企业地址:　　　　　　　　　　　　预期用途和消费者:

加工步骤	确定潜在危害	是否存在显著危害	对潜在危害的判定依据	预防措施	是否为关键控制点
	生物性危害				
	化学性危害				
	物理性危害				

我们知道,不同的产品有不同的危害,同一产品的不同加工方式可能存在不同的危害,

同一产品、同一加工工序而在不同的工厂也存在着不同的危害。可根据经验、流行病学调查、客户投诉等一切信息作出准确判断。

危害分析应有记录，可按工作表的顺序进行。书面的 HACCP 危害分析可以为企业关键控制点的确立提供有力而又简明的证据，同时也可为官方验证和第三方认证提供便利。

（七）确定关键控制点（CCP）——原理 2

1.CCP 的含义

CCP 是能够进行控制，并且该控制对防止、消除某一食品安全的危害或将其降低到可接受水平是必需的某一步骤。它被用来对食品安全危害实施控制，从而使食品安全危害得以防止发生、消除或把其降低到可接受水平。

下列几种情况是用来说明防止发生、消除和降低到可接受水平的例子。

（1）防止发生：如进货控制，可防止病原体或用药残留物的污染（如供应商的声明）；使食品中的 pH 值降至 4.6 以下，可以使致病性细菌不能生长；添加防腐剂、冷藏或冷冻能防止细菌生长；改进食品的原料配方，可防止化学性危害（如食品添加剂）的发生。

（2）消除：如充分的加热可以杀死所有的致病性细菌；冷冻（−38 ℃以下）可以杀死寄生虫；用金属检测器可以消除金属异物危害。

（3）降低到可接受水平：有时候，有些危害不能全部、完全防止发生以及全部消除，只能将危害减少或降低到一定水平，如人工挑选和自动收集器可以把异物减少到最低限度；从得到批准的水域进货可以将某些生物性和化学性危害降低到最小限度。

完全消除或预防显著危害也许是不可能的，在一些过程中，将危害减至最低是 HACCP 方案中唯一合理的目标。例如，当生产一种生食或稍煮即食的产品时，没有可靠的手段能消除病原体危害，也没有任何技术可以检测和阻止化学性或物理性危害。在这种情况下，必须选择那些能把显著危害降低到可接受水平的关键控制点。

确定 CCP，需要弄清楚它与危害以及控制点（CP）的关系。同时，也应了解 CCP 具有的特异性。

2.CCP 与危害的关系

CCP 控制的是影响食品安全的显著危害，但显著危害的引入点不一定是 CCP。例如，在生产单冻虾仁的过程中，原料虾有可能带有细菌性病原体，它是一种显著危害，原料虾收购是细菌性病原体的引入点，但该点并不是 CCP，CCP 在虾的蒸煮阶段，通过蒸煮可以把细菌性病原体杀死。一个 CCP 可能用于控制一种以上的危害。例如，冷冻贮藏可能是控制病原体和组胺形成的一个 CCP。同样，一个以上的 CCP 可以用来控制一种危害，如在蒸熟的汉堡饼中控制病原体，如果蒸熟时间取决于最大饼的厚度，则蒸熟和成饼的步骤都被认为是 CCP。

3.CCP 与 CP 的关系

CP 是指能控制生物、物理或化学因素的任何点、步骤或过程，它控制的是所有的问题。而 CCP 仅限于能最有效地控制显著危害的那个点或那些点。也就是说，CCP 肯定是 CP，而 CP 不一定都是 CCP。在流程图中不能被确定为 CCP 的许多点可以认为是 CP，这些点可以记录质量因素的控制，例如食品的颜色或风味，或非 HACCP 法规要求填写的标准等。它们与食品的安全性无直接关系，一般不列入 HACCP 计划中。

在以前或 HACCP 发展前期，或对于初学者而言，总想控制许多点，涉及方方面面，这样就会失去重点,也就会削弱影响食品安全的 CCP 的控制。一般以设 3~5 个 CCP 为宜。对于其他有关危害点可以通过 SSOP 来控制,不列入 HACCP 计划中;对于其他质量方面的问题则可以通过全面质量保证来实现。

4. CCP 的特异性

生产和加工的特殊性决定了 CCP 具有特异性。在一条加工线上确立的某一产品的 CCP,可以与在另一条加工线上的同样的产品的 CCP 不同,这是因为危害及其控制的最佳点可以随着厂区、产品配方、加工工艺、设备、配料选择、卫生和支持程序等因素而变化,这就是 CCP 的特异性。因此,CCP 的确定必须因地制宜。

5. CCP 的判定原则

CCP 判定的一般原则为:①在该点或加工步骤上存在一种或一种以上不能由 SSOP 措施控制的显著危害。②在该点或加工步骤中存在一项或一项以上可将存在的显著危害防止、消除或降低到可接受水平的预防控制措施。③在该点或加工步骤中存在一种或一种以上的显著危害,在本步骤实施控制后不会在以后的加工步骤中再次出现。④在该点或加工步骤中存在一种或一种以上的显著危害,在以后的加工步骤中没有可以实施控制的预防控制措施;或者在以后的加工步骤中虽存在可以实施控制的预防控制措施,但在本步骤中采用预防控制措施可以更经济、更有效地实施控制;或者必须在本步骤中实施控制,以实现与后续步骤中的预防控制措施共同控制某种显著危害。只有同时满足上述四项判定原则的点或加工步骤才能确定为 CCP,同时满足上述四项判定原则的点或加工步骤也必须确定为 CCP。

6. CCP 的判定方法

CCP 的判定常常使用 CCP 判断树法,如图 8-3 所示。CCP 判断树把分析判断 CCP 的过程形象地用问题与树形图相结合的形式简明扼要地完成。人们按照 CCP 判断树的箭头顺序,一步一步先后回答每一个问题,从而清晰地判断出 CCP。

判断树中的 4 个问题互相关联,构成判断的逻辑方法。

问题 1:对已确定的显著危害,在本步骤/工序或后步骤/工序上是否有预防措施? 如果回答"是",继续问题 2;如果回答"否",则回答在本步骤/工序上是否有必要实施安全控制。如果回答"否",则不是 CCP;如果回答"是",则说明现有的该步骤/工序不足以控制必须控制的显著危害,即产品是不安全的,工厂必须重新调整加工方法或产品,使之包含对该显著危害的预防措施。

问题 2:该步骤/工序可否把显著危害消除或降低到可接受水平? 回答时,须考虑该步骤/工序是否为最佳、最有效的危害控制点,如回答"是",则该步为 CCP;如回答"否",继续问题 3。

问题 3:危害产生的污染在本步骤/工序上是否超过可接受水平或增加到不可接受水平? 如果回答"否",则不是 CCP;如果回答"是",继续问题 4。

问题 4:后续步骤/工序可否把显著危害降低到可接受水平? 如果回答"是",则不是 CCP;如果回答"否",则该步为 CCP。

CCP 判断树是判断 CCP 的非常有效的实用工具,但不是唯一的工具。使用判断树应注意以下几个问题:①判断树仅是有助于确定 CCP 的工具,而不能代替专业知识;②判断树在危害分析和显著危害被确定的步骤使用;③随后的加工步骤对控制危害可能更有效,可能是更应该选择的 CCP;④加工中一个以上的步骤可以控制一种危害;⑤应用时的局限性。

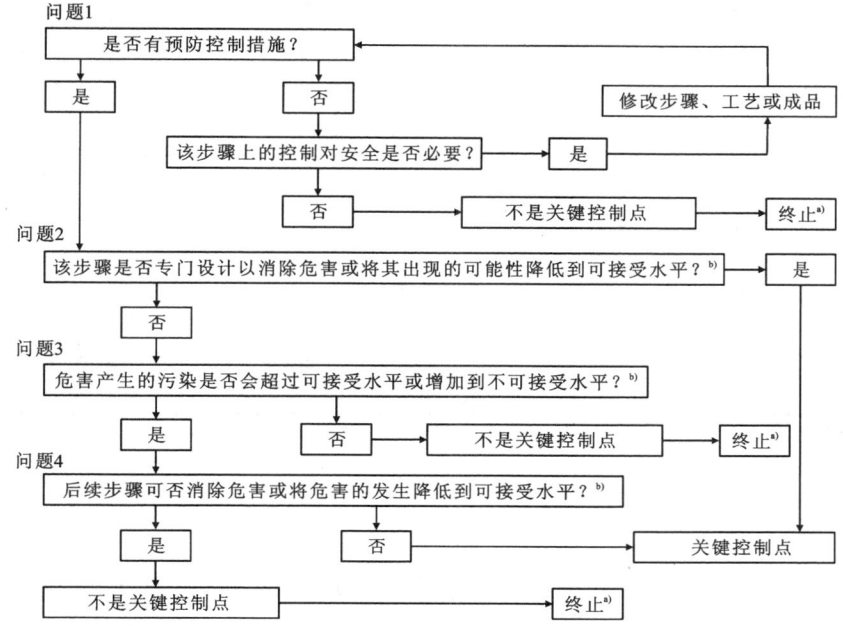

问题1　是否有预防控制措施？

是　　否　　修改步骤、工艺或成品

该步骤上的控制对安全是否必要？　是

否　　不是关键控制点　　终止a)

问题2　该步骤是否专门设计以消除危害或将其出现的可能性降低到可接受水平？b)　是

否

问题3　危害产生的污染是否会超过可接受水平或增加到不可接受水平？b)

是　　否　　不是关键控制点　　终止a)

问题4　后续步骤可否消除危害或将危害的发生降低到可接受水平？b)

是　　否　　关键控制点

不是关键控制点　　终止a)

图 8-3　确定 CCP 的判断树示例

a) 按描述的过程进行下一个危害分析。

b) 在识别 HACCP 计划中的关键控制点时，需要在总体目标范围内对可接受水平和不可接受水平作出规定。

例如，判断树不适用于肉禽类的宰前、宰后检验，不能认为宰后肉品检验合格就可以取消宰前检疫；又如，不能将不卫生的原料经高压杀菌等手段处理后供人类食用。

判断树的逻辑关系表明：如有显著危害，必须在整个加工过程中用适当的 CCP 加以预防和控制；CCP 点须设置在最佳、最有效的控制点上；如 CCP 设在后步骤/工序上，前步骤/工序不作为 CCP；但后步骤/工序如没有 CCP，那么该前步骤/工序就必须确定为 CCP。显然，如果在某个 CCP 上采用的预防措施对几种危害都有效，那么该 CCP 可用于控制多个危害；相反，有时一个危害需要多个 CCP 控制。

在危害分析表的相应栏内填入 CCP 点判定结果，完成危害分析表。

（八）建立关键限值（CL）——原理 3

1.有关定义

关键限值（CL）：区分可接受或不可接受的判断标准。它用来区分安全与不安全，若超过 CL，即意味着 CCP 失控，产品可能存在潜在的危害。

操作限值（OL）：是实际操作人员在操作中为了降低偏离 CL 风险而采取的比 CL 更严格的控制操作标准参数。

操作者在实际工作中，通常会制定比 CL 更严格的标准（OL），一旦发现可能趋向偏离 CL，但又没有发生时，就采取调整加工的方式，使 CCP 处于受控状态，而不需要采取纠正措施。

2.CL 的确立

每个 CCP 必须有一个或多个 CL 用于每个显著危害，当加工偏离了 CL 时，应采取纠正措施以确保食品安全。建立 CL 应做到合理、适宜、适用和可操作性强。好的 CL 应该是：直观，易于监测，仅基于食品安全，只出现少量被销毁或处理的产品就可采取纠正措施，不违背法规，不打破常规方式，也不是 GMP 要求或 SSOP 措施。表 8-3 是 CL 的例子。

表 8-3　有关产品 CL 的例子

危害	CCP	CL
细菌性病原体（生物的）	巴氏杀菌	杀死牛奶中的病原菌，需在≥72 ℃、不少于 15 min 的条件下
细菌性病原体（生物的）	干燥	干燥程序——烘箱温度≥93 ℃；干燥时间不少于 20 min；气流≥56 m/s；产品厚度≤1.27 cm（在干燥的仪器中使 A_w≤0.85 来防治病原菌）
细菌性病原体（生物的）	酸化	分批程序——产品重量≤45.4 kg；浸泡时间≥8 h；醋酸浓度≥3.5%；容积≤189 L（在腌制食品中使 pH<4.6 来防治梭状芽孢杆菌）

注：表中的 CL 仅作为教学例证，它们与任何具体的产品无关。在实际操作中，CL 必须建立在科学的基础上。

建立 CL 应注意以下几点：

(1)每个 CCP 都必须设立 CL。

(2)CL 是一个数值，而不是一个数值范围。

(3)CL 应具有可操作性。在实际操作当中，多用一些物理的（时间、温度、厚度、大小等）、化学的（pH 值、水活度值、盐量浓度等）指标，而不用一些费时、费钱又需要大量样品而且结果不均一的微生物学限量或指标。

(4)CL 应符合相关的国家标准、法律法规要求。

(5)CL 应具有科学依据。正确的 CL 需要通过实验或从科学刊物、法律性标准、专家及科学研究等渠道收集信息，予以确定。例如，从杂志文章、食品科学教科书、微生物参考书、政府食品卫生管理指南、进口国食品卫生标准、食品科学家、微生物学家、设备制造商、大学研究服务机构处获得，也可以通过实验和经验的结合来确定。当然，在不少情况下，合适的 CL 未必容易找到，甚至找不到，食品工厂应选用一个保守的 CL。用于确定 CL 的根据和资料应予以存档，作为 HACCP 计划的支持性文件。

建立 CL 示例：对于每个 CCP，通常存在多种选择方案来控制一种特定的显著危害。不同的控制选择通常需要建立不同的 CL，最佳的方案和 CL 往往有赖于实践和经验，控制选择的原则是快速、准确和方便。例如，油炸鱼饼可以有三种 CL 的选择方案：

选择 1:CL 定为"无致病菌检出"；

选择 2:CL 定为"最低中心温度 66 ℃；至少保持 1 min"；

选择 3:CL 定为"最低油温 177 ℃；最大饼厚 0.625 cm；至少保持 1 min"。

显然，在选择 1 中所采用的 CL（微生物限值）是不实际的，因为通过微生物检验确定 CL 是否偏离很费时，CL 不能及时监控，此外，微生物污染带有偶然性，需大量样品检测结果方有意义。微生物取样和检验往往缺乏足够的敏感度和现实性。在选择 2 中，以油炸后的鱼饼中心温度和时间作为 CL，要比选择 1 更灵敏、实用，但选择 2 也存在着缺陷——难以进行连续监控。在选择 3 中，以最低油温、最大饼厚和在油内的最少油炸时间作为油炸工序（CCP）的 CL，确保了鱼饼油炸后应达到的杀灭致病菌的最低中心温度和油炸时间，同时油温和油炸时间能得到连续监控（油温自动记录仪/传送网带速度自动记录仪）。显然，选择 3 是最快速、准确和方便的，是最佳的 CL 选择方案。

3.建立 OL

CL 确定后,就可以建立 OL 了。建立 OL 的目的是避免偏离 CL。偏离 OL 说明 CCP 有失控的趋势,一旦偏离 CL,CCP 就失控了,从而使食品安全危害产生,出现产品返工或造成废品。建立 OL 可以监控 CCP 是否有失控的趋势,便于操作人员及早采取措施,在 CCP 失控前使 CL 得到控制。这些措施称为加工调整。只有在超出 CL 时才需要采取纠偏行动。例如,某 CCP 的 CL 是加热温度≥83 ℃,但却在 83 ℃ 以上的适当处确定某一温度(如 86 ℃)为 OL。当加热温度由高的方向下降至此 OL 时,操作人员即应对加热设备进行调整,防止温度继续下降至 CL,从而确保食品安全,避免损失。应注意的是,OL 不宜定得太严,以不影响产品的品质、风味为度,否则将产生负面影响。

(九)建立监控系统——原理 4

1.定义

监控是对每个 CCP 的控制参数按计划进行的一系列观察或测量活动,以便评估 CCP 是否处于控制之中。

2.监控的目的和意义

(1)记录追踪加工操作过程,使其在 CL 范围之内;

(2)确定 CCP 是否失控或是否偏离 CL,进而采取纠正措施;

(3)用加工控制系统的支持性文件说明产品是在符合 HACCP 计划的要求下生产的。

3.制定监控程序

建立文件化的监控程序,其内容包括监控对象、监控方法、监控频率以及监控人员。监控程序的内容填写在 HACCP 计划表的第 4～7 栏中。表 8-4 是一个 HACCP 计划表的示例。

表 8-4 HACCP 计划表

产品名称: 　　　　　　　　　　　　产品描述:

企业名称: 　　　　　　　　　　　　销售与贮存方法:

企业地址: 　　　　　　　　　　　　预期用途和消费者:

关键控制点	显著危害	关键限值	监控				纠偏行动	验证	记录
			对象	方法	频率	人员			

批准: 　　　　　　　　　　　　　　　　　　　　　　日期:

(1)监控对象　通过观察和测量产品或加工过程的特性,来评估一个 CCP 是否在关键限值内操作。例如:当温度敏感成分是关键时,则对温度进行测定;当酸化是食品生产的关键时,则测量酸性成分的 pH 值;当加热或冷却过程是关键时,则温度和传送速度为监控对象。

(2)监控方法　监控方法就是怎样监控 CL 和预防措施。监控必须提供快速的或即时的结果。微生物检测因耗时长且不易掌握,因此很少用于 CCP 监控;物理和化学的测量手段快速、方便,是较理想的监控方法。

物理和化学的监控方法包括:

①时间/温度的监控:可用于监控致病菌生长或杀灭的有效性。例如,巴氏杀菌的蟹肉

罐头(罐型 401×301)的杀菌条件是容器中心温度达到 85 ℃,监控可以通过对加热水池的温度及罐头在水池内的加热时间进行测量得到实现。又例如,通过对致病菌在可生长温度(4~60 ℃)下的累计时间的监控可以对致病菌实施控制。监控时间和温度,使用温度计、钟表。

②水分活度(A_w)的监控:可以通过限制 A_w 控制致病菌生长。例如,用干燥方法使 A_w 降至 0.85 以下,就会使致病菌停止生长。因此,可在干燥过程中按时取样,检测 A_w,直到降低至 0.85 为止。工厂可以在了解干燥速率的基础上,对温度/时间/热风风速三个因素加以监控,以使干燥成品的 A_w 在 0.85 以下。监控 A_w,使用水分活度计。

③酸度(pH 值)的监控:可以通过限制产品酸度使致病菌无法生长来控制致病菌。例如,通过加入酸化剂,使食品的 pH 值降至 4.6 或以下,可以对肉毒梭菌予以控制。此时,可以监控酸化剂在使用前的酸度(pH 值)。酸度监控使用 pH 计。

④感官检查的监控:可使用感官检查方法检测食品的腐败、分解,控制组胺的形成。如果气味及其强度不正常,标志着水产品可能因温度/时间控制不良而导致组胺的产生。

选择何种监控仪器、设备是另一个必须考虑的问题。CCP 监控的仪器、设备有赖于监控的特性和对象,设备必须准确、可靠。例如,某产品的最低中心温度必须达到 63 ℃方可杀灭致病菌,而温度计的误差为 ±1 ℃,那么,CL 就应设定为 64 ℃。温度计需定期校正,以确保准确性。

(3)监控频率 监控可以是连续的或非连续的。只要有可能,应尽量采用连续监控方式,连续监控对很多种物理和化学参数都是可行的。例如,采用温度记录仪可以对巴氏杀菌全过程的温度/时间实现监控和记录;采用金属探测器可对产品进行金属杂质的连续监控;采用真空检测器可以逐罐地对罐头的真空度进行监控,剔除真空不良罐。

监控仪器、设备可以产生连续的监控记录,但并不意味着已经对危害实行了控制。定期观察连续监控记录,必要时采取措施,这也是监控的一个组成部分。当 CL 出现偏离时,检查间隔时间的长短将直接影响到返工和产品损失的数量。在任何情况下,检查都必须及时进行,以确保不正常产品在出厂前被分离出来。

当不可能连续监控一个 CCP 时,例如,对于罐内最大的装罐量、初温的监控等,应缩短监控的时间间隔,以监控可能发生的 CL 和 OL 的偏离。其方法或原则是:

①加工中被监控的数据是否稳定? 如数据欠稳定,监控的频率应相应增加。

②正常操作值距 CL 有多远? 如果二者很接近,监控的频率应相应增加。

③如果 CL 偏离,受影响的产品有多少? 产品越多,监控的频率应越高。

(4)监控人员 从事 CCP 监控的人员可以是流水线上的人员、设备操作者、监督员、维修人员或质量保证人员。请作业的现场人员进行监控是比较合适的,因为这些人在连续观察产品的生产和设备的动作中,能容易地发现异常情况的发生。同时,HACCP 活动中有现场人员参与,有利于 HACCP 计划的理解和执行,为 HACCP 奠定广泛的基础。

CCP 监控人员必须具备如下条件:①受过 CCP 监控技术的培训;②充分理解 CCP 监控的重要性;③在监控的方便岗位上作业;④能对监控活动提供准确的报告;⑤能及时报告 CL 的偏离情况,以便迅速采取纠正措施。

监控人员的责任是及时报告异常事件和 CL 偏离情况,以便采取加工调整或纠正措施。所有 CCP 的有关记录必须有监控人员的签名。另外,在监控程序中应规定审核负责人,审核人员负责对监控记录进行审核,并在审核记录上签字。

HACCP 监控记录应该包含下列信息：①表格名称；②公司名称和地址；③时间和日期；④产品信息（产品型式、包装规格、流水线号和产品编号）；⑤实际观察和测量结果；⑥关键限值；⑦操作者的签名和检查日期；⑧审核者的签名和审核日期。

　　例如，在单冻熟虾生产中，加热蒸煮是 CCP。在该 CCP 上的记录实例见表 8-5。

　　如果 CL 偏离，应通知轮班监督员，隔离和标识受影响的产品。

表 8-5　蒸煮记录表

公司名称和地址：×××××× 　　　　　　　　　　日期：××年×月×日

产品：单冻熟虾 　　　　　　　　　　　　　　　关键限值：100 ℃以上/3 min 以上

生产线：1 号 　　　　　　　　　　　　　　　　操作者：×××

生产线号码	批号	时间	蒸汽温度（水银温度计，℃）	蒸汽温度记录仪（℃）	蒸煮时间（min）	关键限值的符合	说明
1	034	14：34	100.5	101.1	3.2	是	
1	043	13：30	100.6	101.0	3.2	是	
1	053	16：28	100.6	98.9	3.1	是	见纠偏措施
1	053	16：29	100.6	100.0	3.1	是	蒸汽阀调整
1	053	17：01	100.6	100.0	3.1	是	

操作期间每小时检查温度/时间（水银温度计每日检查 1 次）

审核： 　　　　　　　　　　　　　　　　　　　日期：

（十）建立纠偏措施——原理 5

1.定义

　　纠偏措施是当 CCP 的监控结果发生偏离时所采取的行动，也称为纠偏行动。

2.采取纠偏措施

　　第一步：纠正、消除产生偏离的原因，使 CCP 返回受控状态。一旦 CL 发生偏离，应立即上报，并立即采取纠偏措施，采取纠偏措施所需的时间愈短，加工偏离 CL 的时间就愈短，这样就能尽快恢复正常生产，重新使 CCP 处于受控之下，而且受到影响的不合格产品（不一定是不安全）愈少，经济损失也愈小。纠偏措施可以包括在 HACCP 计划中，使工厂的员工能正确地进行操作。应分析产生偏离的原因并予以改正或消除，以防止再次发生。如发生偏离的 CL 不在事先考虑的范围之内（即无已制定好的纠正措施），要调整加工过程或产品，或者要重新评审 HACCP 计划。

　　第二步：隔离、评估和处理在偏离期间生产的产品。采取纠偏措施的目的是使 CCP 重新受控。制定纠偏措施时，既应考虑眼前须解决的问题，又要提供长期的解决办法。眼前方法主要用于恢复控制，并使加工在 CL 不再出现偏离的条件下重新开始，但仍须确定偏离的原因，防止其再次发生。如果 CL 屡有偏离或出现意料外的偏离，应调整加工工艺或重新评估 HACCP 计划，看其是否完善，必要时，修改 HACCP 计划，彻底消除使加工出现偏离的原因或使这些原因的数值尽可能减到最小。对所采取的纠偏措施必须即时进行内部沟通，使工人得到纠偏措施的明确指示。而且这些指示应当成为 HACCP 计划的一部分，并记录在案。

　　对在加工出现偏离时所生产的产品必须进行确认和隔离，并确定对这些产品的处理方法。这一点不同于加工调整,加工调整不涉及产品。可以通过以下四个步骤对产品进行处置或用于制订相应的纠偏措施计划:①根据专家的评估,根据物理的、化学的或微生物的测试(注意取样方法必须有代表性),确定产品是否存在安全方面的危害。②根据以上评估,如产品不存在危害,可以解除隔离和扣留,放行出厂。③根据第一步评估,如产品存在潜在的危害,则确定产品可否再加工/再杀菌,或改作其他目的的安全使用。返回、返工的产品仍然接受监控或控制,也就是确保返工不能造成或产生新的危害,如热稳定的生物学毒素(金葡菌肠毒素)。④如不能按③进行处理,产品必须予以销毁。

如有可能,纠偏措施应在制订 HACCP 计划时预先制订,并将其填写在 HACCP 计划表的第 8 栏中。纠偏措施的描述格式通常被写成"如果/然后"的形式,"如果"部分描述条件,"然后"部分描述采取的措施。纠偏措施应由对过程、产品和 HACCP 计划有全面理解、有权力作出决定的人来负责实施。如有可能,在现场纠正问题,会带来满意的结果。有效的纠偏措施依赖于充分的监控程序。

3.纠偏措施记录

HACCP 计划应该包含一份独立的文件,其中所有的偏离和相应的纠偏措施以一定的格式进行记录。记录可以帮助企业确认再发生的问题和 HACCP 计划被修改的必要性。另外,纠偏措施记录提供了产品处理的证明。记录可采用纠偏措施报告表的形式。纠偏措施记录应该包含以下内容:①产品确认(如产品描述、隔离扣留产品的数量);②偏离的描述;③所采取的纠偏措施(包括受影响产品的最终处理);④采取纠偏措施的负责人的姓名;⑤必要时要有评估的结果。

企业可根据自己的实际情况编制纠偏措施报告表,只要能将上述问题交代清楚即可。

(十一)建立验证程序——原理 6

1.定义

验证是通过提供客观证据,包括应用监控以外的审核、确认、监视、测量、检验和其他评价手段,对 HACCP 体系运行的符合性和有效性的认定。

验证是 HACCP 最复杂的原理之一。尽管它复杂,但是验证程序的正确制定和执行是 HACCP 计划成功实施的基础。"验证才足以置信",这就是验证原理的核心。

2.验证的目的

HACCP 计划的宗旨是控制食品的安全卫生,防止食品安全危害的发生。验证的目的就是证明 HACCP 计划的置信水平,证明建立在严谨的、科学的原则基础之上的 HACCP 体系足以控制产品加工或操作过程中出现的危害,证明这种控制正在被贯彻和执行。

3.验证的内容

验证程序的要素包括:HACCP 计划的确认、CCP 的验证、HACCP 体系的验证、执法机构对 HACCP 体系的验证。

(1)HACCP 计划的确认 确认是通过提供客观证据,对 HACCP 体系要素本身有效性的认定。

确认的宗旨是提供客观的依据,这些依据能表明 HACCP 计划的所有要素(危害分析、CCP 确定、CL 建立、监控计划、纠偏措施、记录保持等)都有科学的基础。确认是验证的必要内容,必须有根据地证实,当有效地贯彻执行 HACCP 计划后,足以控制那些可能出现的能影响食品安全的危害。

确认方法有：①结合基本的科学原则；②运用科学的数据；③依靠专家的意见；④生产中进行观察或检测。

确认对象为：对 HACCP 计划的每一环节从危害分析到验证对策作出科学技术上的复查。

确认频率为：①最初的确认——HACCP 计划执行之前。②再次确认——下列情况下应采取确认：改变原料；改变产品或加工；验证数据出现相反的结果，重复出现偏差；有关危害和控制手段的新信息；生产中的观察；新的销售或消费者处理行为。

确认人员为：HACCP 小组和受过适当培训或经验丰富的人员。

（2）CCP 的验证　对 CCP 制定验证活动是必要的，它能确保所应用的控制程序调整在适当的范围内操作，正确地发挥作用以控制食品的安全。CCP 的验证包括以下内容：

①监控设备的校准。CCP 的验证活动包括监控设备的校准，以确保采用的测量方法的准确度。进行校准是为了验证监控结果的正确性。

CCP 监控设备的校准是 HACCP 计划成功执行和运作的基础。如果设备没有校准，监控结果就是不可靠的。如果此情况发生了，那么就可以认为从记录中最后一次可接受的校准开始，CCP 就失去了控制。在建立校准频率时，此种情况应予以充分考虑。校准的频率受设备灵敏度的影响。

②校准记录的复查。复查设备的校准记录涉及检查日期和校准方法，以及试验结果（如设备是否准确）。校准的记录应保存和加以复查。这种复查可作为验证的一部分来进行。

③针对性的取样和检测。CCP 的验证也包括针对性的取样和检测。例如，当原料的接收是 CCP，CL 为供应商的证明时，应监控供应商提供的证明。为检查供应商是否言行一致，应通过针对性的取样来检查。

④CCP 记录的复查。每一个 CCP 至少有两种记录类型，即监控记录和纠偏记录。这些记录都是有用的管理工具。它们提供了书面的 CCP 正在建立了的安全参数范围内运行，及以安全和合适的方式处理了发生的偏离的文献资料。然而单独的记录是毫无意义的，除非一位有管理能力的人员定期地复查它们，才能达到验证 HACCP 计划是否被执行着的目的。

（3）HACCP 体系的验证　除了对 CCP 的验证活动外，对整个 HACCP 体系也应制定程序进行定期的验证。对体系进行验证的频率为每年至少 1 次，或当产品或工艺过程发生显著改变，或系统发生故障时随时进行。验证的频率不是一成不变的，它会随着时间的推移而变。如果历次的检查发现过程在控制之内，能保证安全，则减少检查的频率。如果历次检查发现有不正常现象，例如，前后不一致的监控活动、前后不一致的记录保存和不恰当的纠偏措施等，则需增加检查频率。检查发现异常则表明有必要重新进行 HACCP 计划的确认。

对 HACCP 体系的验证包括审核和对最终产品的微生物检测。

①审核。审核是为获得审核证据并对其进行客观的评价，以确定满足审核准则的程度所进行的系统的、独立的并形成文件的过程。审核准则可以是 HACCP 体系文件、适用的标准和法律法规等。审核包括现场的观察和记录复查，有内审（企业或组织自身的审核，或称为第一方审核）和外审（客户的审核，或称为第二方审核、认证审核、官方审核、第三方审核）之分。通过审核来确定 HACCP 体系的适宜性、可操作性以及有效性，从而达到持续改进的目的。

审核 HACCP 的验证活动包括：检查产品说明和生产流程的准确性，检查工艺过程是否按照 HACCP 计划被监控，检查工艺过程是否在 CL 内操作，检查记录是否准确、是否按要求进行记录。

审核记录的复查包括:监控活动是否在 HACCP 计划的规定位置进行;监控活动是否按 HACCP 计划规定的频率执行;监控表明发生了 CL 的偏离时,是否采取了纠偏行动;设备是否按 HACCP 计划进行了校准。

②对最终产品的微生物检测。虽然微生物检测不是日常监控的有效方法,但它可被作为一种验证工具。微生物检测能被用来确定(在验证、审核中)整个操作是否在控制之中。

(4)执法机构对 HACCP 体系的验证 执法机构对 HACCP 体系的验证,主要是验证 HACCP 计划是否被有效贯彻实施。执法机构的验证包括:①HACCP 计划和任何修改的复查;②CCP 监控记录的复查;③纠偏记录的复查;④验证记录的复查;⑤现场检查 HACCP 计划是否贯彻执行,以及记录是否按规定被保存;⑥随机抽样分析。

验证结果必须要有记录,并填入 HACCP 计划表中。

(十二)建立文件和记录的保持系统——原理 7

企业应建立有效的记录保持程序,以文件证明 HACCP 体系。没有记录就等于没有发生。准确的记录保持是 HACCP 计划成功的重要部分。记录提供了 CL 得到满足或当 CL 发生偏离时所采取的适用的纠偏措施。同样的,记录也为加工调整、防止 CCP 失控提供了监控手段。记录应明确显示监控程序已被遵循,并应包括监控中获得的真实数值。它是 HACCP 计划审核的依据。记录保持的内容也应填写在 HACCP 计划表中。

1. 记录的要求

(1)总的要求。所有记录都必须至少包括以下内容:加工者或进口商的名称和地址,记录所反映的工作日期和时间,操作者的签字或署名,产品的特性和代码,以及加工过程或其他信息资料。

(2)记录的保存期限:对于冷藏产品,一般至少保存 1 年;对于冷冻或货架稳定的商品,应至少保存 2 年;对于其他说明加工设备、加工工艺等方面的研究报告、科学评估的结果,应至少保存 2 年。

(3)可以采用计算机保存记录,但要求保证数据完整和统一。

2. 应该保存的记录

(1)CCP 监控记录。

(2)采取纠偏措施记录。

(3)验证记录:包括监控设备的检验记录,最终产品和中间产品的检验记录。

(4)HACCP 计划以及支持性材料:HACCP 计划以及危害分析工作表;支持性材料,主要包括 HACCP 小组成员及其责任,建立 HACCP 的基础工作,如有关科学研究、实验报告以及必备的先决程序(如 GMP、SSOP)。

3. 记录审核

作为验证程序的一部分,在建立和实施 HACCP 时,加工企业应根据要求,安排经过培训合格的人员对所有 CCP 监控记录、采取纠偏措施记录、加工控制检验设备的校正记录和中间产品与最终产品的检验记录进行定期审核。

(1)监控记录以及审核 HACCP 监控记录是证明 CCP 处于受控状态的最原始的材料,作为管理工具,使 CCP 符合 HACCP 计划的要求。监控记录应该记录实际发生的事实,而且应该至少每周审核一次,签字并注明日期。

（2）纠偏措施记录以及审核 一旦出现偏离 CL 的情况,应立即采取纠偏措施。采取纠偏措施就是消除、纠正产生偏离的原因,并将 CCP 返回到受控状态,隔离分析、处理在偏离期间生产的受影响的产品,必要时应验证纠偏措施的有效性。记录这些活动是必要的。审核时主要判定是否按照 HACCP 计划去执行,应在实施后的一周内完成审核。

（3）验证记录以及审核 ①修改 HACCP 计划（原料、配方、加工、设备、包装、运输）;②购货方评审供方附保证或证书验证的记录,并对这些验证记录加以审核的结果;③验证监控设备的准确度以及校验记录;④微生物学试验结果,中间产品、最终产品的微生物分析结果;⑤现场检查结果。

对验证记录的评审没有明显的时间限定,只是要在合理的时间内进行审核。

三、回顾与总结阶段

回顾与总结是 HACCP 体系要求建立的制度之一。一方面,HACCP 计划经一段时间运行后,哪怕已做了完整的验证,都有必要对整个实施过程进行回顾和总结;另一方面,在对整个或个别 HACCP 计划进行调整前,也应对 HACCP 的过去进行回顾和总结,特别是在原料、产品配方发生变化时,加工体系发生变化时,工厂布局和环境发生变化时,加工设备改进时,清洁和消毒方案发生变化时,重复出现偏离/出现新危害/有新的控制方法时,包装、储存和销售体系发生变化时,人员等级和/或职责发生变化时,假设消费者使用发生变化时,从市场供应上获得的信息表明有关产品的卫生或腐败风险时。

对 HACCP 计划所做的回顾与总结所形成的资料和数据,应形成文件并作为 HACCP 记录档案的一部分,且应将回顾工作所形成的一些正确的改进措施编入 HACCP 计划中。

第四节 GMP、SSOP、HACCP 体系及 ISO 9000 族 标准间的相互关系

一、SSOP 和 HACCP 的关系

SSOP 与 HACCP 计划中的 CCP 这两个部分均需要实施监控、纠偏、保持记录并进行验证。但是,两者之间也存在一些差别。首先,HACCP 体系中需要监测、纠偏和记录的 CCP 是一个可以控制的工序步骤,其作用是预防、消除某个食品安全危害或将其降低到允许水平以下;而 SSOP 是企业为了维持卫生状况而制定的程序,它与整个加工设施或某个区域有关,不仅仅限于某个特定的加工步骤或 CCP。其次,HACCP 体系是建立在危害分析基础之上的,书面的 HACCP 计划不但规定了具体加工过程中的各个 CCP,而且还具体描述了各个 CCP 的 CL、监测方法、纠偏措施、验证程序和记录保存方法,以确保 CCP 能得到有效控制。实施 SSOP 的目的之一就是简化 HACCP 计划,突出 CCP。

SSOP 具体列出了卫生控制的各项目标,包括食品加工过程中的卫生、工厂环境的卫生和为达到 GMP 的要求所采取的行动。SSOP 的正确制定和有效执行,能够达到有效控制加工环境和加工过程中各种污染或危害的目的,由此,HACCP 按产品工艺流程进行危害分析而实施的 CCP 控制就能集中到工艺过程中的食品危害的控制方面,而不是在生产卫生环境上,使 HACCP 计划更加体现特定的食品危害控制属性。按照美国 FDA 的说法,就是"确

定哪些危害是由加工者的卫生监控计划来控制的,将它们从 HACCP 计划中划出去,只余下少数需要在 HACCP 计划中加以控制的显著危害"。因此,HACCP 计划中 CCP 的确定受到 SSOP 有效实施的影响。

把某一危害归类到 SSOP 控制而不列入 HACCP 计划内控制丝毫不意味着对其控制的重要性有所降低,而只因为 SSOP 是控制该危害的最佳方法。事实上,生产中的危害是通过 SSOP 和 HACCP 的 CCP 共同控制的。此外,有时需要同时采用 HACCP 和 SSOP 共同控制某种危害,如由 HACCP 控制病源微生物的杀灭,由 SSOP 控制病源微生物的二次污染。

区别 HACCP 和 SSOP 监控内容的一般原则是:已经鉴别出的危害是与产品或其加工过程中的某个加工步骤有关的,就由 HACCP 控制;已经鉴别出的危害是与加工环境或人员有关的,则由 SSOP 控制。有时某种危害究竟是用 HACCP 还是用 SSOP 来控制,并没有十分明显的区分,比如在食品致敏原的控制上,往往把加工过程中的 SSOP 之一"与食品接触的表面的卫生状况与清洁程序"及"标签"同时作为 CCP 加以控制。

值得注意的是,并非所有的食品生产都必须具有 HACCP 计划。某些低风险食品经过危害分析后,如果没有发现显著危害,就不需要确定 CCP,因此,也就可以没有 HACCP 计划。但按照食品法规的强制性要求,即使没有 HACCP 计划,工厂的生产卫生也必须达到 GMP 的规定。卫生计划中的一个重要部分是监控,监控体系应能确保生产的条件和状况符合 SSOP 的规定。

二、GMP 和 HACCP 的关系

GMP 和 HACCP 都是为保证食品安全和卫生而制定的一系列措施和规定。GMP 是适用于所有相同类型产品的食品生产企业的原则,而 HACCP 则依食品生产厂及其生产过程的不同而不同。GMP 体现了食品企业卫生质量管理的普遍原则,而 HACCP 则是针对每一个企业生产过程的特殊原则。

GMP 的内容是全面的,它对食品生产过程中的各个环节、各个方面都制定出了具体的要求,是一个全面质量保证系统。HACCP 则突出对重点环节的控制,以点带面来保证整个食品加工过程中食品的安全。形象地说,GMP 如同一张预防各种食品危害发生的网,而 HACCP 则是其中的纲。

从 GMP 和 HACCP 各自的特点来看,GMP 是对食品企业生产条件、生产工艺、生产行为和卫生管理提出的规范性要求,是保证 HACCP 能有效实施的基本的先决条件,而 HACCP 则是动态的食品卫生管理方法,能确保 GMP 的贯彻执行;GMP 的要求是硬性的、固定的,而 HACCP 是灵活的、可调的。

GMP 和 HACCP 在食品企业卫生管理中所起的作用是相辅相成的。通过 HACCP,可以找出 GMP 要求中的关键项目,通过运行 HACCP 系统,可以控制这些关键项目达到标准的要求。掌握 HACCP 的原理和方法还可以使监督人员、企业管理人员具备敏锐的判断力和危害评估能力,有助于 GMP 的制定和实施。GMP 是食品企业必须达到的生产条件和行为规范,企业只有在实施 GMP 规定的基础之上,才可使 HACCP 系统有效运行。GMP 和 HACCP 对一个想确保产品卫生质量的企业来说是缺一不可的。因此,在食品 GMP 的制定过程中,必须应用 HACCP 技术对食品链的全过程进行监控,以此体现出 GMP 的应用在企业自身管理和卫生监控工作方面的优势。

三、GMP、SSOP 和 HACCP 三者间的关系

（一）传统意义上的关系

GMP 和 SSOP 是整个体系的基础，HACCP 建立在 GMP 和 SSOP 的基础上。GMP、SSOP 是制定和实施 HACCP 的基础和前提条件。如果企业达不到 GMP 法规的要求，或没有制定有效的、具有可操作性的 SSOP，或者没有有效地实施 SSOP，则实施 HACCP 计划将成为一句空话。

SSOP 计划是根据 GMP 中有关卫生方面的要求制定的卫生控制程序，是执行 HACCP 计划的前提计划之一，HACCP 计划则是控制食品安全的关键程序。三者的传统关系见图 8-4。

（二）现代意义上的关系

从 CAC/RCP 1—1969，Rev.（1997）《食品卫生通则》和我国的《出口食品生产企业卫生要求》等 GMP 法规看，GMP 中包括了 HACCP 计划。因此从现代意义上讲，GMP、SSOP 与 HACCP 应具有以下关系：HACCP 计划的前提计划以及 HACCP 计划本身的制定和实施共同组成了企业的 GMP 体系。HACCP 是执行 GMP 法规的关键和核心，SSOP 和其他前提计划是建立和实施 HACCP 计划的基础；实施 SSOP 等前提计划和 HACCP 计划是 GMP 法规的基本要求。简言之，执行 GMP 法规的核心是 HACCP，基础是 SSOP 等前提计划，实质是确保食品安全、卫生。三者的现代关系见图 8-5。

图 8-4　GMP、SSOP 和 HACCP 的传统关系　　　图 8-5　GMP、SSOP 和 HACCP 的现代关系

由此可见，任何一种食品的生产都必须首先遵循 GMP 法规，然后建立有效的 SSOP 计划，才能实施 HACCP 体系。我们可以将 GMP、SSOP、HACCP 三者的异同点归纳入表 8-6 中。

四、HACCP 与 ISO 9000 族标准的关系

一般认为 ISO 9000 与 HACCP 是不同的，但实际上两者有许多共同点：

（1）均需要全体员工参与，目的均是使消费者（用户）信任。

（2）两者均结构严谨，重点明确。

（3）ISO 9000 族标准包含了 HACCP 体系的许多要素，例如过程控制、监视和测量、质量记录的控制、文件和数据控制、内审等。

（4）HACCP 体系可以很好地与 ISO 9000 族标准兼容。换句话说，ISO 9000 族标准能有效地作为 HACCP 文件实施的模式。

HACCP 与 ISO 9000 的不同点见表 8-7。

尽管 HACCP 与 ISO 9000 都属于控制体系，但不能简单等同或取代。ISO 9000 有助

于保证产品质量,但不能替代危害分析。企业共同建立 HACCP—ISO 9000 体系比较科学、合理。

表 8-6　食品卫生安全管理体系的异同

项目	卫生管理体系		安全控制体系（HACCP）
	GMP	SSOP	
基本依据	GMP 的相关要求	《食品卫生通则》(CAC) 法律法规	《HACCP 管理体系及其应用准则》
应用范围	适用于所有食品企业,应用于官方的卫生注册或 GMP 认证		适用于所有食品企业,应用于官方的卫生注册或 HACCP 验证与认证
对象	卫生(主控)、安全		安全(主控)
原理 方法	无 无具体方法	无 经验	HACCP 的七个原理 HACCP 应用逻辑顺序、CCP 判断树
基本内容	《食品卫生通则》包括:初级生产(环境卫生、食物链),工厂设计和设施,生产控制,工厂养护与卫生,个人卫生,运输,培训等	水(冰)的安全;食品接触面卫生;防止交叉污染;手的清洁与消毒;厕所设施的维护,避免被污染;有毒化学物的控制;员工健康和卫生;虫害防治	危害分析,关键控制点,关键限值,CCP 的监控,纠偏措施,记录控制,HACCP 的验证
文件要求	企业 GMP 文件,记录表格	SSOP 文件,记录表格	工艺流程图,危害分析单,HACCP 计划书,记录表格

表 8-7　HACCP 与 ISO 9000 的区别

项目	ISO 9000	HACCP
属性	科学性、逻辑性强,属质量控制范畴	体系完整,属质量管理范畴
适用范围	适用于各行各业	专业性强,应用于食品行业
目标	强调质量能满足顾客要求	强调质量能满足顾客要求,强调食品卫生,避免消费者受到危害
标准选择	对于不同的组织及其产品特点,可对标准进行选择	企业须依 HACCP 计划要求与法规生产制品,无所选择,但对于不同的食品大类、不同的加工工序采用不同的 HACCP 方案
标准内容	标准内容涵盖面广,涉及设计、开发、生产、安装和服务	内容较窄,以生产全过程(从原材料的采集到消费者的食用)的监控为主
实施条件	未规定应用的必备条件	须有 GMP 和 SSOP 作为基础
实施范围	适用于与产品质量有关的全部活动	适用于与食品安全有关的整个食品链的所有阶段
监控对象	无特殊监控对象	有特殊监控对象,如病原菌
实施	自愿性	由自愿逐步过渡到强制,一些发达国家已立法强制实施
投入	费用较高,文件繁琐	投入小,经济效益高,文件简单

第五节　HACCP 在食品加工中的应用实例

本节以熟肉制品为例，介绍 HACCP 的具体应用。

一、建立 HACCP 工作小组

（1）企业设立专门的 HACCP 工作小组。小组成员由负责产品质量控制、生产管理、卫生管理、检验、产品研制、采购、仓储和设备维护各方面的专业人员组成，质量管理者代表作为 HACCP 小组负责人。

（2）HACCP 工作小组的职责是制定、修改、监督、实施及验证 HACCP 计划；负责对企业的 HACCP 进行培训；负责编制 HACCP 管理体系的各种文件等。

（3）HACCP 工作小组的成员必须经过以下内容的培训：GMP、SSOP、HACCP 工作原理，本企业的 HACCP 实施计划等，以确保 HACCP 小组成员具备建立食品安全保障体系的能力。

（4）HACCP 工作小组必须对所有员工进行 HACCP 基础知识和本岗位 HACCP 计划的培训，以确保所有员工能够理解和正确执行 HACCP 计划。

二、低温熟肉制品产品描述

肉制品的品种较多，可分为高温加热处理和低温加热处理两大类。低温加热处理的产品易出现食品安全问题，下面以低温火腿类制品中的三文治火腿、低温熏煮肠类制品中的烤肠为例。

表 8-8 为三文治火腿的产品描述结果。三文治火腿所用的原料主要有原料肉、水、辅料和食品添加剂。原料肉为猪肉，根据熟肉制品的蛋白质和脂肪的含量确定原料肉的用量。三文治火腿产品的蛋白质含量≥7%。水分是产品鲜嫩可口的重要条件，产品质量的档次不同，水的加入量也有所不同，西式火腿类产品的水分含量一般为 65%～75%。大豆蛋白粉有较好的吸水持水性，可以适量地补充产品的蛋白质含量。淀粉具有增稠赋形作用。添加食盐、白糖、味精和香辛料可增加产品的风味。产品中加入的食品添加剂——亚硝酸盐、复合磷酸盐分别起到发色、防腐和保持水分的作用。

表 8-8　火腿类熟肉制品产品描述

加工类别：低温熟加工；产品类型：低温类熟肉制品

1.产品名称	三文治火腿
2.主要配料	精猪肉、水、淀粉、植物蛋白、食盐、白砂糖、味精等
3.重要的产品特性	水活度值≤0.98
（水活度，pH 值，防腐剂……）	pH 值为 6.8～7.2
4.计划用途	销售对象无特殊规定
（主要消费对象、分销方法等）	批发、零售
5.食用方法	打开即食
6.包装类型	聚乙烯塑料包装
7.保质期	1～90 d
8.标签说明	需在 0～7 ℃的条件下贮存
9.销售地点	明确注明销售区域
10.特殊运输要求	要求 0～7 ℃冷藏运输

根据《食品安全国家标准　熟肉制品》（GB 2726—2016）确定的产品重要安全指标有亚硝酸盐、复合磷酸盐和苯并芘、铅、无机砷、镉、总汞。蛋白质含量和 pH 值为重要的质量指

食品安全与质量控制

标。火腿类熟肉制品适于广大消费者食用,食用方便,需在0～7 ℃的条件下运输、贮存和销售才能保证产品质量。

表 8-9 为烤肠的产品描述结果。根据《食品安全国家标准 熟肉制品》(GB 2726—2016)确定的产品重要安全指标有亚硝酸盐和山梨酸钾。

表 8-9 薰煮肠类熟肉制品产品描述

加工类别:低温熟加工;产品类型:低温类熟肉制品

1.产品名称	烤肠
2.主要配料	鸡肉、水、淀粉、植物蛋白、食盐、白砂糖、味精等
3.重要的产品特性	水活度值≤0.84
(水活度,pH 值,防腐剂……)	pH 值为6.8～7.2
4.计划用途	销售对象无特殊规定
(主要消费对象、分销方法等)	批发、零售
5.食用方法	打开即食
6.包装类型	透明塑料收缩包装
7.保质期	1～90 d
8.标签说明	需在0～7 ℃的条件下贮存
9.销售地点	明确注明销售区域
10.特殊运输要求	要求0～7 ℃冷藏运输

三、绘制与验证工艺流程图

(一)低温熟肉制品的工艺流程图

低温熟肉制品的工艺流程图参见图 8-6 和图 8-7。

1.加工类别:低温类熟肉制品

产品:三文治火腿。

2.加工类别:低温类熟肉制品

产品:烤肠。

(二)低温熟肉制品工艺流程说明

熟肉制品加工工艺环节较多,对每一个加工环节都应制定标准操作程序才能保证 HACCP 系统的有效实施。下面结合三文治火腿工艺流程图和烤肠工艺流程图介绍熟肉制品加工工艺规程。

(1)接收原料肉 原料肉生产厂应具有生产许可证、营业执照、国家定点屠宰证明(猪肉)。原料肉生产厂应提供原料肉的检疫证明、出厂检验合格证,应保证原料肉的标识符合《食品安全国家标准 预包装食品标签通则》(GB 7718—2011)的规定。从供应商处购买原料肉,还应索取供应商的生产许可证,供应商的原料肉来源必须稳定。对新的原料肉来源,应到养殖基地进行考察,确认养殖在良好的条件下进行,严格按有关规定使用兽药。原料肉的运输车应为冷藏车,清洁、无污染并提供车辆消毒证明。对每批原料肉依照原料验收标准验收合格后方可接收。

(2)接收辅料和食品添加剂 辅料和食品添加剂生产厂应具有生产许可证、营业执照。产品应具有出厂检验证明,保证符合相应的国家标准,无国标的产品应符合行业标准或企业

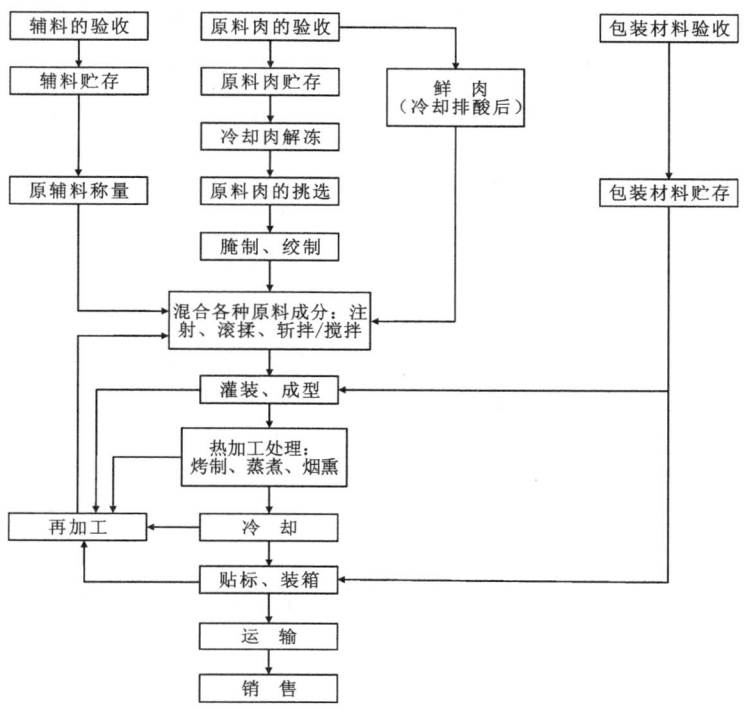

图 8-6 火腿类熟肉制品工艺流程图

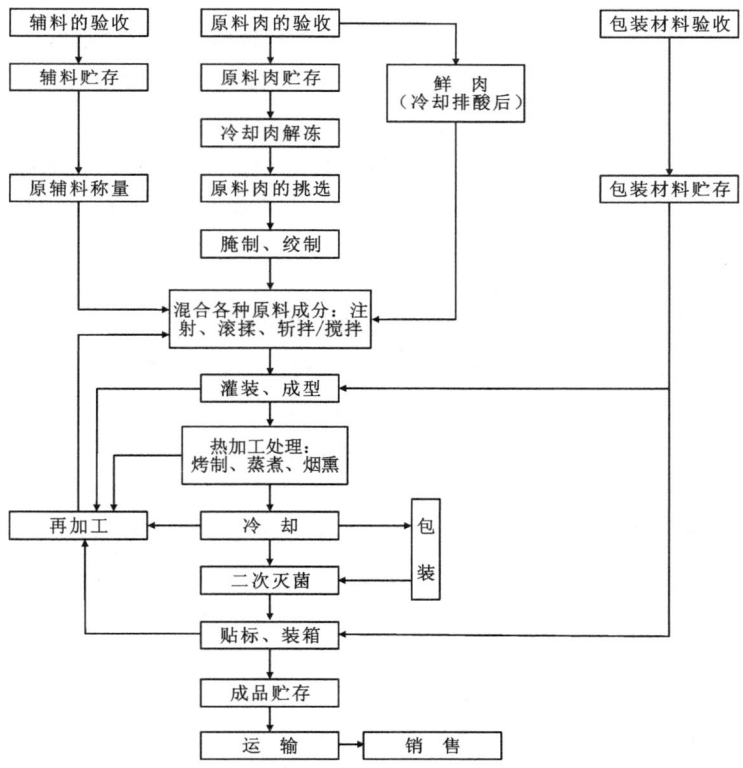

图 8-7 熏煮肠类熟肉制品工艺流程图

标准,并提供标准文本。产品的标识应符合《食品安全国家标准 预包装食品标签通则》(GB 7718—2011)的规定。香辛料应无霉变、无虫蛀、无杂物、气味正常。从供应商处购买辅料和食品添加剂,还应索取供应商的生产许可证。对每批辅料和食品添加剂依照验收标准验收合格后方可接收。

(3)接收包装材料 包装材料生产厂应具有生产许可证、营业执照。产品应具有出厂检验证明,保证符合相应的国家标准,无国标的产品应符合行业标准或企业标准,并提供标准文本。天然肠衣要求色白、质韧、无霉变、无砂眼等。从供应商处购买包装材料,还应索取供应商的卫生许可证。对每批包装材料依照包装材料验收标准验收合格后方可接收。

(4)贮存原料肉 原料肉一般为用透湿性小的包装材料包装的冷冻肉。经过冷冻的肉品放置在−18 ℃以下、轻微空气流动的冷藏间内。应保持库温的稳定,库温波动不超过 1 ℃。冻肉堆垛存放在清洁的垫木上,减少冻肉与空气的接触面积。

冷冻肉长期贮存后肉质会产生水分蒸发、脂肪氧化、色泽变化。冷冻肉的贮存期限取决于冷藏温度、湿度,肉类入库前的质量和肉的肥度。在−18 ℃以下,牛、羊肉的贮存期不超过 12 个月,猪肉的贮存期不超过 8 个月。

(5)贮存辅料和食品添加剂及包装材料 辅料和食品添加剂应贮存在常温、通风、干燥、洁净、无异味、无污染的专用库房中,有特殊要求的应放在符合要求的库房中贮存。不合格产品应单独存放。

包装材料应贮存在常温、通风、干燥、洁净、无异味、无污染的专用库房中。动物肠衣应贮存在有肠衣专用盐的密闭桶中,贮存温度为 0~20 ℃。

(6)称量和配制辅料 所使用的计量器具必须与称量辅料所要求的精度相符合,且经过计量器具检定。按配方称取各种辅料和食品添加剂,进行记录后分别置于容器中。对称量后的辅料和食品添加剂进行核对后配制。少量使用的食品添加剂和辅料用水溶解后配料使用。葱、姜等农作物清洗后使用。花椒、八角等香辛料装入清洁的纱布布包中,煮后的料水用于配料。

(7)原料肉解冻、分切 采取自然解冻,解冻室温度为 12~20 ℃,相对湿度为 50%~60%。为加速解冻过程,可将蒸汽导入解冻室,温度控制在 20~25 ℃,解冻时间为 10~15 h。应摊开解冻,以防堆叠造成解冻不均匀,使局部温度上升,微生物繁殖,使肉质腐败。原料肉解冻后不应有堆叠积压现象,应在 2 h 内用完。肉的切片大小应符合工艺要求。

(8)原料肉修整、挑选 去除异物,除去筋腱、筋膜、淋巴、骨骼、血管、淤血、干枯肉、毛发、碎骨等。应控制修整时间,修整后如果不立即使用,应及时转入 0~4 ℃的暂存间。

(9)腌制 把切好的一定规格的肉块与腌制剂混合均匀,放到 0~4 ℃的冷库进行腌制,肉温应不超过 7 ℃,腌制 18~24 h。在腌肉的上层加盖防护层(一般为不锈钢板或 100 目的纱网),控制氧化。如腌制时间过长,温度过高,会造成微生物繁殖增加,易使肉腐败。

(10)绞制 绞肉机的刀刃一定要锋利,且与绞板配合松紧适度,防止肉的温度上升。控制绞制前肉馅的温度,绞制后肉馅的温度不宜超过 10 ℃。绞肉机每 2 h 清洗一次,生产停产后、开工前彻底清洗。

(11)再加工 对于包装破损的产品,保证无污染、无异物,去除包装材料进行再加工。

(12)搅拌 这个阶段加入必备的香辛料,料水的温度低于 30 ℃。按工艺要求,搅拌均匀。搅拌时间、搅拌真空度应符合工艺要求。搅拌后出馅温度为 2~8 ℃。搅拌好后,放入专用容器中,并用每日都清洗过的专用布盖严上口,再运送至灌装处,期间防止异物掉入。

原料肉配比重量和辅料配比重量都应符合工艺要求。

（13）滚揉　用注射器吸入混合腌制液，按不同部位注入，然后充分揉搓。滚揉时间：参照有关计算公式；滚揉真空度：60.8～81.0 kPa；滚揉温度：产品控制在 2～4 ℃下滚揉；采取间歇滚揉工艺；滚揉速度：10～12 r/min；肉馅停留时间：≤3 h。

（14）灌装　灌装车间温度控制在 18～20 ℃。控制肉馅在灌装间停留的时间和肉馅温度。要用专用布将灌肠机的上口盖严，防止上口有异物落入。将肠衣皮在温水中充分洗净，并仔细检查肠衣皮上有无异物，灌装出的肠类制品尽快按规定间距放到架杆上，防止因产品堆积而压破肠衣皮，使肉馅溢出。一旦肉馅溢出，应及时将案上的肉馅清理干净，并仔细摘出肠衣皮、线头等异物，方可做回馅使用。严防刀片、剪刀等工具落入肉馅中。三文治火腿灌装后应立即装入定型的模具中，模具应符合食品用容器的卫生要求。烤肠灌装后立即结扎。

（15）热加工　按规定数量将三文治火腿装入热加工炉进行蒸煮，排放应整齐。按工艺要求控制产品蒸煮的温度、时间及产品的中心温度。

烤肠进行烤制加工时，首先用流动水对肠体进行冲洗，然后推入烤箱中进行烤制干燥，在烤制过程中要注意时间和温度控制。待烤至表面干爽后，迅速推入蒸煮炉中进行蒸煮，在蒸煮过程中要注意时间、温度、产品中心温度的控制，以免肠体爆裂。蒸煮成熟后进行烟熏，控制烟熏的时间，烟熏材料采用含树脂少的硬木。也可使用另一种工艺：用自动烟熏炉对产品进行烤制干燥，烟熏期间要注意时间、温度和产品中心温度的控制。

（16）冷却　将三文治火腿尽快装入冷却池中进行冷却。按工艺要求控制冷却水温度、冷却时间、产品中心温度。冷却后在 0～5 ℃的室温下脱模具。

将烤肠进行晾制冷却后装袋，真空包装。有专用晾制间的，按工艺要求控制晾制时间。按规格装袋、封口，真空度应符合要求。

（17）二次灭菌　烤肠装入包装袋后进行二次灭菌。按工艺要求控制灭菌温度和时间。

（18）冷却　灭菌后的烤肠应尽快装入冷却池中进行冷却。按工艺要求控制冷却水温度、冷却时间、产品中心温度。

（19）贴标、包装　控制包装车间温度低于 20 ℃。贴标签前除去肠体上的污物。去污的用具定期清洗消毒。产品感官应符合要求，标示内容应符合相应的规定。

（20）成品贮存　产品按先后顺序入库、出库，产品码放高度低于 1 m，离地、隔墙存放，0～7 ℃条件下贮存。

（21）运输、销售　装货前车厢清洗、消毒，车厢内无不相关物品存在，0～7 ℃冷藏运输和销售。

四、熟肉制品危害分析

根据文献报道和对企业的现场调查发现，熟肉制品中可能存在生物性、化学性和物理性危害。

（一）产品特性的危害分析

肉制品营养成分丰富，含水量较高，采用天然肠衣的产品透气性较强，这些因素皆适合微生物的生长繁殖。熟肉制品的主要卫生问题为微生物超标。另有一些调查表明，肉制品中存在较为严重的亚硝酸盐超标情况。

消费肉制品的人群非常广泛，儿童、老年人等经常食用这类产品，这些消费者的抵抗力相对较弱，如果食入微生物和亚硝酸盐含量超标的产品，更容易导致食源性疾病。

根据对产品特性的分析,可以把熟肉制品检测的重点放在微生物指标和亚硝酸盐指标上。

(二)原辅料的危害分析

以火腿类熟肉制品为例,其原辅料的危害分析见表 8-10。

表 8-10　火腿类熟肉制品原料和辅料危害分析表

加工步骤	食品安全危害	危害显著（是/否）	判断依据	预防措施	是否为关键控制点
接收原料肉	1.生物性:病原菌——肠道致病菌和致病性球菌; 2.寄生虫——旋毛虫、弓形虫、猪囊虫等	是	1.文献报道; 2.工厂检查记录	1.现场考察后选择产品质量稳定的供应商; 2.向供应商索取每批原料的检疫合格证、运输车辆消毒证、卫生许可证、检验合格证明; 3.后工序热处理工艺杀灭病原菌和寄生虫	是
	化学性:兽药、农药、激素、重金属残留;挥发性盐基氮超标	是	1.文献报道; 2.食品中污染物限量、农药残留量标准(GB 2762、GB 25193、GB 28260); 3.工厂检查记录	1.选择供应无公害原料肉的供应商; 2.索取每批原料的检验合格证	否
	物理性:异物——金属、猪碎骨等	是	工厂检查记录	1.后工序金属探测可消除金属危害; 2.原料肉解冻后自检可消除异物	否
接收辅料、食品添加剂	生物性: 1.调味料、蒜泥、生姜可能带霉菌、致病菌; 2.蛋白粉微生物指标超标	是	1.文献报道; 2.工厂检查记录	1.选择质量稳定的供应商; 2.向供应商索取定性产品的检验合格证明; 3.后工序热处理工艺杀灭致病菌	否
	化学性: 1.发酵调味中可能有黄曲霉毒素; 2.食品添加剂不符合规定用途; 3.食品添加剂不符合卫生质量要求	是	1.文献报道; 2.卫生监督检查记录	1.向供应商索取调味料检验合格证、食品添加剂卫生许可证和检验合格证; 2.严格按 GB 2760 标准使用添加剂	是
	物理性:异物——沙子、小石子等	是	1.工厂检查记录; 2.卫生监督检查记录	1.使用前过滤或过筛; 2.香辛料用多道细小网布包裹后下锅; 3.姜、蒜等辅料清洗后使用; 4.严格按照企业辅料采购标准进行采购	否

续表 8-10

加工步骤	食品安全危害	危害显著（是/否）	判断依据	预防措施	是否为关键控制点
接收包装材料	生物性:动物肠衣可能带有致病菌	是	文献报道	后工序热处理工艺杀灭致病菌	否
	化学性: 1.包装材料中含有害化学物质; 2.合成肠衣工艺性能不符合要求,影响产品保存; 3.过白棉线中可能含漂白剂	是	1.包装材料国家标准; 2.工厂检查记录	1.现场考察后选择产品质量稳定的包装材料生产厂; 2.索取检验合格证; 3.控制合成肠衣的透氧性和透湿性	否
	物理性:	否			
贮存原料肉	生物性:病原菌	是	如果温度不能保持处于或低于一个能够有效阻止病原菌生长的水平,病原菌可能在产品中繁殖	1.贮存温度≤-18 ℃; 2.贮存期不超过12个月; 3.后工序热处理工艺杀灭病原菌	否
	化学性:	否			
	物理性:	否			
贮存辅料和食品添加剂	生物性:病原菌	是	病原菌繁殖	1.适宜的贮存条件; 2.后工序热处理工艺杀灭病原菌	否
	化学性:	否			
	物理性:	否			
贮存包装材料	生物性:动物肠衣带有病原菌	是	病原菌繁殖	1.贮存在专用盐的密闭容器; 2.贮存温度≤20 ℃; 3.后工序热处理工艺杀灭病原菌	否
	化学性:	否			
	物理性:	否			

(三)生产过程至销售环节危害分析

以火腿类熟肉制品为例,其生产过程至销售环节的危害分析见表8-11。

表 8-11 火腿类熟肉制品生产过程至销售环节危害分析表

加工步骤	食品安全危害	危害显著（是/否）	判断依据	预防措施	是否为关键控制点
称量和配制辅料	生物性：	否			否
	化学性:食品添加剂超出限量	是	产品检验记录	1.称量仪器定期检查； 2.仔细核对称量结果并记录； 3.食品添加剂重复称量一次	是
	物理性：	否			
解冻冷冻肉	生物性:病原菌	是	解冻过程可能导致病原菌繁殖	1.控制解冻间温度≤15 ℃； 2.控制解冻后存放温度和时间； 3.后工序热处理工艺杀灭病原菌	否
	化学性:清洗剂等污染产品	是	解冻池或解冻架用清洗剂清洗,可能残留	1.使用食品工业用洗涤消毒剂； 2.洗涤消毒后用水彻底冲洗	否
	物理性：	否			
原料肉挑选	生物性:病原菌	是	原料肉滞留时间过长,导致病菌繁殖	1.加工时间符合工艺要求； 2.后工序热处理工艺杀灭病原菌	否
	化学性：	否			
	物理性：	否			
绞制、搅拌	生物性:病原菌	是	病原菌繁殖	1.加工时间符合工艺要求； 2.防止肉温上升； 3.绞制前、后的肉馅温度符合工艺要求； 4.后工序热处理工艺杀灭致病菌	否
	化学性： 1.食品添加剂超标； 2.润滑油和清洗剂残留	是	1.搅拌不均时,局部食品添加剂超标； 2.检查显示机械润滑油和清洗剂可能残留在设备中	1.配料先化成料水,混合均匀后再与原料肉搅拌均匀； 2.搅拌时间和(或)真空度符合工艺要求； 3.用食品工业用润滑油； 4.用食品工业用洗涤消毒剂； 5.消毒后用水彻底冲洗	否
	物理性:异物——设备锈蚀、设备维修可能带入杂物	是	在生产过程中可能发生	1.设备维修后严格检查； 2.停产后、开工前彻底清洗设备	否

加工步骤	食品安全危害	危害显著（是/否）	判断依据	预防措施	是否为关键控制点
滚揉	生物性:病原菌	是	病原菌繁殖	1.控制滚揉速度； 2.控制肉馅温度； 3.控制滚揉时间； 4.真空度符合工艺要求； 5.后工序热处理工艺杀灭致病菌	否
	化学性:润滑油和清洗剂残留	是	工厂检查显示机械润滑油和清洗剂可能残留在设备中	1.用食品工业用润滑油； 2.用食品工业用洗涤消毒剂； 3.消毒后用水彻底冲洗	否
	物理性:异物——设备锈蚀、设备维修可能带入杂物	是	在生产过程中可能发生	1.设备维修后严格检查； 2.停产后、开工前彻底清洗设备	否
灌装成型	生物性:病原菌	是	灌装后积压时病原菌繁殖	1.控制灌装室温度； 2.肠衣结扎严密； 3.控制灌装后存放时间； 4.后工序热处理工艺杀灭致病菌	否
	化学性:润滑油和清洗剂残留	是	润滑油和清洗剂可能残留在设备中	1.用食品工业用润滑油； 2.用食品工业用洗涤消毒剂； 3.消毒后用水彻底冲洗	否
	物理性:异物——设备锈蚀、设备维修可能带入杂物	是	在生产过程中可能发生	1.设备维修后严格检查； 2.停产后、开工前彻底清洗设备	否
热处理加工	生物性:病原菌	是	1.加热处理的失败使病原菌可能存活和（或）生长； 2.产品检验结果记录	严格执行杀菌工艺要求	是
	化学性:	否			
	物理性:	否			
冷却	生物性:病原菌	是	细菌繁殖	1.有专用冷却间； 2.冷却时间、冷却水温度符合工艺要求； 3.冷却后产品的中心温度符合工艺要求； 4.冷却水池(库)定期清洗消毒	是
	化学性:	否			
	物理性:	否			

续表 8-11

加工步骤	食品安全危害	危害显著（是/否）	判断依据	预防措施	是否为关键控制点
贴标、装箱	生物性：	否			
	化学性：	否			
	物理性：异物，金属污染，表面杂质	是	在加工过程中可能发生金属污染	1.贴标前用金属检测器检测；2.感官检查合格	是
产品再加工	生物性：病原菌	是	杀菌不彻底，病原菌可能存活（或生长）	从各个工序返回的产品都要返回到混合各种原料这一工序，在后工序热处理工艺杀灭病原菌	否
	化学性：	否			
	物理性：	否			
成品贮存	生物性：病原菌	是	病原菌在适宜条件下繁殖	1.库房温度保持在 0~7 ℃；2.适宜的贮存时间	否
	化学性：	否			
	物理性：	否			
运输	生物性：病原菌	是	病原菌在适宜条件下繁殖	1.在 0~7 ℃的条件下贮存；2.严格掌握运输时间	否
	化学性：	否			
	物理性：	否			
销售	生物性：病原菌	是	病原菌在适宜条件下繁殖	在 0~7 ℃的条件下贮存	否
	化学性：	否			
	物理性：	否			

五、低温熟肉制品的 HACCP 计划

在确定火腿类和熏煮肠类熟肉制品的关键控制点后，再制定低温熟肉制品的 HACCP 计划（见表 8-12）。应根据企业的工艺参数和分析确定的控制措施对每一个关键控制点确定关键限值，确定量化的要求或可测量的指标，表示关键控制点是否受控。例如对原料肉验收这一点的关键限值为由供应商提供检疫证明、卫生许可证、检验合格证明书，企业定期进行感官、水分、菌落总数的检测。HACCP 计划对每一关键控制点建立监控程序，包括监测内容、监测方法、监测频率、监测人员。如对原料肉验收这一点的监控程序由材料验收员对每批货物进行验收检查，填写原料肉验收记录，检验室定期出具感官、水分、菌落总数的检验报告。HACCP 计划建立纠偏措施，对每一关键控制点可能发生的偏差均制定了纠偏措施，例如对未能提供有效证明的原料进行隔离、退货。再次发现该供货原料未能提供有效证明，将取消其供货商资格。HACCP 计划建立 HACCP 文件和记录保持系统，对每一关键控制

点进行的监控和纠偏均制定记录表（见附录一）。HACCP 计划对关键控制点制定了验证程序，包括质量管理等部门对关键控制点的监控和纠偏进行检查或审查，以确保 HACCP 计划能有效进行。

表 8-12　低温熟肉制品 HACCP 计划表

关键控制点（CCP）		显著危害	关键限值	监控程序				纠偏措施	验证程序	HACCP 记录
				内容	方法	频率	人员			
原料肉验收		生物性、化学性	供应商提供原料肉合格证明，原料肉验收合格	肉检疫证明、卫生许可证、肉合格证、感官、水分、菌落总数验收合格	证件检查、感官检查、水分分析、菌落总数计数	每批	材料验收员、检验员	对没有三项合格证的原料，及时通知责任人对此原料进行隔离；填写"纠偏措施记录"，报采购部和质管部签批后退货处理；如再次发现该供货商原料未能提供有效证明，将取消其供货商资格；对检测不合格的原料，填写"纠偏措施记录"，报质管部签批后退货处理	质管部每月审查供应商提供的合格证明一次；质管部每月审查检验报告一次；对纠偏处理的产品进行处理结果检查	原料肉接收记录；合格证明；检验室检测报告；纠偏措施记录
辅料验收	食品添加剂	化学性	供应商提供合格证明	卫生许可证、检验合格证、符合 GB 2760	检查证件	每批	材料验收员	对没有合格证的产品，填写"纠偏措施记录"，报采购部和质管部，在规定时间内供应商不能提供合格证明的，进行退货处理	质管部每季度审查供应商提供的合格证明一次；对纠偏处理的产品进行处理结果检查	食品添加剂验收记录；合格证明；纠偏措施记录
	调味料	化学性	供应商提供合格证明	卫生许可证、检验合格证	检查证件	每批	材料验收员	对没有合格证的产品，填写"纠偏措施记录"，报采购部和质管部，在规定时间内供应商不能提供合格证明的，进行退货处理	质管部每季度审查供应商提供的合格证明一次；对纠偏处理的产品进行处理结果检查	辅料验收记录；合格证明；纠偏措施记录
食品添加剂称量		化学性	符合食品添加剂使用卫生标准（GB 2760）	食品添加剂使用量	称量后复称	每次投料时（称量用具每天校对1次）	操作工	复称发现与初重不符时，自动作废；不准使用不合格的称量用具	配料组长每日检查称量记录；质管部每周抽查一次称量记录；检验室按企业标准抽检成品亚硝酸盐含量	称量记录；称量器具校正记录；纠偏措施记录

续表 8-12

关键控制点（CCP）	显著危害	关键限值	监控程序				纠偏措施	验证程序	HACCP记录
			内容	方法	频率	人员			
热处理加工 蒸煮烤制	生物性	热处理时间、温度，产品中心温度	热处理杀菌温度、恒温时间、产品中心温度	时间记录、温度记录，加工结束时立即抽取3个以上的样品，监测产品中心温度	每批产品	操作工	升温、杀菌温度、恒温时间达不到要求时，操作人员按操作规程调整加工工艺；按操作规程调整加工工艺仍不合格者，填写"纠偏措施记录"，报质管部和生产部，质管部和生产部对不合格品提出进行再加工或废弃的处理意见；设备维修部进行检查维修；质管部应找出造成偏差的原因并避免再次发生	质管部考核每班操作人员执行监测活动的情况；质管部每周检查用于监测和验证的温度计的准确性；对纠偏处理的产品进行处理结果检查	热加工记录；温度计校正记录；纠偏措施记录
二次灭菌	生物性	灭菌时间、温度	灭菌炉杀菌温度、恒温时间、产品中心温度	时间记录、温度自动记录，加工结束时立即抽取3个以上的样品，监测产品中心温度	每批产品	操作工	杀菌温度、时间达不到要求时，操作人员按操作规定调整加工工艺；按操作规程调整加工工艺仍不合格者，填写"纠偏措施记录"，报质管部和生产部，质管部和生产部对不合格品提出进行再加工或废弃的处理意见；设备维修部进行检查维修；质管部应找出造成偏差的原因并避免再次发生	质管部每天考核操作人员执行监测活动的情况；质管部每周检查用于监测和验证的温度计的准确性；对纠偏处理的产品进行处理结果检查	二次灭菌记录；温度计校正记录；纠偏措施记录
冷却	生物性	冷却时间、温度，产品中心温度	冷却时间、冷却温度、冷却后产品中心温度	时间记录、温度记录，冷却结束时立即抽取3个或以上的样品，监测产品中心温度	每批产品	操作工	冷却水温度、产品中心温度高于控制温度时，按操作规程调整加工工艺；按操作规程调整加工工艺仍不合格者，填写"纠偏措施记录"，报设备维修部，及时检查，排除故障；质管部应找出造成偏差的原因并避免再次发生	质管部每天考核操作人员执行监测活动的情况；质管部每周检查用于监测和验证的温度计的准确性；对纠偏处理的产品进行处理结果检查	冷却记录；温度计校正记录；纠偏措施记录

续表 8-12

| 关键控制点（CCP） | 显著危害 | 关键限值 | 监控程序 | | | | 纠偏措施 | 验证程序 | HACCP记录 |
			内容	方法	频率	人员			
贴标、包装	物理性	金属异物和异物大小	金属异物	金属探测仪探测	每个产品	操作工	当金属探测仪检出产品中有金属异物时，立即再次用金属探测仪对此产品进行再检验确认；当产品中的金属确认后，填写"纠偏措施记录"报质管部，该产品废弃；当金属探测仪出现异常时，立即停机并报设备维修部门对金属探测仪进行维修或调整，金属探测仪正常运转后方可投入使用；对事故发生过程中所测的产品，应再次检查	每班生产开始时，操作员用标准检测条检测仪器，确认仪器的检测精度；质管部每班检查金属探测仪一次，并记录；每年对金属探测仪检定一次	金属检测记录；纠偏措施记录

本章小结

危害分析与关键控制点（HACCP）体系，是对可能发生在食品生产过程中的食品安全危害进行识别、评估，进而采取控制的一种预防性食品安全控制方法，是国际公认的现代食品安全控制方式。

HACCP体系具有针对性和预防性、缺陷最小化、指向性、动态性、有效性、广泛性、经济性和实用性、可信性等特点。实施HACCP体系，对保障食品安全、促进食品产业健康持续发展具有广泛而深远的意义。HACCP体系适用于食品链内的各类组织。

HACCP体系由7个原理组成，即进行危害分析、确定关键控制点、建立关键限值、建立关键控制点的监控程序、建立纠偏措施、建立验证程序、建立文件和记录的保持系统。

食品生产企业建立HACCP体系一般要经历准备阶段、建立实施阶段和回顾与总结阶段。其中，准备阶段包括管理承诺及制订前提计划两个步骤；建立实施阶段由5个预备步骤（组建HACCP小组、产品描述、确定产品的预期用途、制定流程图、现场确认流程图）和HACCP 7个基本原理的应用共12个基础步骤组成。

从传统意义上看，GMP、SSOP是制定和实施HACCP计划的基础和前提条件。从现代意义上看，HACCP是执行GMP法规的关键和核心，SSOP和其他前提计划是建立和实施HACCP计划的基础；实施SSOP等前提计划和HACCP计划是GMP法规的基本要求。

复习思考题

一、名词解释

HACCP体系　危害分析　关键控制点　关键限值　操作限值　纠偏措施　验证

二、简答题

1. HACCP 体系有何特点？实施 HACCP 体系有何意义？
2. 简述 HACCP 体系的七大原理。
3. 实施 HACCP 体系的前提计划有哪些？
4. 阐述 HACCP 体系应控制的危害及控制措施。
5. 如何判定关键控制点和确定关键限值？
6. 论述 HACCP、GMP、SSOP 三者之间的关系。
7. 制订一份 HACCP 计划包括哪些步骤？

实验与实训

实训一　CCP 判断树的使用

一、实训目的

通过实训教学,使学生能够熟练地运用 CCP 判断树进行 CCP 的确定。

二、实训原理

CCP 判断树是 CAC(国际法典委员会)向全世界推荐的判断 CCP 的工具,目前在国际上受到了普遍的认可和广泛的使用。其核心是针对在某个工序的危害评价中得到的显著危害按照 CCP 判断树进行四个问题的回答,从而判定该工序是否为 CCP。

三、实训步骤

1. 复习 CCP 判断树的逻辑关系、判断原理及使用时的注意事项。
2. 指导学生对某一食品的工艺流程图利用 CCP 判断树进行 CCP 的判定。
3. 将判定结果填入表 8-13。

表 8-13　判定结果

工序	危害	问题 1	问题 2	问题 3	问题 4	是否为 CCP

4. 将学生分组,在课堂上让学生对自己运用 CCP 判断树判断的结果进行交流,交流过程中,其他学生可以质疑。
5. 教师对学生的判断结果进行点评。

四、实训效果考核(表 8-14)

表 8-14　实训效果考核表

学生姓名	分析的准确性(30 分)	交流时的逻辑性(30 分)	回答质疑的准确性(30 分)	其他(10 分)

实训二　关键限值的选择

一、实训目的

通过该实训,使学生学会科学、准确地选择关键限值,深刻体会关键限值的正确选择对食品安全控制的重要性。

二、实训原理

关键限值是衡量食品安全与否的重要参数,关键限值的选择必须具备科学性与可操作性。每一个CCP往往可选择多个关键限值,但最科学、最具可操作性的关键限值往往只有一个,因此关键限值的准确选择是保证食品安全的关键。

三、实训步骤

1.复习关键限值应具备的条件和物理、化学、微生物指标控制的危害及使用条件。

2.以通过油炸方式控制肉饼中的致病菌为案例,有3种关键限值可供选择。请对这3种关键限值加以评价,并选出最优关键限值。

案例:油炸肉饼。

危害因素:肉饼中的致病菌(生物性危害)。

CCP:油炸。

关键限值选择1——监控致病菌,关键限值为:不得检出致病菌;

关键限值选择2——监控内部温度/时间,关键限值为:最低中心温度66 ℃/1 min;

关键限值选择3——监控影响杀菌的因素,关键限值为:油温不低于177 ℃,肉饼厚度不超过0.6 cm,油炸时间不少于1 min。

四、实训效果考核(表8-15)

表8-15　实训效果考核表

学生姓名	理论知识的熟练程度(20分)	关键限值选择的准确性(35分)	评价的科学性和全面性(25分)	交流质疑的逻辑性(20分)

实训三　危害分析工作单的填写

一、实训目的

科学、准确地填写危害分析工作单,反映危害分析的过程和结果的完善程度,是制订HACCP计划及实施后续原理的重要依据。通过本次实训,可使学生了解危害分析单的填写技巧、可能遇到的问题及处理的方法。

二、实训原理

美国FDA推荐的危害分析工作单是一份较为适用的危害分析记录表格,通过填写这份工作单能顺利地进行危害分析,对显著危害提供预防措施,确定CCP。

三、实训步骤

1.复习显著危害的定义及判断的依据、危害分析的注意事项、建立预防措施的方法及危害分析表的填写技巧。

2.选择学生熟悉的某一食品的生产工艺流程图,口头描述生产工艺,包括使用设备、管理项目及基准值、有关加工工艺要求等。

3.填写危害分析工作单(格式见表8-2)。

4.对填写结果进行交流、点评。

四、实训效果考核(表8-16)

表 8-16　实训效果考核表

学生姓名	理论知识的熟练程度(10分)	危害分析的全面性(20分)	显著危害判断的准确性(20分)	危害控制措施的有效性(20分)	CCP判断的准确性(30分)

实训四　HACCP 计划表的填写

一、实训目的

通过本实训,使学生将HACCP相关原理转化为实践,并切实把握原理的内涵,科学、准确地填写具有可操作性的HACCP计划表。

二、实训原理

HACCP计划表的填写是在危害分析和确定关键控制点的基础上,进一步确定关键限值、监控措施、纠偏措施,确定应保存的记录和验证程序等HACCP原理的集中体现形式。HACCP计划表是指导HACCP计划切实实施的直接依据。

三、实训步骤

1.复习HACCP的相关原理:确定关键限值、确定监控措施、确定纠偏措施、确定应保存的记录和验证程序,并在此基础上针对"实训三"危害分析工作单的结果,利用CCP树判断出CCP,将判断出来的CCP的控制方法填入HACCP计划表。HACCP计划表的格式参见表8-4。

2.对填写结果进行交流、点评。

四、实训效果考核(表8-17)

表 8-17　实训效果考核表

学生姓名	理论知识的熟练程度(20分)	关键限值选择的准确性(20分)	监控的科学性和有效性(20分)	纠偏措施的可操作性(20分)	交流质疑的逻辑性(20分)

第九章　ISO 22000 食品安全管理体系

知识目标
1. 了解ISO 22000系列标准的起源、实施意义及与HACCP的关系。
2. 掌握ISO 22000的应用范围、核心内容及实施步骤。

技能目标
1. 能够针对具体的食品安全危害选择合适的控制措施。
2. 能够为某一食品企业编制食品安全管理体系文件。

思政目标
与其他产品不同，食品必须加强从农田到餐桌全过程的质量控制，其管理过程在时间和空间上具有广泛性、管理对象具有复杂性，通过讲解使学生明确从农田到餐桌的质量安全管理流程长、环节多，因此要实现全程监管，需要企业及相关方共同治理，强调诚信体系建设的重要性，培养学生诚实守信意识。

第一节　ISO 22000 食品安全管理体系概述

一、ISO 22000 系列标准的产生与发展

随着经济全球化的发展、社会文明程度的提高，人们越来越关注食品的安全问题，要求生产、操作和供应食品的组织证明自己有能力控制食品安全危害和那些影响食品安全的因素。顾客的期望、社会的责任，使食品生产、操作和供应的组织逐渐认识到，应当有标准来指导操作、保障、评价食品安全管理，这种对标准的呼唤，促使了 ISO 22000:2005 食品安全管理体系标准的产生。

2018 年 6 月 18 日，国际化标准组织发布新版 ISO 22000:2018，获得认证的组织须在 2021 年 6 月 19 日前过渡到 2018 年版标准。在此日期之后，2005 年版将被撤销。

ISO 22000:2018 旨在保证整个食品链不存在薄弱环节，从而确保食品供应的安全。它既是描述食品安全管理体系要求的使用指导标准，又是可供食品生产、操作和供应的组织认证和注册的依据。

ISO 22000:2018 表达了食品安全管理中的共性要求，而不是针对食品链中任何一类组织的特定要求。该标准适用于在食品链中所有希望建立食品安全体系的组织，无论其规模、类型和其所提供的产品。它适用于农产品生产厂商、动物饲料生产厂商、食品生产厂商、批发商和零售商。它也适用于与食品有关的设备供应厂商、物流供应商、包装材料供应厂商、农业化学品和食品添加剂供应厂商、涉及食品的服务供应商和餐厅。

ISO 22000:2018 采用了 HLS(High Level System)高级结构,与 ISO 9001:2015 框架保持一致,能够更好地融合;将 HACCP(Hazard Analysis and Critical Control Point,危害分析和关键控制点)原理作为方法应用于整个体系;明确了以危害分析作为安全食品实现策划的核心,并将国际食品法典委员会(CAC)所制定的预备步骤中的产品特性、预期用途、流程图、加工步骤与控制措施和沟通作为危害分析及其更新的输入;同时将 HACCP 计划及其前提条件、前提方案动态、均衡地结合。此标准可以与其他管理标准相整合,如质量管理体系标准和环境管理体系标准等。

ISO 22000:2018 是按照 ISO 9001:2015 的框架构筑的,同时也覆盖了 CAC 关于 HACCP 的全部要求,并为"先决条件"概念制定了"支持性安全措施"(SSM)的定义。ISO 22000:2018 将 SSM 定义为"特定的控制措施",而不是影响食品安全的"关键控制措施",它通过防止、消除和减少危害产生的可能性来达到控制目的。依据企业类型和食品链的阶段不同,SSM 可被以下活动所替代,如良好操作规范(GMP)、先决方案、良好农业规范(GAP)、良好卫生规范(GHP)、良好分销规范(GDP)和良好兽医规范(GVP)。ISO 22000:2005 要求食品企业建立、保持、监视和审核 SSM 的有效性。

二、ISO 22000 族标准与 HACCP 的异同

HACCP 作为一种系统化的方法,是现代世界确保食品安全的基础,其作用是防止食品生产过程(包括制造、储运和销售)中有害物质的产生。HACCP 不是依赖对最终产品的检测来确保食品安全的,而是将食品安全建立在对加工过程的控制上,以防止食品产品中的可知危害出现或将其降低到一个可接受的程度。

ISO 22000 族标准是一个适用于整个食品链工业的食品安全管理体系框架。它将食品安全管理体系从侧重对 HACCP 七项原理、GMP、SSOP 等技术方面的要求,扩展到整个食品链,并作为一个体系对食品安全进行管理,增加了运用的灵活性。同时,ISO 22000 族标准的条款编排形式与 ISO 9001:2015 一样,它可以与企业其他管理体系(如质量管理体系和环境管理体系)相结合,更有助于企业建立整合的管理体系。ISO 22000 族标准和 HACCP 都是一种风险管理工具,能使实施者合理地识别将要发生的危害,并制订一套全面、有效的计划来防止和控制危害的发生。HACCP 与 ISO 22000 的内容对比见表 9-1。

ISO 22000 族标准和 HACCP 的共同之处为:方针;规划;实施和操作;绩效评估;改进;管理评审。

HACCP 本质上是一种预防食品安全危害的体系,它源于企业内部对某一产品安全性的控制体系,以生产全过程的监控为主;而 ISO 22000 适用于整个食品链工业的食品安全管理,对预防行为方案没有要求,且 ISO 22000 对 HACCP 从几个方面予以了强化,不仅包含了 HACCP 的全部内容,并且融入企业的整个管理活动中,体系完整,逻辑性强,属食品企业安全保证体系。ISO 22000 是为食物链上的任何组织设计的,生产商、供应商、加工商、分销商、零售商和食品服务的组织都可以使用。

与 HACCP 相比,ISO 22000 有以下不同:

(1)标准适用范围更广　突出了体系管理理念,将组织、资源、过程和程序融合到体系之中,使体系结构与 ISO 9001 结构完全一致。ISO 22000 的适用范围为食品链中所有原有的类型的组织,比 HACCP 范围要广。

表 9-1　HACCP 与 ISO 22000 的对比

HACCP 实施步骤	ISO 22000
组建 HACCP 小组	7.3.2 食品安全小组
产品描述	7.3.3 产品特性
	7.3.5.2 过程步骤和控制措施的描述
识别产品的预期用途	7.3.4 预期用途
制定流程图,现场确认流程图	7.3.5.1 流程图
列出所有可能的危害	7.4 危害分析
进行危害分析	7.4.2 危害识别和可接受水平的确定
	7.4.3 危害评价
考虑控制措施	7.4.4 控制措施的选择和评价
确定关键控制点	7.6.2 关键控制点(CCP)的确定
对每个 CCP 确定关键限值	7.6.3 关键控制点的关键限值的确定
对每个关键控制点建立监控系统	7.6.4 关键控制点的监视系统
建立纠偏措施	7.6.5 监视结果超出关键限值时采取的措施
建立验证程序	7.8 验证的策划
	8.2 控制措施组合的确认
建立文件和记录的保持系统	4.2 文件要求
	7.7 预备信息的更新、描述前提方案和 HACCP 计划的文件的更新

(2)强调了沟通的作用　沟通是食品安全管理体系的重要原则。顾客要求、食品监督管理机构要求、法律法规要求以及一些新的危害产生的信息,需通过外部沟通,以获得充分的食品安全相关信息。通过内部沟通可以获得体系是否需要更新和改进的信息。

(3)体现了对遵守食品法律法规的要求　ISO 22000 不仅在引言中指出"本标准要求组织通过食品安全管理体系以满足与食品安全相关的法律法规要求",而且标准多个条款都要求与食品法律法规相结合,充分体现遵守法律法规是建立食品安全管理体系的前提之一。

(4)提出了前提方案、操作性前提方案和 HACCP 计划的重要性　前提方案是整个食品供应链中为保持卫生环境所必需的基本条件和活动,它等同于食品企业良好操作规范。操作性前提方案是为减少食品安全危害在产品或产品加工环境中引入、污染或扩散的可能性,通过危害分析确定的基本前提方案。HACCP 也是通过危害分析确定的,只不过它是运用关键控制点通过关键限值来控制危害的控制措施。两者的区别在于控制方式、方法或控制的侧重点不同,但目的都是防止、消除食品安全危害或将食品安全危害降低到可接受水平。

(5)强调了"确认"和"验证"的重要性　"确认"是获取证据以证实由 HACCP 计划和操作性前提方案安排的控制措施有效。ISO 22000 在多处明示和隐含了"确认"要求或理念。"验证"是通过提供客观证据对规定要求已得到满足的认定,目的是证实体系和控制措施的有效性。ISO 22000 要求对前提方案、操作性前提方案、HACCP 计划及控制措施组合、潜在不安全产品处置、应急准备和响应、撤回等都要进行验证。

(6)增加了"应急准备和响应"规定　ISO 22000 要求最高管理者应关注有关影响食品安全的潜在紧急情况和事故,要求组织识别潜在事故(件)和紧急情况,策划应急准备和响应措施,并保证实施这些措施所需要的资源和程序。

(7)建立可追溯性系统和对不安全产品实施撤回机制　ISO 22000 提出了对不安全产品采取撤回措施的要求,充分体现了现代食品安全的管理理念。要求组织建立从原料供方到直接分销商的可追溯性系统,确保交付后的不安全终产品,利用可追溯性系统,能够及时、完全地撤回,尽可能降低和消除不安全产品对消费者的伤害。

综上所述,ISO 22000 认证具有实用性广、一致性高的优点,同时也有专业性低、针对性差的缺陷(相对于食品行业,和现有的各类 HACCP 认证相比较)。在我国目前的市场状况下,政府推行 ISO 22000 认证时,应审慎地处理与 HACCP 认证的关系;制定政策时,要注意与现实状况的衔接与配合,从而从制度上保证 ISO 22000 认证的顺利开展。

三、实施 ISO 22000 食品安全管理体系认证的意义

ISO 22000 标准是一个自愿性的标准,但由于该标准是对各国现行的食品安全管理标准和法规的整合,是一个统一的国际标准,因此,该标准被越来越多的政府和食品供应链上的企业所接受和采用。

从目前情况看,企业采用 ISO 22000 标准可以获得如下诸多好处:(1)与贸易伙伴进行有组织的、有针对性的沟通;(2)在组织内部及食品链中实现资源利用最优化;(3)改善文献资源管理;(4)加强计划性,减少过程后的检验;(5)更加有效和动态地进行食品安全风险控制;(6)所有的控制措施都将进行风险分析;(7)对前提方案进行系统化管理;(8)由于关注最终结果,该标准适用范围广泛;(9)可以作为决策的有效依据;(10)聚焦于对必要问题的控制。

四、ISO 22000 标准的目的和范围

(一)标准的目的

(1)组织实施 ISO 22000 标准后,能够确保在按照产品的预期用途食用时对消费者来说是安全的。

(2)通过与顾客的沟通,识别并评价顾客要求的食品安全的内容以及它的合理合法性,并能与组织的经营目标相统一,从而证实组织就食品安全要求与顾客达成了一致。

(3)组织应建立有效的沟通渠道,识别食品链中需沟通的对象和适宜的沟通内容,并将其中的要求纳入到组织的食品安全管理活动中。

(4)组织应建立获取与食品安全有关的法律法规的渠道,获取适宜的法律法规,并将其中的要求纳入到组织的食品安全管理活动中。

(5)组织应识别相关方的要求,将其要求作为食品安全管理体系策划和更新的输入。

(二)标准的范围

ISO 22000 标准的所有要求都是通用的,无论组织的规模、类型,还是直接介入食品链的一个或多个环节或间接介入食品链的组织,只要其期望建立食品安全管理体系,就可采用此标准准则。这些组织包括:饲料加工者,种植者,辅料生产者,食品生产者,零售商,食品服务商,配餐服务商,提供清洁、运输、贮存和分销服务的组织及间接介入食品链的组织,如设备、清洁剂、包装材料及其他食品接触材料的供应商。

五、ISO 22000 标准的用途和特点

(一)ISO 22000 标准的用途

1. ISO 22000 标准用作食品安全管理体系的建立和第一方审核

任何类型的组织都可按照 ISO 22000 的要求建立食品安全管理体系。组织建立的食品安全管理体系可以 ISO 22000 作为内部审核准则,对体系的符合性和有效性进行评价。

2. ISO 22000 标准用作第二方食品安全管理体系审核

一些组织在选择或评价供方、进行产品和服务采购时,按 ISO 22000 标准的要求,对供方进行食品安全管理体系审核,以满足本标准要求作为合格供方评价的重要条件之一。

3. ISO 22000 标准用作第三方食品安全管理体系审核

第三方认证机构对组织建立的食品安全管理体系进行认证审核时,将 ISO 22000 用作认证审核的准则之一,只有符合本标准的要求,才能获得认证证书。

4. 其他用途

如在采购合同中引用,规定对供方食品安全体系的要求;为法规引用,作为强制性要求。

(二)ISO 22000 标准的特点

(1)本着自愿性的原则,面向所有食品链的组织,其通用性强。

(2)与其他标准,如 ISO 9001、ISO 14000、HACCP 等,有较强的兼容性。

(3)标准强调满足与食品安全有关的法律法规和其他要求。

(4)标准关注持续改进和食品风险的预防。

(5)食品安全管理体系建立在 HACCP 计划和操作性前提方案的基础上。

六、食品安全管理的原则

食品安全管理体系(ISO 22000)融合了几个关键原则:交互式沟通、体系管理、过程控制、HACCP 原理和前提方案。其核心是危害分析,并整合了国际食品法典委员会(CAC)所制定的 HACCP 体系的前提条件和实施步骤。在明确食品链中各组织的角色和作用的条件下,将危害分析所识别的食品安全危害进行评估并分类,通过 HACCP 计划和操作性前提方案的控制措施组合来控制,能够很好地预防食品安全事件的发生。

第二节　ISO 22000:2018 的主要变化

一、ISO 22000:2018 和 ISO 22000:2005 条款比较对照

ISO 22000:2018 与 ISO 22000:2005 条款比较对照表如表 9-2 所示。

表 9-2　ISO 22000:2018 与 ISO 22000:2005 条款比较对照表

ISO/DIS 22000:2018 条款	ISO/DIS 22000:2005 条款
1 范围	1 范围
2 规范性引用文件	2 规范性引用文件
3 术语和定义	3 术语和定义

续表 9-2

ISO/DIS 22000:2018 条款	ISO/DIS 22000:2005 条款
4 组织的环境	4 食品安全管理体系
4.1 理解组织及其环境	—
4.2 理解相关方的需求和期望	—
4.3 确定食品安全管理体系的范围	4.1 总要求
4.4 食品安全管理体系	4.1 总要求
5 领导作用	5 管理职责
5.1 领导作用和承诺	5.1 管理承诺
5.2 食品安全方针	5.2 食品安全方针
5.3 组织的岗位、职责和权限	5.4 职责和权限;5.5 食品安全小组组长;7.3.2 食品安全小组
6 策划	—
6.1 应对风险和机遇的措施	—
6.2 食品安全目标及其实现的策划	5.2 食品安全方针
6.3 变更的策划	5.3 食品安全管理体系策划
7 支持	6 资源管理
7.1 资源	6.1 资源提供
7.1.1 总则	6.1 资源提供
7.1.2 人员	6.2 人力资源;6.2.1 总则
7.1.3 基础设施	6.3 基础设施
7.1.4 工作环境	6.4 工作环境
7.1.5 外部开发食品安全管理体系要素的控制	—
7.1.6 外部提供过程、产品和服务的控制	4.1 总要求
7.2 能力	6.2.2 能力、意识和培训
7.3 意识	6.2.2 能力、意识和培训
7.4 沟通	5.6 沟通
7.4.1 总则	5.6 沟通
7.4.2 外部沟通	5.6.1 外部沟通
7.4.3 内部沟通	5.6.2 内部沟通
7.5 成文信息	4.2 文件要求
8 运行	7 安全产品的策划和实现
8.1 运行策划和控制	7.1 总则
8.2 前提方案	7.2 前提方案

续表 9-2

ISO/DIS 22000:2018 条款	ISO/DIS 22000:2005 条款
8.3 可追溯性	7.9 可追溯性系统
8.4 应急准备和响应	5.7 应急准备和响应
8.4.1 总则；8.4.2 紧急情况和事故的处理	5.7 应急准备和响应
8.5 危害控制	7.3 实施危害分析的预备步骤；7.4 危害分析；7.5 建立操作性前提方案；7.6 建立 HACCP 计划；8.2 控制措施组合的确认
8.5.1 危害分析预备步骤	7.3 实施危害分析的预备步骤
8.5.2 危害分析	7.4 危害分析；7.4.1 总则；7.4.2 危害识别和可接受水平的确定；7.4.3 危害评估；7.4.4 控制措施的选择和评估
8.5.3 控制措施和控制措施组合的确认	8.1 总则；8.2 控制措施组合的确认
8.5.4 危害控制计划（HACCP 计划/OPRP 计划）	7.5 操作性前提方案的建立 OPRP；7.6 HACCP 计划的建立
8.6 前提方案 PRPs 和危害控制计划信息更新	7.7 预备信息的更新、规定前提方案和 HACCP 计划文件的更新
8.7 监视和测量的控制	8.3 监视和测量的控制
8.8 前提方案 PRPs 和危害控制计划的验证	7.8 验证的策划；8.4.2 单项验证活动的评价
8.8.1 验证	7.8 验证的策划
8.8.2 验证活动结果的分析	8.4.3 验证活动结果的分析
8.9 不符合产品和过程的控制	7.10 不符合控制
8.9.1 总则	7.10 不符合控制
8.9.2 纠正措施	7.10.2 纠正措施
8.9.3 纠正	7.10.1 纠正
8.9.4 潜在不安全产品的处理	7.10.3 潜在不安全产品的处理
8.9.5 撤回/召回	7.10.4 撤回
9 食品安全管理体系绩效评价	—
9.1 监视、测量、分析和评价	—
9.1.1 总则	—
9.1.2 分析和评价	8.4.2 单项验证结果的评价 8.4.2 验证活动结果的分析
9.2 内部审核	8.4.1 内部审核
9.3 管理评审	5.8 管理评审
10 改进	8.5 改进
10.1 不符合和纠正措施	—
10.2 食品安全管理体系更新	8.5.2 食品安全管理体系的更新
10.3 持续改进	8.5.1 持续改进

二、ISO 22000:2018 的关键变动

1. 标准结构的变化

采用 HLS 高级结构,与 ISO 9001 保持一致,便于整合。共由 10 部分组成:①范围;②规范性引用文件;③术语和定义;④组织环境;⑤领导作用;⑥策划;⑦支持;⑧运行;⑨绩效评价;⑩改进。

FSMS(Food Safety Management System,食品安全管理体系)系统模型的变化(体系的 PDCA 和食品安全计划的 PDCA)。PDCA 循环:标准明确了策划—实施—检查—处置(PDCA)循环,采用两套并行的独立循环,一套涵盖了管理体系,另一套涵盖了 HACCP 原则。

2. FSMS 管理原则的变化

强调质量管理 7 大原则同样适用。7 大原则包括:①以客户为关注焦点;②领导作用;③全员参与;④过程方法;⑤持续改进;⑥循证决策;⑦相关方管理。

3. 术语的变化

新增 28 个术语,分别是:可接受水平、行动准则、审核、能力、符合、污染、持续改进、成文信息、有效性、饲料、食品、动物食品、管理系统、相关方、批次、测量、不符合、目标、组织、外包、绩效、过程、产品、要求、风险、食品安全显著危害、最高管理者、可追溯性。

对关键控制点(CCP)、操作性前提方案(OPRP)和前提方案(PRP)之间的区别作了明确的描述。

4. 明确了前提方案的引用标准:ISO/TS 22002 族标准。

5. 强调基于风险的思维方法,加强组织层面的风险和运行层面的风险管理。

6. 强调高层领导力和食品安全文化,进一步强调领导作用和管理承诺。

7. 强调食品安全目标可实现性。

8. 工作环境强调人为因素和物理因素。

9. 增加对外部开发的 FSMS 要素的控制。

10. 强调对外部提供过程、产品和服务的控制。

11. 强调对追溯系统的有效性进行验证。

12. 强调对应急准备和响应程序的测试。

13. 原料、辅料和产品接触材料描述中增加"来源"一项。

14. 增加对加工环境的描述。

15. OPRP 和 HACCP 均属于危害控制计划,对建立 OPRP 的描述更具体。

ISO 22000 中的操作性前提方案(Operational Prerequisite Program,简写为 OPRP)的定义为:为控制食品安全危害在产品或产品加工环境中引入和(或)污染或扩散的可能性,通过危害分析确定的必不可少的前提方案。其与传统的 SSOP 存在相关性和差异性。OPRP 同 SSOP 一样,都包括对卫生控制措施(SCP)的管理。但传统的 SSOP 是为实现 GMP 的要求而编制的操作程序,不依赖危害分析,不强调在危害分析后才开始编制,也不强调特别针对某种产品。而 OPRP 是在危害分析后确定的、控制食品安全危害引入的可能性和(或)食品安全危害在产品或加工环境中污染或扩散的可能性的措施,强调针对特定产品的特定操作中的特定危害。

在 ISO 22000 以一种逻辑的顺序将 PRP、OPRP、HACCP 进行重组,分为三类:前提方案(PRPs)、操作性前提方案(OPRPs)和 HACCP 计划。标准在引言中指出"在危害分析过程中,组织应通过组合前提方案、操作性前提方案和 HACCP 计划,选择和确定危害控制的方法"。因此,如何合理选择和确定有效的控制措施组合,成为新标准应用的核心和关键。

16.强调是针对 PRPs 和危害控制计划的验证。

17.产品撤回改为产品撤回/召回。

18.管理评审输入新增内容。

第三节 ISO 22000 食品安全管理体系文件的编写

一、食品安全管理体系文件内容的要求

食品安全管理体系文件在内容上要包括:文件化的食品安全方针、目标;ISO 22000:2018 明确规定要编制的文件化程序和记录;确保食品安全管理体系有效建立、实施和更新所需的文件及记录。

二、主要的食品安全管理体系文件

ISO 22000 标准关于食品安全管理体系文件的表述中,没有强求将其形成食品安全专门手册的形式,也没有刻意要求组织将体系文件分成三个层次,但依据 ISO 9000 的成功经验,在具体实施中,为便于运作并具有可操作性,可把食品安全管理体系文件分成三个层次,即食品安全管理手册、食品安全管理体系程序文件和其他作业文件。

(一)食品安全管理手册

食品安全管理手册是阐明组织的食品安全方针并描述其食品安全管理体系的文件,至少包括:食品安全管理体系的范围;文件化程序或引用程序文件;对食品安全管理体系中的各要素及其作用进行描述。

(二)食品安全管理体系程序文件

食品安全管理体系程序文件是描述开展食品安全管理体系活动过程的文件。ISO 22000 标准中,要求形成文件的程序是:

1.4.2.2 文件控制;

2.2.3 记录控制;

3.5.7 应急准备和响应;

4.7.6.4 关键控制点的监视系统;

5.7.6.5 监视结果超出关键限值时采取的措施;

6.7.10.1 纠正;

7.7.10.2 纠正措施;

8.7.10.4 撤回;

9.8.4.1 内部审核。

为确保对食品安全管理体系进行有效管理,组织还可根据自身的需要增加其他程序文件,包括前提方案、操作性前提方案、原辅料及产品接触材料的信息、终产品特性、HACCP

计划、作业指导书、图样、报告、表格等。

（三）食品安全管理体系文件的范围和详细程度

食品安全管理体系文件的范围和详细程度取决于组织的类型、规模，工作的复杂程度，采用的工作方法，以及开展这项活动人员的水平、能力、技巧和培训。

（四）文件的存在形式

文件可存在于任何媒体，可以是纸张、照片、样件、磁盘等形式。

第四节　如何在食品企业建立 ISO 22000 食品安全管理体系

建立 ISO 22000 食品安全管理体系是一项复杂的工作，其建立一般要经历管理体系的策划与设计、管理体系文件的编制、管理体系的试运行、管理体系审核和评价等阶段，每个阶段又可分为若干具体步骤。

一、前提方案的确定

前提方案是针对组织的性质和规模而制定的程序或指导书，用以改善和保持运行条件，从而更有效地控制食品安全危害。因此，组织首先应确定设计其前提方案的适用法规、指南、相关准则和要求等，根据这些要求结合组织的产品性质制订相应的前提方案。

建立前提方案旨在确保预防、消除食品安全危害或将其降低到适宜水平。

前提方案分为基础设施和维护方案、操作性前提方案两类。操作性前提方案是在危害分析的基础上获得的，用于对识别的危害进行控制，需要确认；而基础设施和维护方案则无须确认，也不基于危害分析。

（一）基础设施和维护方案

基础设施和维护方案用于阐述食品卫生的基本要求和良好操作规范、良好农业规范、良好卫生规范等。组织应根据其性质和对食品安全的要求，根据相应的食品法典和指南，建立符合食品安全要求的基础设施。基础设施和维护方案不必形成文件，可根据组织的需要而定。

基础设施通常包括下列内容：

（1）建筑物和设施的布局、设计和建设。

（2）空气、水、能源和其他条件的供应。

（3）设备，包括卫生设计、单元维护和清洁的可达性。

（4）废弃物和排水的支持性服务。

（二）操作性前提方案

操作性前提方案是为了控制食品安全危害引入的可能性和食品安全危害在产品或生产环境中污染或扩散的可能性，通过危害分析确定的、必需的前提方案。

操作性前提方案通常包括下列内容：

（1）人员卫生。

（2）清洁和消毒。

（3）虫害控制。

（4）交叉污染的预防措施。

(5)包装程序。

(6)对采购材料、供给、清理和产品处理的管理。

组织应识别操作性前提方案变化的需求,如当对食品安全危害的控制严格程度和危害分析的结果发生变化时,组织应更新操作性前提方案,以确保其持续有效。操作性前提方案需要形成文件,文件的形式可以是作业指导书,如产品储藏管理作业指导书,也可以是程序或计划,如包装程序或加工车间清洁计划等。但无论何种形式其中需要有如何运行的方案,包括运行的范围、职责和实施的程序或作业指导书等。对操作性前提方案应进行确认和更新。

二、实施危害分析的预备步骤

实施危害分析的预备步骤是为实施危害分析提供必要的准备,以确保危害分析的充分性。

(一)成立食品安全小组

成立食品安全小组是为了落实食品安全管理体系的要求。

(二)产品特性的描述

对产品特性进行描述是为了确保描述提供的信息足以识别和评价其中的危害。

(三)预期用途

通过与产品使用者和消费者沟通,包括合同、订单或口头方式,及经验和市场调查所获得的信息来识别预期用途。

(四)流程图、过程步骤和控制措施

组织应根据食品安全管理体系覆盖的范围,绘制出该体系范围内过程的流程图,有助于识别通过其他预备步骤可能识别不出的,可能产生、引入危害和危害水平增加的情况。

对流程图中的步骤应进行描述,以便所提供的信息能评价和确认控制措施应用强度的效果。描述应包括过程参数、应用强度和加工差异性。

三、危害分析

食品安全小组应是实施危害分析的主体,不仅要识别产品和过程中预期发生的食品安全危害,而且还要识别导致危害变化的需求,以确保危害分析结果的持续适宜和有效。这里的预期的食品安全危害可以是通过沟通获得的信息,也可以是预备步骤获得的信息,还要考虑验证、确认和体系更新的结果,以确保危害分析的充分性和可靠性。

(一)危害识别和可接受水平的确定

在危害分析过程中,食品安全小组应首先识别产品本身、生产过程和实际生产设施涉及的合理预期发生的食品安全危害。其中可能产生两个危害清单:一是由危害识别产生的"初步"清单,列出了在产品类型、过程类型和生产设施类型潜在可能发生的危害;二是由危害评定产生的"执行"清单,通过评定初步识别的危害得出,列出了需由组织加以控制的危害。

可接受水平指的是为保证食品安全,在组织的终产品进入食品链下一环节时,某特定危害所需要达到的水平。它常指下一环节是实际消费时,食品用于直接消费的可接受水平。终产品的可接受水平应通过一个或多个来源获得的信息来确定。可考虑与顾客达成一致的可接受水平和法律法规规定的标准,食品安全小组制定的可接受的最高水平,缺乏法律规定的标准时,可以通过科学文献和专业经验获得。

(二)危害评价

危害评价是按照已经确定的"初步"清单,识别需进行控制的危害。

在进行危害评价时,应考虑以下方面:①危害的来源;②危害发生的概率;③危害的性质;④危害可能导致的对健康产生不利影响的严重程度。

危害评价主要体现危害发生的可能性与严重性。

1. 评估危害的可能性

该危害发生的概率多大?为每个危害分配一个规定的可能性:①频繁——经常发生,消费者持续暴露;②经常——发生几次,消费者经常暴露;③偶尔——将会发生,零星发生;④很少——可能发生,很少发生在消费者身上;⑤不可能——极少发生在消费者身上。

2. 评估危害的严重性

评估每个危害,并确定其严重性:灾难性——食品污染导致消费者死亡;严重——食品污染导致消费者严重疾病;中度——食品污染导致消费者轻微性疾病;可忽略——食品污染导致较少轻微性疾病。

(三)控制措施的制定和评价

危害识别出来以后,应判定科学合理的控制措施,对危害进行有效的控制。控制措施得以实施以后,还要对其实施情况进行评价。

四、操作性前提方案的建立

操作性前提方案的制订可仿照 HACCP 计划。

五、HACCP 计划的建立

HACCP 计划的建立包括下列要点:HACCP 计划的制订、关键控制点的识别、关键限值的确定、监控系统的开启、监控系统超出关键限值时采取的措施。

六、预备信息、规定前提方案文件和 HACCP 计划的更新

组织应在确认、验证后或与产品安全性有关的信息发生变化时,重新进行危害分析并对有必要进行修改的文件进行更新。组织应更新如下信息:产品特性、预期用途、流程图、过程步骤、控制措施。

七、验证策划

验证是为组织实施的食品安全管理体系的能力提供信任的一种工具。验证策划的输出形式可以根据组织的需求来确定,可以是表格、程序或作业指导书的形式。通常情况下验证策划应包括:验证策划的目的、方法、频率、职责、记录。

八、食品安全管理体系的运行

(一)可追溯性系统

组织建立可追溯性系统,确保能够识别产品批次与原料批次、加工和分销记录的关系。

(二)纠正和纠正措施

监视得到的数据应由具备足够知识和具有权限的指定人员进行评价,以采取纠正措施。对不符合关键控制点,或不符合操作性前提方案进行纠正,确保关键控制点恢复受控,或操作性前提方案所管理的控制措施恢复受控,并评审所采取的纠正措施。

(三)潜在不安全产品的处理

不符合关键控制点,或不符合操作性前提方案的产品均为不合格品。对潜在不安全产品,应通过组织进一步加工或重加工,或通知顾客采取适当的措施进行处理,直到满足可接受水平时才能放行,或者销毁或按废品进行处理。当不安全产品发生交付时,应采取召回的方式,以防止危害的扩散。

(四)召回

为控制交付后的食品的安全,组织应建立相应的程序,以识别和评价待召回产品,并通知相关方,防止食品安全危害的扩散。

九、监视和测量的控制

组织应决定用什么方法和步骤进行监测,只有这样才能保证监控和确认活动的有效性。

十、食品安全管理体系的验证

(一)验证结果评价

通过检测终产品进行验证时,若发现不合格产品,应将所有相关批次产品作为潜在不安全产品进行处理。

(二)验证结果分析

验证结果分析是食品安全小组的职责,是对食品安全管理体系的全面分析,为更新该体系提供依据,且对不安全产品的风险发生趋势要进行分析。

十一、控制措施组合的确认

为确保控制措施组合的有效性,应对产品危害控制内容进行确认。

十二、改进

在保证实现食品安全的要求下,组织应不断改进食品安全管理。

本章小结

顾客的期望、社会的责任,使食品生产、操作和供应的组织逐渐认识到应当有标准来指导操作、保障、评价食品安全管理,这种对标准的呼唤,促使了 ISO 22000:2005 食品安全管理体系标准的产生。

ISO 22000:2018 食品安全管理体系标准于 2018 年 6 月 18 日正式出版,该标准旨在保证整个食品链不存在薄弱环节,从而确保食品供应的安全。ISO 22000:2018 既是描述食品安全管理体系要求的使用指导标准,又是可供食品生产、操作和供应的组织认证和注册的依据。

ISO 22000:2018 表达了食品安全管理中的共性要求,而不是针对食品链中任何一类组织的特定要求。ISO 22000:2018 是按照 ISO 9001:2015 的框架构筑的,同时也覆盖了 CAC 关于 HACCP 的全部要求。

食品安全管理体系文件在内容上主要包括:文件化的食品安全方针、目标;ISO 22000:2018 明确规定要编制的文件化程序和记录;确保食品安全管理体系有效建立、实施和更新所需的文件及记录。

食品企业建立 ISO 22000 食品安全管理体系的步骤包括:前提方案的确定,实施危害分析的预备步骤,危害分析,操作性前提方案的建立,HACCP 计划的建立,预备信息、规定前提方案文件和 HACCP 计划的更新,验证策划,食品安全管理体系的运行,监视和测量的控制,食品安全管理体系的验证,控制措施组合的确认,改进。

复习思考题

一、填空题

1.为便于运作并具有可操作性,可把食品安全管理体系文件也分成三个层次,即_____、_____、_____。

2.文件可存在于任何媒体,可以是_____、_____、_____、_____等形式。

3.食品安全管理体系(ISO 22000)融合了几个关键原则,它们是:_____、_____、_____、_____。

二、简答题

1.简述实施 ISO 22000 食品安全管理体系认证对企业的意义。

2.组织实施 ISO 22000 标准的目的是什么?

3.简述 ISO 22000 标准的用途。

4.ISO 22000 标准具有哪些特点?

5.简述食品安全管理体系的运行步骤。

实验与实训

实训 ISO 22000 食品安全管理手册的编写

一、实训目的

通过实训教学,使学生能够熟悉 ISO 22000 食品安全管理手册的基本内容,掌握 ISO 22000 食品安全管理手册编写的步骤和方法。

二、实训原理

ISO 22000 食品安全管理手册是规定组织食品安全管理体系的文件,它是向组织内部和外部提供关于食品安全管理体系一系列信息的文件。其内容包括食品安全方针、食品安全管理体系的范围、有关的程序文件、食品安全管理体系所包括的过程顺序和相互作用等。食品安全管理手册是纲领性文件,由管理者负责制定和组织实施。

三、实训步骤

1.从互联网上搜索到某食品企业的 ISO 22000 食品安全管理手册示例,熟悉 ISO 22000 食品安全管理手册的基本结构和内容。

2.指导学生在参考 ISO 22000 食品安全管理手册示例的情况下,以某一模拟食品企业为例,列出食品安全管理手册的标题,明确其应用的领域。

3.指导学生分组对选择的食品安全体系要素进行描述。

4.在课堂上让学生分别对自己列出的食品安全管理手册的标题和食品安全体系要素的描述情况进行交流,交流过程中,其他学生可以质疑和补充。

5.教师对学生的描述结果进行点评。

6.以学生小组为单位完成某一虚拟食品企业 ISO 22000 食品安全管理手册的编写。

四、实训效果考核(表 9-3)

表 9-3　实训效果考核表

学生姓名	标题和要素描述的合理性(20 分)	交流时的逻辑性(20 分)	回答质疑的准确性(10 分)	ISO 22000 食品安全管理手册的编写(50 分)

第十章 食品生产许可制度

知 识 目 标
　1.熟悉食品生产许可制度的具体要求。
　2.掌握申办食品生产许可证的条件与程序。
　3.掌握食品生产许可审查中资料审核和现场核查的内容要求。

技 能 目 标
　1.根据《食品生产许可审查通则》对食品企业生产必备条件进行内部现场审查。
　2.具备编写食品生产许可证申办材料的能力。

思 政 目 标
　通过阐述实施SC食品生产许可制度的作用及意义,培养学生在食品安全问题上的社会责任感,使学生认识到安全食品生产全过程都会涉及到行业自律及职业道德。

第一节 食品生产许可制度概述

　　食品市场准入制度也称食品质量安全市场准入制度,是指为保证食品的质量安全,具备规定条件的生产者才允许进行生产经营活动,具备规定条件的食品才允许生产销售的监管制度。根据《食品安全法》第三十五条规定,国家对食品生产经营实行许可制度。从事食品生产、食品销售、餐饮服务,应当依法取得许可。但是,销售食用农产品和仅销售预包装食品的,不需要取得许可。仅销售预包装食品的,应当报所在地县级以上地方人民政府食品安全监督管理部门备案。因此,实行食品市场准入制度是一种政府行为,是一项行政许可制度。

　　为了从源头上严把食品质量安全关,维护消费者的切身利益;为规范市场经济秩序,维护市场的公平竞争,创造良好的经济运行环境;为维护中国产品信誉和国家形象,履行对WTO建立公平合理的市场准入制度的承诺;为保障食品安全,保护消费者的合法权益,保障人民群众生命健康和切身利益;为提高我国食品质量安全水平,促进我国食品工业健康、快速发展,我国政府树立了全程监管的理念,坚持以预防为主,从源头上抓质量,提出对国内生产企业实施质量监控和强制检验的要求,建立了一套完整的食品质量安全市场准入体系。

　　2001年国家质量监督检验检疫总局制定了一套较为完整的事前审查和事后监督相结合、政府监管和企业自律相结合、充分发挥市场调节机制的食品质量安全监管制度,即食品质量安全市场准入制度。为了保证食品的质量安全,凡在中华人民共和国境内从事食品生产加工的公民、法人或者其他组织,必须具备保证食品质量的必备条件,按规定程序获得"食品生产许可证",生产加工的食品必须经检验合格并加贴(印)食品市场准入标志(QS)后,方可出厂销售。

食品包装标注"QS"标志的法律依据是《中华人民共和国工业产品生产许可证管理条例》(以下简称《工业产品生产许可证管理条例》)。2009年,国家颁布了《食品安全法》,并于2013年正式成立食品药品监督管理局(此前食品生产归国家质量监督检验检疫总局管)。随着食品监督管理机构的调整和新的《食品安全法》的实施,《工业产品生产许可证管理条例》已不再作为食品生产许可的依据。因此,取消食品"QS":一是严格执行法律法规的要求;二是新的食品生产许可证编号完全可以达到识别、查询的目的;三是有利于增强食品生产者的食品安全主体责任意识。2015年8月31日,国家食品药品监督管理总局发布《食品生产许可管理办法》,自2015年10月1日起施行。2020年1月2日,国家市场监督管理总局令第24号发布修订后的《食品生产许可管理办法》,自2020年3月1日起施行;原国家食品药品监督管理总局2015年8月31日公布的《食品生产许可管理办法》同时废止。2016年8月9日,国家食品药品监督管理总局发布《食品生产许可审查通则》。2022年10月21日,国家市场监督管理总局发布新修订的《食品生产许可审查通则(2022版)》,自2022年11月1日起施行;原国家食品药品监督管理总局2016年8月9日发布的《食品生产许可审查通则》同时废止。自2015年10月以来,我国已经逐步开始推行《食品生产许可管理办法》中的食品许可证SC代码,逐步淘汰QS。

不同时期标志的含义有所差别:

2004—2010年,QS是"Quality & Safety(质量安全)"的缩写,是食品市场准入的标识,需要在食品包装上标识QS。

2010—2015年,QS是"Qiye Shengchanxuke"的缩写,也是食品市场准入的标识,需要在食品包装上标识QS。

2015年9月1日后,取消QS,改为SC(Sheng Chan的缩写),食品生产企业必须取得SC证(食品生产许可证)后才能生产,但不需要在食品包装上标识QS或SC。

2018年10月1日之后,商家不再使用任何带有QS标志的产品外包装,QS制度退出历史舞台。

第二节　食品生产许可审查通则

为严格落实"四个最严"要求,贯彻党中央、国务院"放管服""证照分离"改革决策部署,加强食品安全监督管理,规范食品生产许可审查工作,依据《食品安全法》及其实施条例、《食品生产许可管理办法》(以下简称《办法》)等法律法规规章的规定,2022年10月21日,国家市场监管总局修订发布了《食品生产许可审查通则(2022版)》[以下简称《通则(2022版)》]。

一、《通则(2022版)》的作用及意义

《通则(2022版)》是落实《办法》、规范许可审查工作、统一许可审查标准的重要技术规范文件。《通则(2022版)》全面总结食品生产许可工作,针对各地食品生产许可审查工作出现的新问题,按照食品安全法律法规的新要求进行修改完善,进一步简化了食品生产许可审查工作的程序,严格了食品生产许可审查工作要求,夯实了生产者食品安全保障能力。

二、《通则(2022 版)》的适用范围

《通则(2022 版)》适用于县级以上地方市场监督管理部门组织对食品(含特殊食品)和食品添加剂生产许可申请以及变更许可、延续许可等审查工作。不适用于食品生产小作坊。

三、《通则(2022 版)》的主要内容

《通则(2022 版)》共 5 章 39 条,包含 5 个附件。

第一章总则,共五条。明确了《通则(2022 版)》适用于市场监督管理部门组织对食品生产许可和变更许可、延续许可等审查工作,规定了《通则(2022 版)》应当与相应的食品生产许可审查细则结合使用。

第二章申请材料审查,共九条。规定了申请材料应当符合《办法》的规定,以电子或纸质方式提交,申请人对申请材料的真实性负责;明确了对食品生产许可的申请材料应当审查其完整性、规范性、符合性,对申请人申请食品生产许可、变更许可、延续许可的申请材料审查要求分别作出了规定。

第三章现场核查,共十六条。明确了需要组织现场核查的各种情形,规定了现场核查人员具体要求及其职责分工,规定了现场核查程序及特殊情况的处理要求,对现场核查项目及其评分规则进一步细化明确;在许可审查时限方面,现场核查完成时限压缩至 5 个工作日,明确要求审批部门及时组织现场核查、及时向申请人和日常监管部门告知现场核查有关事项,对食品生产许可审查各主要环节完成时限提出了明确要求,提升了食品生产许可工作效率。

第四章审查结果与整改,共四条。规定了审批部门应当根据申请材料审查和现场核查等情况及时作出食品生产许可决定,要求申请人自通过现场核查之日起 1 个月内完成对现场核查中发现问题的整改,并将整改结果向其日常监管部门书面报告。

第五章附则,共五条。明确了申请人的试制食品不得作为食品销售、特殊食品生产许可的管理;规定了省级市场监督管理部门可以根据本通则,结合本区域实际情况制定有关食品生产许可管理文件,补充、细化《食品、食品添加剂生产许可现场核查评分记录表》《食品、食品添加剂生产许可现场核查报告》;规定了本通则由国家市场监督管理总局负责解释和施行日期。

四、食品生产许可分类目录

食品生产许可分类目录中将食品分为 31 类及食品添加剂类。食品类别编号按照《办法》第十一条所列食品类别顺序依次标识,即:"01"代表粮食加工品,"02"代表食用油、油脂及其制品,"03"代表调味品,以此类推……"27"代表保健食品,"28"代表特殊医学用途配方食品,"29"代表婴幼儿配方食品,"30"代表特殊膳食食品,"31"代表其他食品。食品添加剂类别编号标识为:"01"代表食品添加剂,"02"代表食品用香精,"03"代表复配食品添加剂。需要注意的是,食品生产许可证编号一经确定便不再改变,以后申请许可延续及变更时,许可证书编号也不再改变。具体见表 10-1。

表 10-1 食品生产许可分类目录

食品、食品添加剂类别	类别编号	类别名称	品种明细	备注
粮食加工品	0101	小麦粉	1.通用(特制一等小麦粉、特制二等小麦粉、标准粉、普通粉、高筋小麦粉、低筋小麦粉、营养强化小麦粉、全麦粉、其他) 2.专用[面包用小麦粉、面条用小麦粉、饺子用小麦粉、馒头用小麦粉、发酵饼干用小麦粉、酥性饼干用小麦粉、蛋糕用小麦粉、糕点用小麦粉、自发小麦粉、小麦胚(胚片、胚粉)、其他]	
	0102	大米	大米(大米、糙米、其他)	
	0103	挂面	1.普通挂面 2.花色挂面 3.手工面	
	0104	其他粮食加工品	1.谷物加工品[高粱米、黍米、稷米、小米、黑米、紫米、红线米、小麦米、大麦米、裸大麦米、莜麦米(燕麦米)、荞麦米、薏仁米、蒸谷米、八宝米类、混合杂粮类、其他] 2.谷物碾磨加工品[玉米碴、玉米粉、燕麦片、汤圆粉(糯米粉)、莜麦粉、玉米自发粉、小米粉、高粱粉、荞麦粉、大麦粉、青稞粉、杂面粉、大米粉、绿豆粉、黄豆粉、红豆粉、黑豆粉、豌豆粉、芸豆粉、蚕豆粉、黍米粉(大黄米粉)、稷米粉(糜子面)、混合杂粮粉、其他] 3.谷物粉类制成品(生湿面制品、生干面制品、米粉制品、其他)	

续表 10-1

食品、食品添加剂类别	类别编号	类别名称	品种明细	备注
食用油、油脂及其制品	0201	食用植物油	食用植物油（菜籽油、大豆油、花生油、葵花籽油、棉籽油、亚麻籽油、油茶籽油、玉米油、米糠油、芝麻油、棕榈油、橄榄油、食用调和油、其他）	
	0202	食用油脂制品	食用油脂制品[食用氢化油、人造奶油（人造黄油）、起酥油、代可可脂、植脂奶油、粉末油脂、植脂末]	
	0203	食用动物油脂	食用动物油脂（猪油、牛油、羊油、鸡油、鸭油、鹅油、骨髓油、鱼油、其他）	
调味品	0301	酱油	1.酿造酱油 2.配制酱油	
	0302	食醋	1.酿造食醋 2.配制食醋	
	0303	味精	1.谷氨酸钠(99%味精) 2.加盐味精 3.增鲜味精	
	0304	酱类	酿造酱[稀甜面酱、甜面酱、大豆酱（黄酱）、蚕豆酱、豆瓣酱、大酱、其他]	
	0305	调味料	1.液体调味料（鸡汁调味料、牛肉汁调味料、烧烤汁、鲍鱼汁、香辛料调味汁、糟卤、调味料酒、液态复合调味料、其他） 2.半固态(酱)调味料[花生酱、芝麻酱、辣椒酱、番茄酱、风味酱、芥末酱、咖喱卤、油辣椒、火锅蘸料、火锅底料、排骨酱、叉烧酱、香辛料酱(泥)、复合调味酱、其他] 3.固态调味料[鸡精调味料、鸡粉调味料、畜(禽)粉调味料、风味汤料、酱油粉、食醋粉、酱粉、咖喱粉、香辛料粉、复合调味粉、其他] 4.食用调味油（香辛料调味油、复合调味油、其他） 5.水产调味料（蚝油、鱼露、虾酱、鱼子酱、虾油、其他）	

食品、食品添加剂类别	类别编号	类别名称	品种明细	备注
肉制品	0401	热加工熟肉制品	1.酱卤肉制品（酱卤肉类、糟肉类、白煮类、其他） 2.熏烧烤肉制品（熏肉、烤肉、烤鸡腿、烤鸭、叉烧肉、其他） 3.肉灌制品（灌肠类、西式火腿、其他） 4.油炸肉制品（炸鸡翅、炸肉丸、其他） 5.熟肉干制品（肉松类、肉干类、肉脯、其他） 6.其他熟肉制品（肉冻类、血豆腐、其他）	
	0402	发酵肉制品	1.发酵灌制品 2.发酵火腿制品	
	0403	预制调理肉制品	1.冷藏预制调理肉类 2.冷冻预制调理肉类	
	0404	腌腊肉制品	1.肉灌制品 2.腊肉制品 3.火腿制品 4.其他肉制品	
乳制品	0501	液体乳	1.巴氏杀菌乳 2.调制乳 3.灭菌乳 4.发酵乳	
	0502	乳粉	1.全脂乳粉 2.脱脂乳粉 3.部分脱脂乳粉 4.调制乳粉 5.牛初乳粉 6.乳清粉	
	0503	其他乳制品	1.炼乳 2.奶油 3.稀奶油 4.无水奶油 5.干酪 6.再制干酪 7.特色乳制品	

续表 10-1

食品、食品添加剂类别	类别编号	类别名称	品种明细	备注
饮料	0601	瓶(桶)装饮用水	1.饮用天然矿泉水 2.包装饮用水(饮用纯净水、饮用天然泉水、饮用天然水、其他饮用水)	
	0602	碳酸饮料(汽水)	碳酸饮料(汽水)(果汁型碳酸饮料、果味型碳酸饮料、可乐型碳酸饮料、其他型碳酸饮料)	
	0603	茶(类)饮料	1.原茶汁(茶汤) 2.茶浓缩液 3.茶饮料 4.果汁茶饮料 5.奶茶饮料 6.复合茶饮料 7.混合茶饮料 8.其他茶(类)饮料	
	0604	果蔬汁类及其饮料	1.果蔬汁(浆)[原榨果汁(非复原果汁)、果汁(复原果汁)、蔬菜汁、果浆、蔬菜浆、复合果蔬汁、复合果蔬浆、其他] 2.浓缩果蔬汁(浆) 3.果蔬汁(浆)类饮料(果蔬汁饮料、果肉饮料、果浆饮料、复合果蔬汁饮料、果蔬汁饮料浓浆、发酵果蔬汁饮料、水果饮料、其他)	
	0605	蛋白饮料	1.含乳饮料 2.植物蛋白饮料 3.复合蛋白饮料	
	0606	固体饮料	1.风味固体饮料 2.蛋白固体饮料 3.果蔬固体饮料 4.茶固体饮料 5.咖啡固体饮料 6.可可粉固体饮料 7.其他固体饮料(植物固体饮料、谷物固体饮料、营养素固体饮料、食用菌固体饮料、其他)	
	0607	其他饮料	1.咖啡(类)饮料 2.植物饮料 3.风味饮料 4.运动饮料 5.营养素饮料 6.能量饮料 7.电解质饮料 8.饮料浓浆 9.其他类饮料	

食品、食品添加剂类别	类别编号	类别名称	品种明细	备注
方便食品	0701	方便面	1.油炸方便面 2.热风干燥方便面 3.其他方便面	
	0702	其他方便食品	1.主食类（方便米饭、方便粥、方便米粉、方便米线、方便粉丝、方便湿米粉、方便豆花、方便湿面、凉粉、其他） 2.冲调类（麦片、黑芝麻糊、红枣羹、油茶、即食谷物粉、其他）	
	0703	调味面制品	调味面制品	
饼干	0801	饼干	饼干[酥性饼干、韧性饼干、发酵饼干、压缩饼干、曲奇饼干、夹心（注心）饼干、威化饼干、蛋圆饼干、蛋卷、煎饼、装饰饼干、水泡饼干、其他饼干]	
罐头	0901	畜禽水产罐头	畜禽水产罐头（火腿类罐头、肉类罐头、牛肉罐头、羊肉罐头、鱼类罐头、禽类罐头、肉酱类罐头、其他）	
	0902	果蔬罐头	1.水果罐头（桃罐头、橘子罐头、菠萝罐头、荔枝罐头、梨罐头、其他） 2.蔬菜罐头（食用菌罐头、竹笋罐头、莲藕罐头、番茄罐头、其他）	
	0903	其他罐头	其他罐头（果仁类罐头、八宝粥罐头、其他）	
冷冻饮品	1001	冷冻饮品	1.冰淇淋 2.雪糕 3.雪泥 4.冰棍 5.食用冰 6.甜味冰	
速冻食品	1101	速冻面米食品	1.生制品（速冻饺子、速冻包子、速冻汤圆、速冻粽子、速冻面点、速冻其他面米制品、其他） 2.熟制品（速冻饺子、速冻包子、速冻粽子、速冻其他面米制品、其他）	
	1102	速冻调制食品	1.生制品（具体品种明细） 2.熟制品（具体品种明细）	
	1103	速冻其他食品	1.速冻肉制品 2.速冻果蔬制品	

续表 10-1

食品、食品添加剂类别	类别编号	类别名称	品种明细	备注
薯类和膨化食品	1201	膨化食品	1.焙烤型 2.油炸型 3.直接挤压型 4.花色型	
	1202	薯类食品	1.干制薯类 2.冷冻薯类 3.薯泥(酱)类 4.薯粉类 5.其他薯类	
糖果制品	1301	糖果	1.硬质糖果 2.奶糖糖果 3.夹心糖果 4.酥质糖果 5.焦香糖果(太妃糖果) 6.充气糖果 7.凝胶糖果 8.胶基糖果 9.压片糖果 10.流质糖果 11.膜片糖果 12.花式糖果 13.其他糖果	
	1302	巧克力及巧克力制品	1.巧克力 2.巧克力制品	
	1303	代可可脂巧克力及代可可脂巧克力制品	1.代可可脂巧克力 2.代可可脂巧克力制品	
	1304	果冻	果冻(果汁型果冻、果肉型果冻、果味型果冻、含乳型果冻、其他型果冻)	

续表 10-1

食品、食品添加剂类别	类别编号	类别名称	品种明细	备注
茶叶及相关制品	1401	茶叶	1.绿茶(龙井茶、珠茶、黄山毛峰、都匀毛尖、其他) 2.红茶(祁门工夫红茶、小种红茶、红碎茶、其他) 3.乌龙茶(铁观音茶、武夷岩茶、凤凰单枞茶、其他) 4.白茶(白毫银针茶、白牡丹茶、贡眉茶、其他) 5.黄茶(蒙顶黄芽茶、霍山黄芽茶、君山银针茶、其他) 6.黑茶[普洱茶(熟茶)散茶、六堡茶散茶、其他] 7.花茶(茉莉花茶、珠兰花茶、桂花茶、其他) 8.袋泡茶(绿茶袋泡茶、红茶袋泡茶、花茶袋泡茶、其他) 9.紧压茶[普洱茶(生茶)紧压茶、普洱茶(熟茶)紧压茶、六堡茶紧压茶、白茶紧压茶、其他]	
	1402	边销茶	边销茶(花砖茶、黑砖茶、茯砖茶、康砖茶、沱茶、紧茶、金尖茶、米砖茶、青砖茶、方包茶、其他)	
	1403	茶制品	1.茶粉(绿茶粉、红茶粉、其他) 2.固态速溶茶(速溶红茶、速溶绿茶、其他) 3.茶浓缩液(红茶浓缩液、绿茶浓缩液、其他) 4.茶膏(普洱茶膏、黑茶膏、其他) 5.调味茶制品(调味茶粉、调味速溶茶、调味茶浓缩液、调味茶膏、其他) 6.其他茶制品(表没食子儿茶素没食子酸酯、绿茶茶氨酸、其他)	
	1404	调味茶	1.加料调味茶(八宝茶、三泡台、枸杞绿茶、玄米绿茶、其他) 2.加香调味茶(柠檬红茶、草莓绿茶、其他) 3.混合调味茶(柠檬枸杞茶、其他) 4.袋泡调味茶(玫瑰袋泡红茶、其他) 5.紧压调味茶(荷叶茯砖茶、其他)	
	1405	代用茶	1.叶类代用茶(荷叶、桑叶、薄荷叶、苦丁茶、其他) 2.花类代用茶(杭白菊、金银花、重瓣红玫瑰、其他) 3.果实类代用茶(大麦茶、枸杞子、决明子、苦瓜片、罗汉果、柠檬片、其他) 4.根茎类代用茶[甘草、牛蒡根、人参(人工种植)、其他] 5.混合类代用茶(荷叶玫瑰茶、枸杞菊花茶、其他) 6.袋泡代用茶(荷叶袋泡茶、桑叶袋泡茶、其他) 7.紧压代用茶(紧压菊花、其他)	

续表 10-1

食品、食品添加剂类别	类别编号	类别名称	品种明细	备注
酒类	1501	白酒	1.白酒 2.白酒(液态) 3.白酒(原酒)	
	1502	葡萄酒及果酒	1.葡萄酒(原酒、加工灌装) 2.冰葡萄酒(原酒、加工灌装) 3.其他特种葡萄酒(原酒、加工灌装) 4.发酵型果酒(原酒、加工灌装)	
	1503	啤酒	1.熟啤酒 2.生啤酒 3.鲜啤酒 4.特种啤酒	
	1504	黄酒	黄酒(原酒、加工灌装)	
	1505	其他酒	1.配制酒(露酒、枸杞酒、枇杷酒、其他) 2.其他蒸馏酒(白兰地、威士忌、俄得克、朗姆酒、水果白兰地、水果蒸馏酒、其他) 3.其他发酵酒〔清酒、米酒(醪糟)、奶酒、其他〕	
	1506	食用酒精	食用酒精	
蔬菜制品	1601	酱腌菜	酱腌菜(调味榨菜、腌萝卜、腌豇豆、酱渍菜、虾油渍菜、盐水渍菜、其他)	
	1602	蔬菜干制品	1.自然干制蔬菜 2.热风干燥蔬菜 3.冷冻干燥蔬菜 4.蔬菜脆片 5.蔬菜粉及制品	
	1603	食用菌制品	1.干制食用菌 2.腌渍食用菌	
	1604	其他蔬菜制品	其他蔬菜制品	
水果制品	1701	蜜饯	1.蜜饯类 2.凉果类 3.果脯类 4.话化类 5.果丹(饼)类 6.果糕类	
	1702	水果制品	1.水果干制品(葡萄干、水果脆片、荔枝干、桂圆、椰干、大枣干制品、其他) 2.果酱(苹果酱、草莓酱、蓝莓酱、其他)	
炒货食品及坚果制品	1801	炒货食品及坚果制品	1.烘炒类(炒瓜子、炒花生、炒豌豆、其他) 2.油炸类(油炸青豆、油炸琥珀桃仁、其他) 3.其他类(水煮花生、糖炒花生、糖炒瓜子仁、裹衣花生、咸干花生、其他)	

续表 10-1

食品、食品添加剂类别	类别编号	类别名称	品种明细	备注
蛋制品	1901	蛋制品	1.再制蛋类(皮蛋、咸蛋、糟蛋、卤蛋、咸蛋黄、其他) 2.干蛋类(巴氏杀菌鸡全蛋粉、鸡蛋黄粉、鸡蛋白片、其他) 3.冰蛋类(巴氏杀菌冻鸡全蛋、冻鸡蛋黄、冰鸡蛋白、其他) 4.其他类(热凝固蛋制品、蛋黄酱、色拉酱、其他)	
可可及焙烤咖啡产品	2001	可可制品	可可制品(可可粉、可可脂、可可液块、可可饼块、其他)	
	2002	焙炒咖啡	焙炒咖啡(焙炒咖啡豆、咖啡粉、其他)	
食糖	2101	糖	1.白砂糖 2.绵白糖 3.赤砂糖 4.冰糖(单晶体冰糖、多晶体冰糖) 5.方糖 6.冰片糖 7.红糖 8.其他糖(具体品种明细)	
水产制品	2201	非即食水产品	1.干制水产品(虾米、虾皮、干贝、鱼干、鱿鱼干、干燥裙带菜、干海带、紫菜、干海参、干鲍鱼、其他) 2.盐渍水产品(盐渍海带、盐渍裙带菜、盐渍海蜇皮、盐渍海蜇头、盐渍鱼、其他) 3.鱼糜制品(鱼丸、虾丸、墨鱼丸、其他) 4.水生动物油脂及制品 5.其他水产品	
	2202	即食水产品	1.风味熟制水产品(烤鱼片、鱿鱼丝、熏鱼、鱼松、炸鱼、即食海参、即食鲍鱼、其他) 2.生食水产品[醉虾、醉泥螺、醉蚶、蟹酱(糊)、生鱼片、生螺片、海蜇丝、其他]	
淀粉及淀粉制品	2301	淀粉及淀粉制品	1.淀粉[谷类淀粉(大米、玉米、高粱、麦、其他)、薯类淀粉(木薯、马铃薯、甘薯、芋头、其他)、豆类淀粉(绿豆、蚕豆、豇豆、豌豆、其他)、其他淀粉(藕、荸荠、百合、蕨根、其他)] 2.淀粉制品(粉丝、粉条、粉皮、虾片、其他)	
	2302	淀粉糖	淀粉糖(葡萄糖、饴糖、麦芽糖、异构化糖、低聚异麦芽糖、果葡糖浆、麦芽糊精、葡萄糖浆、其他)	

续表 10-1

食品、食品添加剂类别	类别编号	类别名称	品种明细	备注
糕点	2401	热加工糕点	1.烘烤类糕点（酥类、松酥类、松脆类、酥层类、酥皮类、松酥皮类、糖浆皮类、硬皮类、水油皮类、发酵类、烤蛋糕类、烘糕类、烫面类、其他类） 2.油炸类糕点（酥皮类、水油皮类、松酥类、酥层类、水调类、发酵类、其他类） 3.蒸煮类糕点（蒸蛋糕类、印模糕类、韧糕类、发糕类、松糕类、粽子类、水油皮类、片糕类、其他类） 4.炒制类糕点 5.其他类［发酵面制品（馒头、花卷、包子、豆包、饺子、发糕、馅饼、其他）、油炸面制品（油条、油饼、炸糕、其他）、非发酵面米制品（窝头、烙饼、其他）、其他］	
	2402	冷加工糕点	1.熟粉糕点（热调软糕类、冷调切糕类、冷调松糕类、印模糕类、挤压糕点类、其他类） 2.西式装饰蛋糕类 3.上糖浆类 4.夹心（注心）类 5.糕团类 6.其他类	
	2403	食品馅料	食品馅料（月饼馅料、其他）	
豆制品	2501	豆制品	1.发酵性豆制品［腐乳（红腐乳、酱腐乳、白腐乳、青腐乳）、豆豉、纳豆、豆汁、其他］ 2.非发酵性豆制品（豆浆、豆腐、豆腐泡、熏干、豆腐脑、豆腐干、腐竹、豆腐皮、其他） 3.其他豆制品（素肉、大豆组织蛋白、膨化豆制品、其他）	
蜂产品	2601	蜂蜜	蜂蜜	
	2602	蜂王浆（含蜂王浆冻干品）	蜂王浆、蜂王浆冻干品	
	2603	蜂花粉	蜂花粉	
	2604	蜂产品制品	蜂产品制品	
保健食品	2701	保健食品	保健食品产品名称	

续表 10-1

食品、食品添加剂类别	类别编号	类别名称	品种明细	备注
特殊医学用途配方食品	2801	特殊医学用途配方食品	1.全营养配方食品 2.特定全营养配方食品(糖尿病全营养配方食品,呼吸系统病全营养配方食品,肾病全营养配方食品,肿瘤全营养配方食品,肝病全营养配方食品,肌肉衰减综合征全营养配方食品,创伤、感染、手术及其他应激状态全营养配方食品,炎性肠病全营养配方食品,胃肠道吸收障碍、胰腺炎全营养配方食品,脂肪酸代谢异常全营养配方食品,肥胖、减脂手术全营养配方食品)	产品(注册批准文号)
	2802	特殊医学用途婴儿配方食品	特殊医学用途婴儿配方食品(无乳糖配方或低乳糖配方、乳蛋白部分水解配方、乳蛋白深度水解配方或氨基酸配方、早产/低出生体重婴儿配方、氨基酸代谢障碍配方、母乳营养补充剂)	产品(注册批准文号)
婴幼儿配方食品	2901	婴幼儿配方乳粉	1.婴儿配方乳粉(湿法工艺、干法工艺、干湿法复合工艺) 2.较大婴儿配方乳粉(湿法工艺、干法工艺、干湿法复合工艺) 3.幼儿配方乳粉(湿法工艺、干法工艺、干湿法复合工艺)	产品(配方注册批准文号)
特殊膳食食品	3001	婴幼儿谷类辅助食品	1.婴幼儿谷物辅助食品(婴幼儿米粉、婴幼儿小米米粉、其他) 2.婴幼儿高蛋白谷物辅助食品(高蛋白婴幼儿米粉、高蛋白婴幼儿小米米粉、其他) 3.婴幼儿生制类谷物辅助食品(婴幼儿面条、婴幼儿颗粒面、其他) 4.婴幼儿饼干或其他婴幼儿谷物辅助食品(婴幼儿饼干、婴幼儿米饼、婴幼儿磨牙棒、其他)	
	3002	婴幼儿罐装辅助食品	1.泥(糊)状罐装食品(婴幼儿果蔬泥、婴幼儿肉泥、婴幼儿鱼泥、其他) 2.颗粒状罐装食品(婴幼儿颗粒果蔬泥、婴幼儿颗粒肉泥、婴幼儿颗粒鱼泥、其他) 3.汁类罐装食品(婴幼儿水果汁、婴幼儿蔬菜汁、其他)	
	3003	其他特殊膳食食品	其他特殊膳食食品(辅助营养补充品、其他)	
其他食品	3101	其他食品	其他食品(具体品种明细)	

续表 10-1

食品、食品添加剂类别	类别编号	类别名称	品种明细	备注
食品添加剂	3201	食品添加剂	食品添加剂产品名称(使用 GB 2760、GB 14880 或卫生计生委公告规定的食品添加剂名称;标准中对不同工艺有明确规定的应当在括号中标明;不包括食品用香精和复配食品添加剂)	
	3202	食品用香精	食品用香精[液体、乳化、浆(膏)状、粉末(拌和、胶囊)]	
	3203	复配食品添加剂	复配食品添加剂明细(使用 GB 26687 规定的名称)	

注:1."备注"栏填写其他需要载明的事项,生产保健食品、特殊医学用途配方食品、婴幼儿配方食品的需载明产品注册批准文号或者备案登记号;接受委托生产保健食品的,还应当载明委托企业名称及住所等相关信息。

2. 新修订发布的审查细则与目录表中分类不一致的,以新发布的审查细则规定为准。

3. 按照"其他食品"类别申请生产新食品原料的,其标注名称应与国家卫生和计划生育委员会公布的可以用于普通食品的新食品原料名称一致。

第三节 食品生产许可证的申办

一、食品生产许可的主要审查程序

根据《办法》和《通则(2022 版)》的规定,许可申请受理后,许可审查的基本程序如图 10-1 所示。

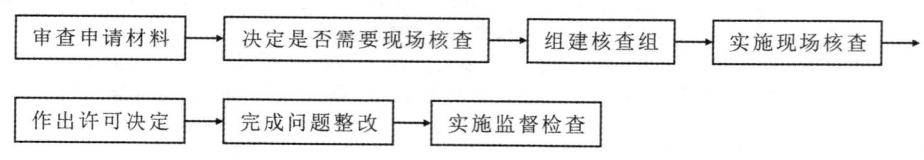

图 10-1 许可审查的基本程序

一是负责许可审批的市场监督管理部门(以下简称审批部门)对申请人提交的申请材料的完整性、规范性、符合性进行审查。

二是经申请材料审查,符合有关要求不需要现场核查的,审批部门应当按规定程序作出行政许可决定。对需要现场核查的,应当及时作出现场核查的决定,并组织现场核查。

三是审批部门决定实施现场核查的,应当组建核查组,制作并及时向申请人、实施食品安全日常监督管理的市场监督管理部门送达《食品生产许可现场核查通知书》,告知现场核查有关事项。

四是核查组应当自接受现场核查任务之日起 5 个工作日内完成现场核查,并将相关材料上报委派其实施现场核查的市场监督管理部门。

五是审批部门应当自受理食品生产许可申请之日起 10 个工作日内,根据申请材料审查和现场核查等情况,作出是否准予生产许可的决定。

六是现场核查结论判定为通过的,申请人应当自作出现场核查结论之日起1个月内完成对现场核查中发现问题的整改,并将整改结果向其日常监管部门书面报告。

七是申请人的日常监管部门应当在申请人取得食品生产许可后3个月内对获证企业开展一次监督检查。

二、食品生产许可的审查要求

食品生产许可审查包括申请材料审查和现场核查。——《通则(2022版)》第三条。

申请材料审查应当审查申请材料的完整性、规范性、符合性;申请人提供的材料是否符合食品生产的法律法规、标准,是否符合食品生产许可审查通则、审查细则、管理办法的要求。——《通则(2022版)》第六条至第十四条。

现场核查应当审查申请材料与实际状况的一致性、生产条件的符合性。现场核查应深入到生产现场,对申请人的生产条件是否符合法律法规、是否符合食品生产许可要求进行实地核查。——《通则(2022版)》第十五条至第二十九条。

(一)对申请人的要求

1. 申请人应当具有申请食品生产许可的主体资格。——《通则(2022版)》第六条。申请食品生产许可,应当先行取得营业执照等合法主体资格。企业法人、合伙企业、个人独资企业、个体工商户、农民专业合作组织等,以营业执照载明的主体作为申请人。——《办法》第十条。

2. 申请人应当配备专职或者兼职的食品安全专业技术人员和食品安全管理人员,符合相应审查细则要求,符合《食品安全法》第一百三十五条的要求。——《通则(2022版)》第九条。

3. 申请材料应当种类齐全、内容完整,符合法定形式和填写要求。——《通则(2022版)》第七条。种类齐全:食品生产许可的申请材料符合《办法》第十三条、第十四条、第三十三条和第三十五条的要求;内容完整:提交材料的内容无漏填信息,食品安全管理制度清单内容符合《办法》第十二条第(三)项和相应审查细则要求。符合法定形式:提交的材料形式上符合法律法规、审查通则、审查细则、管理办法等的要求。

4. 申请材料应当由申请人的法定代表人(负责人)签名或者加盖申请人公章,复印件还应由申请人注明"与原件一致"。——《通则(2022版)》第九条。

5. 申请人应当对申请材料的真实性负责。——《通则(2022版)》第六条。

隐瞒有关情况或提供虚假材料的情形:①提供伪造的营业执照复印件。新增临近的生产地址时,为避免变更营业执照时需要的环评等手续提供伪造的营业执照复印件。②提供虚假的生产条件未发生变化声明。为规避现场核查,明知生产条件发生变化,却故意作出未发生变化的声明。③申请材料与实际情况严重不符。为使申请材料形式上符合法律法规等要求未如实填写申请材料。④故意修改产品注册和备案文件,以满足实际生产许可要求。如申请保健食品、特殊医学用途配方食品和婴幼儿配方食品的,未按规定程序进行注册或备案。⑤其他各类隐瞒、伪造申请材料的行为。如主观掩盖真相,或提供不存在、不真实材料。

行政许可申请人隐瞒有关情况或者提供虚假材料申请行政许可的,行政机关不予受理或者不予行政许可,并给予警告;行政许可申请属于直接关系公共安全、人身健康、生命财产安全事项的,申请人在一年内不得再次申请该行政许可。——《行政许可法》第七十八条。

6.申请人应当根据所在地省、自治区、直辖市市场监督管理部门规定的食品生产许可受理权限,向所在地县级以上地方市场监督管理部门提出食品生产许可申请。——《办法》第六条、第七条、第十三条。

(二)申请材料提交的要求

1.份数要求

负责许可审批的市场监督管理部门(以下简称审批部门)要求申请人提交纸质申请材料的,应当根据食品生产许可审查、日常监管和存档需要确定纸质申请材料的份数。申请材料应当种类齐全、内容完整,符合法定形式和填写要求。——《通则(2022版)》第七条。

2.申请人新申请的材料要求

(1)申请食品生产许可的,应当向申请人所在地县级以上地方市场监督管理部门提交食品生产许可申请书;食品生产设备布局图和食品生产工艺流程图;食品生产主要设备、设施清单;专职或者兼职的食品安全专业技术人员、食品安全管理人员信息和食品安全管理制度以及法律法规规定的其他材料。——《办法》第十三条。

(2)申请保健食品、特殊医学用途配方食品、婴幼儿配方食品等特殊食品的生产许可,还应当提交与所生产食品相适应的生产质量管理体系文件以及相关注册和备案文件。——《办法》第十四条。

(3)申请食品添加剂生产许可,应当向申请人所在地县级以上地方市场监督管理部门提交食品添加剂生产许可申请书;食品添加剂生产设备布局图和生产工艺流程图;食品添加剂生产主要设备、设施清单;专职或者兼职的食品安全专业技术人员、食品安全管理人员信息和食品安全管理制度以及法律法规规定的其他材料。——《办法》第十六条。

3.申请人申请变更的材料要求

食品生产许可证有效期内,食品生产者名称、现有设备布局和工艺流程、主要生产设备设施、食品类别等事项发生变化,需要变更食品生产许可证载明的许可事项的,食品生产者应当在变化后 10 个工作日内向原发证的市场监督管理部门提出变更申请。——《办法》第三十二条。

申请人依法申请延续食品生产许可的,审批部门应当按照延续食品生产许可的要求审查。申请变更食品生产许可的,应当提交食品生产许可变更申请书以及与变更食品生产许可事项有关的其他材料。——《办法》第三十三条。

有下列情况的需要提出变更申请:——《通则(2022版)》第十条。

(1)现有设备布局和工艺流程发生变化的;

(2)主要生产设备设施发生变化的;

(3)生产的食品类别发生变化的;

(4)生产场所改建、扩建的;

(5)其他生产条件或生产场所周边环境发生变化,可能影响食品安全的;

(6)食品生产许可证载明的其他事项发生变化,需要变更的。

(三)对审批部门的审查要求

审批部门应当对申请人提交的申请材料的完整性、规范性、符合性进行审查。——《通则(2022版)》第九条。

1.完整性

(1)食品生产许可的申请材料符合《办法》第十三条和第十四条的要求;

(2)食品添加剂生产许可的申请材料符合《办法》第十六条的要求。

2.规范性

(1)申请材料符合法定形式和填写要求,纸质申请材料应当使用钢笔、签字笔填写或者打印,字迹应当清晰、工整,修改处应当加盖申请人公章或者由申请人的法定代表人(负责人)签名;

(2)申请人名称、法定代表人(负责人)、统一社会信用代码、住所等填写内容与营业执照一致;

(3)生产地址为申请人从事食品生产活动的详细地址;

(4)申请材料应当由申请人的法定代表人(负责人)签名或者加盖申请人公章,复印件还应由申请人注明"与原件一致";

(5)产品信息表中食品、食品添加剂类别,类别编号,类别名称,品种明细及备注的填写符合《食品生产许可分类目录》的有关要求。分装生产的,应在相应品种明细后注明。

3.符合性

(1)申请人具有申请食品生产许可的主体资格;

(2)食品生产主要设备、设施清单符合《办法》第十二条第(二)项和相应审查细则要求;

(3)食品生产设备布局图和食品生产工艺流程图完整、准确,布局图按比例标注,设备布局、工艺流程合理,符合《办法》第十二条第(一)项和第(四)项要求,符合相应审查细则和所执行标准要求;

(4)申请人配备专职或者兼职的食品安全专业技术人员和食品安全管理人员,符合相应审查细则要求,符合《食品安全法》第一百三十五条的要求;

(5)食品安全管理制度清单内容符合《办法》第十二条第(三)项和相应审查细则要求。

(四)材料审查的判定结果

审批部门对申请人提交的食品生产申请材料审查,符合有关要求不需要现场核查的,应当按规定程序作出行政许可决定。对需要现场核查的,应当及时作出现场核查的决定,并组织现场核查。——《通则(2022版)》第十四条。

县级以上地方市场监督管理部门应当对申请人提交的申请材料进行审查。需要对申请材料的实质内容进行核实的,应当进行现场核查。——《办法》第二十一条。

三、申请材料审查与现场核查

根据食品生产许可的相关规定,在食品生产许可申请被受理后,审批部门将组成核查组并制订核查计划,核查组依据《办法》《通则(2022版)》和具体产品的审查细则对申请人的申请材料和生产场所进行核查(以下简称现场核查)。

(一)核查申请材料

1.材料核查的内容

(1)核查食品安全管理制度

核查组依据法律法规规定,核查申请人制定的组织生产食品的各项质量安全管理制度是否完备,文本内容是否符合要求。

（2）核查岗位责任制度

核查申请人制定的食品安全专业技术人员、管理人员岗位分工是否与生产相适应，岗位职责文本内容、说明等对相关人员专业、经历等要求是否明确。

必要时核查申请材料可以与现场核查结合进行。

2.申请材料审查记录表（见《通则（2022 版）》附件 2）

（二）实施现场核查

《通则（2022 版）》是审查组对食品生产加工企业进行现场审查活动的工作依据。在企业 SC 现场核查中，审查员应同时使用《通则（2022 版）》和某一个审查细则，以完成对某一类食品生产企业的质量安全市场准入审查。

1.现场核查的内容

现场核查是核查申请人生产现场实际具备的条件与申请材料的一致性，以及与申请生产的食品相关的卫生规范、条件及审查细则规定要求的合规性。其主要内容包括生产场所、设备设施、设备布局和工艺流程、人员管理、管理制度及其执行情况，以及试制食品检验合格报告六个方面。——《通则（2022 版）》第二十三条。

（1）核查生产场所。主要核查厂区内外环境是否与申请材料申述情况一致，是否符合相关卫生规范及条件的要求；车间布局及环境是否与申请材料申述情况一致，以及车间布局的合规性；各功能库房面积、防护条件、温湿度控制等是否与申请材料申述情况一致，以及是否能满足生产食品品种、数量存放要求等。

（2）核查设备设施。主要核查所具有的生产设备设施是否与申请材料申述情况一致，以及对申请生产食品品种、数量的生产工艺、质量安全要求、检验条件的满足性。申请材料中申明自行出厂检验的，主要核查出厂检验设备是否齐全、精度是否满足要求、是否与申请材料申述情况一致；申明委托检验的，核查委托合同是否满足要求及其与申请材料的符合性。

（3）核查设备布局和工艺流程。主要核查工艺流程布局、设备布局是否与申请材料申述情况一致，及其与审查细则的合规性。

（4）核查人员管理。主要核查专业技术人员与管理人员是否与申请材料申述情况一致；是否制定和实施职工培训计划；是否建立并执行从业人员健康管理制度。

（5）核查管理制度。是否按照相关法律法规、食品安全标准以及审查细则规定，建立并执行保障食品安全的管理制度。

（6）核查试制食品检验合格报告。主要核查试制食品检验合格报告以及是否按照食品安全标准规定的检验项目进行检验。

2.生产许可现场核查评分记录表［见《通则（2022 版）》附件 2］

3.现场核查工作程序

（1）召开首次会议。由核查组长向申请人介绍核查组成员及核查目的、依据、内容、程序、安排和要求等，并代表核查组作出保密承诺和廉洁自律声明。

参加首次会议人员包括核查组成员和观察员，以及申请人的法定代表人（负责人）或者其代理人、相关食品安全管理人员和专业技术人员，并在《食品、食品添加剂生产许可现场核查首次会议签到表》［见《通则（2022 版）》附件 1］上签名。——《通则（2022 版）》第二十一条。

（2）实施现场核查。依据《食品、食品添加剂生产许可现场核查评分记录表》［见《通则（2022 版）》附件 2］所列核查项目，采取核查场所及设备、查阅文件、核实材料及询问相关人员等方法实施现场核查。

必要时,核查组可以对申请人的食品安全管理人员、专业技术人员进行抽查考核。——《通则(2022 版)》第二十二条。

(3)核查组会议。根据现场核查情况,核查组长应当召集核查人员共同研究各自负责核查项目的得分,汇总核查情况,形成初步核查意见。

核查组应当就初步核查意见向申请人的法定代表人(负责人)通报,并听取其意见。——《通则(2022 版)》第二十四条。

核查组对初步核查意见和申请人的反馈意见会商后,应当根据不同类别名称的食品现场核查情况分别评分判定,形成核查结论,并汇总填写《食品、食品添加剂生产许可现场核查报告》(见《通则(2022 版)》附件 3)。——《通则(2022 版)》第二十五条。

(4)召开末次会议。参加末次会议人员应当包括申请人的法定代表人(负责人)或其代理人,相关食品安全管理人员、专业技术人员、核查组成员及观察员。

由核查组长宣布核查结论。核查人员及申请人的法定代表人(负责人)应当在《食品、食品添加剂生产许可现场核查评分记录表》《食品、食品添加剂生产许可现场核查报告》上签署意见并签名、盖章。观察员应当在《食品、食品添加剂生产许可现场核查报告》上签字确认。

《食品、食品添加剂生产许可现场核查报告》一式两份,现场交申请人留存一份,核查组留存一份。

申请人拒绝签名、盖章的,核查组长应当在《食品、食品添加剂生产许可现场核查报告》上注明情况。

参加末次会议人员范围与参加首次会议人员相同,参会人员应当在《食品、食品添加剂生产许可现场核查末次会议签到表》[见《通则(2022 版)》附件 4]上签名。——《通则(2022版)》第二十六条。

(三)审查结果与整改

核查组应当自接受现场核查任务之日起 5 个工作日内完成现场核查,并将《食品、食品添加剂生产许可核查材料清单》[见《通则(2022 版)》附件 5]所列的相关材料上报委派其实施现场核查的市场监督管理部门。——《通则(2022 版)》第二十八条。

审批部门应当根据申请材料审查和现场核查等情况,对符合条件的,作出准予食品生产许可的决定,颁发食品生产许可证;对不符合条件的,应当及时作出不予许可的书面决定并说明理由,同时告知申请人依法享有申请行政复议或者提起行政诉讼的权利。

现场核查结论判定为通过的婴幼儿配方食品、特殊医学用途配方食品申请人应当立即对现场核查中发现的问题进行整改,整改结果通过验收后,审批部门颁发食品生产许可证。——《通则(2022 版)》第三十一条。

作出准予食品生产许可决定的,审批部门应当及时将申请人的申请材料及相关许可材料送达申请人的日常监管部门。——《通则(2022 版)》第三十二条。

现场核查结论判定为通过的,申请人应当自作出现场核查结论之日起 1 个月内完成对现场核查中发现问题的整改,并将整改结果向其日常监管部门书面报告。——《通则(2022版)》第三十三条。

申请人的日常监管部门应当在申请人取得食品生产许可后 3 个月内对获证企业开展一次监督检查。对已实施现场核查的企业,重点检查现场核查中发现问题的整改情况;对申请人声明生产条件未发生变化的延续换证企业,重点检查生产条件保持情况。——《通则(2022 版)》第三十四条。

本章小结

食品生产许可(SC)是我国对食品市场进行干预的基本制度,它作为政府监督管理食品质量安全的第一环节,既是政府管理食品市场的起点,又是现代市场经济条件下的一项基础性的、极为重要的经济法律制度。《食品生产许可管理办法》是以《食品安全法》为依据,由国家市场监督管理总局制定的,替代以往的 QS 制度。

食品生产许可制度具有强制性、适用性、可发展性、直观性等特点。食品生产许可中将食品分为 31 类及食品添加剂类。

食品生产企业取得食品生产许可,应当符合食品安全标准,并具备保证食品质量安全必备的生产条件。

食品生产企业获取生产许可证的程序大致可分为认证准备、企业内部整改、生产许可证申办三大阶段。其中生产许可证申办的具体流程包括申请、受理(材料审查)、核查(现场核查)、审批、组织试生产、申请生产许可检验、载明品种范围、复检、审批结果公告等步骤。其中对申请人的申请材料的审查内容包括食品安全管理制度和岗位责任制度的审查。食品生产许可证的有效期为 5 年。

食品生产许可证分为正本、副本。正本、副本具有同等法律效力。食品生产许可证编号由 SC("生产"的汉语拼音字母缩写)和 14 位阿拉伯数字组成。数字从左至右依次为:3 位食品类别编码、2 位省(自治区、直辖市)代码、2 位市(地)代码、2 位县(区)代码、4 位顺序码、1 位校验码。

复习思考题

1.食品生产许可(SC)制度的出台有何意义?

2.新 SC 中对食品是如何分类的?

3.食品生产企业取得生产许可需要具备哪些基本条件?

4.食品生产企业申办生产许可证的基本程序是怎样的?

5.申请材料的审查和现场核查的内容有哪些?

实验与实训

实训　食品生产许可现场核查评分记录表的填写

一、实训目的

科学、准确地填写食品生产许可现场核查评分记录表,反映企业管理生产过程和结果的水平,是许可机关作出是否准予许可的重要依据。通过本次实训,可使学生了解食品生产许可现场核查评分记录表的填写技巧、可能遇到的问题及处理的方法。

二、实训原理

依据《食品生产许可现场核查评分记录表》中所列核查项目,采取核查现场、查阅文件,核对材料及询问相关人员等方法实施现场核查。必要时,核查组可以对申请人的食品安全管理人员、专业技术人员进行抽查考核。

三、实训步骤

1.复习《食品生产许可审查通则》、《食品生产许可管理办法》,对食品企业生产必备条件进行现场审核,熟悉食品生产许可现场核查评分记录表的填写技巧。

2.填写食品生产许可现场核查评分记录表,注意使用说明(格式见《食品生产许可审查通则》附件5)。

3.对填写结果进行交流、点评。

四、实训效果考核(表 10-2)

表 10-2　实训效果考核表

学生姓名	填写的准确性(50分)	交流时的逻辑性(20分)	回答质疑的准确性(20分)	其他(10分)

第十一章 认证食品的质量控制

知识目标

1. 了解无公害农产品、绿色食品、有机食品认证的意义、概念、标志及特点。
2. 掌握无公害农产品、绿色食品、有机食品的标准体系、认证内容及类型。

技能目标

能够根据无公害农产品、绿色食品、有机食品生产关键技术和认证管理的基本流程和法规，从事无公害农产品、绿色食品、有机食品的生产和管理。

思政目标

通过讲授无公害农产品、绿色食品、有机食品的质量控制，揭示普通食品和无公害农产品、绿色食品、有机食品在标准上的区别，培养学生的学习兴趣和科学热情，提高对知识的理解和学以致用的能力。

在全面推进我国社会主义新农村建设，加快"高产、优质、高效、生态、安全"现代农业发展的进程中，农产品质量安全工作受到了高度重视。加快安全优质农产品的发展，增强农产品的市场竞争力，已成为新时期我国农业和农村经济发展的一项战略任务。2006 年以来，我国颁布实施了《农产品质量安全法》，农业部启动了"农产品质量安全绿色行动计划"，我国农产品质量安全工作进入了一个新阶段。

农产品认证是推动我国农产品质量安全工作的重要手段，无公害农产品、绿色食品和有机食品是农产品质量安全认证的基本类型。近几年来，在政府与市场的双重作用下，我国无公害农产品、绿色食品和有机食品获得了快速发展，形成了"三位一体、整体推进"的发展格局。

第一节 无公害农产品

一、无公害农产品的概念、分类及特征

（一）无公害农产品的概念

无公害农产品的概念有特指和广义两个范畴。

（1）特指的无公害农产品概念 依据原农业部、原国家质量监督检验检疫总局联合发布的《无公害农产品管理办法》（2002 年）的定义，无公害农产品是指产地环境、生产过程和产品质量符合国家有关标准和规范的要求，经认证合格获得认证证书并允许使用无公害农产品标志的未经加工或者初加工的食用农产品。这个概念有三层含义：一是无公害农产品必须按照国家农业行业标准生产，并且有毒有害物质残留控制在质量安全允许范围内；二是必

须经过无公害农产品认证机构的认定;三是未经加工或者初加工的食用农产品(不包括经过深加工的农产品,也不包括非食用农产品)。

(2)广义的无公害农产品概念　无公害农产品是指安全、质量都符合或高于无公害农产品质量标准的农产品及其加工产品,包括有机食品、绿色食品、生态食品、天然食品及特指无公害农产品等。

(二)无公害农产品必须具备的条件

(1)产品或产品原料产地必须符合无公害农产品生态环境质量标准。

(2)作物种植、动物养殖、食用菌培养及食品加工必须符合无公害农产品的生产技术标准。

(3)产品必须符合无公害农产品质量和卫生标准。

(4)产品外包装必须符合无公害农产品的包装、标签通用标准。

(三)无公害农产品的分类

我国把无公害食品(农产品)分为种植业产品、畜牧业产品和渔业产品三个大类,按各行业习惯分为 23 个类别,对产品特性和安全指标相似的又分为小类和种类,小类再具体到产品,如种植业大类粮食作物类的玉米小类中包括玉米、鲜食玉米和糯玉米等。种植业大类含 44 个小类和 5 个种类;畜牧业大类含 9 个小类;渔业大类含 32 个小类和 10 个种类。

(四)无公害农产品的特征

无公害农产品与普通食品相比有四个显著特征:

1.无污染、安全、优质是无公害农产品的产品基本特征

生产无公害农产品的最终目的是不断提高人民的生活水平和民族健康状况。随着我国人民生活水平的提高,消费者对食品的要求,在质量标准、营养口味的基础上,对食品安全卫生标准提出更严格的要求。具体说来,无污染、安全不仅是将最终产品的污染水平控制在危害人体健康的安全限度之内,而且通过食品生产过程中的严密监测、控制和防范,防止农药残留、放射性物质、重金属、有害细菌、有毒有害化学合成物质等在生产各个环节对食品的污染,以确保无公害农产品的安全。食品质量是衡量社会进步的一个重要标准,从这种意义上讲,无公害农产品是人类进步的一个标志。

2.强调产品出自良好生态环境是无公害农产品的生产基地特征

无公害农产品生产对环境有严格的要求,强调环境是基础,具有一票否决权,无公害农产品必须具备的条件中的首要条件就是:无公害农产品产地必须符合无公害农产品产地的环境质量标准。能够符合无公害农产品产地环境标准的产地都是在空气清新、水质纯净、土壤未受污染、农业生态环境质量良好的地区。在确定该区域环境符合无公害农产品产地标准的基础上,还要求生产企业或当地政府有一套保证措施,以确保该区域在今后的生产过程中环境质量不下降。

3.对产品实行全程质量控制是无公害农产品的生产过程特征

无公害农产品实行"从农田到餐桌"全程质量控制,而不是简单地对最终产品的有害成分含量和卫生指标进行测定,从而在农业和食品生产领域树立了全新的质量观。

(1)严格禁止或控制使用化学合成物质　现代农业大量使用化肥农药和植物生长调节剂,这些化学合成物质的使用在提高产量的同时,也造成了土壤中有毒有害物质累积、有机质减少、保肥保水能力下降等,进一步加剧了农村环境污染,对生态平衡造成了很大危害。

无公害农产品生产过程有着严格的技术要求和质量控制,对化肥、农药、兽药、饲料添加剂、食品添加剂的使用都有严格的规定,从而保证了农产品的品质,也减少了农业污染。

(2)严格执行有关生产技术和操作规程　无公害农产品生产过程中,无论是通过种植、养殖、培养方式生产有关生物产品或原料,还是进行食品加工,都必须执行相关的生产技术和操作规程;并由委托管理机构派检查员检查生产企业的生产资料购买、使用情况,检查生产者是否按照无公害农产品生产技术标准进行生产,以证明生产行为对产品质量和产地环境质量是有益的。在生产、加工、包装、运输、营销全过程中,严格执行有关技术标准和操作规程,确保产品到达消费者餐桌仍符合无公害农产品的标准。

4.对产品依法实行认证管理是无公害农产品的管理特征

政府授权专门机构认证管理无公害农产品,是一种将技术手段和行政手段有机结合起来的生产组织和管理行为。产后由定点产品监测机构对最终产品进行监测,确保最终产品符合无公害农产品标准,才能使用无公害农产品的标签、标志。

在我国无公害农产品及其加工领域,改变了仅以最终产品的检验结果评定产品质量优劣的传统观念,这是以质量控制为核心的生产方式的一个进步,是一个质的变化,也树立了一个全新的质量观。同时,实施全程质量控制不仅要求在生产中强调技术投入,更要求在产前、产后追加技术投入,有利于提高整个生产过程的技术含量,推动农业和食品工业的标准化和技术进步。

二、无公害农产品(食品)的标准和生产质量控制

(一)无公害食品行业标准

1.无公害食品产地环境质量标准

无公害食品的生产首先受地域环境质量的制约,即只有在生态环境良好的农业生产区域内才能生产出优质、安全的无公害食品。因此,无公害食品产地环境质量标准对产地的空气、农田灌溉水质、渔业水质、畜禽养殖用水和土壤等的各项指标以及浓度限值作出规定,一是强调无公害食品必须产自良好的生态环境地域,以保证无公害食品最终产品的无污染、安全性,二是促进对无公害食品产地环境的保护和改善。

无公害食品产地环境质量标准与绿色食品产地环境质量标准的主要区别是:无公害食品中同一类产品的不同品种有不同的环境标准,而这些环境标准之间没有或有很小的差异,其指标主要参考了绿色食品产地环境质量标准;绿色食品的同一类产品有一个通用的环境标准,可操作性更强。

2.无公害食品生产技术标准

无公害食品生产过程的控制是无公害食品质量控制的关键环节,无公害食品生产技术标准是按作物种类、畜禽种类等和不同农业区域的生产特性分别制订的,用于指导无公害食品生产活动,规范无公害食品生产,包括农产品种植、畜禽饲养、水产养殖和食品加工等技术操作规程。

从事无公害农产品生产的单位或者个人,应当严格按规定使用农业投入品。禁止使用国家禁用、淘汰的农业投入品。

无公害食品生产技术标准与绿色食品生产技术标准的主要区别是:无公害食品生产技术标准主要是无公害食品生产技术规程标准,只有部分产品有生产资料使用准则,其生产技

术规程标准在产品认证时仅供参考,无公害食品的广泛性决定了无公害食品生产技术标准无法落实到位。绿色食品生产技术标准包括了绿色食品生产资料使用准则和绿色食品生产技术规程两部分,这是绿色食品的核心标准,绿色食品认证和管理重点坚持绿色食品生产技术标准到位,也只有绿色食品生产技术标准到位才能真正保证绿色食品质量。

3.无公害食品产品标准

无公害食品产品标准是衡量无公害食品最终产品质量的指标尺度。它虽然跟普通食品的国家标准一样,规定了食品的外观品质和卫生品质等内容,但其卫生指标高于国家标准,重点突出了安全指标,安全指标的制订与当前的生产实际紧密结合。无公害食品产品标准反映了无公害食品生产、管理和控制的水平,突出了无公害食品无污染、食用安全的特性。

无公害食品产品标准与绿色食品产品标准的主要区别是:二者卫生指标差异很大,绿色食品产品卫生指标明显严于无公害食品产品卫生指标。以黄瓜为例,无公害食品黄瓜的卫生指标有 11 项,绿色食品黄瓜的卫生指标有 18 项;无公害食品黄瓜的卫生要求是敌敌畏含量小于或等于 0.2 mg/kg,绿色食品黄瓜的卫生要求是敌敌畏含量小于或等于 0.1 mg/kg。另外,绿色食品蔬菜还规定了感官和营养指标的具体要求,而无公害蔬菜没有;绿色食品有包装通用准则,无公害食品没有。

按照国家法律法规规定和食品对人体健康、环境影响的程度,无公害食品的产品标准和产地环境质量标准为强制性标准,生产技术标准为推荐性标准。

(二)无公害农产品生产质量控制

无公害农产品生产的关键控制技术主要有:

1.无公害农产品生产基地环境控制技术

无公害农产品开发基地应建立在生态农业建设区域之中,在生态农业建设中强化无公害技术份额。具体地说,其基地在土壤、大气、水质等方面必须符合无公害农产品产地环境标准,其中的土壤主要是重金属指标,大气主要是硫化物、氮化物和氟化物等指标,水质主要是重金属、硝态氮、全盐量、氯化物等指标。无公害农产品产地环境评价是选择无公害农产品基地的标尺,只有通过其环境评价,才具有生产无公害农产品的条件和资格,这是前提条件。

2.无公害农产品生产过程控制技术

无公害农产品的农业生产过程控制主要是农用化学物质使用限量的控制及替代过程,重点生产环节是病虫害防治和肥料施用。病虫害防治要以不用或少用化学农药为原则,强调以预防为主,以生物防治为主。肥料施用强调以有机肥和底肥为主,按土壤养分库动态平衡需求调节肥量和用肥品种。在生产过程中制定相应的无公害生产操作规范,建立相应的文档,备案待查。

3.无公害农产品质量控制技术

无公害农产品最终体现在产品的无公害化上。其产品可以是初级产品,也可以是加工产品,其收获、加工、包装、贮藏、运输等后续过程均应制定相应的技术规范和执行标准。

产品是否无公害要通过检测来确定。无公害农产品首先在营养品质上应是优质的,营养品质检测可以依据相应检测机构的结果,而环境品质、卫生品质检测要在指定机构进行。

三、无公害农产品的认证

(一)无公害农产品认证机构简介

农业部农产品质量安全中心是由中央机构编制委员会办公室批准成立、国家认证认可监督管理委员会批准登记、农业部直属的正局级事业单位,专门从事无公害农产品认证工作。

农业部农产品质量安全中心的主要职责是:贯彻执行国家关于农产品质量安全认证认可及合格评定方面的法律、法规和规章制度;发布认证标志和认证产品目录;受理分中心认证审查报告,并向认证合格者颁发认证证书;办理无公害农产品标志的使用手续,负责无公害农产品标志使用的监督管理;接受无公害农产品产地认定结果备案;对无公害农产品标志的印制单位进行委托和管理;开展无公害农产品质量安全认证的国际交流和合作;负责农业部农产品认证管理委员会的日常工作。

农业部农产品质量安全中心内设办公室、技术处、审核处、监督处四个职能部门,下设种植业产品、畜牧业产品和渔业产品三个认证分中心。根据认证工作的需要,遵循"择优选用、业务委托、合理布局、协调规范"的原则,紧紧依托国家和农业部已有的检测机构,建立遍布各省、覆盖全国的无公害农产品认证检测体系。

(二)无公害农产品产地认定

无公害农产品产地认定是无公害农产品认证的前提和条件,是推进农产品标准化生产的最重要措施,是确保农产品质量安全的基础。各省、自治区、直辖市和计划单列市人民政府的农业行政主管部门(以下简称省级农业行政主管部门)负责本辖区内无公害农产品产地的认定(以下简称产地认定)工作。

1. 申报无公害农产品产地应具备的基本条件

(1)产地必须具备良好的自然环境,规划科学,布局合理,能满足无公害农产品生产的要求。

(2)产地应设立专门的管理机构,配备相应的专业技术人员,建立健全生产、服务体系。

(3)产地应当具有一定的生产规模,具体规定如表11-1所示。

表 11-1 无公害农产品产地认定生产规模要求

产 品 类 别	生 产 规 模	说　　　明
粮食作物	2000 亩以上	
蔬菜	露地种植面积不少于 300 亩,保护地种植面积不少于 50 亩	
水果	种植面积不少于 300 亩	1. 因地域、产品差异,生产规模可适当调整;
西(甜)瓜	露地种植面积不少于 500 亩,保护地种植面积不少于 50 亩	2. 其他产地规模,视具体情况而定
油料	种植面积不少于 500 亩	
茶园	种植面积不少于 200 亩	
食用菌	年投料不少于 200 吨	
水产养殖	大水面养殖面积不少于 1000 亩;集中连片池塘养殖面积不少于 100 亩;工厂化养殖面积不少于 1000 平方米	

2. 申请人的资格

符合无公害农产品产地基本条件并从事无公害农产品生产、经营的单位或个人均可作为无公害农产品产地的申请人。

3.认定程序

申请产地认定的单位和个人(以下简称申请人),应当向产地所在地县级人民政府农业行政主管部门(以下简称县级农业行政主管部门)提出申请,并提交以下材料:①"无公害农产品产地认定申请书";②产地的区域范围、生产规模;③产地环境状况说明;④无公害农产品生产计划;⑤无公害农产品质量控制措施;⑥专业技术人员的资质证明;⑦保证执行无公害农产品标准和规范的声明;⑧要求提交的其他有关材料。

县级农业行政主管部门自受理之日起 30 日内,对申请人的申请材料进行形式审查。符合要求的,出具推荐意见,连同产地认定申请材料逐级上报省级农业行政主管部门;不符合要求的,应当书面通知申请人。

省级农业行政主管部门应当自收到推荐意见和产地认定申请材料之日起 30 日内,组织有资质的检查员对产地认定申请材料进行审查。材料审查不符合要求的,应当书面通知申请人。

材料审查符合要求的,省级农业行政主管部门组织由有资质的检查员组成的检查组对产地进行现场检查。现场检查不符合要求的,应当书面通知申请人。

申请材料和现场检查符合要求的,省级农业行政主管部门通知申请人委托具有资质的检测机构对其产地环境进行抽样检验。

检测机构应当按照标准进行检验,出具环境检验报告和环境评价报告,分送省级农业行政主管部门和申请人。环境检验不合格或者环境评价不符合要求的,省级农业行政主管部门应当书面通知申请人。

省级农业行政主管部门对材料审查、现场检查、环境检验和环境现状评价符合要求的,进行全面评审,并作出认定终审结论。符合颁证条件的,颁发"无公害农产品产地认定证书";不符合颁证条件的,应当书面通知申请人。

"无公害农产品产地认定证书"的有效期为 3 年。期满后需要继续使用的,证书持有人应当在有效期满前 90 日内按照本程序重新办理。

省级农业行政主管部门应当在颁发"无公害农产品产地认定证书"之日起 30 日内,将获得证书的产地名录报农业部和国家认证认可监督管理委员会备案。

(三)无公害农产品认证

农业部农产品质量安全中心(以下简称中心)承担无公害农产品认证(以下简称产品认证)工作。农业部和国家认证认可监督管理委员会(以下简称国家认监委)依据相关的国家标准或者行业标准发布《实施无公害农产品认证的产品目录》(以下简称产品目录)。凡生产产品目录内的产品,并获得"无公害农产品产地认定证书"的单位和个人,均可申请产品认证。

申请产品认证的单位和个人(以下简称申请人),可以通过省、自治区、直辖市和计划单列市人民政府农业行政主管部门或者直接向中心申请产品认证,并提交以下材料:①"无公害农产品认证申请书";②"无公害农产品产地认定证书"(复印件);③产地"环境检验报告"和"环境评价报告";④产地区域范围、生产规模;⑤无公害农产品的生产计划;⑥无公害农产品质量控制措施;⑦无公害农产品生产操作规程;⑧专业技术人员的资质证明;⑨保证执行无公害农产品标准和规范的声明;⑩无公害农产品有关培训情况和计划;⑪申请认证产品的生产过程记录档案;⑫"公司加农户"形式的申请人应当提供公司和农户签订的购销合同范本、农户名单以及管理措施;⑬要求提交的其他材料。

中心自收到申请材料之日起,应当在 15 个工作日内完成申请材料的审查。申请材料不符合要求的,中心应当书面通知申请人。申请材料不规范的,中心应当书面通知申请人补充相关材料。申请人自收到通知之日起,应当在 15 个工作日内按要求完成补充材料并报中心。中心应当在 5 个工作日内完成补充材料的审查。申请材料符合要求,但需要对产地进行现场检查的,中心应当在 10 个工作日内作出现场检查计划并组织有资质的检查员组成检查组,同时通知申请人并请申请人予以确认。检查组在检查计划规定的时间内完成现场检查工作。现场检查不符合要求的,应当书面通知申请人。申请材料符合要求(不需要对申请认证产品产地进行现场检查的)或者申请材料和产地现场检查符合要求的,中心应当书面通知申请人委托有资质的检测机构对其申请认证产品进行抽样检验。检测机构应当按照相应的标准进行检验,并出具产品检验报告,分送中心和申请人。产品检验不合格的,中心应当书面通知申请人。中心对材料审查、现场检查(需要的)和产品检验符合要求的,进行全面评审,在 15 个工作日内作出认证结论。符合颁证条件的,由中心主任签发"无公害农产品认证证书";不符合颁证条件的,中心应当书面通知申请人。每月 10 日前,中心应当将上月获得无公害农产品认证的产品目录同时报农业部和国家认监委备案,由农业部和国家认监委公告。

四、无公害农产品标志及其使用与监督管理

为加强对无公害农产品标志的管理,保证无公害农产品的质量,维护生产者、经营者和消费者的合法权益,农业部和国家认监委根据《无公害农产品管理办法》制定并发布了《无公害农产品标志管理办法》。

(一)无公害农产品标志

无公害农产品标志图案(图 11-1)主要由麦穗、对钩和无公害农产品字样组成,麦穗代表农产品,对钩表示合格。金色寓意成熟和丰收,绿色象征环保和安全。

图 11-1　无公害农产品标志图案

无公害农产品标志规格分为五种,其规格、尺寸(直径)见表 11-2。

表 11-2　无公害农产品标志规格

规格	1 号	2 号	3 号	4 号	5 号
尺寸(mm)	10	15	20	30	60

(二)无公害农产品标志的使用与监督管理

无公害农产品标志是加施于获得无公害农产品认证的产品或者其包装上的证明性标记。国家鼓励获得"无公害农产品认证证书"的单位和个人积极使用全国统一的无公害农产品标志。农业部和国家认监委对全国统一的无公害农产品标志实行统一监督管理。县级以上地方人民政府农业行政主管部门和质量技术监督部门按照职责分工依法负责本行政区域

内无公害农产品标志的监督检查工作。

根据《无公害农产品管理办法》的规定,获得无公害农产品认证资格的认证机构(以下简称认证机构),负责无公害农产品标志的申请受理、审核和发放工作。凡获得"无公害农产品认证证书"的单位和个人,均可以向认证机构申请无公害农产品标志。认证机构应当向申请使用无公害农产品标志的单位和个人说明无公害农产品标志的管理规定,并指导和监督其正确使用无公害农产品标志。认证机构应当按照认证证书标明的产品品种和数量发放无公害农产品标志,建立无公害农产品标志出入库登记制度。无公害农产品标志出入库时,应当清点数量,登记台账;无公害农产品标志出入库台账应当存档,保存时间为 5 年。认证机构应当将无公害农产品标志的发放情况每 6 个月报农业部和国家认监委一次。

获得"无公害农产品认证证书"的单位和个人,可以在证书规定的产品或者其包装上加贴无公害农产品标志,用以证明产品符合无公害农产品标准。印制在包装、标签、广告、说明书上的无公害农产品标志图案,不能作为无公害农产品标志使用。使用无公害农产品标志的单位和个人,应当在"无公害农产品认证证书"规定的产品范围和有效期内使用,不得超范围和逾期使用,不得买卖和转让。使用无公害农产品标志的单位和个人,应当建立无公害农产品标志的使用管理制度,对无公害农产品标志的使用情况如实记录并存档。无公害农产品标志的印制工作应当由经农业部和国家认监委考核合格的印制单位承担,其他任何单位和个人不得擅自印制。

无公害农产品标志的印制单位应当具备以下基本条件:①经工商行政管理部门依法注册登记,具有合法的营业证明;②获得公安、新闻出版等相关管理部门发放的许可证明;③有与其承印的无公害农产品标志业务相适应的技术、设备及仓储保管设施等条件;④具有无公害农产品标志防伪技术和辨伪能力;⑤有健全的管理制度;⑥符合国家有关规定的其他条件。无公害农产品标志的印制单位应当建立无公害农产品标志出入库登记制度。对废、残、次无公害农产品标志应当进行销毁,并予以记录。无公害农产品标志的印制单位,不得向具有无公害农产品认证资格的认证机构以外的任何单位和个人转让无公害农产品标志。伪造、变造、盗用、冒用、买卖和转让无公害农产品标志以及违反本办法规定的,按照国家有关法律法规的规定,予以行政处罚;构成犯罪的,依法追究其刑事责任。从事无公害农产品标志管理的工作人员滥用职权、徇私舞弊、玩忽职守,由所在单位或者所在单位的上级行政主管部门给予行政处分;构成犯罪的,依法追究刑事责任。

第二节　绿色食品

一、绿色食品的概念

绿色食品是遵循可持续发展原则,按照特定生产方式生产,经专门机构认定,许可使用绿色食品商标标志的无污染的安全、优质、营养类食品。

"按照特定的生产方式",是指在生产、加工过程中按照绿色食品的标准,禁用或限制使用化学合成的农药、肥料、添加剂等生产资料及其他有害于人体健康和生态环境的物质,并实施"从农田到餐桌"的全程质量控制。

绿色食品必须同时具备以下条件:

（1）产品或产品原料产地必须符合绿色食品生态环境质量标准。

（2）农作物种植、畜禽饲养、水产养殖及食品加工必须符合绿色食品的生产操作规程。

（3）产品必须符合绿色食品质量和卫生标准。

（4）产品外包装必须符合国家食品标签通用标准，符合绿色食品特定的包装、装潢和标签规定。

无污染、安全、优质、营养是绿色食品的特征。

相比国际通称的有机食品，绿色食品是我国政府主推的一个认证农产品，它是普通食品向有机食品发展的一种过渡产品，分为 A 级绿色食品和 AA 级绿色食品。

二、绿色食品的标志

绿色食品的标志是指绿色食品图形以及"绿色食品"中文、"Green Food"英文字样。它是用以标识食品具有无污染、安全、优质、营养等特殊品质的标记。

绿色食品标志图形由三部分构成：上方的太阳、下方的叶片和中心的蓓蕾，象征自然生态；颜色为绿色，象征着生命、农业、环保；整个图形为正圆形，意为安全和保护。

绿色食品标志商标的注册形式有：绿色食品标志图形、绿色食品、Green Food 及中英文字与图形组合共四种形式（图 11-2）。

图 11-2　绿色食品注册的四种形式

标志的使用采用"一品一号""身份证"制度的原则。绿色食品认证中心对每一批准用标的产品实行统一编号，每一个被许可使用绿色食品标志的产品都有其独有的绿色食品标志的编号，以确定其"身份"。"一品"是指一个认证产品，它是商标名称和产品名称的组合体；"一号"是指一个绿色食品标志编号。

绿色食品标志编号的形式及所代表的含义如下：

```
LB  —  * *  —  * *   * *   * *   * * * *   A
        ↓         ↓     ↓     ↓      ↓       ↓
      产品类别   年份   月份   省份   当年序号   分级
```

绿色食品标志是中国绿色食品发展中心 1996 年 11 月 7 日经国家工商局商标局核准注册的我国的第一例证明商标。

绿色食品核定使用的商品范围极为广泛，在 1 类的肥料上注册了图形商标；在 2 类的食品着色剂上注册了文字、图形、英文以及组合共四个商标;在 3 类的香料上、5 类的婴儿食品上注册了四个商标;并对 29 类的肉类、腌制及干制的水果及其制品、腌制及干制蔬菜、果冻、果酱,30 类的糖、咖啡、面包、糕点、蜂蜜、糖调味香料,31 类的水果、新鲜蔬菜、种子、饲料,32 类的啤酒、饮料,33 类的含酒精的饮料进行了全类注册。

三、绿色食品的标准

绿色食品标准是绿色食品认证和管理的依据和基础,是整个绿色食品事业的重要技术支撑。

(一)绿色食品标准的概念

绿色食品标准是应用科学技术原理,结合绿色食品生产实践,借鉴国内外相关标准所制定的,在绿色食品生产中必须遵循,在绿色食品质量认证时必须依据的技术性文件。绿色食品标准是由农业部发布的推荐性农业行业标准(NY/T),是绿色食品生产企业必须遵照执行的标准。

我国按照"从农田到餐桌"全程质量控制技术路线,建立了定位准确、科学合理的技术标准体系,确立了与发达国家食品标准接轨的质量安全水平定位。农业部发布的绿色食品行业标准总数已达 150 项,基本覆盖了大宗食用农产品及加工食品,主要包括产地环境质量标准、生产过程投入品使用标准、产品质量标准、仓储运输及包装标签标准。

(二)绿色食品的分级

绿色食品分为两个技术等级,即 AA 级绿色食品标准和 A 级绿色食品标准。

AA 级绿色食品标准要求生产地的环境质量符合《绿色食品产地环境质量标准》,生产过程中不使用化学合成的农药、肥料、食品添加剂、饲料添加剂、兽药及有害于环境和人体健康的生产资料,而是通过使用有机肥、种植绿肥、作物轮作、生物或物理方法等技术,培肥土壤,控制病虫草害,保护或提高产品品质,从而保证产品质量符合绿色食品产品标准要求。

A 级绿色食品标准要求生产地的环境质量符合《绿色食品产地环境质量标准》,生产过程中严格按绿色食品生产资料使用准则和生产操作规程要求,限量使用限定的化学合成生产资料,并积极采用生物学技术和物理方法,保证产品质量符合绿色食品产品标准要求。

(三)绿色食品的生产标准

绿色食品标准以"从农田到餐桌"全程质量控制理念为核心,由以下四个部分构成:

1. 绿色食品产地环境质量标准

绿色食品产地环境质量标准即《绿色食品　产地环境技术条件》(NY/T 391—2013),制定这项标准的目的,一是强调绿色食品必须产自良好的生态环境地域,以保证绿色食品最终产品的无污染、安全性;二是促进对绿色食品产地环境的保护和改善。

绿色食品产地环境质量标准规定了产地的空气质量标准、农田灌溉水质标准、渔业水质标准、畜禽养殖用水标准和土壤环境质量标准的各项指标以及浓度限值、监测和评价方法,提出了绿色食品产地土壤肥力分级和土壤质量综合评价方法。对于一种给定的污染物,在全国范围内,其标准是统一的,必要时可增设项目,适用于生产绿色食品(AA 级和 A 级)的农田、菜地、果园、牧场、养殖场和加工厂。

2. 绿色食品生产技术标准

绿色食品生产过程的控制是绿色食品质量控制的关键环节。绿色食品生产技术标准是绿色食品标准体系的核心,它包括绿色食品生产资料使用准则和绿色食品生产技术操作规程两部分。

绿色食品生产资料使用准则是对生产绿色食品过程中物质投入的一个原则性规定,它包括生产绿色食品的农药、肥料、食品添加剂、饲料添加剂、兽药和水产养殖药的使用准则,对允许、限制和禁止使用的生产资料及其使用方法、使用剂量、使用次数和休药期等作出了明确规定。

绿色食品生产技术操作规程是以上述准则为依据,按作物种类、畜牧种类和不同农业区域的生产特性分别制定的,用于指导绿色食品生产活动,规范绿色食品生产技术的技术规定,包括农产品种植、畜禽饲养、水产养殖和食品加工等技术操作规程。

3. 绿色食品产品标准

该标准是衡量绿色食品最终产品质量的指标尺度。它虽然与普通食品的国家标准一样,规定了食品的外观品质、营养品质和卫生品质等内容,但其卫生品质要求高于国家现行标准,主要表现为对农药残留和重金属的检测项目种类多、指标严。而且,使用的主要原料必须是来自绿色食品产地、按绿色食品生产技术操作规程生产出来的产品。绿色食品产品标准反映了绿色食品生产、管理和质量控制的先进水平,突出了绿色食品产品无污染、安全的卫生品质。

4. 绿色食品包装、贮藏运输标准

包装标准规定了进行绿色食品产品包装时应遵循的原则,包装材料选用的范围、种类,包装上的标识内容等。要求产品包装从原料、产品制造、使用、回收到废弃的整个过程都应有利于食品安全和环境保护,包括包装材料的安全、牢固性,节省资源、能源,减少或避免废弃物产生,易回收循环利用,可降解等具体要求和内容。

绿色产品标签标准,除要求符合国家《食品安全国家标准　预包装食品标签通则》外,还要求符合《中国绿色食品商标标志设计使用规范手册》的规定。该手册对绿色食品的标准图形、标准字形、图形和字体的规范组合、标准色、广告用语以及在产品包装标签上的规范应用均作了具体规定。

贮藏运输标准对绿色食品贮运的条件、方法、时间作出了规定,以保证绿色食品在贮运过程中不遭受污染、不改变品质,并有利于环保、节能。

(四)绿色食品标准的作用和意义

绿色食品标准对绿色食品产业发展所起的作用表现在以下几个方面:

1. 绿色食品标准是绿色食品认证工作的技术基础

绿色食品认证实行产前、产中、产后全过程质量控制,同时包含了质量认证和质量体系认证内容。因此,无论是绿色食品质量认证还是质量体系认证都必须有适宜的标准作依据,否则开展认证工作的基本条件就不充分。

2. 绿色食品标准是进行绿色食品生产活动的技术、行为规范

绿色食品标准不仅是对绿色食品产品质量、产地环境质量、生产资料毒负效应的指标规定,更重要的是对绿色食品生产者、管理者的行为的规范,是评定、监督和纠正绿色食品生产者、管理者技术行为的尺度,具有规范绿色食品生产活动的功能。

3. 绿色食品标准是指导农业及食品加工业提高生产水平的技术文件

绿色食品产品标准设置的质量安全指标比较严格,绿色食品标准体系则为企业如何生

产出符合要求的产品提供了先进的生产方式、工艺和生产技术指导。例如,在农作物生产方面,为替代或减少化肥用量、保证产量,绿色食品标准提供了一套根据土壤肥力状况,将有机肥、微生物肥、无机(矿质)肥和其他肥料配合施用的方法;为保证无污染、安全的卫生品质,绿色食品标准提供了一套经济、有效的杀灭致病菌、降解硝酸盐的有机肥处理方法;为减少喷施化学农药,绿色食品标准提供了一套从保护整体生态系统出发的病虫草害综合防治技术。在食品加工方面,为避免加工过程中的二次污染,绿色食品标准提出了一套非化学方式控制害虫的方法和食品添加剂使用准则,从而促使绿色食品生产者采用先进加工工艺,提高技术水平。

4.绿色食品标准是维护绿色食品生产者和消费者利益的技术和法律依据

绿色食品标准作为认证和管理的依据,对接受认证的生产企业属强制执行标准,企业采用的生产技术及生产出的产品都必须符合绿色食品标准要求。国家有关行政主管部门对绿色食品实行监督抽查、打击假冒产品的行动时,绿色食品标准就是保护生产者和消费者利益的技术和法律依据。

5.绿色食品标准是提高我国农产品和食品质量,促进出口创汇的技术手段

绿色食品标准是以我国国家标准为基础,参照国际先进标准制定的,既符合我国国情,又具有国际先进水平。企业通过实施绿色食品标准,能够有效地促进技术改造,加强生产过程的质量控制,改善经营管理,提高员工素质。绿色食品标准也为我国加入 WTO 后开展可持续农产品及有机农产品平等贸易提供了技术保障,为我国农业,特别是生态农业、可持续发展农业在对外开放过程中提高自我保护、自我发展能力创造了条件。

四、绿色食品认证与管理

概括地说,可以申请使用绿色食品标志的一类是食品,比如粮油、水产、果品、饮料、茶叶、畜禽蛋奶产品等。具体包括:①按国家商标类别划分的第 5、29、30、31、32、33 类中的大多数产品均可申请认证;②以"食"或"健"字登记的新开发产品可以申请认证;③经卫生部公告既是药品也是食品的产品可以申请认证;④暂不受理油炸方便面、叶菜类酱菜(盐渍品)、火腿肠及作用机理不甚清楚的产品(如减肥茶)的申请;⑤绿色食品拒绝转基因技术,由转基因原料生产(饲养)加工的任何产品均不受理。另一类是生产资料,主要是指在生产绿色食品过程中的物质投入品,比如农药、肥料、兽药、水产养殖用药、食品添加剂等。

具备一定生产规模、生产设施条件及技术保证措施的食品生产企业和生产区域还可以申报绿色食品基地。

(一)绿色食品标志的认证

1.认证申请条件

凡具有绿色食品生产条件的国内企业均可按以下程序申请绿色食品认证。境外企业另行规定。申请人必须是企业法人。社会团体、民间组织、政府和行政机构等不可作为绿色食品的申请人。

同时,还要求申请人具备以下条件:

(1)具备绿色食品生产的环境条件和技术条件;

(2)生产具备一定规模,具有较完善的质量管理体系和较强的抗风险能力;

(3)加工企业须生产经营一年以上方可受理申请。

2.认证申请需要提交的材料

申请人填写并向所在省绿色食品办公室(以下简称绿办)递交"绿色食品标志使用申请书""企业及生产情况调查表"及以下材料(一式两份):

(1)保证执行绿色食品标准和规范的声明;

(2)生产操作规程(种植规程、养殖规程、加工规程);

(3)公司对"基地＋农户"的质量控制体系(包括合同、基地图、基地和农户清单、管理制度);

(4)产品执行标准;

(5)产品注册商标文本(复印件);

(6)企业营业执照(复印件);

(7)企业质量管理手册;

(8)要求提供的其他材料。

3.认证程序

(1)申请认证企业向市、县(市、区)绿办或向省绿办索取,或从网站(www. ahgreenfood. com)下载"绿色食品申请表"。

(2)市、县(市、区)绿办指导企业做好申请认证的前期准备工作,并对申请认证企业进行现场考察和指导,明确申请认证程序及材料编制要求,并写出考察报告报省绿办。省绿办酌情派员参加。

(3)企业按照要求准备申请材料,根据"绿色食品现场检查项目及评估报告"自查、草填,并整改,完善申请认证材料;市、县(市、区)绿办对材料进行审核,签署意见后报省绿办。

(4)省绿办收到市、县(市、区)的考察报告、审核表及企业申请材料后,审核定稿。企业准备5套申请认证材料(企业自留1套复印件,报市、县绿办各1套复印件,省绿办1套复印件,中国绿色食品发展中心1套原件)和文字材料电子稿,报省绿办。

(5)省绿办收到申请材料后,登记、编号,在5个工作日内完成审核,下发"文审意见通知单",同时抄传中心认证处,说明需补报的材料,制定现场检查和环境质量现状调查计划。企业在10个工作日内提交补充材料。

(6)现场检查计划经企业确认后,省绿办派2名或2名以上检查员在5个工作日内完成现场检查和环境质量现状调查,并在完成后5个工作日内向省绿办提交"绿色食品现场检查项目及评估报告""绿色食品环境质量现状调查报告"。

(7)检查员在现场检查过程中同时进行产品抽检和环境监测安排,产品检测报告、环境质量监测和评价报告由产品检测和环境监测单位直接寄送中国绿色食品发展中心,同时抄送省绿办。对能提供由定点监测机构出具的一年内有效的产品检测报告的企业,免做产品认证检测;对能提供有效环境质量证明的申请单位,可免做或部分免做环境监测。

(8)省绿办将企业申请认证材料(含"绿色食品标志使用申请书""企业及生产情况调查表"及有关材料)、"绿色食品现场检查项目及评估报告"、"绿色食品环境质量现状调查报告"、"省绿办绿色食品认证情况表"报送中心认证处;申请认证企业将"申请绿色食品认证基本情况调查表"报送中心认证处。

(9)中心对申请认证材料作出"合格""材料不完整或需补充说明""有疑问,需现场检查""不合格"的审核结论,书面通知申请人,同时抄传省绿办。省绿办根据中心要求指导企业对申请认证材料进行补充。

（10）对认证终审结论为"认证合格"的申请企业，中心书面通知申请认证企业在60个工作日内与中心签订"绿色食品标志商标使用许可合同"，同时抄传省绿办。

（11）申请认证企业领取绿色食品证书。

（二）绿色食品标志的使用与管理

绿色食品标志在产品上的使用范围限于由国家工商行政管理局认定的《绿色食品标志商品涵盖范围》。绿色食品标志在产品上使用时，须严格按照《绿色食品标志设计标准手册》的规范要求正确设计，并在中国绿色食品发展中心认定的单位印制。

使用绿色食品标志的单位和个人须严格履行"绿色食品标志使用协议"。使用绿色食品标志的企业，改变其生产条件、工艺、产品标准及注册商标前，须报经中国绿色食品发展中心批准。

由于不可抗拒的因素暂时丧失绿色食品生产条件的，生产者应在一个月内报告省、部两级绿色食品管理机构，暂时中止使用绿色食品标志，待条件恢复后，经中国绿色食品发展中心审核批准，方可恢复使用。绿色食品标志编号的使用权，以核准使用产品为限。未经中国绿色食品发展中心批准，不得将绿色食品标志及其编号转让给其他单位或个人。绿色食品标志使用权自批准之日起3年有效。要求继续使用绿色食品标志的，须在有效期满前90日内重新申报，未重新申报的，视为自动放弃其使用权。

使用绿色食品标志的单位和个人，在有效的使用期限内，应接受中国绿色食品发展中心指定的环保、食品监测部门对其使用标志的产品及生态环境的抽查，抽检不合格的，撤销标志使用权，在本使用期限内，不再受理其申请。对侵犯标志商标专用权的，被侵权人可以依据《中华人民共和国商标法》要求侵权人所在地的县级以上工商行政管理部门进行处理，也可以直接向人民法院起诉。凡违反相关规定的，由农业部撤销其绿色食品标志使用权，收回绿色食品标志使用证书及编号，造成损失的，并责其赔偿损失。自动放弃绿色食品标志使用权或使用权被撤销的，由中国绿色食品发展中心公告于众。

五、绿色食品的生产和加工要求

绿色食品生产和加工要符合农产品种植、畜禽饲养、水产养殖和食品加工等操作规程。

1. 种植业的操作规程

种植业的操作规程是指农作物的整地播种、施肥、浇水、喷药及收获等五个生产环节中必须遵守的规定。其主要内容是：植保方面，农药的使用在种类、剂量、时间、残留量方面都必须符合《生产绿色食品的农药使用准则》；作物栽培方面，肥料的使用必须符合《生产绿色食品的肥料使用准则》，有机肥的施用量必须达到保护或增加土壤有机质含量的程度；品种选育方面，尽可能选育适应当地土壤和气候条件，并对病虫草害有较强的抵抗力的高品质优良品种；耕作制度方面，尽可能采用生态学原理，保持物种的多样性，减少或避免化学物质的投入。

2. 畜牧业的生产操作规程

畜牧业的生产操作规程是指在畜禽选种、饲养、防治疫病等环节的具体操作规定。其主要内容是：选择饲养适应当地生长条件、抗逆性强的优良品种；主要饲料来源于无公害区域内的草场、农区，绿色食品饲料种植地和绿色食品加工产品的副产品；饲料添加剂的使用必须符合《生产绿色食品的饲料添加剂使用准则》;畜禽房舍消毒及畜禽疫病防治用药必须符合《生产绿色食品的兽药使用准则》;采用生态防病及其他无公害技术。

3.水产品养殖过程中的绿色食品生产操作规程

水产品养殖过程中的绿色食品生产操作规程的主要内容是:养殖用水必须达到绿色食品要求的水质标准;选择饲养适应当地生长条件的抗逆性强的优良品种;鲜活饵料和人工配合饲料应来源于无公害生产区域;人工配合饲料的添加剂使用必须符合《生产绿色食品的饲料添加剂使用准则》;疫病防治用药必须符合《生产绿色食品的水产养殖用药使用准则》;采用生态防病及其他无公害技术。

4.绿色食品加工品的生产操作规程

绿色食品加工品的生产操作规程的主要内容是:加工区的环境卫生必须达到绿色食品生产要求;加工用水必须符合绿色食品加工用水水质标准;加工原料主要来源于绿色食品产地;加工所用的设备及产品原材料的选用,都要具备安全无污染条件;在食品加工过程中,食品添加剂的使用必须符合《生产绿色食品的食品添加剂使用准则》。

第三节　有机食品

一、有机食品的概念

(一)有机食品的定义及范畴

1.有机食品的定义

有机食品在不同的语言中有不同的名称,国外最普遍的叫法是 Organic Food,在其他语种中也有称生态食品、自然食品等。联合国粮食及农业组织和世界卫生组织的食品法典委员会将这类称谓各异但内涵实质基本相同的食品统称为"Organic Food",中文译为"有机食品"。

IFOAM(国际有机农业运动联盟)对有机食品的定义是:根据有机食品种植标准和生产加工技术规范而生产的、经过有机食品颁证组织认证并颁发证书的一切食品和农产品。我国对有机食品的定义是:原料来自有机农业生产体系或野生生态系统,根据有机认证标准生产、加工,而且经有资质的独立认证机构认证的可食用农产品、野生产品及其加工产品,如粮食、蔬菜、水果、奶制品、畜禽产品、水产品、蜂产品及调料等。它包括一切可以食用的农副产品,是一个狭义的概念。

有机食品在其生产和加工过程中绝对禁止使用农药等人工合成物质,因此有机食品生产过程要求比较严格,需要建立全新的生产体系,采用相应的替代技术。

2.有机食品定义的相关范畴解释

(1)有机农业　有机农业是指遵照一定的有机农业生产标准,在动植物生产中不采用离子辐射技术、基因工程获得的生物及其产物,不使用化学合成的农药、化肥、生长调节剂、饲料添加剂等物质,遵循自然规律和生态学原理,协调种植业和养殖业的平衡,如转换期、定产、定量等,采用一系列可持续发展的农业技术以维持持续稳定的农业生产体系的一种农业生产方式。

欧洲把有机农业描述为:一种通过使用有机肥料和适当的耕作措施,以达到提高土壤的长效肥力的系统。有机农业生产中仍然可以使用有限的矿物质,但不允许使用化学肥料。通过自然的方法而不是通过化学物质控制杂草和病虫害。

美国农业部对有机农业的描述是:有机农业是一种完全不用或基本不用人工合成的肥料、农药、生产调节剂和畜禽饲料添加剂的生产体系。在这一体系中,在最大的可行范围内尽可能地采用作物轮作、作物秸秆、畜禽粪肥、豆科作物、绿肥、农场以外的有机废弃物和生物防治病虫害的方法来保持土壤生产力和耕性,供给作物营养并防止病虫害和杂草。尽管该定义还不够全面,但该定义描述了有机农业的主要特征,规定了有机农业不能做什么,应该做什么。

IFOAM 对有机农业的描述为:有机农业包括所有能促进环境、社会和经济良性发展的农业生产系统。这些系统将自然土壤肥力作为成功生产的关键。通过尊重植物、动物和景观的自然能力,达到使农业和环境各方面质量都最完善的目标。有机农业通过禁止使用化学合成的肥料、农药和药品而极大地减少外部物质投入,相反利用强有力的自然规律来增加农业产量和抗病能力。

综合以上几种对有机农业定义的描述,可以认为有机农业是一种强调以生物学和生态学为理论基础并拒绝使用化学品的农业生产模式,非常注重当地土壤的质量,注重系统内营养物质的循环,注重农业生产要遵循自然规律,并强调因地制宜的原则。有机农业生产方式决定了最终有机食品的质量状况及产品特征。其主要特点有:建立一种种养结合的农业生产体系;系统内的土壤、植物、动物和人类是相互联系的有机整体;采用土地(生态环境)可以承受的方法进行耕作。因此说,有机食品的生产原料离不开有机农业生产体系。

(2)有机产品　有机产品指生产、加工、销售过程符合相关国家标准的供人类消费、动物食用的产品。在有机农业生产体系中生产的所有有机产品除食品外,还包括纺织品、皮革、化妆品、林产品、家具等其他与人类生活相关的产品。

(3)有机食品　有机食品的内涵更深刻、更广泛,有机产品来源于有机农业生产体系,有机食品是可食用的有机产品,或者说有机食品只是有机农业的部分产品。

我国最初的有机认证从有机茶开始,同时出现了有机食品概念,随着认证种类的增加,同时顺应国际有机产品的现状和发展方向,我国实施的《有机产品认证管理办法》及《有机产品》国家标准中,使用了"有机产品"这个内涵较广的概念。

依据有机产品标准,有机食品应满足以下 5 个基本条件:①原料必须来自已经建立或正在建立的有机农业生产体系(又称有机农业生产基地),或采用有机方式采集的野生天然产品;②产品在整个生产过程中必须严格遵守有机食品的加工、包装、储藏、运输等要求;③生产者在有机食品的生产和流通过程中,有完善的跟踪审查体系和完整的生产、销售档案记录;④其生产过程不应污染环境和破坏生态,而应有利于环境与生态的持续发展;⑤必须通过独立的有机食品认证机构的认证。

(二)有机食品、绿色食品与无公害食品的区别

目前,在我国食品市场上同时存在无公害食品、绿色食品和有机食品。三种食品可构成食品金字塔。无公害食品位于该食品金字塔的底端,是食品都应当达到的一种基本要求;绿色食品位于食品金字塔的中端,是从无公害食品向有机食品发展的一种过渡产品;而有机食品位于食品金字塔的最顶端,是食品级别最高的食品(图 11-3)。

有机食品与其他食品的区别具体体现在以下几个方面:

（1）概念不同　有机食品在其生产加工过程中绝对禁止使用农药、化肥、激素、化学添加剂等人工合成物质，并且不允许使用基因工程技术和离子辐射处理。

绿色食品是我国农业部门推广的认证食品，分为A级和AA级两种。其中A级绿色食品生产中允许限量使用化学合成生产资料；AA级绿色食品则严格地要求在生产中不使用化学合成物质和其他有害于环境与健康的物质。从本质上讲，绿色食品是从普通食品向有机食品发展的一种过渡性产品。绿色食品对基因工程技术和辐射技术的使用未作规定。

无公害食品是按照相应生产技术标准生产的、符合通用卫生标准并经有关部门认定的安全食品。严格来讲，无公害是食品的一种基本要求，普通食品都应达到这一要求，它允许限量使用化学合成物质，对基因工程技术等未作规定。

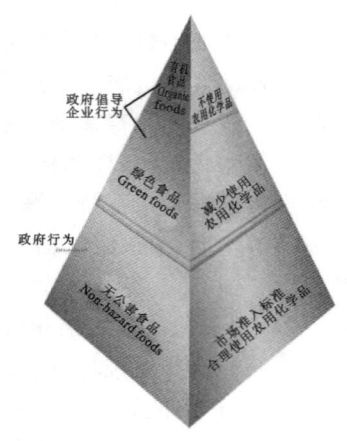

图 11-3　有机食品、绿色食品与无公害食品的金字塔结构图

（2）有机食品在土地生产转型方面有严格规定　考虑到某些物质在环境中会残留相当一段时间，土地从生产其他食品到生产有机食品需要 2～3 年的转换期，而生产绿色食品和无公害食品则没有转换期的要求。

（3）有机食品在数量上有严格控制　有机食品的认证要求定地块，其他食品没有如此严格的要求。

（4）发源地不同　有机食品和有机农业的发源地是欧洲，绿色食品、无公害食品主要起源于我国。

（5）认证证书的有效期不同　有机食品标志认证一次，有效许可期限为一年，期满后可申请"保持认证"，通过检查、审核合格后方可继续使用有机食品标志；而无公害食品及绿色食品认证证书的有效期为 3 年。

（6）标识不同　有机食品在不同的国家、不同的认证机构的标识不相同。绿色食品标识是唯一的。绿色食品全都标注有统一的绿色食品名称及商标标志。无公害食品目前还没有统一标志，国家、地方、部门的标志并不相同，即不同的认证机构有不同的标识。

（7）认证机构不同　中国绿色食品发展中心负责全国绿色食品的统一认证和最终认证审批，各省、自治区、直辖市绿色食品办公室协助认证。有机食品主要由国家认监委进行综合认证，或由中国农业科学院茶叶研究所有机茶研究与发展中心认证有机茶，也可由一些国外有机食品的认证机构在中国开展有机食品的认证。无公害食品的认证机构较多，只有在国家工商行政管理局商标局正式注册标识商标，或颁布省级法规，其认证才有法律效力。

（8）认证方式不同　有机食品的认证实行检查员制度；绿色食品的认证以检测认证为主；无公害食品的认证以检查认证为主，检测认证为辅。

（9）标准不同，分级不同　无公害食品、绿色食品和有机食品的标准各不相同，但总的可以分为三个档次，即无公害食品是基本档次，A级绿色食品是第二档次，AA级绿色食品和有机食品为最高档次。

二、有机食品认证标志

(一)有机认证标志的概念

有机认证标志是指证明产品生产或者加工过程符合有机标准并通过认证的专有符号、图案或者符号、图案以及文字的组合。认证标志是判断是否为有机产品的一种直接证明,如注册成为商标则称为有机认证证明商标。有机认证标志由有机认证机构或认证机构的监管部门设计和申请注册,而不是由有机证书的持有者设计和申请注册。有机认证标志分为国际标志、国家标志和认证机构标志3个层次。

(二)有机认证标志

1.国际和区域性有机认证标志

(1)IFOAM 标志   IFOAM 组织是世界各国有机农业发展机构进行合作的国际性非政府组织,IFOAM 的标志属于国际标志,如图 11-4 所示。

(2)欧盟(EU)有机认证标志   目前世界上只有欧盟地区采取统一的认证标准(EEC 2092/91)。根据欧盟条例EC 834/2007第 23～26 条,EC 889/2008 第 37 条和第 38 条及附件 XI 的规定,有机产品至少要由 95% 的有机农业源配料构成,并自 2010 年 7 月 1 日起在欧盟包装和销售的有机产品必须使用统一的欧盟有机认证标志(图 11-5)。除此之外,可以同时使用认证机构的有机认证标志。

图 11-4　IFOAM 的标志　　　　　图 11-5　欧盟(EU)有机认证标志

2.各国有机认证标志

为加强国家层面的有机产品认证管理,一些国家,如美国、日本、瑞士、加拿大和中国,制定了本国的有机认证标准,规定在该国销售的有机产品必须符合其制定的有机产品认证标准,并使用统一的该国有机认证标志。国家有机认证标志的统一和标识的规定,一方面有利于国家管理;另一方面对于有机产品出口商来说,又无疑形成了一个潜在的技术壁垒。

(1)美国的有机认证标志   美国有机产品认证和标志的使用依据是 1990 年的《有机食品产品法案》(Organic Food Production Act of 1990)和 2002 年 10 月 21 日正式实施的由美国农业部(United States Department of Agriculture,USDA)制定的美国有机农业条例(NOP)。美国有机产品认证的标志上绿色的圆形标记中有英文的“有机”和“美国农业部”字样,见图 11-6。美国农业部规定,凡是有机程度达到或超过 95% 的产品,经美国农业部批准的专门机构认证,方可贴上有机产品标志。有机程度在 70%～95% 的产品,不可使用标志,但可在标签上注明本产品“包含有机成分”。标准不仅适用于美国国内的产品,也适用于从外国进口的产品。

(2)日本的有机认证标志   1999 年 7 月,日本国会通过了包含有机农产品的认证和标示制度的《有关农林物资的规格化和品质表示的正当化法律的部分修正案》(简称 JAS 法)。该法案规定:从 2001 年 4 月 1 日起在日本实施《有机农产品和有机加工食品的农林规格》(简称《有机 JAS 规格》),以后不断完善,以规范对有机农产品的认证和标示。其标志见图 11-7。进口有机农产品与国产有机农产品等同,如果在有机农产品上没有贴附全国统一的"有机 JAS 商标",那么不能将农产品按有机农产品销售。在进口农产品上贴附"有机 JAS 商标"可以采取如下三种方式,以确保符合有机食品生产、加工、标识及销售的要求:其一,由经过国内登录认证机构认证的进口商进行;其二,由经过农林水产省认定的国外登录认证机构所认证的生产管理者进行;其三,由经过日本国内登录认证机构认证的国外生产者进行。

图 11-6　美国(NOP)的有机认证标志　　　图 11-7　日本(JAS)的有机认证标志

(3)我国的有机认证标志　我国有机认证标志的使用要遵照中国《有机产品》(GB/T 19630.1—2011 至 GB/T 19630.4—2011)国家标准的规定。在标志使用上,为了加强统一管理,方便公众识别,经 2004 年 9 月 27 日国家质量监督检验检疫总局局务会审议通过,2005 年 4 月 1 日起施行的《有机产品认证管理办法》中规定了我国有机产品的认证标志(图 11-8),强调在我国销售的有机产品必须加贴全国统一的有机产品认证标志,从而改变了先前各认证机构各自使用本机构标志的混乱局面。除此之外,我国对产品的标识在相关法规,如《中华人民共和国商标法》《中华人民共和国商标法实施细则》《消费品使用说明总则》《食品安全国家标准　预包装食品标签通则》中有明确的要求。

图 11-8　中国有机产品认证标志和中国有机转换产品认证标志

《有机产品认证管理办法》(简称《办法》)中将有机产品认证标志分为"中国有机产品认证标志"和"中国有机转换产品认证标志"。这两个标志的图案基本一致,只是在颜色上有所区别,分别为绿色和褐黄色。转换期在这里是指按照有机标准开始管理至生产单元和产品获得有机认证之间的时段,此期间生产的产品为转换期产品。《办法》规定,在有机产品转换期内生产的产品或者以转换期内生产的产品为原料的加工产品,应当使用"中国有机转换产品认证标志"(图 11-8)。按照国际公认的认证准则,所有有机农业基地都必须经历至少 12 个月的转换期(主要指土地),多数情况下需要 24～36 个月的转换期,所以在企业申请认证后的1～2年内,农场生产的产品只能被称作"有机转换产品"。在发达国家,这样的产品大多只能作为常规产品销售。

3.认证机构的有机认证标志

下面列举了在我国境内获准开展有机认证的部分国内外机构及有机认证标志。

(1)美国OCIA有机认证标志　国际有机作物改良协会(Organic Crop Improvement Association,OCIA),1987年成立于美国宾夕法尼亚州,OCIA认证获得了IFOAM、NOP、JAS和欧盟EEC 2092/91有机法规的认可。经OCIA有机认证的有机种植者、加工者和贸易者可以顺利地将其有机产品销售到美国、日本和欧盟等目前世界上主要的有机产品市场。OCIA有机认证标志如图11-9所示。

(2)日本JONA有机认证标志　日本有机和自然食品协会(JONA),为2000年8月在日本农林水产省注册的认证机构,按照有机日本农林规格(有机JAS)进行有机JAS农产品和加工产品的认证工作。JONA有机认证标志如图11-10所示。

图11-9　美国OCIA有机认证标志　　　　图11-10　日本JONA有机认证标志

(3)德国BCS有机认证标志　BCS有机保证有限公司是1992年5月经德国农林食品部正式批准成立的独立有机认证机构。BCS为IFOAM和IOIA(国际有机认证检查员协会)成员。BCS除了按欧盟有机法EEC 2092/91进行农产品(包括畜产品)的生产、加工、进出口贸易方面的有机认证之外,还获得了美国农业部和日本农林水产省的授权,可以直接进行NOP和JAS有机认证。BCS有机认证标志如图11-11所示。

(4)法国国际生态认证中心(ECOCERT SA)的有机认证标志　ECOCERT SA成立于1991年,总部位于法国南部的图鲁茨,是国际上较大的有机认证机构之一,为按照《产品认证机构通用要求》开展有机认证工作,获欧盟、美国农业部和日本农林水产省的认可。法国ECOCERT有机认证标志如图11-12所示。

图11-11　德国BCS有机认证标志　　　　图11-12　法国ECOCERT有机认证标志

(5)瑞士生态市场研究所(IMO)有机认证标志　瑞士生态市场研究所(IMO)是专业从事生态产品、有机农产品和管理体系的质量认证的机构之一。IMO按照欧盟EEC 2092/91

的规定,提供有机产品和其交易的认证服务。同时,IMO 获得了 USDA 的批准,可以根据美国国家有机项目(NOP)从事有机认证。另外,IMO 获得了日本农林水产省的认可,可以根据日本农业标准(JAS)从事有机认证。瑞士 IMO 有机认证标志如图 11-13 所示。

(6)中国有机认证标志　包括以下两项:

①中绿华夏有机食品认证中心(COFCC)有机认证标志。中绿华夏有机食品认证中心(China Organic Food Certification Center,COFCC)是我国农业部推动有机农业运动发展和从事有机食品认证、管理的专门机构,也是我国国家认监委(CNCA)批准设立的国内第一家有机食品认证机构(批准号 CNCA—R—2002—100),并获得了中国合格评定国家认可委员会(CNAS)的认可。COFCC 有机认证标志如图 11-14 所示。

图 11-13　瑞士 IMO 有机认证标志　　图 11-14　COFCC 有机认证标志

②南京国环有机产品认证中心有机认证标志。南京国环有机产品认证中心成立于 20 世纪 90 年代,是中国成立最早、规模最大的专业从事有机产品研发、检查和认证的机构,也是获得 IFOAM 认可的有机认证机构,现获准可从事 JAS 和 NOP 认证。该机构的有机认证标志如图 11-15 所示。

(三)我国有机认证标志的组成及含义

我国有机认证标志使用"中国有机产品"标志或"中国有机转换产品"标志(图 11-8),图案主要由三部分组成,即外围的圆形、中间的种子图形及其周围的环形线条。

图 11-15　南京国环有机认证标志

标志外围的圆形形似地球,象征和谐、安全,圆形中的"中国有机产品"和"中国有机转换产品"标志字样为中英文结合方式,既表示中国有机产品与世界同行,也有利于国内外消费者识别。标志中间类似于种子的图形代表生命萌发之际的勃勃生机,象征了有机产品是从种子开始的全过程认证,同时昭示出有机产品就如同刚刚萌发的种子,正在中国大地上茁壮成长。种子图形周围圆润自如的线条象征环形道路,与种子图形合并构成汉字"中",体现有机产品植根中国,有机之路越走越宽广。同时,处于平面的环形又是英文字母"C"的变体,种子形状也是"O"的变形,意为"China Organic"。

绿色代表环保、健康,表示有机产品给人类的生态环境带来完美与协调,橘红色代表旺盛的生命力,表示有机产品对可持续发展的作用。"中国有机转换产品"标志中的褐黄色代表肥沃的土地,表示有机产品在肥沃的土壤上不断发展。

(四)有机认证标识管理

国家标准《有机产品　第 3 部分:标识与销售》(GB/T 19630.3—2011)对产品获证后如

何标注提出了明确要求。首先,确定了只有最终通过中国有机产品认证,方可在产品名称前标识"有机"二字和使用中国有机产品标志;符合认证的转换期产品,只能使用"中国有机转换"产品标志。其次,为加强责任管理,产品认证标志上要将认证机构的标志或名称同时标注在产品或产品包装上。为固定中国有机产品及有机转换产品的标志,任何使用者都不能对其图形、字体和颜色等进行改动,且只能使用在按照 GB/T 19630 标准生产加工并通过国家认可的认证机构认证的产品上。如果是将标志印刷在产品说明书、标签或广告宣传材料上,使用者只能按比例放大或缩小,不能使其变形或变色。另外,认证机构的标志或机构名称应该清晰,且其相关图案和文字大小都不能大于有机产品标志或有机转换产品标志。在国内销售的进口有机产品,应该遵照我国有关的法规和标准的要求进行认证和有机产品标识。

根据国外有机法规或标准以及按国外购货合同要求生产或认证的出口产品,可以根据出口国或合同订购者的有机标识要求进行产品标识。但如果这些有机产品同时在国内市场销售,则其标识与销售也应符合我国有关法规及中国有机标准的要求。

有机产品标准中明确了有机配料含量不同的产品的标识方法:有机配料含量等于或者高于 95％并获得有机产品认证的加工产品,在产品名称前标识"有机",在产品或者包装上加施"中国有机产品"认证标志并标注认证机构的标识或者认证机构的名称。有机配料含量低于 95％,但等于或者高于 70％的加工产品,可在产品名称前标识"有机配料生产",并应注明获得认证的有机配料的比例。有机配料含量低于 70％的加工产品,只能在产品配料表中将某种获得认证的有机配料标识为"有机",并应注明有机配料的比例。对于使用有机转换配料生产的产品也作了类似的规定。

有机认证证书的有效期为一年,在此期间,认证机构应对有机认证证书和认证标志的所有权、使用和宣传展示情况进行跟踪管理,确保使用有机标志/标识的产品与认证证书范围一致(包括认证产品的数量与标志数量)。

三、有机食品的认证管理

对有机食品实行认证制度是各国设置障碍的主要手段,具体的方法有两种:一是给本国的有机食品下一个与其他国家不同的定义,而且内容不断与时俱进;二是设立认证准入制度。按照有机食品法规的规定,有机食品应符合有机食品法令和标准的要求,由认证机构实施严密的监控,颁发有机食品的认证证书和标志后,才能被承认为有机食品的栽培商、生产商、加工商和分销商,按有机食品销售。依据我国法规,对我国境内的有机认证机构也实行严格的认证认可管理制度。

(一)有机食品认证的含义

有机食品认证就是指经认证机构依据相关要求认证,以认证证书的形式对某一生产、加工或销售体系进行认证。认证以过程检查为基础,包括实地检查、质量保证体系的检查和必要时对产品或环境、土壤进行的抽样检测。

有机产品的生产、加工依据的是有机产品标准,而有机产品标准只规定如何控制有机产品生产、加工的全过程,因此有机产品的认证模式是对有机产品生产过程进行检查,通过对申请人的质量管理体系、生产过程控制体系、追踪体系以及产地、生产、加工、仓储、运输、贸易等过程进行检查来评价其是否符合有机产品标准的要求。在检查过程中,检查员认为有必要时,要对生产原料、土壤、水、大气、产品等进行抽样检测。

(二)有机食品认证的分类

对于有机认证申请者来说,如果要对所生产的产品申请有机认证,必须了解国家有机食品的认证范围,对产品所面对的市场及对应的认证标准和要求有较为全面的了解,并做好足够的准备。

根据《有机食品认证管理办法》中的规定,有机食品的认证可分为三类。

1.有机食品生产认证

有机食品生产认证主要对有机加工原料进行认证。在国家标准《有机产品 第1部分:生产》(GB/T 19630.1—2011)列出了生产的认证范围,包括作物种植、食用菌栽培、野生植物采集、畜禽养殖、水产养殖、蜜蜂及蜂产品。

申请者除应该有合法的土地使用权和合法的经营证明文件外,有机食品生产还要符合以下基本要求(要点):①生产基地在最近3年内未使用过农药、化肥等违禁物质;②种子或种苗来自于自然界,未经基因工程技术改造过;③生产基地应建立长期的土地培肥、植物保护、作物轮作和畜禽养殖计划;④生产基地无水土流失、风蚀及其他环境问题;⑤作物在收获、清洁、干燥、储存和运输过程中应避免污染;⑥从常规生产系统向有机生产转换通常需要两年以上的时间,新开荒地、撂荒地需至少经12个月的转换期才有可能获得颁证;⑦在生产和流通过程中,必须建立严格的质量管理体系、生产过程控制体系和追踪体系,并有完整的生产和销售记录档案。

如果农场既有有机生产又有常规生产,则农场经营者应单独管理和经营用于有机生产的土地。同时必须制订将原有的常规生产土地逐步转换成有机生产土地的计划,并将计划报有机食品认证机构备案。

2.有机食品加工认证

有机食品加工厂除了要符合国家规定的食品加工厂的一般要求,如全国工业生产许可证、卫生许可证、企业工商营业执照和相关的质量管理体系外,依据国家标准,还要满足以下要求。

有机食品加工的基本要求(要点):①原料必须是来自已获得有机认证的产品或野生(天然)产品;②已获得有机认证的原料在终产品中所占的比例不得少于95%;③只允许使用天然的调料、色素和香料等辅助原料,禁止使用中国有机产品标准允许使用以外的其他化学合成物质,不允许使用人工合成的添加剂;④有机产品在生产、加工、储存和运输的过程中应避免污染;⑤禁止使用基因工程生物及产物;⑥不得过度包装,尽可能使用可回收利用或来自可再生资源的包装材料;⑦不得在同一工厂同时加工相同品种的有机产品和常规产品,除非工厂能采取切实可行的保障措施,明确区分相同品种的有机产品和常规产品;⑧同一种配料禁止同时含有有机、常规或转换成分;⑨有机食品在生产、加工、储存和运输的过程中必须杜绝化学物质污染;⑩加工厂在原料采购、生产、加工、包装、储存和运输等过程中必须有完整的档案记录,包括相应的票据,并要建立跟踪审查体系。

3.有机食品贸易认证

从事有机食品贸易的企业除要求符合常规食品贸易企业的一般要求,如卫生许可证、企业工商营业执照和相关的质量管理体系外,还必须满足以下条件:①具有从事有机食品的国内销售和进出口贸易的单位资质证明;②贸易者不能同时经营相同品种的有机产品和常规产品,除非贸易者在贸易过程中采取切实可行的保障措施,防止有机产品和常规产品混杂;③贸易者应确保有机食品在贸易过程中(运输、储存和销售)不受有毒有害化学物质的污染,并且全过程必须有完整的档案记录,包括相应的票据。

(三)有机食品的认证程序

《有机产品认证实施规则》是对认证机构开展有机食品认证程序的统一要求,在执行中各认证机构间的认证程序有一定的差异。目前有机食品认证的模式通常为"过程检查＋必要的产品和产地环境检测＋证后监督",认证的程序一般包括认证申请和受理、检查准备与实施、合格评定和认证决定、认证后的监督与管理这些主要流程。

1. 申请

有意申请有机认证时,可通过电话或电子邮件与获得国家认监委批准的有机食品认证机构取得联系,领取及填写"有机认证申请书"及交纳申请费并填写"有机认证调查表",按"有机认证书面材料清单"提交资料,认证机构会要求申请人按照国家标准《有机产品　第4部分:管理体系》(GB/T 19630.4—2011)的要求,建立质量管理体系、质量保证体系和追踪体系及处理体系。

认证机构要求申请人提交的文件资料包括:申请人的合法经营资质文件;有机生产、加工的基本情况;产地(基地)区域范围描述、生产加工场所周边环境描述、平面图、工艺流程图等;申请认证的有机产品生产、加工、销售计划;产地(基地)、加工场所有关环境质量的证明材料;有关专业技术和管理人员的资质证明材料;保证执行有机产品标准的声明;有机生产、加工的管理体系文件;其他相关材料。在申请阶段,认证机构应向申请者非歧视地公开一些信息,如有机认证范围、认证程序和认证要求、认证依据标准、认证收费标准、认证机构和申请人的权利及义务,认证机构处理申诉、投诉和争议的程序等。

2. 申请受理

在此期间,认证机构一方面应当对申请者提出的认证申请进行评审,重点关注申请是否符合有机认证基本要求和相关文件及资料是否齐全,明确该申请是否符合申请条件;另一方面,明确该申请是否处于本认证机构的认可范围、能力范围或资源范围之内,完成该项认证所需的时间等,自收到申请人书面申请之日起 10 个工作日内,完成对申请材料的评审,并作出是否受理的决定。同意受理的,认证机构与申请人签订认证合同;不予受理的,应当书面通知申请人,并说明理由。认证机构和申请人之间签订的正式书面认证协议应明确认证依据、认证范围、认证费用、现场检查日期、双方责任、证书使用规定、违约责任等事项。

3. 检查准备与实施

认证协议签订后,认证机构即启动检查准备与实施程序,也即有机认证检查程序,此程序可分为检查启动、文件评审、检查准备、检查实施及检查报告的编写五个阶段。

(1)检查启动　主要是认证机构认证部根据业务范围指定检查组长,组成检查小组,委托检查任务,确定检查目的、范围和准则,同申请人确定好检查时间和其他相关事宜。

(2)文件评审　检查组长对申请人的管理体系文件进行文件评审,确定其适宜性和充分性。

(3)检查准备　检查组长编制检查计划,进行组内分工,并准备好工作文件和工具。

(4)检查实施　根据认证依据标准的要求对申请人的管理体系进行评估,对委托人的产地、生产、加工、仓储、运输、贸易等进行实地检查评估,核实生产、加工过程与申请人按照认证要求所提交的文件的一致性,确认生产、加工过程与认证依据标准的符合性,填写现场检查记录表。

有机产品认证的检查一般包括:对生产地块,加工、储藏场所等的检查;对生产管理人员、内部检查人员、生产者的访谈;生产或加工设施、土地、储藏、环境质量状况评估;识别和调查/检查有风险的地域;生产、加工记录的检查;农田的生产/销售平衡、投入/产出平衡、加工和处理的追溯性的评价;经营者是否有效执行有机生产、加工标准和认证机构的相关规定;允许和限制使用的物质,如添加剂,必要时,对土壤、水体、产品进行取样检测。另外,还应检查转换期的有关要求,分离生产的有关要求,平行生产的有关要求,基因工程产品的控制,必要时,还包括对非有机部分的生产、加工过程的检查等。还要对内部检查和持续改进进行评估。检查员在结束检查前,应对检查情况进行总结,明确存在的问题。允许被检查方对存在的问题进行说明。

(5)检查报告的编写　在完成现场检查后,根据现场检查发现,检查组依据收集的信息和证据,编制并向认证机构递交公正、客观和全面的关于认证要求符合性的检查报告。检查报告应含有风险评估和检查员对生产者的生产、加工活动与认证标准的符合性判断,对检查过程中收集的信息和不符合项的说明等相关方面进行描述。

4. 合格评定与认证决定

有机认证机构技术委员会对申请人的申请表、基本情况调查表、检查员的检查报告和其他有关信息材料应进行全面审查,重点进行有机生产和加工过程的符合性判定、产品安全质量的符合性判定以及确定产品质量是否符合执行标准的要求,最终作出能否发放证书的决定。通常得出以下几种不同的认证决定结果:

(1)同意颁证　申请人的生产经营活动及管理体系符合认证标准的要求,认证机构予以批准认证。

(2)有条件颁证　申请人的某些生产经营活动及管理体系不完全符合认证标准的要求,只有申请人在规定的期限内完成整改或已经提交整改措施并有能力在规定的期限内完成整改以满足认证要求的,认证机构经过验证后可批准认证。

(3)有机转换认证　申请人的生产基地因为在一年前使用了禁用的物质,或生产管理措施未能有效实施,而其他方面基本符合要求,并且申请人有以后完全按照有机食品标准进行生产和管理的计划,则可颁发"有机转换基地证书",有机转换基地所产的产品,按照有机方式要求加工,可作为"有机转换产品"进行销售。

(4)拒绝颁证　生产者的生产活动不符合有机食品的生产标准,不给予颁证。在此情况下,认可委员会将向申请人告知不能颁证的原因。

认证机构应对批准认证的申请人及时颁发认证证书,签订"有机食品标志使用许可合同",准许其使用认证标志/标识。

5. 认证后的监督与管理

有机产品认证证书的有效期为一年,申请人在获证后,有机认证机构将对获证组织实施监督检查,以确认获证组织产品的持续符合性;监督检查包括证书到期的年度复评的例行检查和不通知检查,不通知检查基于检查组的风险判断及来源于社会、政府、消费者对获证产品的信息反馈。

参照国际通行的做法,为确保有机产品经认证后能持续符合认证要求,遵照《中华人民共和国认证认可条例》中要求的"认证机构应当对其认证的产品、服务、管理体系实施有效的跟踪调查,认证的产品、服务、管理体系不能持续符合认证要求的,认证机构应当暂停其使用直至撤销认证证书,并予公布"进行监督与管理。

本章小结

　　无公害农产品标准主要包括无公害食品行业标准和农产品安全质量国家标准。无公害农产品产地认定是无公害农产品认证的前提和条件,

　　绿色食品标准分为两个技术等级,即 AA 级绿色食品标准和 A 级绿色食品标准。

　　有机食品的认证可分为三类:有机食品生产认证、有机食品加工认证、有机食品贸易认证。《有机产品认证实施规则》是对认证机构开展有机食品认证程序的统一要求,在执行中各认证机构间的认证程序有一定的差异。目前有机食品认证的模式通常为"过程检查＋必要的产品和产地环境检测＋证后监督",认证的程序一般包括认证申请和受理、检查准备与实施、合格评定和认证决定、监督与管理这些主要流程。

复习思考题

一、名词解释

无公害农产品　绿色食品　有机食品

二、填空题

1.我国把无公害食品(农产品)分为_____、_____和渔业产品三个大类。

2._____、_____、_____是无公害农产品的产品基本特征。

3._____、_____、_____、_____是绿色食品的特征。

4.无公害农产品标志是由麦穗、对钩和无公害农产品字样组成的,麦穗代表农产品,对钩表示合格,金色寓意_____,绿色象征环保和安全。

5.绿色食品、有机食品、无公害农产品标准对产品的要求由高到低依次排列为_____、_____、_____。

6.目前有机食品认证的模式通常为"过程检查＋_____＋证后监督",认证的程序一般包括认证_____、检查准备与实施、合格评定和认证决定、监督与管理这些主要流程。

三、简答题

1.简述无公害食品的四个显著特征。
2.简述绿色食品必须同时具备的四个条件。
3.简述绿色食品标准的技术分级。
4.简述中国有机认证标志的组成及含义。

四、论述题

论述有机食品、绿色食品与无公害食品的区别。

五、技能题

1. 讨论：老王的有机豆制品加工厂生产某种豆制品需要 100 t 有机大豆原料，他在市场上只买到了 96 t 有机大豆，于是加工厂就用了 4 t 常规大豆，这样做是否违反有机食品标准要求？

2. 讨论：有一种饮料由 90％的水、6％的有机水果原汁和 4％的常规糖配制加工而成，这样的产品能否被认证为有机饮料？依据是什么？

实验与实训

实训　无公害农产品产地认定与产品认证申请书的填写

一、实训目的

学会无公害农产品产地认定与产品认证申请书的填写方法。

二、实训原理

申请人能独立承担法律责任，生产《实施无公害农产品认证的产品目录》内的产品。行政部门和纯流通企业不具备申请资格，不能作为申请人。申请人必须按农业部农产品质量安全中规定的统一格式填写"无公害农产品认证申请书"（以下简称"申请书"）。"申请书"的编制是保证无公害农产品认证工作顺利开展的关键环节，申请人应认真填写。"申请书"的内容必须真实、准确、全面，栏目不得空缺，没有填写内容的应填"无"，填写不下可附页，但须注明。每份"申请书"只能申请认证一种产品。

三、实训步骤

1. 复习申请无公害农产品产地认定与产品认证的基本要求和相关程序。

2. 向农业部农产品质量安全中心申领，也可以从中心网站（http//www.aqsc.gov.cn）或中国农业信息网（http//www.agri.gov.cn）下载"无公害农产品产地认定与产品认证申请书"示例，熟悉申请书的基本结构和内容。

3. 学习"无公害农产品产地认定与产品认证申请书"的有关填写说明。

4. 学生分组，填写自己喜欢的某种农产品的产地认定申请书或产品认证申请书。

5. 交流、讨论和完善填写情况。

四、实训效果考核 (表 11-3)

表 11-3　实训效果考核表

学生姓名	填写的规范性(20分)	内容的正确性(20分)	回答质疑的准确性(10分)	申请书的填写(50分)

附　录

附录一　HACCP 各种记录表

表 1　原料肉验收记录

进货日期：　　年　　月　　日　　　　　　　　　　　　　　　　编号：

原料肉名称		生产日期	
供货单位		生产单位	
数量		规格	
包装形式			
合格证明	□检疫证　□卫生许可证　□检验合格证		
检验结果	感官指标:□合格　□不合格 菌落总数(cfu/g)：　　　　　水分(％)：		
结论	□接收　□退货		

验收员：　　　　审核者：　　　　　　　　审核日期：　　年　　月　　日

表 2　食品辅料验收记录

进货日期：　　年　　月　　日　　　　　　　　　　　　　　　　编号：

辅料名称		批次号	
供货单位		生产单位	
数量		质量标准	□有　□无
包装形式			
合格证明	□卫生许可证　□检验合格证 □香辛料芽孢杆菌检验合格证明		
验收结果			
结论	□接收　□退货		

验收员：　　　　审核者：　　　　　　　　审核日期：　　年　　月　　日

表 3　食品添加剂验收记录

进货日期：　　年　　月　　日　　　　　　　　　　　　　　　　编号：

食品添加剂名称		批次号	
供货单位		生产单位	
数量		包装形式	
质量标准	□有　□无	符合 GB 2760	□是　□否
合格证明	□卫生许可证　□检验合格证		
验收结果			
结论	□接收　□退货		

验收员：　　　　审核者：　　　　　　　　审核日期：　　年　　月　　日

表4 食品添加剂(亚硝酸盐)称量记录

配料班组号：　　　　　　　　　　　　　　　　　　　　　　　　年　　　月　　　日

熟肉制品名称	批号	配方用量	第一次称量	第二次称量	是否合格	纠偏措施	称量者

表5 食品添加剂称量器具校正记录

年　　　月　　　日

部门	量器编号	显示刻度	偏差值	是否合格	校正者

表6 热处理加工记录

部门：　　　　　　　　　　班组号：　　　　　　　　　　　　　　年　　　月　　　日

产品名称	批号	加工起始时刻 (时:分)	杀菌温度 (℃)	杀菌恒温时间 (min)	产品中心温度 (℃)	纠偏措施	监测者	校验者

杀菌温度关键限值：　　　　　杀菌恒温时间关键限值：　　　　　产品中心温度关键限值：

表7 二次灭菌记录

部门：　　　　　　　　　　班组号：　　　　　　　　　　　　　　年　　　月　　　日

产品名称	批号	杀菌起始时刻 (时:分)	杀菌温度 (℃)	杀菌恒温时间 (min)	产品中心温度 (℃)	纠偏措施	监测者	校验者

杀菌温度关键限值：　　　　　杀菌恒温时间关键限值：　　　　　产品中心温度关键限值：

表8 冷却记录

部门：　　　　　　　　　　班组号：　　　　　　　　　　　　　　年　　　月　　　日

产品名称	批号	冷却起始时刻 (时:分)	冷却结束时刻 (时:分)	冷却水温度 (℃)	产品中心温度 (℃)	纠偏措施	监测者	校验者

冷却温度关键限值：　　　　　冷却水温度关键限值：　　　　　冷却后产品中心温度关键限值：

表9 温度计校正记录

时间	部门	温度计编号	显示温度(℃)	偏差值	是否合格	校验者

表 10   金属检测记录

车间：   班组号：

时间	产品名称	批号	结果	纠偏措施	监测者	校验者

表 11   纠偏措施记录

产品名称：   批号：

CCP	偏差情况/问题	纠偏措施	产品处理	责任人	时间

执行者：   批准者：   验收者：   日期：   年   月   日

附录二 食品生产许可审查通则(2022版)

第一章 总 则

第一条 为了加强食品、食品添加剂(以下统称食品)生产许可管理,规范食品生产许可审查工作,依据《中华人民共和国食品安全法》《中华人民共和国食品安全法实施条例》《食品生产许可管理办法》(以下简称《办法》)等法律法规、规章和食品安全国家标准,制定本通则。

第二条 本通则适用于市场监督管理部门组织对食品生产许可和变更许可、延续许可等审查工作。

第三条 食品生产许可审查包括申请材料审查和现场核查。

申请材料审查应当审查申请材料的完整性、规范性、符合性;现场核查应当审查申请材料与实际状况的一致性、生产条件的符合性。

第四条 本通则应当与相应的食品生产许可审查细则(以下简称审查细则)结合使用。使用地方特色食品生产许可审查细则开展食品生产许可审查的,应当符合《办法》第八条的规定。

对未列入《食品生产许可分类目录》和无审查细则的食品品种,县级以上地方市场监督管理部门应当依据《办法》和本通则的相关要求,结合类似食品的审查细则和产品执行标准制定审查方案(婴幼儿配方食品、特殊医学用途配方食品除外),实施食品生产许可审查。

第五条 法律、法规、规章和标准对食品生产许可审查有特别规定的,还应当遵守其规定。

第二章 申请材料审查

第六条 申请人应当具有申请食品生产许可的主体资格。申请材料应当符合《办法》规定,以电子或纸质方式提交。申请人应当对申请材料的真实性负责。

符合法定要求的电子申请材料、电子证照、电子印章、电子签名、电子档案与纸质申请材料、纸质证照、实物印章、手写签名或者盖章、纸质档案具有同等法律效力。

第七条 负责许可审批的市场监督管理部门(以下称审批部门)要求申请人提交纸质申请材料的,应当根据食品生产许可审查、日常监管和存档需要确定纸质申请材料的份数。

申请材料应当种类齐全、内容完整,符合法定形式和填写要求。

第八条 申请人有下列情形之一的,审批部门应当按照申请食品生产许可的要求审查:

(一)非因不可抗力原因,食品生产许可证有效期届满后提出食品生产许可申请的;

(二)生产场所迁址,重新申请食品生产许可的;

(三)生产条件发生重大变化,需要重新申请食品生产许可的。

第九条 申请食品生产许可的申请材料应当按照以下要求进行审查:

(一)完整性

1.食品生产许可的申请材料符合《办法》第十三条和第十四条的要求;

2.食品添加剂生产许可的申请材料符合《办法》第十六条的要求。

(二)规范性

1.申请材料符合法定形式和填写要求,纸质申请材料应当使用钢笔、签字笔填写或者打印,字迹应当清晰、工整,修改处应当加盖申请人公章或者由申请人的法定代表人(负责人)签名;

2.申请人名称、法定代表人(负责人)、统一社会信用代码、住所等填写内容与营业执照一致;

3.生产地址为申请人从事食品生产活动的详细地址;

4.申请材料应当由申请人的法定代表人(负责人)签名或者加盖申请人公章,复印件还应由申请人注明"与原件一致";

5.产品信息表中食品、食品添加剂类别,类别编号,类别名称,品种明细及备注的填写符合《食品生产许可分类目录》的有关要求。分装生产的,应在相应品种明细后注明。

（三）符合性

1.申请人具有申请食品生产许可的主体资格；

2.食品生产主要设备、设施清单符合《办法》第十二条第（二）项和相应审查细则要求；

3.食品生产设备布局图和食品生产工艺流程图完整、准确，布局图按比例标注，设备布局、工艺流程合理，符合《办法》第十二条第（一）项和第（四）项要求，符合相应审查细则和所执行标准要求；

4.申请人配备专职或者兼职的食品安全专业技术人员和食品安全管理人员，符合相应审查细则要求，符合《中华人民共和国食品安全法》第一百三十五条的要求；

5.食品安全管理制度清单内容符合《办法》第十二条第（三）项和相应审查细则要求。

第十条　申请人有下列情形之一，依法申请变更食品生产许可的，审批部门应当按照变更食品生产许可的要求审查：

（一）现有设备布局和工艺流程发生变化的；

（二）主要生产设备设施发生变化的；

（三）生产的食品类别发生变化的；

（四）生产场所改建、扩建的；

（五）其他生产条件或生产场所周边环境发生变化，可能影响食品安全的；

（六）食品生产许可证载明的其他事项发生变化，需要变更的。

第十一条　变更食品生产许可的申请材料应当按照以下要求审查：

（一）申请材料符合《办法》第三十三条要求；

（二）申请变更的事项属于本通则第十条规定的变更范畴；

（三）涉及变更事项的申请材料符合本通则第九条中关于规范性及符合性的要求。

第十二条　申请人依法申请延续食品生产许可的，审批部门应当按照延续食品生产许可的要求审查。

第十三条　延续食品生产许可的申请材料应当按照以下要求审查：

（一）申请材料符合《办法》第三十五条要求；

（二）涉及延续事项的申请材料符合本通则第九条中关于规范性及符合性的要求。

第十四条　审批部门对申请人提交的食品生产申请材料审查，符合有关要求不需要现场核查的，应当按规定程序作出行政许可决定。对需要现场核查的，应当及时作出现场核查的决定，并组织现场核查。

第三章　现场核查

第十五条　有下列情形之一的，应当组织现场核查：

（一）属于本通则第八条申请食品生产许可情形的；

（二）属于本通则第十条变更食品生产许可情形第一至五项，可能影响食品安全的；

（三）属于本通则第十二条延续食品生产许可情形的，申请人声明生产条件或周边环境发生变化，可能影响食品安全的；

（四）需要对申请材料内容、食品类别、与相关审查细则及执行标准要求相符情况进行核实的；

（五）因食品安全国家标准发生重大变化，国家和省级市场监督管理部门决定组织重新核查的；

（六）法律、法规和规章规定需要实施现场核查的其他情形。

第十六条　对下列情形可以不再进行现场核查：

（一）特殊食品注册时已完成现场核查的（注册现场核查后生产条件发生变化的除外）；

（二）申请延续换证，申请人声明生产条件未发生变化的。

第十七条　审批部门或其委托的下级市场监督管理部门实施现场核查前，应当组建核查组，制作并及时向申请人、实施食品安全日常监督管理的市场监督管理部门（以下称日常监管部门）送达《食品生产许可现场核查通知书》，告知现场核查有关事项。

第十八条　核查组由食品安全监管人员组成，根据需要可以聘请专业技术人员作为核查人员参加现场核查。核查人员应当具备满足现场核查工作要求的素质和能力，与申请人存在直接利害关系或者其他可能影响现场核查公正情形的,应当回避。

核查组中食品安全监管人员不得少于2人,实行组长负责制。实施现场核查的市场监督管理部门应当指定核查组组长。

第十九条　核查组应当确保核查客观、公正、真实,确保核查报告等文书和记录完整、准确、规范。

核查组组长负责组织现场核查、协调核查进度、汇总核查结论、上报核查材料等工作,对核查结论负责。

核查组成员对现场核查分工范围内的核查项目评分负责,对现场核查结论有不同意见时,及时与核查组组长研究解决,仍有不同意见时,可以在现场核查结束后1个工作日内书面向审批部门报告。

第二十条　日常监管部门应当派食品安全监管人员作为观察员,配合并协助现场核查工作。核查组成员中有日常监管部门的食品安全监管人员时,不再指派观察员。

观察员对现场核查程序、过程、结果有异议的,可在现场核查结束后1个工作日内书面向审批部门报告。

第二十一条　核查组进入申请人生产场所实施现场核查前,应当召开首次会议。核查组长向申请人介绍核查组成员及核查目的、依据、内容、程序、安排和要求等,并代表核查组作出保密承诺和廉洁自律声明。

参加首次会议人员包括核查组成员和观察员,以及申请人的法定代表人(负责人)或者其代理人、相关食品安全管理人员和专业技术人员,并在《食品、食品添加剂生产许可现场核查首次会议签到表》(附件1)上签名。

第二十二条　核查组应当依据《食品、食品添加剂生产许可现场核查评分记录表》(附件2)所列核查项目,采取核查场所及设备、查阅文件、核实材料及询问相关人员等方法实施现场核查。

必要时,核查组可以对申请人的食品安全管理人员、专业技术人员进行抽查考核。

第二十三条　现场核查范围主要包括生产场所、设备设施、设备布局和工艺流程、人员管理、管理制度及其执行情况,以及试制食品检验合格报告。

现场核查应当按照食品的类别分别核查、评分。审查细则对现场核查相关内容进行细化或者有特殊要求的,应当一并核查并在《食品、食品添加剂生产许可现场核查评分记录表》中记录。

对首次申请许可或者增加食品类别变更食品生产许可的,应当按照相应审查细则和执行标准的要求,核查试制食品的检验报告。申请变更许可及延续许可的,申请人声明其生产条件及周边环境发生变化的,应当就变化情况实施现场核查,不涉及变更的核查项目应当作为合理缺项,不作为评分项目。

现场核查对每个项目按照符合要求、基本符合要求、不符合要求3个等级判定得分,全部核查项目的总分为100分。某个核查项目不适用时,不参与评分,在"核查记录"栏目中说明不适用的原因。

现场核查结果以得分率进行判定。参与评分项目的实际得分占参与评分项目应得总分的百分比作为得分率。核查项目单项得分无0分项且总得分率≥85%的,该类别名称及品种明细判定为通过现场核查;核查项目单项得分有0分项或者总得分率<85%的,该类别名称及品种明细判定为未通过现场核查。

第二十四条　根据现场核查情况,核查组长应当召集核查人员共同研究各自负责核查项目的得分,汇总核查情况,形成初步核查意见。

核查组应当就初步核查意见向申请人的法定代表人(负责人)通报,并听取其意见。

第二十五条　核查组对初步核查意见和申请人的反馈意见会商后,应当根据不同类别名称的食品现场核查情况分别评分判定,形成核查结论,并汇总填写《食品、食品添加剂生产许可现场核查报告》(附件3)。

第二十六条　核查组应当召开末次会议,由核查组长宣布核查结论。核查人员与申请人的法定代表人(负责人)应当在《食品、食品添加剂生产许可现场核查评分记录表》《食品、食品添加剂生产许可现场核查报告》上签署意见并签名、盖章。观察员应当在《食品、食品添加剂生产许可现场核查报告》上签字确认。

《食品、食品添加剂生产许可现场核查报告》一式两份,现场交申请人留存一份,核查组留存一份。

申请人拒绝签名、盖章的,核查组长应当在《食品、食品添加剂生产许可现场核查报告》上注明情况。

参加末次会议人员范围与参加首次会议人员相同,参会人员应当在《食品、食品添加剂生产许可现场核查末次会议签到表》(附件 4)上签名。

第二十七条　因申请人的下列原因导致现场核查无法开展的,核查组应当向委派其实施现场核查的市场监督管理部门报告,本次现场核查的结论判定为未通过现场核查:

(一)不配合实施现场核查的;

(二)现场核查时生产设备设施不能正常运行的;

(三)存在隐瞒有关情况或者提供虚假材料的;

(四)其他因申请人主观原因导致现场核查无法正常开展的。

第二十八条　核查组应当自接受现场核查任务之日起 5 个工作日内完成现场核查,并将《食品、食品添加剂生产许可核查材料清单》(附件 5)所列的相关材料上报委派其实施现场核查的市场监督管理部门。

第二十九条　因不可抗力原因,或者供电、供水等客观原因导致现场核查无法开展的,申请人应当向审批部门书面提出许可中止申请。中止时间原则上不超过 10 个工作日,中止时间不计入食品生产许可审批时限。

因自然灾害等原因造成申请人生产条件不符合规定条件的,申请人应当申请终止许可。

申请人申请的中止时间到期仍不能开展现场核查的,或者申请人申请终止许可的,审批部门应当终止许可。

第三十条　因申请人涉嫌食品安全违法被立案调查或者涉嫌食品安全犯罪被立案侦查的,审批部门应当中止食品生产许可程序。中止时间不计入食品生产许可审批时限。

立案调查作出行政处罚决定为限制开展生产经营活动、责令停产停业、责令关闭、限制从业、暂扣许可证件、吊销许可证件的,或者立案侦查后移送检察院起诉的,应当终止食品生产许可程序。立案调查作出行政处罚决定为警告、通报批评、罚款、没收违法所得、没收非法财物且申请人履行行政处罚的,或者立案调查、立案侦查作出撤案决定的,申请人申请恢复食品生产许可后,审批部门应当恢复食品生产许可程序。

第四章　审查结果与整改

第三十一条　审批部门应当根据申请材料审查和现场核查等情况,对符合条件的,作出准予食品生产许可的决定,颁发食品生产许可证;对不符合条件的,应当及时作出不予许可的书面决定并说明理由,同时告知申请人依法享有申请行政复议或者提起行政诉讼的权利。

现场核查结论判定为通过的婴幼儿配方食品、特殊医学用途配方食品申请人应当立即对现场核查中发现的问题进行整改,整改结果通过验收后,审批部门颁发食品生产许可证;申请人整改直至通过验收所需时间不计入许可时限。

第三十二条　作出准予食品生产许可决定的,审批部门应当及时将申请人的申请材料及相关许可材料送达申请人的日常监管部门。

第三十三条　现场核查结论判定为通过的,申请人应当自作出现场核查结论之日起 1 个月内完成对现场核查中发现问题的整改,并将整改结果向其日常监管部门书面报告。

因不可抗力原因,申请人无法在规定时限内完成整改的,应当及时向其日常监管部门提出延期申请。

第三十四条　申请人的日常监管部门应当在申请人取得食品生产许可后 3 个月内对获证企业开展一次监督检查。对已实施现场核查的企业,重点检查现场核查中发现问题的整改情况;对申请人声明生产条件未发生变化的延续换证企业,重点检查生产条件保持情况。

第五章　附　　则

第三十五条　申请人的试制食品不得作为食品销售。

第三十六条　特殊食品生产许可审查细则另有规定的,从其规定。

第三十七条　省级市场监督管理部门可以根据本通则,结合本区域实际情况制定有关食品生产许可管理文件,补充、细化《食品、食品添加剂生产许可现场核查评分记录表》《食品、食品添加剂生产许可现场核查报告》。

第三十八条　本通则由国家市场监督管理总局负责解释。

第三十九条　本通则自 2022 年 11 月 1 日起施行。原国家食品药品监督管理总局 2016 年 8 月 9 日发布的《食品生产许可审查通则》同时废止。

附件：1.食品、食品添加剂生产许可现场核查首次会议签到表

2.食品、食品添加剂生产许可现场核查评分记录表

3.食品、食品添加剂生产许可现场核查报告

4.食品、食品添加剂生产许可现场核查末次会议签到表

5.食品、食品添加剂生产许可核查材料清单

附件 1

食品、食品添加剂生产许可现场核查首次会议签到表

申请人名称		
会议时间	年　　月　　日　　时　　分至　　时　　分	
会议地点		
核查组	组长	
	成员	
	观察员	

申请人参加首次会议的人员签名

签名	职务	签名	职务
备注			

附件 2

食品、食品添加剂生产许可现场核查评分记录表

申请人名称：_____

食品、食品添加剂类别及类别名称：_____

生产场所地址：_____

核查日期：_____年_____月_____日

	姓名(签名)	单位	职务	核查分工
核查组成员			组长	
			组员	
			组员	

使用说明

1.本记录表依据《中华人民共和国食品安全法》及其实施条例、《食品生产许可管理办法》等法律法规、规章以及相关食品安全国家标准的要求制定。

2.本记录表应当结合相应食品生产许可审查细则要求使用。

3.本记录表包括生产场所(18分)、设备设施(36分)、设备布局和工艺流程(9分)、人员管理(9分)、管理制度(27分)以及试制食品检验合格报告(1分)六部分,共34个核查项目。

4.核查组应当按照核查项目规定的核查内容及评分标准核查评分,并将发现的问题详实地记录在"核查记录"栏目中。

5.现场核查评分原则:现场核查评分标准分为符合要求、基本符合要求、不符合要求。符合要求,是指现场核查情况全部符合"核查内容"要求,得3分;基本符合要求,是指现场核查发现的问题属于个别、轻微或偶然发生,不会对食品安全产生严重影响,可在规定时间内通过整改达到食品安全要求的,得1分;不符合要求,是指现场核查发现的问题属于申请人内部普遍、严重、系统性或区域性缺陷,可能影响食品安全的,得0分。

试制食品检验报告核查判定得分为1分、0.5分和0分。

6.现场核查结论判定原则:核查项目单项得分无0分且总得分率≥85%的,该类别名称及品种明细判定为通过现场核查。

当出现以下两种情况之一时,该类别名称及品种明细判定为未通过现场核查:

(1)有一项及以上核查项目得0分的;

(2)核查项目总得分率<85%的。

7.某个核查项目不适用时,不参与评分,并在"核查记录"栏目中说明不适用的原因。

一、生产场所(共18分)

序号	核查项目	核查内容	评分标准		核查得分	核查记录
1.1	厂区要求	1.厂区不应选择对食品有显著污染的区域。厂区周围无虫害大量孳生的潜在场所,无有害废弃物以及粉尘、有害气体、放射性物质和其他扩散性污染源。各类污染源难以避开时应当有必要的防范措施,能有效清除污染源造成的影响。现场提供的《食品生产加工场所周围环境平面图》与实际一致。	符合规定要求。	3		
			有污染源防范措施,效果不明显,可通过改善防范措施有效清除污染源造成的影响。现场提供的平面图与实际不一致。	1		
			无污染源防范措施,或者污染源防范措施无效果。	0		
		2.厂区环境整洁,无扬尘或积水现象。各功能区划分明显,布局合理。现场提供的《食品生产加工场所平面图》与实际一致。生活区与生产区保持适当距离或分隔,防止交叉污染。厂区道路应当采用硬质材料铺设。厂区绿化应当与生产车间保持适当距离,植被应当定期维护,防止虫害孳生。	符合规定要求。	3		
			厂区环境、布局、功能区划分、绿化带位置及维护等略有不足。现场提供的平面图与实际不一致。	1		
			厂区环境不整洁;厂区布局不合理,或者生活区与生产区未保持适当距离或分隔,并存在交叉污染。	0		

序号	核查项目	核查内容	评分标准		核查得分	核查记录
1.2	厂房和车间	1.应当具有与生产的产品品种、数量相适应的厂房和车间，并根据生产工艺及清洁程度的要求合理布局和划分作业区，避免交叉污染；厂房内设置的检验室应当与生产区域分隔。现场提供的《食品生产加工场所各功能区间布局平面图》与实际一致。	符合规定要求。	3		
			作业区布局和划分存在轻微缺陷。现场提供的平面图与实际不一致。	1		
			厂房面积与空间不能满足生产需求，或者作业区布局和划分不合理，或者检验室未与生产区域分隔。	0		
		2.车间保持清洁，顶棚、墙壁、门窗和地面应当采用无毒、无味、防渗透、防霉、不易破损脱落的材料建造，结构合理，易于清洁；顶棚结构不利于冷凝水垂直滴落，裸露食品上方的管路应当防止灰尘散落及水滴掉落的措施；门窗应当闭合严密，不透水、不变形，并有防止虫害侵入的措施；地面应当平坦防滑、无裂缝。	符合规定要求。	3		
			车间清洁程度以及顶棚、墙壁、地面和门窗或者相关防护措施略有不足。	1		
			严重不符合规定要求。	0		
1.3	库房要求	1.应当具有与所生产产品的数量、贮存要求相适应的，与《食品生产加工场所平面图》《食品生产加工场所各功能区间布局平面图》中标注的库房一致。库房整洁，地面平整，易于维护、清洁，防止虫害侵入和藏匿。必要时库房应当设置相适应的温度、湿度控制等设施。	符合规定要求。	3		
			库房整洁程度或者相关设施略有不足。实际库房与平面图标注不一致。	1		
			严重不符合规定要求。	0		
		2.原料、半成品、成品、包装材料等应当依据性质的不同分设库房或分区存放。清洁剂、消毒剂、杀虫剂、润滑剂、燃料等物料应当分别安全包装，与原料、半成品、成品、包装材料等分隔放置。库房内的物料应当与墙壁、地面保持适当距离，并明确标识，防止交叉污染。	符合规定要求。	3		
			物料存放或标识略有不足。	1		
			原料、半成品、成品、包装材料等与清洁剂、消毒剂、杀虫剂、润滑剂、燃料等物料未分隔存放；物料无标识或标识混乱。	0		

二、设备设施（共 36 分）

序号	核查项目	核查内容	评分标准		核查得分	核查记录
2.1	生产设备	1.应当配备与生产的产品品种、数量相适应的生产设备，设备的性能和精度应当满足生产加工的要求。	符合规定要求。	3		
			个别设备的性能和精度略有不足。	1		
			生产设备不能满足生产加工要求。	0		
		2.生产设备清洁卫生，直接接触原料、半成品、成品的设备、工器具材质应当无毒、无味、抗腐蚀、不易脱落，表面光滑、无吸收性，易于清洁保养和消毒。	符合规定要求。	3		
			设备清洁卫生程度或者设备材质略有不足。	1		
			严重不符合规定要求。	0		
		3.生产设备维修保养良好，并做好记录。用于监测、控制、记录的设备应当定期校准、维护。停用的设备需标注清晰，不影响正常生产。	符合规定要求。	3		
			维修保养、记录略有不足，或者个别监测设备未校准。	1		
			无维修保养记录，或者监测设备无法满足规定要求。	0		
2.2	供排水设施	1.食品加工用水的水质应当符合 GB 5749 的规定，有特殊要求的应当符合相应规定。食品加工用水与其他不与食品接触的用水应当以完全分离的管路输送，避免交叉污染。各管路系统应当明确标识以便区分。	符合规定要求。	3		
			供水管路标识略有不足。	1		
			食品加工用水的水质不符合规定要求，或者供水管路无标识或标识混乱，或者供水管路存在交叉污染。	0		
		2.排水系统的设计和建造应保证排水畅通，便于清洁维护，且满足生产的需要。室内排水应当由清洁程度高的区域流向清洁程度低的区域，且有防止逆流的措施。排水系统出入口设计合理并有防止污染和虫害侵入的措施。	符合规定要求。	3		
			排水略有不畅，或者相关防护措施略有不足。	1		
			排水不畅，或者室内排水流向不符合要求，或者相关防护措施严重不足。	0		
2.3	清洁消毒设施	应当配备相应的食品、工器具和设备等的专用清洁设施，必要时配备相应的消毒设施。清洁、消毒方式应当避免对产品造成交叉污染，使用的洗涤剂、消毒剂应当符合相关规定要求。	符合规定要求。	3		
			清洁消毒设施略有不足。	1		
			清洁消毒设施严重不足，或者清洁消毒的方式、用品不符合规定要求。	0		

序号	核查项目	核查内容	评分标准		核查得分	核查记录
2.4	废弃物存放设施	应当配备设计合理、防止渗漏、易于清洁的存放废弃物的专用设施,必要时可设置废弃物临时存放设施。车间内存放废弃物的设施和容器应当标识清晰,不得与盛装原料、半成品、成品的容器混用。	符合规定要求。	3		
			废弃物存放设施及标识略有不足。	1		
			废弃物存放设施设计不合理,或者与盛装原料、半成品、成品的容器混用。	0		
2.5	个人卫生设施	生产场所或车间入口处应当设置更衣室,更衣室应当保证工作服与个人服装及其他物品分开放置;车间入口及车间内必要处,应当按需设置换鞋(或穿戴鞋套)设施或鞋靴消毒设施;清洁作业区入口应当设置与生产加工人员数量相匹配的非手动式洗手、干手和消毒设施;洗手设施的材质、结构应当易于清洁消毒,临近位置应当标示洗手方法。卫生间应当易于保持清洁,不得与生产、包装或贮存等区域直接连通,卫生间内的适当位置应当设置洗手设施。	符合规定要求。	3		
			个人卫生设施略有不足。	1		
			个人卫生设施严重不符合要求。	0		
2.6	通风设施	应当具有适宜的通风设施,进气口位置合理,避免空气从清洁程度要求低的作业区域流向清洁程度要求高的作业区域。必要时应当安装空气过滤装置和除尘设施。通风设施应当易于清洁、维修或更换,能防止虫害侵入。	符合规定要求。	3		
			通风设施略有不足。	1		
			通风设施严重不足,或者不能满足必要的空气过滤净化、除尘、防止虫害侵入的需求。	0		
2.7	照明设施	厂房内应当有充足的自然采光或人工照明,光泽和亮度应能满足生产和操作需要,光源应能使物料呈现真实的颜色。在暴露原料、半成品、成品正上方的照明设施应当使用安全型或有防护措施的照明设施;如需要,还应当配备应急照明设施。	符合规定要求。	3		
			照明设施或者防护措施略有不足,光泽和亮度略显不足,或改变物料真实颜色。	1		
			照明设施或者防护措施严重不足。	0		
2.8	温控设施	应当根据生产的需要,配备适宜的加热、冷却、冷冻以及用于监测温度和控制室温的设施。	符合规定要求。	3		
			温控或监测设施略有不足。	1		
			温控或监测设施严重不足。	0		

续表

序号	核查项目	核查内容	评分标准		核查得分	核查记录
2.9	检验设备设施	自行检验或部分自行检验的,应当具备与所检项目相适应的检验室、检验仪器设备和检验试剂。检验室应当布局合理,检验仪器设备的数量、性能、精度应当满足相应的检验需求,检验仪器设备应当按期检定或校准。	符合规定要求。	3		
			检验室布局略不合理,或者检验仪器设备性能略有不足,或者个别检验仪器设备未按期检定或校准。	1		
			检验室布局不合理,或者检验仪器设备数量、性能、精度不能满足检验需求,或者检验仪器设备未检定或校准。	0		

三、设备布局和工艺流程(共9分)

序号	核查项目	核查内容	评分标准		核查得分	核查记录
3.1	设备布局	生产设备应当按照工艺流程有序排列,合理布局,便于清洁、消毒和维修保养,避免交叉污染。	符合规定要求。	3		
			个别设备布局不合理。	1		
			设备布局存在交叉污染。	0		
3.2	工艺流程	1.应当具备合理的生产工艺流程,防止生产过程中造成交叉污染。申请的食品类别、产品配方、工艺流程应当与产品执行标准相适应。执行企业标准的,应当依法备案或公开。食品添加剂生产使用的原料和工艺,应符合食品添加剂食品安全国家标准规定。	符合规定要求。	3		
			个别工艺流程略不合理。	1		
			工艺流程存在交叉污染,或者工艺流程、原料不符合产品执行标准的规定,或者企业标准未依法备案或公开。	0		
		2.应当制定所需的产品配方、工艺规程等工艺文件,明确生产过程中的食品安全关键环节和控制措施。生产食品添加剂时,产品命名、标签和说明书及复配食品添加剂配方、有害物质、致病性微生物等控制要求应当符合食品安全国家标准规定。	符合规定要求。	3		
			工艺文件略有不足。	1		
			工艺文件严重不足,或者生产复配食品添加剂的相关控制要求不符合食品安全标准的规定。	0		

四、人员管理(共 9 分)

序号	核查项目	核查内容	评分标准		核查得分	核查记录
4.1	人员要求	应当配备专职或兼职食品安全管理人员和食品安全专业技术人员,明确其职责。人员要求应当符合有关规定。	符合规定要求。	3		
			人员职责不太明确,或者个别人员不符合规定要求。	1		
			相关人员配备不足,或者人员不符合规定要求。	0		
4.2	人员培训	应当制定和实施职工培训计划,根据岗位需求开展食品安全知识及卫生培训,做好培训记录。食品安全管理人员上岗前应当经过培训,并考核合格。	符合规定要求。	3		
			培训计划及计划实施、培训记录略有不足。	1		
			无培训计划,或计划实施严重不足,或无培训记录。	0		
4.3	人员健康管理制度	应当建立并执行从业人员健康管理制度,明确患有国务院卫生行政部门规定的有碍食品安全疾病的或有明显皮肤损伤未愈合的人员,不得从事接触直接入口食品的工作。从事接触直接入口食品工作的食品生产人员应当每年进行健康检查,取得健康证明后方可上岗工作。	符合规定要求。	3		
			制度内容或执行略有缺陷。	1		
			无制度或者制度执行严重不足。	0		

五、管理制度(共 27 分)

序号	核查项目	核查内容	评分标准		核查得分	核查记录
5.1	采购管理及进货查验记录	应当建立并执行采购管理制度,规定食品原料、食品添加剂、食品相关产品验收标准。采购时,应当查验供货者的许可证和产品合格证明;对无法提供合格证明的食品原料,应当按照食品安全标准及产品执行标准进行检验。应当建立并执行进货查验记录制度,记录采购的食品原料、食品添加剂及食品相关产品名称、规格、数量、生产日期或者生产批号、保质期、进货日期以及供货者名称、地址、联系方式等信息,保存相关记录和凭证。	符合规定要求。	3		
			制度内容或执行略有不足。	1		
			制度内容或执行严重不足。	0		

续表

序号	核查项目	核查内容	评分标准		核查得分	核查记录
5.2	生产过程控制	应当建立并执行生产过程控制制度，制定所需的操作规程或作业指导书，明确原料（如领料、投料、余料管理等）、生产关键环节（如生产工序、设备、贮存、包装等）控制的相关要求，防止交叉污染，并记录产品的加工过程（包括工艺参数、环境监测等）。	符合规定要求。	3		
			个别制度内容或执行略有不足。	1		
			制度内容或执行严重不足。	0		
5.3	检验管理及出厂检验记录	应当建立并执行检验管理制度，规定原料检验、过程检验、产品出厂检验以及产品留样的方式及要求，综合考虑产品特性、工艺特点、原料控制等因素明确制定出厂检验项目，保存相关检验和留样记录。生产复配食品添加剂的，还应当明确规定各种食品添加剂的含量和检验方法。委托检验的，应当委托有资质的机构进行检验。 应当建立并执行产品出厂检验记录制度，规定产品出厂时，查验出厂产品的安全状况和检验合格证明，记录产品的名称、规格、数量、生产日期或者生产批号、保质期、检验合格证明编号、销售日期以及购货者名称、地址、联系方式等信息，保存相关记录和凭证。	符合规定要求。	3		
			制度内容或执行略有不足。	1		
			制度内容或执行严重不足。	0		
5.4	运输和交付管理	应当建立并执行运输和交付管理制度，规定根据产品特点、贮存要求、运输条件选择适宜的运输方式，并做好交付记录。委托运输的，应当对受托方的食品安全保障能力进行审核。	符合规定要求。	3		
			制度内容或执行略有不足。	1		
			制度内容或执行严重不足。	0		
5.5	食品安全追溯管理	应当建立并执行食品安全追溯管理体系，记录并保存法律、法规及标准等规定的信息，保证产品可追溯。	符合规定要求。	3		
			管理体系或执行略有不足。	1		
			管理体系或执行严重不足。	0		

序号	核查项目	核查内容	评分标准		核查得分	核查记录
5.6	食品安全自查	应当建立并执行食品安全自查制度,规定对食品安全状况定期进行检查评价,并根据评价结果采取相应的处理措施。有发生食品安全事故潜在风险的,应当立即停止食品生产活动,并向所在地县级市场监督管理部门报告。	符合规定要求。	3		
			制度内容或执行略有不足。	1		
			制度内容或执行严重不足。	0		
5.7	不合格品管理及不安全食品召回	应当建立并执行不合格品管理制度,规定原料、半成品、成品及食品相关产品中不合格品的管理要求和处置措施。应当建立并执行不安全食品召回制度,规定停止生产、通知相关生产经营者和消费者、召回和处置不安全食品的相关要求,记录召回和通知情况。	符合规定要求。	3		
			制度内容或执行略有不足。	1		
			制度内容或执行严重不足。	0		
5.8	食品安全事故处置	应当建立食品安全事故处置方案,规定食品安全事故处置措施及向事故发生地县级市场监督管理部门和卫生行政部门报告的要求。	符合规定要求。	3		
			方案内容或执行略有不足。	1		
			方案内容或执行严重不足。	0		
5.9	其他	应当按照相关法律法规、食品安全标准以及审查细则规定,建立并执行其他保障食品安全的管理制度。	符合规定要求。	3		
			个别制度内容或执行略有不足。	1		
			制度内容或执行严重不足。	0		

六、试制食品检验合格报告(共1分)

序号	核查项目	核查内容	评分标准		核查得分	核查记录
6.1	试制食品检验合格报告	应当提交符合产品执行的食品安全标准、产品标准、审查细则和国务院卫生行政部门相关公告的试制食品检验合格报告。	符合规定要求。	1		
			非食品安全标准规定的检验项目不全。	0.5		
			无检验合格报告,或者食品安全标准规定的检验项目不全。	0		

附件 3

食品、食品添加剂生产许可现场核查报告

根据《食品生产许可审查通则》及_____、_____、_____生产许可审查细则,核查组于_____年_____月_____日至_____年_____月_____日对(申请人名称):_____进行了现场核查,结果如下:

一、现场核查结论

(一)现场核查正常开展,经综合评价,本次现场核查的结论是:

序号	食品、食品添加剂类别	类别名称	品种明细	执行标准及标准编号	核查结论
1					
2					
……					

(二)因申请人的下列原因导致现场核查无法正常开展,本次现场核查的结论判定为未通过现场核查:

□不配合实施现场核查;

□现场核查时生产设备设施不能正常运行;

□存在隐瞒有关情况或提供虚假申请材料;

□因申请人的其他主观原因:_____。

(三)因下列原因导致现场核查无法正常开展,中止现场核查:

□因不可抗力或其他客观原因:_____;

□因申请人涉嫌食品安全违法被立案调查或者涉嫌食品安全犯罪被立案侦查。

核查组组长签名:　　　　　　申请人意见:

组员签名:

观察员签名:　　　　　　　　申请人签名(盖章):

　　年　　月　　日　　　　　　年　　月　　日

二、食品、食品添加剂生产许可现场核查得分及存在的问题

食品、食品添加剂类别及类别名称:_____

核查范围	核查项目分数	实际得分
生产场所	(分)	(分)
设备设施	(分)	(分)
设备布局和工艺流程	(分)	(分)
人员管理	(分)	(分)
管理制度	(分)	(分)
试制食品检验合格报告	(分)	(分)
总分:	(分)	(分)
核查得分率:_____%;单项得分为 0 分的共_____项		
现场核查发现的问题		
核查项目序号	问题描述	

核查组组长签名：　　　　　　　　申请人意见：

组员签名：

观察员签名：　　　　　　　　　　申请人签名（盖章）：

　　年　月　日　　　　　　　　　　　年　月　日

注：

　　1. 申请人申请多个类别名称的，应当按照类别名称分别填写核查得分及存在的问题；

　　2. "现场核查发现的问题"应当详细描述申请人扣分情况；核查结论为"通过"的类别名称，如有整改项目，应当在报告中注明；核查结论为"未通过"的类别名称，应当注明否决项目；对于无法正常开展现场核查的，应当注明具体原因；

　　3. 现场核查报告一式两份，申请人、核查组各留存一份；

　　4. 现场核查结论为"通过"的，申请人应当自作出现场核查结论之日起1个月内完成现场核查中发现问题的整改，并将整改结果向日常监管部门书面报告。

附件4

食品、食品添加剂生产许可现场核查末次会议签到表

申请人名称		
会议时间	年　月　日　时　分至　时　分	
会议地点		
核查组	组长	
	成员	
	观察员	

申请人参加末次会议的人员签名

签名	职务	签名	职务
备注			

附件5

食品、食品添加剂生产许可核查材料清单

1. 《食品生产许可申请书》及其随附材料；

2. 食品生产加工场所周围环境平面图；

3. 食品生产加工场所平面图；

4. 食品生产加工场所各功能区间布局平面图；

5. 《食品生产许可现场核查通知书》；

6. 《食品、食品添加剂生产许可现场核查首次会议签到表》；

7. 《食品、食品添加剂生产许可现场核查末次会议签到表》；

8.《食品、食品添加剂生产许可现场核查评分记录表》；

9.《食品、食品添加剂生产许可现场核查报告》；

10.产品执行非食品安全国家标准的标准文本；

11.试制食品检验报告；

12.许可机关要求提交的其他材料。

附录三　中华人民共和国食品安全法

2009年2月28日第十一届全国人民代表大会常务委员会第七次会议通过,2015年4月24日第十二届全国人民代表大会常务委员会第十四次会议修订,根据2018年12月29日第十三届全国人民代表大会常务委员会第七次会议《关于修改〈中华人民共和国产品质量法〉等五部法律的决定》第一次修正,根据2021年4月29日第十三届全国人民代表大会常务委员会第二十八次会议《关于修改〈中华人民共和国道路交通安全法〉等八部法律的决定》第二次修正。

第一章　总　　则

第一条　为了保证食品安全,保障公众身体健康和生命安全,制定本法。

第二条　在中华人民共和国境内从事下列活动,应当遵守本法:

(一)食品生产和加工(以下称食品生产),食品销售和餐饮服务(以下称食品经营);

(二)食品添加剂的生产经营;

(三)用于食品的包装材料、容器、洗涤剂、消毒剂和用于食品生产经营的工具、设备(以下称食品相关产品)的生产经营;

(四)食品生产经营者使用食品添加剂、食品相关产品;

(五)食品的贮存和运输;

(六)对食品、食品添加剂、食品相关产品的安全管理。

供食用的源于农业的初级产品(以下称食用农产品)的质量安全管理,遵守《中华人民共和国农产品质量安全法》的规定。但是,食用农产品的市场销售、有关质量安全标准的制定、有关安全信息的公布和本法对农业投入品作出规定的,应当遵守本法的规定。

第三条　食品安全工作实行预防为主、风险管理、全程控制、社会共治,建立科学、严格的监督管理制度。

第四条　食品生产经营者对其生产经营食品的安全负责。

食品生产经营者应当依照法律、法规和食品安全标准从事生产经营活动,保证食品安全,诚信自律,对社会和公众负责,接受社会监督,承担社会责任。

第五条　国务院设立食品安全委员会,其职责由国务院规定。

国务院食品安全监督管理部门依照本法和国务院规定的职责,对食品生产经营活动实施监督管理。

国务院卫生行政部门依照本法和国务院规定的职责,组织开展食品安全风险监测和风险评估,会同国务院食品安全监督管理部门制定并公布食品安全国家标准。

国务院其他有关部门依照本法和国务院规定的职责,承担有关食品安全工作。

第六条　县级以上地方人民政府对本行政区域的食品安全监督管理工作负责,统一领导、组织、协调本行政区域的食品安全监督管理工作以及食品安全突发事件应对工作,建立健全食品安全全程监督管理工作机制和信息共享机制。

县级以上地方人民政府依照本法和国务院的规定,确定本级食品安全监督管理、卫生行政部门和其他有关部门的职责。有关部门在各自职责范围内负责本行政区域的食品安全监督管理工作。

县级人民政府食品安全监督管理部门可以在乡镇或者特定区域设立派出机构。

第七条　县级以上地方人民政府实行食品安全监督管理责任制。上级人民政府负责对下一级人民政府的食品安全监督管理工作进行评议、考核。县级以上地方人民政府负责对本级食品安全监督管理部门和其他有关部门的食品安全监督管理工作进行评议、考核。

第八条　县级以上人民政府应当将食品安全工作纳入本级国民经济和社会发展规划,将食品安全工作经费列入本级政府财政预算,加强食品安全监督管理能力建设,为食品安全工作提供保障。

县级以上人民政府食品安全监督管理部门和其他有关部门应当加强沟通、密切配合,按照各自职责分工,依法行使职权,承担责任。

　　第九条　食品行业协会应当加强行业自律,按照章程建立健全行业规范和奖惩机制,提供食品安全信息、技术等服务,引导和督促食品生产经营者依法生产经营,推动行业诚信建设,宣传、普及食品安全知识。

　　消费者协会和其他消费者组织对违反本法规定,损害消费者合法权益的行为,依法进行社会监督。

　　第十条　各级人民政府应当加强食品安全的宣传教育,普及食品安全知识,鼓励社会组织、基层群众性自治组织、食品生产经营者开展食品安全法律、法规以及食品安全标准和知识的普及工作,倡导健康的饮食方式,增强消费者食品安全意识和自我保护能力。

　　新闻媒体应当开展食品安全法律、法规以及食品安全标准和知识的公益宣传,并对食品安全违法行为进行舆论监督。有关食品安全的宣传报道应当真实、公正。

　　第十一条　国家鼓励和支持开展与食品安全有关的基础研究、应用研究,鼓励和支持食品生产经营者为提高食品安全水平采用先进技术和先进管理规范。

　　国家对农药的使用实行严格的管理制度,加快淘汰剧毒、高毒、高残留农药,推动替代产品的研发和应用,鼓励使用高效低毒低残留农药。

　　第十二条　任何组织或者个人有权举报食品安全违法行为,依法向有关部门了解食品安全信息,对食品安全监督管理工作提出意见和建议。

　　第十三条　对在食品安全工作中做出突出贡献的单位和个人,按照国家有关规定给予表彰、奖励。

第二章　食品安全风险监测和评估

　　第十四条　国家建立食品安全风险监测制度,对食源性疾病、食品污染以及食品中的有害因素进行监测。

　　国务院卫生行政部门会同国务院食品安全监督管理等部门,制定、实施国家食品安全风险监测计划。

　　国务院食品安全监督管理部门和其他有关部门获知有关食品安全风险信息后,应当立即核实并向国务院卫生行政部门通报。对有关部门通报的食品安全风险信息以及医疗机构报告的食源性疾病等有关疾病信息,国务院卫生行政部门应当会同国务院有关部门分析研究,认为必要的,及时调整国家食品安全风险监测计划。

　　省、自治区、直辖市人民政府卫生行政部门会同同级食品安全监督管理等部门,根据国家食品安全风险监测计划,结合本行政区域的具体情况,制定、调整本行政区域的食品安全风险监测方案,报国务院卫生行政部门备案并实施。

　　第十五条　承担食品安全风险监测工作的技术机构应当根据食品安全风险监测计划和监测方案开展监测工作,保证监测数据真实、准确,并按照食品安全风险监测计划和监测方案的要求报送监测数据和分析结果。

　　食品安全风险监测工作人员有权进入相关食用农产品种植养殖、食品生产经营场所采集样品、收集相关数据。采集样品应当按照市场价格支付费用。

　　第十六条　食品安全风险监测结果表明可能存在食品安全隐患的,县级以上人民政府卫生行政部门应当及时将相关信息通报同级食品安全监督管理等部门,并报告本级人民政府和上级人民政府卫生行政部门。食品安全监督管理等部门应当组织开展进一步调查。

　　第十七条　国家建立食品安全风险评估制度,运用科学方法,根据食品安全风险监测信息、科学数据以及有关信息,对食品、食品添加剂、食品相关产品中生物性、化学性和物理性危害因素进行风险评估。

　　国务院卫生行政部门负责组织食品安全风险评估工作,成立由医学、农业、食品、营养、生物、环境等方面的专家组成的食品安全风险评估专家委员会进行食品安全风险评估。食品安全风险评估结果由国务院卫生行政部门公布。

　　对农药、肥料、兽药、饲料和饲料添加剂等的安全性评估,应当有食品安全风险评估专家委员会的专家参加。

食品安全风险评估不得向生产经营者收取费用,采集样品应当按照市场价格支付费用。

第十八条　有下列情形之一的,应当进行食品安全风险评估:

(一)通过食品安全风险监测或者接到举报发现食品、食品添加剂、食品相关产品可能存在安全隐患的;

(二)为制定或者修订食品安全国家标准提供科学依据需要进行风险评估的;

(三)为确定监督管理的重点领域、重点品种需要进行风险评估的;

(四)发现新的可能危害食品安全因素的;

(五)需要判断某一因素是否构成食品安全隐患的;

(六)国务院卫生行政部门认为需要进行风险评估的其他情形。

第十九条　国务院食品安全监督管理、农业行政等部门在监督管理工作中发现需要进行食品安全风险评估的,应当向国务院卫生行政部门提出食品安全风险评估的建议,并提供风险来源、相关检验数据和结论等信息、资料。属于本法第十八条规定情形的,国务院卫生行政部门应当及时进行食品安全风险评估,并向国务院有关部门通报评估结果。

第二十条　省级以上人民政府卫生行政、农业行政部门应当及时相互通报食品、食用农产品安全风险监测信息。

国务院卫生行政、农业行政部门应当及时相互通报食品、食用农产品安全风险评估结果等信息。

第二十一条　食品安全风险评估结果是制定、修订食品安全标准和实施食品安全监督管理的科学依据。

经食品安全风险评估,得出食品、食品添加剂、食品相关产品不安全结论的,国务院食品安全监督管理等部门应当依据各自职责立即向社会公告,告知消费者停止食用或者使用,并采取相应措施,确保该食品、食品添加剂、食品相关产品停止生产经营;需要制定、修订相关食品安全国家标准的,国务院卫生行政部门应当会同国务院食品安全监督管理部门立即制定、修订。

第二十二条　国务院食品安全监督管理部门应当会同国务院有关部门,根据食品安全风险评估结果、食品安全监督管理信息,对食品安全状况进行综合分析。对经综合分析表明可能具有较高程度安全风险的食品,国务院食品安全监督管理部门应当及时提出食品安全风险警示,并向社会公布。

第二十三条　县级以上人民政府食品安全监督管理部门和其他有关部门、食品安全风险评估专家委员会及其技术机构,应当按照科学、客观、及时、公开的原则,组织食品生产经营者、食品检验机构、认证机构、食品行业协会、消费者协会以及新闻媒体等,就食品安全风险评估信息和食品安全监督管理信息进行交流沟通。

第三章　食品安全标准

第二十四条　制定食品安全标准,应当以保障公众身体健康为宗旨,做到科学合理、安全可靠。

第二十五条　食品安全标准是强制执行的标准。除食品安全标准外,不得制定其他食品强制性标准。

第二十六条　食品安全标准应当包括下列内容:

(一)食品、食品添加剂、食品相关产品中的致病性微生物,农药残留、兽药残留、生物毒素、重金属等污染物质以及其他危害人体健康物质的限量规定;

(二)食品添加剂的品种、使用范围、用量;

(三)专供婴幼儿和其他特定人群的主辅食品的营养成分要求;

(四)对与卫生、营养等食品安全要求有关的标签、标志、说明书的要求;

(五)食品生产经营过程的卫生要求;

(六)与食品安全有关的质量要求;

(七)与食品安全有关的食品检验方法与规程;

(八)其他需要制定为食品安全标准的内容。

第二十七条　食品安全国家标准由国务院卫生行政部门会同国务院食品安全监督管理部门制定、公布,国务院标准化行政部门提供国家标准编号。

食品中农药残留、兽药残留的限量规定及其检验方法与规程由国务院卫生行政部门、国务院农业行政部门会同国务院食品安全监督管理部门制定。

屠宰畜、禽的检验规程由国务院农业行政部门会同国务院卫生行政部门制定。

第二十八条　制定食品安全国家标准,应当依据食品安全风险评估结果并充分考虑食用农产品安全风险评估结果,参照相关的国际标准和国际食品安全风险评估结果,并将食品安全国家标准草案向社会公布,广泛听取食品生产经营者、消费者、有关部门等方面的意见。

食品安全国家标准应当经国务院卫生行政部门组织的食品安全国家标准审评委员会审查通过。食品安全国家标准审评委员会由医学、农业、食品、营养、生物、环境等方面的专家以及国务院有关部门、食品行业协会、消费者协会的代表组成,对食品安全国家标准草案的科学性和实用性等进行审查。

第二十九条　对地方特色食品,没有食品安全国家标准的,省、自治区、直辖市人民政府卫生行政部门可以制定并公布食品安全地方标准,报国务院卫生行政部门备案。食品安全国家标准制定后,该地方标准即行废止。

第三十条　国家鼓励食品生产企业制定严于食品安全国家标准或者地方标准的企业标准,在本企业适用,并报省、自治区、直辖市人民政府卫生行政部门备案。

第三十一条　省级以上人民政府卫生行政部门应当在其网站上公布制定和备案的食品安全国家标准、地方标准和企业标准,供公众免费查阅、下载。

对食品安全标准执行过程中的问题,县级以上人民政府卫生行政部门应当会同有关部门及时给予指导、解答。

第三十二条　省级以上人民政府卫生行政部门应当会同同级食品安全监督管理、农业行政等部门,分别对食品安全国家标准和地方标准的执行情况进行跟踪评价,并根据评价结果及时修订食品安全标准。

省级以上人民政府食品安全监督管理、农业行政等部门应当对食品安全标准执行中存在的问题进行收集、汇总,并及时向同级卫生行政部门通报。

食品生产经营者、食品行业协会发现食品安全标准在执行中存在问题的,应当立即向卫生行政部门报告。

第四章　食品生产经营
第一节　一般规定

第三十三条　食品生产经营应当符合食品安全标准,并符合下列要求:

(一)具有与生产经营的食品品种、数量相适应的食品原料处理和食品加工、包装、贮存等场所,保持该场所环境整洁,并与有毒、有害场所以及其他污染源保持规定的距离;

(二)具有与生产经营的食品品种、数量相适应的生产经营设备或者设施,有相应的消毒、更衣、盥洗、采光、照明、通风、防腐、防尘、防蝇、防鼠、防虫、洗涤以及处理废水、存放垃圾和废弃物的设备或者设施;

(三)有专职或者兼职的食品安全专业技术人员、食品安全管理人员和保证食品安全的规章制度;

(四)具有合理的设备布局和工艺流程,防止待加工食品与直接入口食品、原料与成品交叉污染,避免食品接触有毒物、不洁物;

(五)餐具、饮具和盛放直接入口食品的容器,使用前应当洗净、消毒,炊具、用具用后应当洗净,保持清洁;

(六)贮存、运输和装卸食品的容器、工具和设备应当安全、无害,保持清洁,防止食品污染,并符合保证食品安全所需的温度、湿度等特殊要求,不得将食品与有毒、有害物品一同贮存、运输;

(七)直接入口的食品应当使用无毒、清洁的包装材料、餐具、饮具和容器;

(八)食品生产经营人员应当保持个人卫生,生产经营食品时,应当将手洗净,穿戴清洁的工作衣、帽等;销售无包装的直接入口食品时,应当使用无毒、清洁的容器、售货工具和设备;

(九)用水应当符合国家规定的生活饮用水卫生标准;

（十）使用的洗涤剂、消毒剂应当对人体安全、无害；

（十一）法律、法规规定的其他要求。

非食品生产经营者从事食品贮存、运输和装卸的，应当符合前款第六项的规定。

第三十四条　禁止生产经营下列食品、食品添加剂、食品相关产品：

（一）用非食品原料生产的食品或者添加食品添加剂以外的化学物质和其他可能危害人体健康物质的食品，或者用回收食品作为原料生产的食品；

（二）致病性微生物，农药残留、兽药残留、生物毒素、重金属等污染物质以及其他危害人体健康的物质含量超过食品安全标准限量的食品、食品添加剂、食品相关产品；

（三）用超过保质期的食品原料、食品添加剂生产的食品、食品添加剂；

（四）超范围、超限量使用食品添加剂的食品；

（五）营养成分不符合食品安全标准的专供婴幼儿和其他特定人群的主辅食品；

（六）腐败变质、油脂酸败、霉变生虫、污秽不洁、混有异物、掺假掺杂或者感官性状异常的食品、食品添加剂；

（七）病死、毒死或者死因不明的禽、畜、兽、水产动物肉类及其制品；

（八）未按规定进行检疫或者检疫不合格的肉类，或者未经检验或者检验不合格的肉类制品；

（九）被包装材料、容器、运输工具等污染的食品、食品添加剂；

（十）标注虚假生产日期、保质期或者超过保质期的食品、食品添加剂；

（十一）无标签的预包装食品、食品添加剂；

（十二）国家为防病等特殊需要明令禁止生产经营的食品；

（十三）其他不符合法律、法规或者食品安全标准的食品、食品添加剂、食品相关产品。

第三十五条　国家对食品生产经营实行许可制度。从事食品生产、食品销售、餐饮服务，应当依法取得许可。但是，销售食用农产品和仅销售预包装食品的，不需要取得许可。仅销售预包装食品的，应当报所在地县级以上地方人民政府食品安全监督管理部门备案。

县级以上地方人民政府食品安全监督管理部门应当依照《中华人民共和国行政许可法》的规定，审核申请人提交的本法第三十三条第一款第一项至第四项规定要求的相关资料，必要时对申请人的生产经营场所进行现场核查；对符合规定条件的，准予许可；对不符合规定条件的，不予许可并书面说明理由。

第三十六条　食品生产加工小作坊和食品摊贩等从事食品生产经营活动，应当符合本法规定的与其生产经营规模、条件相适应的食品安全要求，保证所生产经营的食品卫生、无毒、无害，食品安全监督管理部门应当对其加强监督管理。

县级以上地方人民政府应当对食品生产加工小作坊、食品摊贩等进行综合治理，加强服务和统一规划，改善其生产经营环境，鼓励和支持其改进生产经营条件，进入集中交易市场、店铺等固定场所经营，或者在指定的临时经营区域、时段经营。

食品生产加工小作坊和食品摊贩等的具体管理办法由省、自治区、直辖市制定。

第三十七条　利用新的食品原料生产食品，或者生产食品添加剂新品种、食品相关产品新品种，应当向国务院卫生行政部门提交相关产品的安全性评估材料。国务院卫生行政部门应当自收到申请之日起六十日内组织审查；对符合食品安全要求的，准予许可并公布；对不符合食品安全要求的，不予许可并书面说明理由。

第三十八条　生产经营的食品中不得添加药品，但是可以添加按照传统既是食品又是中药材的物质。按照传统既是食品又是中药材的物质目录由国务院卫生行政部门会同国务院食品安全监督管理部门制定、公布。

第三十九条　国家对食品添加剂生产实行许可制度。从事食品添加剂生产，应当具有与所生产食品添加剂品种相适应的场所、生产设备或者设施、专业技术人员和管理制度，并依照本法第三十五条第二款规定的程序，取得食品添加剂生产许可。

生产食品添加剂应当符合法律、法规和食品安全国家标准。

第四十条　食品添加剂应当在技术上确有必要且经过风险评估证明安全可靠,方可列入允许使用的范围;有关食品安全国家标准应当根据技术必要性和食品安全风险评估结果及时修订。

食品生产经营者应当按照食品安全国家标准使用食品添加剂。

第四十一条　生产食品相关产品应当符合法律、法规和食品安全国家标准。对直接接触食品的包装材料等具有较高风险的食品相关产品,按照国家有关工业产品生产许可证管理的规定实施生产许可。食品安全监督管理部门应当加强对食品相关产品生产活动的监督管理。

第四十二条　国家建立食品安全全程追溯制度。

食品生产经营者应当依照本法的规定,建立食品安全追溯体系,保证食品可追溯。国家鼓励食品生产经营者采用信息化手段采集、留存生产经营信息,建立食品安全追溯体系。

国务院食品安全监督管理部门会同国务院农业行政等有关部门建立食品安全全程追溯协作机制。

第四十三条　地方各级人民政府应当采取措施鼓励食品规模化生产和连锁经营、配送。

国家鼓励食品生产经营企业参加食品安全责任保险。

第二节　生产经营过程控制

第四十四条　食品生产经营企业应当建立健全食品安全管理制度,对职工进行食品安全知识培训,加强食品检验工作,依法从事生产经营活动。

食品生产经营企业的主要负责人应当落实企业食品安全管理制度,对本企业的食品安全工作全面负责。

食品生产经营企业应当配备食品安全管理人员,加强对其培训和考核。经考核不具备食品安全管理能力的,不得上岗。食品安全监督管理部门应当对企业食品安全管理人员随机进行监督抽查考核并公布考核情况。监督抽查考核不得收取费用。

第四十五条　食品生产经营者应当建立并执行从业人员健康管理制度。患有国务院卫生行政部门规定的有碍食品安全疾病的人员,不得从事接触直接入口食品的工作。

从事接触直接入口食品工作的食品生产经营人员应当每年进行健康检查,取得健康证明后方可上岗工作。

第四十六条　食品生产企业应当就下列事项制定并实施控制要求,保证所生产的食品符合食品安全标准:

(一)原料采购、原料验收、投料等原料控制;

(二)生产工序、设备、贮存、包装等生产关键环节控制;

(三)原料检验、半成品检验、成品出厂检验等检验控制;

(四)运输和交付控制。

第四十七条　食品生产经营者应当建立食品安全自查制度,定期对食品安全状况进行检查评价。生产经营条件发生变化,不再符合食品安全要求的,食品生产经营者应当立即采取整改措施;有发生食品安全事故潜在风险的,应当立即停止食品生产经营活动,并向所在地县级人民政府食品安全监督管理部门报告。

第四十八条　国家鼓励食品生产经营企业符合良好生产规范要求,实施危害分析与关键控制点体系,提高食品安全管理水平。

对通过良好生产规范、危害分析与关键控制点体系认证的食品生产经营企业,认证机构应当依法实施跟踪调查;对不再符合认证要求的企业,应当依法撤销认证,及时向县级以上人民政府食品安全监督管理部门通报,并向社会公布。认证机构实施跟踪调查不得收取费用。

第四十九条　食用农产品生产者应当按照食品安全标准和国家有关规定使用农药、肥料、兽药、饲料和饲料添加剂等农业投入品,严格执行农业投入品使用安全间隔期或者休药期的规定,不得使用国家明令禁止的农业投入品。禁止将剧毒、高毒农药用于蔬菜、瓜果、茶叶和中草药材等国家规定的农作物。

食用农产品的生产企业和农民专业合作经济组织应当建立农业投入品使用记录制度。

县级以上人民政府农业行政部门应当加强对农业投入品使用的监督管理和指导,建立健全农业投入品安全使用制度。

第五十条　食品生产者采购食品原料、食品添加剂、食品相关产品,应当查验供货者的许可证和产品合格证明;对无法提供合格证明的食品原料,应当按照食品安全标准进行检验;不得采购或者使用不符合食品安全标准的食品原料、食品添加剂、食品相关产品。

食品生产企业应当建立食品原料、食品添加剂、食品相关产品进货查验记录制度,如实记录食品原料、食品添加剂、食品相关产品的名称、规格、数量、生产日期或者生产批号、保质期、进货日期以及供货者名称、地址、联系方式等内容,并保存相关凭证。记录和凭证保存期限不得少于产品保质期满后六个月;没有明确保质期的,保存期限不得少于二年。

第五十一条　食品生产企业应当建立食品出厂检验记录制度,查验出厂食品的检验合格证和安全状况,如实记录食品的名称、规格、数量、生产日期或者生产批号、保质期、检验合格证号、销售日期以及购货者名称、地址、联系方式等内容,并保存相关凭证。记录和凭证保存期限应当符合本法第五十条第二款的规定。

第五十二条　食品、食品添加剂、食品相关产品的生产者,应当按照食品安全标准对所生产的食品、食品添加剂、食品相关产品进行检验,检验合格后方可出厂或者销售。

第五十三条　食品经营者采购食品,应当查验供货者的许可证和食品出厂检验合格证或者其他合格证明(以下称合格证明文件)。

食品经营企业应当建立食品进货查验记录制度,如实记录食品的名称、规格、数量、生产日期或者生产批号、保质期、进货日期以及供货者名称、地址、联系方式等内容,并保存相关凭证。记录和凭证保存期限应当符合本法第五十条第二款的规定。

实行统一配送经营方式的食品经营企业,可以由企业总部统一查验供货者的许可证和食品合格证明文件,进行食品进货查验记录。

从事食品批发业务的经营企业应当建立食品销售记录制度,如实记录批发食品的名称、规格、数量、生产日期或者生产批号、保质期、销售日期以及购货者名称、地址、联系方式等内容,并保存相关凭证。记录和凭证保存期限应当符合本法第五十条第二款的规定。

第五十四条　食品经营者应当按照保证食品安全的要求贮存食品,定期检查库存食品,及时清理变质或者超过保质期的食品。

食品经营者贮存散装食品,应当在贮存位置标明食品的名称、生产日期或者生产批号、保质期、生产者名称及联系方式等内容。

第五十五条　餐饮服务提供者应当制定并实施原料控制要求,不得采购不符合食品安全标准的食品原料。倡导餐饮服务提供者公开加工过程,公示食品原料及其来源等信息。

餐饮服务提供者在加工过程中应当检查待加工的食品及原料,发现有本法第三十四条第六项规定情形的,不得加工或者使用。

第五十六条　餐饮服务提供者应当定期维护食品加工、贮存、陈列等设施、设备;定期清洗、校验保温设施及冷藏、冷冻设施。

餐饮服务提供者应当按照要求对餐具、饮具进行清洗消毒,不得使用未经清洗消毒的餐具、饮具;餐饮服务提供者委托清洗消毒餐具、饮具的,应当委托符合本法规定条件的餐具、饮具集中消毒服务单位。

第五十七条　学校、托幼机构、养老机构、建筑工地等集中用餐单位的食堂应当严格遵守法律、法规和食品安全标准;从供餐单位订餐的,应当从取得食品生产经营许可的企业订购,并按照要求对订购的食品进行查验。供餐单位应当严格遵守法律、法规和食品安全标准,当餐加工,确保食品安全。

学校、托幼机构、养老机构、建筑工地等集中用餐单位的主管部门应当加强对集中用餐单位的食品安全教育和日常管理,降低食品安全风险,及时消除食品安全隐患。

第五十八条　餐具、饮具集中消毒服务单位应当具备相应的作业场所、清洗消毒设备或者设施,用水和使用的洗涤剂、消毒剂应当符合相关食品安全国家标准和其他国家标准、卫生规范。

餐具、饮具集中消毒服务单位应当对消毒餐具、饮具进行逐批检验,检验合格后方可出厂,并应当随附消毒合格证明。消毒后的餐具、饮具应当在独立包装上标注单位名称、地址、联系方式、消毒日期以及使用期限等内容。

第五十九条　食品添加剂生产者应当建立食品添加剂出厂检验记录制度,查验出厂产品的检验合格证和安全状况,如实记录食品添加剂的名称、规格、数量、生产日期或者生产批号、保质期、检验合格证号、销售日期以及购货者名称、地址、联系方式等相关内容,并保存相关凭证。记录和凭证保存期限应当符合本法第五十条第二款的规定。

第六十条　食品添加剂经营者采购食品添加剂,应当依法查验供货者的许可证和产品合格证明文件,如实记录食品添加剂的名称、规格、数量、生产日期或者生产批号、保质期、进货日期以及供货者名称、地址、联系方式等内容,并保存相关凭证。记录和凭证保存期限应当符合本法第五十条第二款的规定。

第六十一条　集中交易市场的开办者、柜台出租者和展销会举办者,应当依法审查入场食品经营者的许可证,明确其食品安全管理责任,定期对其经营环境和条件进行检查,发现其有违反本法规定行为的,应当及时制止并立即报告所在地县级人民政府食品安全监督管理部门。

第六十二条　网络食品交易第三方平台提供者应当对入网食品经营者进行实名登记,明确其食品安全管理责任;依法应当取得许可证的,还应当审查其许可证。

网络食品交易第三方平台提供者发现入网食品经营者有违反本法规定行为的,应当及时制止并立即报告所在地县级人民政府食品安全监督管理部门;发现严重违法行为的,应当立即停止提供网络交易平台服务。

第六十三条　国家建立食品召回制度。食品生产者发现其生产的食品不符合食品安全标准或者有证据证明可能危害人体健康的,应当立即停止生产,召回已经上市销售的食品,通知相关生产经营者和消费者,并记录召回和通知情况。

食品经营者发现其经营的食品有前款规定情形的,应当立即停止经营,通知相关生产经营者和消费者,并记录停止经营和通知情况。食品生产者认为应当召回的,应当立即召回。由于食品经营者的原因造成其经营的食品有前款规定情形的,食品经营者应当召回。

食品生产经营者应当对召回的食品采取无害化处理、销毁等措施,防止其再次流入市场。但是,对因标签、标志或者说明书不符合食品安全标准而被召回的食品,食品生产者在采取补救措施且能保证食品安全的情况下可以继续销售;销售时应当向消费者明示补救措施。

食品生产经营者应当将食品召回和处理情况向所在地县级人民政府食品安全监督管理部门报告;需要对召回的食品进行无害化处理、销毁的,应当提前报告时间、地点。食品安全监督管理部门认为必要的,可以实施现场监督。

食品生产经营者未依照本条规定召回或者停止经营的,县级以上人民政府食品安全监督管理部门可以责令其召回或者停止经营。

第六十四条　食用农产品批发市场应当配备检验设备和检验人员或者委托符合本法规定的食品检验机构,对进入该批发市场销售的食用农产品进行抽样检验;发现不符合食品安全标准的,应当要求销售者立即停止销售,并向食品安全监督管理部门报告。

第六十五条　食用农产品销售者应当建立食用农产品进货查验记录制度,如实记录食用农产品的名称、数量、进货日期以及供货者名称、地址、联系方式等内容,并保存相关凭证。记录和凭证保存期限不得少于六个月。

第六十六条　进入市场销售的食用农产品在包装、保鲜、贮存、运输中使用保鲜剂、防腐剂等食品添加剂和包装材料等食品相关产品,应当符合食品安全国家标准。

第三节　标签、说明书和广告

第六十七条　预包装食品的包装上应当有标签。标签应当标明下列事项：

（一）名称、规格、净含量、生产日期；

（二）成分或者配料表；

（三）生产者的名称、地址、联系方式；

（四）保质期；

（五）产品标准代号；

（六）贮存条件；

（七）所使用的食品添加剂在国家标准中的通用名称；

（八）生产许可证编号；

（九）法律、法规或者食品安全标准规定应当标明的其他事项。

专供婴幼儿和其他特定人群的主辅食品，其标签还应当标明主要营养成分及其含量。

食品安全国家标准对标签标注事项另有规定的，从其规定。

第六十八条　食品经营者销售散装食品，应当在散装食品的容器、外包装上标明食品的名称、生产日期或者生产批号、保质期以及生产经营者名称、地址、联系方式等内容。

第六十九条　生产经营转基因食品应当按照规定显著标示。

第七十条　食品添加剂应当有标签、说明书和包装。标签、说明书应当载明本法第六十七条第一款第一项至第六项、第八项、第九项规定的事项，以及食品添加剂的使用范围、用量、使用方法，并在标签上载明"食品添加剂"字样。

第七十一条　食品和食品添加剂的标签、说明书，不得含有虚假内容，不得涉及疾病预防、治疗功能。生产经营者对其提供的标签、说明书的内容负责。

食品和食品添加剂的标签、说明书应当清楚、明显，生产日期、保质期等事项应当显著标注，容易辨识。

食品和食品添加剂与其标签、说明书的内容不符的，不得上市销售。

第七十二条　食品经营者应当按照食品标签标示的警示标志、警示说明或者注意事项的要求销售食品。

第七十三条　食品广告的内容应当真实合法，不得含有虚假内容，不得涉及疾病预防、治疗功能。食品生产经营者对食品广告内容的真实性、合法性负责。

县级以上人民政府食品安全监督管理部门和其他有关部门以及食品检验机构、食品行业协会不得以广告或者其他形式向消费者推荐食品。消费者组织不得以收取费用或者其他牟取利益的方式向消费者推荐食品。

第四节　特殊食品

第七十四条　国家对保健食品、特殊医学用途配方食品和婴幼儿配方食品等特殊食品实行严格监督管理。

第七十五条　保健食品声称保健功能，应当具有科学依据，不得对人体产生急性、亚急性或者慢性危害。

保健食品原料目录和允许保健食品声称的保健功能目录，由国务院食品安全监督管理部门会同国务院卫生行政部门、国家中医药管理部门制定、调整并公布。

保健食品原料目录应当包括原料名称、用量及其对应的功效；列入保健食品原料目录的原料只能用于保健食品生产，不得用于其他食品生产。

第七十六条　使用保健食品原料目录以外原料的保健食品和首次进口的保健食品应当经国务院食品安全监督管理部门注册。但是，首次进口的保健食品中属于补充维生素、矿物质等营养物质的，应当报国务院食品安全监督管理部门备案。其他保健食品应当报省、自治区、直辖市人民政府食品安全监督管理部门备案。

进口的保健食品应当是出口国（地区）主管部门准许上市销售的产品。

第七十七条　依法应当注册的保健食品,注册时应当提交保健食品的研发报告、产品配方、生产工艺、安全性和保健功能评价、标签、说明书等材料及样品,并提供相关证明文件。国务院食品安全监督管理部门经组织技术审评,对符合安全和功能声称要求的,准予注册;对不符合要求的,不予注册并书面说明理由。对使用保健食品原料目录以外原料的保健食品作出准予注册决定的,应当及时将该原料纳入保健食品原料目录。

依法应当备案的保健食品,备案时应当提交产品配方、生产工艺、标签、说明书以及表明产品安全性和保健功能的材料。

第七十八条　保健食品的标签、说明书不得涉及疾病预防、治疗功能,内容应当真实,与注册或者备案的内容相一致,载明适宜人群、不适宜人群、功效成分或者标志性成分及其含量等,并声明"本品不能代替药物"。保健食品的功能和成分应当与标签、说明书相一致。

第七十九条　保健食品广告除应当符合本法第七十三条第一款的规定外,还应当声明"本品不能代替药物";其内容应当经生产企业所在地省、自治区、直辖市人民政府食品安全监督管理部门审查批准,取得保健食品广告批准文件。省、自治区、直辖市人民政府食品安全监督管理部门应当公布并及时更新已经批准的保健食品广告目录以及批准的广告内容。

第八十条　特殊医学用途配方食品应当经国务院食品安全监督管理部门注册。注册时,应当提交产品配方、生产工艺、标签、说明书以及表明产品安全性、营养充足性和特殊医学用途临床效果的材料。

特殊医学用途配方食品广告适用《中华人民共和国广告法》和其他法律、行政法规关于药品广告管理的规定。

第八十一条　婴幼儿配方食品生产企业应当实施从原料进厂到成品出厂的全过程质量控制,对出厂的婴幼儿配方食品实施逐批检验,保证食品安全。

生产婴幼儿配方食品使用的生鲜乳、辅料等食品原料、食品添加剂等,应当符合法律、行政法规的规定和食品安全国家标准,保证婴幼儿生长发育所需的营养成分。

婴幼儿配方食品生产企业应当将食品原料、食品添加剂、产品配方及标签等事项向省、自治区、直辖市人民政府食品安全监督管理部门备案。

婴幼儿配方乳粉的产品配方应当经国务院食品安全监督管理部门注册。注册时,应当提交配方研发报告和其他表明配方科学性、安全性的材料。

不得以分装方式生产婴幼儿配方乳粉,同一企业不得用同一配方生产不同品牌的婴幼儿配方乳粉。

第八十二条　保健食品、特殊医学用途配方食品、婴幼儿配方乳粉的注册人或者备案人应当对其提交材料的真实性负责。

省级以上人民政府食品安全监督管理部门应当及时公布注册或者备案的保健食品、特殊医学用途配方食品、婴幼儿配方乳粉目录,并对注册或者备案中获知的企业商业秘密予以保密。

保健食品、特殊医学用途配方食品、婴幼儿配方乳粉生产企业应当按照注册或者备案的产品配方、生产工艺等技术要求组织生产。

第八十三条　生产保健食品,特殊医学用途配方食品、婴幼儿配方食品和其他专供特定人群的主辅食品的企业,应当按照良好生产规范的要求建立与所生产食品相适应的生产质量管理体系,定期对该体系的运行情况进行自查,保证其有效运行,并向所在地县级人民政府食品安全监督管理部门提交自查报告。

第五章　食品检验

第八十四条　食品检验机构按照国家有关认证认可的规定取得资质认定后,方可从事食品检验活动。但是,法律另有规定的除外。

食品检验机构的资质认定条件和检验规范,由国务院食品安全监督管理部门规定。

符合本法规定的食品检验机构出具的检验报告具有同等效力。

县级以上人民政府应当整合食品检验资源,实现资源共享。

第八十五条　食品检验由食品检验机构指定的检验人独立进行。

检验人应当依照有关法律、法规的规定,并按照食品安全标准和检验规范对食品进行检验,尊重科学,恪守职业道德,保证出具的检验数据和结论客观、公正,不得出具虚假检验报告。

第八十六条　食品检验实行食品检验机构与检验人负责制。食品检验报告应当加盖食品检验机构公章,并有检验人的签名或者盖章。食品检验机构和检验人对出具的食品检验报告负责。

第八十七条　县级以上人民政府食品安全监督管理部门应当对食品进行定期或者不定期的抽样检验,并依据有关规定公布检验结果,不得免检。进行抽样检验,应当购买抽取的样品,委托符合本法规定的食品检验机构进行检验,并支付相关费用;不得向食品生产经营者收取检验费和其他费用。

第八十八条　对依照本法规定实施的检验结论有异议的,食品生产经营者可以自收到检验结论之日起七个工作日内向实施抽样检验的食品安全监督管理部门或者其上一级食品安全监督管理部门提出复检申请,由受理复检申请的食品安全监督管理部门在公布的复检机构名录中随机确定复检机构进行复检。复检机构出具的复检结论为最终检验结论。复检机构与初检机构不得为同一机构。复检机构名录由国务院认证认可监督管理、食品安全监督管理、卫生行政、农业行政等部门共同公布。

采用国家规定的快速检测方法对食用农产品进行抽查检测,被抽查人对检测结果有异议的,可以自收到检测结果时起四小时内申请复检。复检不得采用快速检测方法。

第八十九条　食品生产企业可以自行对所生产的食品进行检验,也可以委托符合本法规定的食品检验机构进行检验。

食品行业协会和消费者协会等组织、消费者需要委托食品检验机构对食品进行检验的,应当委托符合本法规定的食品检验机构进行。

第九十条　食品添加剂的检验,适用本法有关食品检验的规定。

第六章　食品进出口

第九十一条　国家出入境检验检疫部门对进出口食品安全实施监督管理。

第九十二条　进口的食品、食品添加剂、食品相关产品应当符合我国食品安全国家标准。

进口的食品、食品添加剂应当经出入境检验检疫机构依照进出口商品检验相关法律、行政法规的规定检验合格。

进口的食品、食品添加剂应当按照国家出入境检验检疫部门的要求随附合格证明材料。

第九十三条　进口尚无食品安全国家标准的食品,由境外出口商、境外生产企业或者其委托的进口商向国务院卫生行政部门提交所执行的相关国家(地区)标准或者国际标准。国务院卫生行政部门对相关标准进行审查,认为符合食品安全要求的,决定暂予适用,并及时制定相应的食品安全国家标准。进口利用新的食品原料生产的食品或者进口食品添加剂新品种、食品相关产品新品种,依照本法第三十七条的规定办理。

出入境检验检疫机构按照国务院卫生行政部门的要求,对前款规定的食品、食品添加剂、食品相关产品进行检验。检验结果应当公开。

第九十四条　境外出口商、境外生产企业应当保证向我国出口的食品、食品添加剂、食品相关产品符合本法以及我国其他有关法律、行政法规的规定和食品安全国家标准的要求,并对标签、说明书的内容负责。

进口商应当建立境外出口商、境外生产企业审核制度,重点审核前款规定的内容;审核不合格的,不得进口。

发现进口食品不符合我国食品安全国家标准或者有证据证明可能危害人体健康的,进口商应当立即停止进口,并依照本法第六十三条的规定召回。

第九十五条　境外发生的食品安全事件可能对我国境内造成影响,或者在进口食品、食品添加剂、食品相关产品中发现严重食品安全问题的,国家出入境检验检疫部门应当及时采取风险预警或者控制措施,并向国务院食品安全监督管理、卫生行政、农业行政部门通报。接到通报的部门应当及时采取相应措施。

县级以上人民政府食品安全监督管理部门对国内市场上销售的进口食品、食品添加剂实施监督管理。发现存在严重食品安全问题的,国务院食品安全监督管理部门应当及时向国家出入境检验检疫部门通报。国家出入境检验检疫部门应当及时采取相应措施。

第九十六条　向我国境内出口食品的境外出口商或者代理商、进口食品的进口商应当向国家出入境检验检疫部门备案。向我国境内出口食品的境外食品生产企业应当经国家出入境检验检疫部门注册。已经注册的境外食品生产企业提供虚假材料,或者因其自身的原因致使进口食品发生重大食品安全事故的,国家出入境检验检疫部门应当撤销注册并公告。

国家出入境检验检疫部门应当定期公布已经备案的境外出口商、代理商、进口商和已经注册的境外食品生产企业名单。

第九十七条　进口的预包装食品、食品添加剂应当有中文标签;依法应当有说明书的,还应当有中文说明书。标签、说明书应当符合本法以及我国其他有关法律、行政法规的规定和食品安全国家标准的要求,并载明食品的原产地以及境内代理商的名称、地址、联系方式。预包装食品没有中文标签、中文说明书或者标签、说明书不符合本条规定的,不得进口。

第九十八条　进口商应当建立食品、食品添加剂进口和销售记录制度,如实记录食品、食品添加剂的名称、规格、数量、生产日期、生产或者进口批号、保质期、境外出口商和购货者名称、地址及联系方式、交货日期等内容,并保存相关凭证。记录和凭证保存期限应当符合本法第五十条第二款的规定。

第九十九条　出口食品生产企业应当保证其出口食品符合进口国(地区)的标准或者合同要求。

出口食品生产企业和出口食品原料种植、养殖场应当向国家出入境检验检疫部门备案。

第一百条　国家出入境检验检疫部门应当收集、汇总下列进出口食品安全信息,并及时通报相关部门、机构和企业:

(一)出入境检验检疫机构对进出口食品实施检验检疫发现的食品安全信息;

(二)食品行业协会和消费者协会等组织、消费者反映的进口食品安全信息;

(三)国际组织、境外政府机构发布的风险预警信息及其他食品安全信息,以及境外食品行业协会等组织、消费者反映的食品安全信息;

(四)其他食品安全信息。

国家出入境检验检疫部门应当对进出口食品的进口商、出口商和出口食品生产企业实施信用管理,建立信用记录,并依法向社会公布。对有不良记录的进口商、出口商和出口食品生产企业,应当加强对其进出口食品的检验检疫。

第一百零一条　国家出入境检验检疫部门可以对向我国境内出口食品的国家(地区)的食品安全管理体系和食品安全状况进行评估和审查,并根据评估和审查结果,确定相应检验检疫要求。

第七章　食品安全事故处置

第一百零二条　国务院组织制定国家食品安全事故应急预案。

县级以上地方人民政府应当根据有关法律、法规的规定和上级人民政府的食品安全事故应急预案以及本行政区域的实际情况,制定本行政区域的食品安全事故应急预案,并报上一级人民政府备案。

食品安全事故应急预案应当对食品安全事故分级、事故处置组织指挥体系与职责、预防预警机制、处置程序、应急保障措施等作出规定。

食品生产经营企业应当制定食品安全事故处置方案,定期检查本企业各项食品安全防范措施的落实情况,及时消除事故隐患。

第一百零三条　发生食品安全事故的单位应当立即采取措施,防止事故扩大。事故单位和接收病人进行治疗的单位应当及时向事故发生地县级人民政府食品安全监督管理、卫生行政部门报告。

县级以上人民政府农业行政等部门在日常监督管理中发现食品安全事故或者接到事故举报,应当立即向同级食品安全监督管理部门通报。

发生食品安全事故,接到报告的县级人民政府食品安全监督管理部门应当按照应急预案的规定向本级人民政府和上级人民政府食品安全监督管理部门报告。县级人民政府和上级人民政府食品安全监督管理部门应当按照应急预案的规定上报。

任何单位和个人不得对食品安全事故隐瞒、谎报、缓报，不得隐匿、伪造、毁灭有关证据。

第一百零四条　医疗机构发现其接收的病人属于食源性疾病病人或者疑似病人的，应当按照规定及时将相关信息向所在地县级人民政府卫生行政部门报告。县级人民政府卫生行政部门认为与食品安全有关的，应当及时通报同级食品安全监督管理部门。

县级以上人民政府卫生行政部门在调查处理传染病或者其他突发公共卫生事件中发现与食品安全相关的信息，应当及时通报同级食品安全监督管理部门。

第一百零五条　县级以上人民政府食品安全监督管理部门接到食品安全事故的报告后，应当立即会同同级卫生行政、农业行政等部门进行调查处理，并采取下列措施，防止或者减轻社会危害：

（一）开展应急救援工作，组织救治因食品安全事故导致人身伤害的人员；

（二）封存可能导致食品安全事故的食品及其原料，并立即进行检验；对确认属于被污染的食品及其原料，责令食品生产经营者依照本法第六十三条的规定召回或者停止经营；

（三）封存被污染的食品相关产品，并责令进行清洗消毒；

（四）做好信息发布工作，依法对食品安全事故及其处理情况进行发布，并对可能产生的危害加以解释、说明。

发生食品安全事故需要启动应急预案的，县级以上人民政府应当立即成立事故处置指挥机构，启动应急预案，依照前款和应急预案的规定进行处置。

发生食品安全事故，县级以上疾病预防控制机构应当对事故现场进行卫生处理，并对与事故有关的因素开展流行病学调查，有关部门应当予以协助。县级以上疾病预防控制机构应当向同级食品安全监督管理、卫生行政部门提交流行病学调查报告。

第一百零六条　发生食品安全事故，设区的市级以上人民政府食品安全监督管理部门应当立即会同有关部门进行事故责任调查，督促有关部门履行职责，向本级人民政府和上一级人民政府食品安全监督管理部门提出事故责任调查处理报告。

涉及两个以上省、自治区、直辖市的重大食品安全事故由国务院食品安全监督管理部门依照前款规定组织事故责任调查。

第一百零七条　调查食品安全事故，应当坚持实事求是、尊重科学的原则，及时、准确查清事故性质和原因，认定事故责任，提出整改措施。

调查食品安全事故，除了查明事故单位的责任，还应当查明有关监督管理部门、食品检验机构、认证机构及其工作人员的责任。

第一百零八条　食品安全事故调查部门有权向有关单位和个人了解与事故有关的情况，并要求提供相关资料和样品。有关单位和个人应当予以配合，按照要求提供相关资料和样品，不得拒绝。

任何单位和个人不得阻挠、干涉食品安全事故的调查处理。

第八章　监督管理

第一百零九条　县级以上人民政府食品安全监督管理部门根据食品安全风险监测、风险评估结果和食品安全状况等，确定监督管理的重点、方式和频次，实施风险分级管理。

县级以上地方人民政府组织本级食品安全监督管理、农业行政等部门制定本行政区域的食品安全年度监督管理计划，向社会公布并组织实施。

食品安全年度监督管理计划应当将下列事项作为监督管理的重点：

（一）专供婴幼儿和其他特定人群的主辅食品；

（二）保健食品生产过程中的添加行为和按照注册或者备案的技术要求组织生产的情况，保健食品标签、说明书以及宣传材料中有关功能宣传的情况；

（三）发生食品安全事故风险较高的食品生产经营者；

（四）食品安全风险监测结果表明可能存在食品安全隐患的事项。

第一百一十条　县级以上人民政府食品安全监督管理部门履行食品安全监督管理职责,有权采取下列措施,对生产经营者遵守本法的情况进行监督检查:

（一）进入生产经营场所实施现场检查;

（二）对生产经营的食品、食品添加剂、食品相关产品进行抽样检验;

（三）查阅、复制有关合同、票据、账簿以及其他有关资料;

（四）查封、扣押有证据证明不符合食品安全标准或者有证据证明存在安全隐患以及用于违法生产经营的食品、食品添加剂、食品相关产品;

（五）查封违法从事生产经营活动的场所。

第一百一十一条　对食品安全风险评估结果证明食品存在安全隐患,需要制定、修订食品安全标准的,在制定、修订食品安全标准前,国务院卫生行政部门应当及时会同国务院有关部门规定食品中有害物质的临时限量值和临时检验方法,作为生产经营和监督管理的依据。

第一百一十二条　县级以上人民政府食品安全监督管理部门在食品安全监督管理工作中可以采用国家规定的快速检测方法对食品进行抽查检测。

对抽查检测结果表明可能不符合食品安全标准的食品,应当依照本法第八十七条的规定进行检验。抽查检测结果确定有关食品不符合食品安全标准的,可以作为行政处罚的依据。

第一百一十三条　县级以上人民政府食品安全监督管理部门应当建立食品生产经营者食品安全信用档案,记录许可颁发、日常监督检查结果、违法行为查处等情况,依法向社会公布并实时更新;对有不良信用记录的食品生产经营者增加监督检查频次,对违法行为情节严重的食品生产经营者,可以通报投资主管部门、证券监督管理机构和有关的金融机构。

第一百一十四条　食品生产经营过程中存在食品安全隐患,未及时采取措施消除的,县级以上人民政府食品安全监督管理部门可以对食品生产经营者的法定代表人或者主要负责人进行责任约谈。食品生产经营者应当立即采取措施,进行整改,消除隐患。责任约谈情况和整改情况应当纳入食品生产经营者食品安全信用档案。

第一百一十五条　县级以上人民政府食品安全监督管理等部门应当公布本部门的电子邮件地址或者电话,接受咨询、投诉、举报。接到咨询、投诉、举报,对属于本部门职责的,应当受理并在法定期限内及时答复、核实、处理;对不属于本部门职责的,应当移交有权处理的部门并书面通知咨询、投诉、举报人。有权处理的部门应当在法定期限内及时处理,不得推诿。对查证属实的举报,给予举报人奖励。

有关部门应当对举报人的信息予以保密,保护举报人的合法权益。举报人举报所在企业的,该企业不得以解除、变更劳动合同或者其他方式对举报人进行打击报复。

第一百一十六条　县级以上人民政府食品安全监督管理等部门应当加强对执法人员食品安全法律、法规、标准和专业知识与执法能力等的培训,并组织考核。不具备相应知识和能力的,不得从事食品安全执法工作。

食品生产经营者、食品行业协会、消费者协会等发现食品安全执法人员在执法过程中有违反法律、法规规定的行为以及不规范执法行为的,可以向本级或者上级人民政府食品安全监督管理等部门或者监察机关投诉、举报。接到投诉、举报的部门或者机关应当进行核实,并将经核实的情况向食品安全执法人员所在部门通报;涉嫌违法违纪的,按照本法和有关规定处理。

第一百一十七条　县级以上人民政府食品安全监督管理等部门未及时发现食品安全系统性风险,未及时消除监督管理区域内的食品安全隐患的,本级人民政府可以对其主要负责人进行责任约谈。

地方人民政府未履行食品安全职责,未及时消除区域性重大食品安全隐患的,上级人民政府可以对其主要负责人进行责任约谈。

被约谈的食品安全监督管理等部门、地方人民政府应当立即采取措施,对食品安全监督管理工作进行整改。

责任约谈情况和整改情况应当纳入地方人民政府和有关部门食品安全监督管理工作评议、考核记录。

第一百一十八条　国家建立统一的食品安全信息平台,实行食品安全信息统一公布制度。国家食品安全总体情况、食品安全风险警示信息、重大食品安全事故及其调查处理信息和国务院确定需要统一公布的其他信息由国务院食品安全监督管理部门统一公布。食品安全风险警示信息和重大食品安全事故及其调查处理信息的影响限于特定区域的,也可以由有关省、自治区、直辖市人民政府食品安全监督管理部门公布。未经授权不得发布上述信息。

县级以上人民政府食品安全监督管理、农业行政部门依据各自职责公布食品安全日常监督管理信息。

公布食品安全信息,应当做到准确、及时,并进行必要的解释说明,避免误导消费者和社会舆论。

第一百一十九条　县级以上地方人民政府食品安全监督管理、卫生行政、农业行政部门获知本法规定需要统一公布的信息,应当向上级主管部门报告,由上级主管部门立即报告国务院食品安全监督管理部门;必要时,可以直接向国务院食品安全监督管理部门报告。

县级以上人民政府食品安全监督管理、卫生行政、农业行政部门应当相互通报获知的食品安全信息。

第一百二十条　任何单位和个人不得编造、散布虚假食品安全信息。

县级以上人民政府食品安全监督管理部门发现可能误导消费者和社会舆论的食品安全信息,应当立即组织有关部门、专业机构、相关食品生产经营者等进行核实、分析,并及时公布结果。

第一百二十一条　县级以上人民政府食品安全监督管理等部门发现涉嫌食品安全犯罪的,应当按照有关规定及时将案件移送公安机关。对移送的案件,公安机关应当及时审查;认为有犯罪事实需要追究刑事责任的,应当立案侦查。

公安机关在食品安全犯罪案件侦查过程中认为没有犯罪事实,或者犯罪事实显著轻微,不需要追究刑事责任,但依法应当追究行政责任的,应当及时将案件移送食品安全监督管理等部门和监察机关,有关部门应当依法处理。

公安机关商请食品安全监督管理、生态环境等部门提供检验结论、认定意见以及对涉案物品进行无害化处理等协助的,有关部门应当及时提供,予以协助。

第九章　法律责任

第一百二十二条　违反本法规定,未取得食品生产经营许可从事食品生产经营活动,或者未取得食品添加剂生产许可从事食品添加剂生产活动的,由县级以上人民政府食品安全监督管理部门没收违法所得和违法生产经营的食品、食品添加剂以及用于违法生产经营的工具、设备、原料等物品;违法生产经营的食品、食品添加剂货值金额不足一万元的,并处五万元以上十万元以下罚款;货值金额一万元以上的,并处货值金额十倍以上二十倍以下罚款。

明知从事前款规定的违法行为,仍为其提供生产经营场所或者其他条件的,由县级以上人民政府食品安全监督管理部门责令停止违法行为,没收违法所得,并处五万元以上十万元以下罚款;使消费者的合法权益受到损害的,应当与食品、食品添加剂生产经营者承担连带责任。

第一百二十三条　违反本法规定,有下列情形之一,尚不构成犯罪的,由县级以上人民政府食品安全监督管理部门没收违法所得和违法生产经营的食品,并可以没收用于违法生产经营的工具、设备、原料等物品;违法生产经营的食品货值金额不足一万元的,并处十万元以上十五万元以下罚款;货值金额一万元以上的,并处货值金额十五倍以上三十倍以下罚款;情节严重的,吊销许可证,并可以由公安机关对其直接负责的主管人员和其他直接责任人员处五日以上十五日以下拘留:

(一)用非食品原料生产食品、在食品中添加食品添加剂以外的化学物质和其他可能危害人体健康的物质,或者用回收食品作为原料生产食品,或者经营上述食品;

(二)生产经营营养成分不符合食品安全标准的专供婴幼儿和其他特定人群的主辅食品;

(三)经营病死、毒死或者死因不明的禽、畜、兽、水产动物肉类,或者生产经营其制品;

(四)经营未按规定进行检疫或者检疫不合格的肉类,或者生产经营未经检验或者检验不合格的肉类制品;

（五）生产经营国家为防病等特殊需要明令禁止生产经营的食品；

（六）生产经营添加药品的食品。

明知从事前款规定的违法行为，仍为其提供生产经营场所或者其他条件的，由县级以上人民政府食品安全监督管理部门责令停止违法行为，没收违法所得，并处十万元以上二十万元以下罚款；使消费者的合法权益受到损害的，应当与食品生产经营者承担连带责任。

违法使用剧毒、高毒农药的，除依照有关法律、法规规定给予处罚外，可以由公安机关依照第一款规定给予拘留。

第一百二十四条 违反本法规定，有下列情形之一，尚不构成犯罪的，由县级以上人民政府食品安全监督管理部门没收违法所得和违法生产经营的食品、食品添加剂，并可以没收用于违法生产经营的工具、设备、原料等物品；违法生产经营的食品、食品添加剂货值金额不足一万元的，并处五万元以上十万元以下罚款；货值金额一万元以上的，并处货值金额十倍以上二十倍以下罚款；情节严重的，吊销许可证：

（一）生产经营致病性微生物，农药残留、兽药残留、生物毒素、重金属等污染物质以及其他危害人体健康的物质含量超过食品安全标准限量的食品、食品添加剂；

（二）用超过保质期的食品原料、食品添加剂生产食品、食品添加剂，或者经营上述食品、食品添加剂；

（三）生产经营超范围、超限量使用食品添加剂的食品；

（四）生产经营腐败变质、油脂酸败、霉变生虫、污秽不洁、混有异物、掺假掺杂或者感官性状异常的食品、食品添加剂；

（五）生产经营标注虚假生产日期、保质期或者超过保质期的食品、食品添加剂；

（六）生产经营未按规定注册的保健食品、特殊医学用途配方食品、婴幼儿配方乳粉，或者未按注册的产品配方、生产工艺等技术要求组织生产；

（七）以分装方式生产婴幼儿配方乳粉，或者同一企业以同一配方生产不同品牌的婴幼儿配方乳粉；

（八）利用新的食品原料生产食品，或者生产食品添加剂新品种，未通过安全性评估；

（九）食品生产经营者在食品安全监督管理部门责令其召回或者停止经营后，仍拒不召回或者停止经营。

除前款和本法第一百二十三条、第一百二十五条规定的情形外，生产经营不符合法律、法规或者食品安全标准的食品、食品添加剂的，依照前款规定给予处罚。

生产食品相关产品新品种，未通过安全性评估，或者生产不符合食品安全标准的食品相关产品的，由县级以上人民政府食品安全监督管理部门依照第一款规定给予处罚。

第一百二十五条 违反本法规定，有下列情形之一的，由县级以上人民政府食品安全监督管理部门没收违法所得和违法生产经营的食品、食品添加剂，并可以没收用于违法生产经营的工具、设备、原料等物品；违法生产经营的食品、食品添加剂货值金额不足一万元的，并处五千元以上五万元以下罚款；货值金额一万元以上的，并处货值金额五倍以上十倍以下罚款；情节严重的，责令停产停业，直至吊销许可证：

（一）生产经营被包装材料、容器、运输工具等污染的食品、食品添加剂；

（二）生产经营无标签的预包装食品、食品添加剂或者标签、说明书不符合本法规定的食品、食品添加剂；

（三）生产经营转基因食品未按规定进行标示；

（四）食品生产经营者采购或者使用不符合食品安全标准的食品原料、食品添加剂、食品相关产品。

生产经营的食品、食品添加剂的标签、说明书存在瑕疵但不影响食品安全且不会对消费者造成误导的，由县级以上人民政府食品安全监督管理部门责令改正；拒不改正的，处二千元以下罚款。

第一百二十六条 违反本法规定，有下列情形之一的，由县级以上人民政府食品安全监督管理部门责令改正，给予警告；拒不改正的，处五千元以上五万元以下罚款；情节严重的，责令停产停业，直至吊销许可证：

（一）食品、食品添加剂生产者未按规定对采购的食品原料和生产的食品、食品添加剂进行检验；

（二）食品生产经营企业未按规定建立食品安全管理制度，或者未按规定配备或者培训、考核食品安全管理人员；

（三）食品、食品添加剂生产经营者进货时未查验许可证和相关证明文件，或者未按规定建立并遵守进货查验记录、出厂检验记录和销售记录制度；

（四）食品生产经营企业未制定食品安全事故处置方案；

（五）餐具、饮具和盛放直接入口食品的容器，使用前未经洗净、消毒或者清洗消毒不合格，或者餐饮服务设施、设备未按规定定期维护、清洗、校验；

（六）食品生产经营者安排未取得健康证明或者患有国务院卫生行政部门规定的有碍食品安全疾病的人员从事接触直接入口食品的工作；

（七）食品经营者未按规定要求销售食品；

（八）保健食品生产企业未按规定向食品安全监督管理部门备案，或者未按备案的产品配方、生产工艺等技术要求组织生产；

（九）婴幼儿配方食品生产企业未将食品原料、食品添加剂、产品配方、标签等向食品安全监督管理部门备案；

（十）特殊食品生产企业未按规定建立生产质量管理体系并有效运行，或者未定期提交自查报告；

（十一）食品生产经营者未定期对食品安全状况进行检查评价，或者生产经营条件发生变化，未按规定处理；

（十二）学校、托幼机构、养老机构、建筑工地等集中用餐单位未按规定履行食品安全管理责任；

（十三）食品生产企业、餐饮服务提供者未按规定制定、实施生产经营过程控制要求。

餐具、饮具集中消毒服务单位违反本法规定用水，使用洗涤剂、消毒剂，或者出厂的餐具、饮具未按规定检验合格并随附消毒合格证明，或者未按规定在独立包装上标注相关内容的，由县级以上人民政府卫生行政部门依照前款规定给予处罚。

食品相关产品生产者未按规定对生产的食品相关产品进行检验的，由县级以上人民政府食品安全监督管理部门依照第一款规定给予处罚。

食用农产品销售者违反本法第六十五条规定的，由县级以上人民政府食品安全监督管理部门依照第一款规定给予处罚。

第一百二十七条　对食品生产加工小作坊、食品摊贩等的违法行为的处罚，依照省、自治区、直辖市制定的具体管理办法执行。

第一百二十八条　违反本法规定，事故单位在发生食品安全事故后未进行处置、报告的，由有关主管部门按照各自职责分工责令改正，给予警告；隐匿、伪造、毁灭有关证据的，责令停产停业，没收违法所得，并处十万元以上五十万元以下罚款；造成严重后果的，吊销许可证。

第一百二十九条　违反本法规定，有下列情形之一的，由出入境检验检疫机构依照本法第一百二十四条的规定给予处罚：

（一）提供虚假材料，进口不符合我国食品安全国家标准的食品、食品添加剂、食品相关产品；

（二）进口尚无食品安全国家标准的食品，未提交所执行的标准并经国务院卫生行政部门审查，或者进口利用新的食品原料生产的食品或者进口食品添加剂新品种、食品相关产品新品种，未通过安全性评估；

（三）未遵守本法的规定出口食品；

（四）进口商在有关主管部门责令其依照本法规定召回进口的食品后，仍拒不召回。

违反本法规定，进口商未建立并遵守食品、食品添加剂进口和销售记录制度、境外出口商或者生产企业审核制度的，由出入境检验检疫机构依照本法第一百二十六条的规定给予处罚。

第一百三十条　违反本法规定，集中交易市场的开办者、柜台出租者、展销会的举办者允许未依法取得许可的食品经营者进入市场销售食品，或者未履行检查、报告等义务的，由县级以上人民政府食品安全监督管理部门责令改正，没收违法所得，并处五万元以上二十万元以下罚款；造成严重后果的，责令停业，直至由原发证部门吊销许可证;使消费者的合法权益受到损害的,应当与食品经营者承担连带责任。

食用农产品批发市场违反本法第六十四条规定的,依照前款规定承担责任。

第一百三十一条　违反本法规定,网络食品交易第三方平台提供者未对入网食品经营者进行实名登记、审查许可证,或者未履行报告、停止提供网络交易平台服务等义务的,由县级以上人民政府食品安全监督管理部门责令改正,没收违法所得,并处五万元以上二十万元以下罚款;造成严重后果的,责令停业,直至由原发证部门吊销许可证;使消费者的合法权益受到损害的,应当与食品经营者承担连带责任。

消费者通过网络食品交易第三方平台购买食品,其合法权益受到损害的,可以向入网食品经营者或者食品生产者要求赔偿。网络食品交易第三方平台提供者不能提供入网食品经营者的真实名称、地址和有效联系方式的,由网络食品交易第三方平台提供者赔偿。网络食品交易第三方平台提供者赔偿后,有权向入网食品经营者或者食品生产者追偿。网络食品交易第三方平台提供者作出更有利于消费者承诺的,应当履行其承诺。

第一百三十二条　违反本法规定,未按要求进行食品贮存、运输和装卸的,由县级以上人民政府食品安全监督管理等部门按照各自职责分工责令改正,给予警告;拒不改正的,责令停产停业,并处一万元以上五万元以下罚款;情节严重的,吊销许可证。

第一百三十三条　违反本法规定,拒绝、阻挠、干涉有关部门、机构及其工作人员依法开展食品安全监督检查、事故调查处理、风险监测和风险评估的,由有关主管部门按照各自职责分工责令停产停业,并处二千元以上五万元以下罚款;情节严重的,吊销许可证;构成违反治安管理行为的,由公安机关依法给予治安管理处罚。

违反本法规定,对举报人以解除、变更劳动合同或者其他方式打击报复的,应当依照有关法律的规定承担责任。

第一百三十四条　食品生产经营者在一年内累计三次因违反本法规定受到责令停产停业、吊销许可证以外处罚的,由食品安全监督管理部门责令停产停业,直至吊销许可证。

第一百三十五条　被吊销许可证的食品生产经营者及其法定代表人、直接负责的主管人员和其他直接责任人员自处罚决定作出之日起五年内不得申请食品生产经营许可,或者从事食品生产经营管理工作、担任食品生产经营企业食品安全管理人员。

因食品安全犯罪被判处有期徒刑以上刑罚的,终身不得从事食品生产经营管理工作,也不得担任食品生产经营企业食品安全管理人员。

食品生产经营者聘用人员违反前两款规定的,由县级以上人民政府食品安全监督管理部门吊销许可证。

第一百三十六条　食品经营者履行了本法规定的进货查验等义务,有充分证据证明其不知道所采购的食品不符合食品安全标准,并能如实说明其进货来源的,可以免予处罚,但应当依法没收其不符合食品安全标准的食品;造成人身、财产或者其他损害的,依法承担赔偿责任。

第一百三十七条　违反本法规定,承担食品安全风险监测、风险评估工作的技术机构、技术人员提供虚假监测、评估信息的,依法对技术机构直接负责的主管人员和技术人员给予撤职、开除处分;有执业资格的,由授予其资格的主管部门吊销执业证书。

第一百三十八条　违反本法规定,食品检验机构、食品检验人员出具虚假检验报告的,由授予其资质的主管部门或者机构撤销该食品检验机构的检验资质,没收所收取的检验费用,并处检验费用五倍以上十倍以下罚款,检验费用不足一万元的,并处五万元以上十万元以下罚款;依法对食品检验机构直接负责的主管人员和食品检验人员给予撤职或者开除处分;导致发生重大食品安全事故的,对直接负责的主管人员和食品检验人员给予开除处分。

违反本法规定,受到开除处分的食品检验机构人员,自处分决定作出之日起十年内不得从事食品检验工作;因食品安全违法行为受到刑事处罚或者因出具虚假检验报告导致发生重大食品安全事故受到开除处分的食品检验机构人员,终身不得从事食品检验工作。食品检验机构聘用不得从事食品检验工作的人员的,由授予其资质的主管部门或者机构撤销该食品检验机构的检验资质。

食品检验机构出具虚假检验报告,使消费者的合法权益受到损害的,应当与食品生产经营者承担连带责任。

第一百三十九条　违反本法规定,认证机构出具虚假认证结论,由认证认可监督管理部门没收所收取的认证费用,并处认证费用五倍以上十倍以下罚款,认证费用不足一万元的,并处五万元以上十万元以下罚款;情节严重的,责令停业,直至撤销认证机构批准文件,并向社会公布;对直接负责的主管人员和负有直接责任的认证人员,撤销其执业资格。

认证机构出具虚假认证结论,使消费者的合法权益受到损害的,应当与食品生产经营者承担连带责任。

第一百四十条　违反本法规定,在广告中对食品作虚假宣传,欺骗消费者,或者发布未取得批准文件、广告内容与批准文件不一致的保健食品广告的,依照《中华人民共和国广告法》的规定给予处罚。

广告经营者、发布者设计、制作、发布虚假食品广告,使消费者的合法权益受到损害的,应当与食品生产经营者承担连带责任。

社会团体或者其他组织、个人在虚假广告或者其他虚假宣传中向消费者推荐食品,使消费者的合法权益受到损害的,应当与食品生产经营者承担连带责任。

违反本法规定,食品安全监督管理等部门、食品检验机构、食品行业协会以广告或者其他形式向消费者推荐食品,消费者组织以收取费用或者其他牟取利益的方式向消费者推荐食品的,由有关主管部门没收违法所得,依法对直接负责的主管人员和其他直接责任人员给予记大过、降级或者撤职处分;情节严重的,给予开除处分。

对食品作虚假宣传且情节严重的,由省级以上人民政府食品安全监督管理部门决定暂停销售该食品,并向社会公布;仍然销售该食品的,由县级以上人民政府食品安全监督管理部门没收违法所得和违法销售的食品,并处二万元以上五万元以下罚款。

第一百四十一条　违反本法规定,编造、散布虚假食品安全信息,构成违反治安管理行为的,由公安机关依法给予治安管理处罚。

媒体编造、散布虚假食品安全信息的,由有关主管部门依法给予处罚,并对直接负责的主管人员和其他直接责任人员给予处分;使公民、法人或者其他组织的合法权益受到损害的,依法承担消除影响、恢复名誉、赔偿损失、赔礼道歉等民事责任。

第一百四十二条　违反本法规定,县级以上地方人民政府有下列行为之一的,对直接负责的主管人员和其他直接责任人员给予记大过处分;情节较重的,给予降级或者撤职处分;情节严重的,给予开除处分;造成严重后果的,其主要负责人还应当引咎辞职:

(一)对发生在本行政区域内的食品安全事故,未及时组织协调有关部门开展有效处置,造成不良影响或者损失;

(二)对本行政区域内涉及多环节的区域性食品安全问题,未及时组织整治,造成不良影响或者损失;

(三)隐瞒、谎报、缓报食品安全事故;

(四)本行政区域内发生特别重大食品安全事故,或者连续发生重大食品安全事故。

第一百四十三条　违反本法规定,县级以上地方人民政府有下列行为之一的,对直接负责的主管人员和其他直接责任人员给予警告、记过或者记大过处分;造成严重后果的,给予降级或者撤职处分:

(一)未确定有关部门的食品安全监督管理职责,未建立健全食品安全全程监督管理工作机制和信息共享机制,未落实食品安全监督管理责任制;

(二)未制定本行政区域的食品安全事故应急预案,或者发生食品安全事故后未按规定立即成立事故处置指挥机构、启动应急预案。

第一百四十四条　违反本法规定,县级以上人民政府食品安全监督管理、卫生行政、农业行政等部门有下列行为之一的,对直接负责的主管人员和其他直接责任人员给予记大过处分;情节较重的,给予降级

或者撤职处分;情节严重的,给予开除处分;造成严重后果的,其主要负责人还应当引咎辞职:

　　(一)隐瞒、谎报、缓报食品安全事故;

　　(二)未按规定查处食品安全事故,或者接到食品安全事故报告未及时处理,造成事故扩大或者蔓延;

　　(三)经食品安全风险评估得出食品、食品添加剂、食品相关产品不安全结论后,未及时采取相应措施,造成食品安全事故或者不良社会影响;

　　(四)对不符合条件的申请人准予许可,或者超越法定职权准予许可;

　　(五)不履行食品安全监督管理职责,导致发生食品安全事故。

　　第一百四十五条　违反本法规定,县级以上人民政府食品安全监督管理、卫生行政、农业行政等部门有下列行为之一,造成不良后果的,对直接负责的主管人员和其他直接责任人员给予警告、记过或者记大过处分;情节较重的,给予降级或者撤职处分;情节严重的,给予开除处分:

　　(一)在获知有关食品安全信息后,未按规定向上级主管部门和本级人民政府报告,或者未按规定相互通报;

　　(二)未按规定公布食品安全信息;

　　(三)不履行法定职责,对查处食品安全违法行为不配合,或者滥用职权、玩忽职守、徇私舞弊。

　　第一百四十六条　食品安全监督管理等部门在履行食品安全监督管理职责过程中,违法实施检查、强制等执法措施,给生产经营者造成损失的,应当依法予以赔偿,对直接负责的主管人员和其他直接责任人员依法给予处分。

　　第一百四十七条　违反本法规定,造成人身、财产或者其他损害的,依法承担赔偿责任。生产经营者财产不足以同时承担民事赔偿责任和缴纳罚款、罚金时,先承担民事赔偿责任。

　　第一百四十八条　消费者因不符合食品安全标准的食品受到损害的,可以向经营者要求赔偿损失,也可以向生产者要求赔偿损失。接到消费者赔偿要求的生产经营者,应当实行首负责任制,先行赔付,不得推诿;属于生产者责任的,经营者赔偿后有权向生产者追偿;属于经营者责任的,生产者赔偿后有权向经营者追偿。

　　生产不符合食品安全标准的食品或者经营明知是不符合食品安全标准的食品,消费者除要求赔偿损失外,还可以向生产者或者经营者要求支付价款十倍或者损失三倍的赔偿金;增加赔偿的金额不足一千元的,为一千元。但是,食品的标签、说明书存在不影响食品安全且不会对消费者造成误导的瑕疵的除外。

　　第一百四十九条　违反本法规定,构成犯罪的,依法追究刑事责任。

第十章　附　　则

　　第一百五十条　本法下列用语的含义:

　　食品,指各种供人食用或者饮用的成品和原料以及按照传统既是食品又是中药材的物品,但是不包括以治疗为目的的物品。

　　食品安全,指食品无毒、无害,符合应当有的营养要求,对人体健康不造成任何急性、亚急性或者慢性危害。

　　预包装食品,指预先定量包装或者制作在包装材料、容器中的食品。

　　食品添加剂,指为改善食品品质和色、香、味以及为防腐、保鲜和加工工艺的需要而加入食品中的人工合成或者天然物质,包括营养强化剂。

　　用于食品的包装材料和容器,指包装、盛放食品或者食品添加剂用的纸、竹、木、金属、搪瓷、陶瓷、塑料、橡胶、天然纤维、化学纤维、玻璃等制品和直接接触食品或者食品添加剂的涂料。

　　用于食品生产经营的工具、设备,指在食品或者食品添加剂生产、销售、使用过程中直接接触食品或者食品添加剂的机械、管道、传送带、容器、用具、餐具等。

　　用于食品的洗涤剂、消毒剂,指直接用于洗涤或者消毒食品、餐具、饮具以及直接接触食品的工具、设备或者食品包装材料和容器的物质。

　　食品保质期,指食品在标明的贮存条件下保持品质的期限。

食源性疾病,指食品中致病因素进入人体引起的感染性、中毒性等疾病,包括食物中毒。

食品安全事故,指食源性疾病、食品污染等源于食品,对人体健康有危害或者可能有危害的事故。

第一百五十一条　转基因食品和食盐的食品安全管理,本法未作规定的,适用其他法律、行政法规的规定。

第一百五十二条　铁路、民航运营中食品安全的管理办法由国务院食品安全监督管理部门会同国务院有关部门依照本法制定。

保健食品的具体管理办法由国务院食品安全监督管理部门依照本法制定。

食品相关产品生产活动的具体管理办法由国务院食品安全监督管理部门依照本法制定。

国境口岸食品的监督管理由出入境检验检疫机构依照本法以及有关法律、行政法规的规定实施。

军队专用食品和自供食品的食品安全管理办法由中央军事委员会依照本法制定。

第一百五十三条　国务院根据实际需要,可以对食品安全监督管理体制作出调整。

第一百五十四条　本法自 2015 年 10 月 1 日起施行。

参考文献

[1]刘雄,陈宗道.食品质量与安全[M].北京:化学工业出版社,2009.

[2]蔡花真,张德广.食品安全与质量控制[M].北京:化学工业出版社,2008.

[3]成晓霞,张国顺.食品安全控制技术[M].北京:中国轻工业出版社,2009.

[4]南海娟.食品质量管理[M].北京:化学工业出版社,2008.

[5]王竹天,樊永祥.食品安全国家标准常见问题解答[M].北京:中国质检出版社,2016.

[6]蔡健,李延辉.食品质量与安全[M].北京:中国计量出版社,2010.

[7]张晓燕.食品安全与质量管理[M].2版.北京:化学工业出版社,2010.

[8]王菁,马爱进,等.小型食品企业标准化指南[M].北京:中国标准出版社,2009.

[9]余以刚.食品标准与法规[M].2版.北京:中国轻工业出版社,2017.

[10]任静波,李敏敏.食品质量与安全[M].北京:中国质检出版社,中国标准出版社,2018.

[11]曹斌.食品质量管理[M].2版.北京:中国环境科学出版社,2012.

[12]王世平.食品标准与法规[M].2版.北京:科学出版社,2017.

[13]张建新,陈宗道.食品标准与法规[M].北京:中国轻工业出版社,2017.

[14]黄昆仑,车会莲.现代食品安全学[M].北京:科学出版社,2018.

[15]曹正,曹森,张明.食品安全与质量控制[M].郑州:郑州大学出版社,2018.

[16]马丽卿,王云善,付丽.食品安全法规与标准[M].北京:化学工业出版社,2009.

[17]马长路.食品企业管理体系建立与认证[M].北京:中国轻工业出版社,2009.

[18]张妍,赵欣.食品安全认证[M].2版.北京:化学工业出版社,2017.

[19]朱明.食品安全与质量控制[M].北京:化学工业出版社,2008.

[20]贝惠玲.食品安全与质量控制技术[M].2版.北京:科学出版社,2015.

[21]秦文,王立峰.食品质量与安全管理学[M].北京:科学出版社,2016.

[22]赵晨霞.安全食品标准与认证[M].北京:中国环境科学出版社,2007.

[23]唐晓芬.HACCP食品安全管理体系的建立与实施:中小企业实用指南[M].北京:中国计量出版社,2003.

[24]李威娜,罗通彪.食品安全与质量控制[M].武汉:武汉理工大学出版社,2013.

[25]陈历俊.液态乳加工与质量控制[M].北京:中国轻工业出版社,2008.

[26]张根生.危害分析与关键控制点在现代食品加工企业中的应用[M].北京:中国计量出版社,2004.

[27]莫慧平.食品卫生与安全管理[M].北京:中国轻工业出版社,2007.

[28]白依凡.浅谈我国食品安全现状及应对措施[J].现代食品,2020(13):113-114+117.

[29]刘文.现阶段我国食品安全问题产生的原因和防治策略[J].现代食品,2020(20):158-160.

[30]王文珺,周学政,孙双艳,等.我国食品安全生态体系建设路径研究[J].食品安全质量检测学报,2021(10):4230-4235.

[31]周雯雯.站上新台阶,迈向新征程 我国食品安全十年交出亮眼答卷[J].中国食品工业,2022(15):6-9.

[32]谢明勇,陈绍军.食品安全导论[M].3版.北京:中国农业大学出版社,2021.

[33]于瑞莲,王琴,钱和.食品安全监督管理学[M].北京:化学工业出版社,2021.

[34]刘金福,陈宗道,陈绍军.食品质量与安全管理[M].4版.北京:中国农业大学出版社,2021.

[35]姚卫蓉,吴存兵.食品安全与质量控制[M].2版.北京:中国轻工业出版社,2021.